欧洲核子研究中心 (CERN) 60 年的实验与发现

60 Years of CERN
Experiments and Discoveries

〔德〕Herwig Schopper 〔意〕Luigi Di Lella 编

童国梁 等 译

邢志忠 校

U0207276

科学出版社

北 京

图字：01-2016-8747

内 容 简 介

本书是欧洲核子研究中心（CERN）为纪念成立 60 周年组织若干知名物理学家编著，并于 2015 年正式出版的。60 年来，在第二次世界大战的废墟上建立的 CERN 在粒子物理的研究中取得了辉煌的成就，在弱电统一理论发展的实验验证方面起了决定性作用：从 20 世纪 60 年代罕见介子衰变的早期测量开始，70 年代对弱中性流的检测，80 年代对弱相互作用的传递者 W 和 Z 玻色子的实验发现，90 年代 LEP 实验为标准模型奠定了坚实的实验依据，其后，2012 年 7 月 4 日 LHC 设备上的 ATLAS 和 CMS 两个合作组宣布发现的希格斯粒子又正式向世界宣告了粒子物理标准模型的最终成功。今天，CERN 已成为世界粒子物理研究中心和前沿实验阵地。

本书各章高屋建瓴地介绍了 60 年来 CERN 在各有关研究领域的研究意义、技术路线、取得的成就以及历史经验，展现了世界各国政府以及数以千计科学家之间合作的巨大成功。本书也是一本了解 CERN 的成功之道和杰出成就的历史资料。

本书适合高能物理、理论物理等专业的研究人员和学生参考，也适合科学史方面的学者以及对物理感兴趣的广大读者阅读。

Copyright © 2015 by World Scientific Publishing Co. Pte. Ltd. All rights reserved. This book, or parts thereof, may not be reproduced in any form or by any means, electronic or mechanical, including photocopying, recording or any information storage and retrieval systems now known or to be invented, without written permission from the Publisher.
Chinese translation arranged with World Scientific Publishing Co. Pte Ltd., Singapore.

图书在版编目(CIP)数据

欧洲核子研究中心(CERN) 60 年的实验与发现/(德)H. 斯库普(Herwig Schopper)，(意) L. D. 莱拉(Luigi Di Lella)编；童国梁等译. —北京：科学出版社，2018.3

书名原文：60 Years of CERN Experiments and Discoveries

ISBN 978-7-03-056865-6

Ⅰ. ①欧… Ⅱ. ①H ②L… ③童… Ⅲ. ①粒子物理学-研究-欧洲 Ⅳ.①O572.2

中国版本图书馆 CIP 数据核字(2018) 第 048742 号

责任编辑：钱　俊 / 责任校对：杨　然
责任印制：肖　兴 / 封面设计：铭轩堂设计

科学出版社 出版
北京东黄城根北街 16 号
邮政编码：100717
http://www.sciencep.com

北京画中画印刷有限公司 印刷
科学出版社发行　各地新华书店经销
*
2018 年 3 月第 一 版　开本：720 × 1000 1/16
2018 年 3 月第一次印刷　印张：26 1/4
字数：500 000
定价：198.00 元
(如有印装质量问题，我社负责调换)

译 者 序

正确抉择，合作共赢——CERN 60 年的成功路

欧洲核子研究中心 (CERN)2012 年 7 月 4 日宣布，该中心 LHC(大型强子对撞机) 上的两个强子对撞实验项目——ATLAS 和 CMS 均发现一种质量为 125～126GeV(1GeV=10⁹eV) 的希格斯粒子，这项发现使得 "标准模型" 预言的所有粒子全部到位。作为标准模型的重要基石并被戏称为 "上帝粒子" 的发现，让标准模型终成正果，也使 CERN 彪炳科学史册。CERN 前任所长 Rolf-Deiter Heuer 对 CERN 走过的 60 年做了精辟总结："1949 年，欧洲依然是一片废墟。但就在这一年，一群具有远见卓识的科学家和政治家们共同产生了一个想法，这一想法将改变以往国际科学研究的合作方式，也在改变欧洲大陆的进程上发挥了重要作用。这个想法就是建立欧洲核子研究中心——这个以基础物理学研究为主的欧洲实验室成立于 1954 年 9 月 29 日。今天，我们只能感叹于描绘出这一愿景的人们，他们以坚忍不拔的决心，在高瞻远瞩的视野下创造了一个经得起时间考验并能够以此为蓝图付诸实施的典范，超越了之前所做过的国际科学合作。" 初创时 CERN 有 12 个成员国，它们是比利时、丹麦、法国、联邦德国、希腊、意大利、荷兰、挪威、瑞典、瑞士、英国、南斯拉夫。CERN 的资金和运行费由各成员国的净国民收入按一定的比例分摊。此后 60 多年来，陆续又有奥地利、西班牙、葡萄牙、芬兰、波兰、捷克、匈牙利、保加利亚、以色列、罗马尼亚加入 (期间南斯拉夫已于 1966 年退出)，今日 CERN 的成员国已达到 22 个。CERN 的成立朝向成功方向迈出了关键的一步。进而，CERN 还十分重视扩大国际合作的范围与规模，吸收了欧盟委员会、印度、日本、俄国、美国以及联合国教科文组织等国家和国际组织作为观察员。还与包括中国、加拿大、巴西、伊朗、墨西哥、韩国、南非、埃及等许多 CERN 非成员国签订了合作协议。今天，CERN 约有 2500 名雇员，其中的科学家和技术人员从事加速器的设计，保证加速器的正常运行；有的也参与实验的准备、运行以及数据分析。此外，还有数量上要大得多的 12000 位来自 70 多个国家、120 个不同民族的访问学者——这差不多占了世界粒子物理学家的一半——来到 CERN 进行他们的研究。

　　CERN 自成立起，在科学目标的选择和发展规划的决策上始终把握住了正确的方向，让 CERN 得以用不长的时间创造辉煌。欧洲人的教育水平和科学素质普遍较高，CERN 一成立很快就成为国际高能物理研究的一支重要力量并逐渐成长为美国的一个竞争对手。20 世纪 70 年代后期，世界粒子物理的主要挑战来自对传

递弱相互作用的中间玻色子 W 和 Z 粒子的寻找，这类粒子是粒子物理标准模型所预言的，确认它们的存在是检验标准模型的重要证据。但那时 CERN 和世界其他地方都还没有能产生这类粒子所需能量的加速器。不几年，CERN 的科学家实现了把超级质子同步加速器转变为质子反质子对撞机，并在实验上发现了 W 和 Z 粒子，为此 CERN 科学家 Carlo Rubbia 和 Van de Meer 荣获 1984 年的诺贝尔物理学奖。这是 CERN 科学家第一次赢得诺奖，具有标志性意义。

此后，CERN 科学家设计建造了周长 27km、位于地下 50~150m 的大型正负电子对撞机 (LEP)，LEP 于 1989 年运行。此时的 CERN 已经成为世界上最重要的粒子物理研究的前沿阵地。LEP 也在粒子物理标准模型的检验和发展上发挥了重要作用。

LEP 之后建什么样的加速器，国际社会早有共识，即建造一台质心能量为几十太电子伏特 (这里 1 太电子伏特，即 $1TeV=10^{12}eV$) 的质子对撞机。20 世纪 80 年代以来，两个类似的强子对撞机，即美国的名为超级超导对撞机 SSC(super superconductive collider) 和 CERN 的大型强子对撞机 LHC 同时进行预研。由于种种原因，1993 年 10 月美国参众两院联席会议表决停建 SSC。这时，欧洲科学家却以坚定的行动捍卫了对基础研究的决心，1994 年圣诞节前的 12 月 16 日 CERN 理事会通过了建造 LHC 计划。这一次 CERN 又赢了! 这是一项令人神往的计划，寄托了高能物理界的多年梦想。这个重要决定直接导致了 2012 年 CERN 的 ATLAS 和 CMS 同时宣布发现了科学家长期苦苦寻觅的希格斯粒子。CERN 的 LHC 上取得了历史性的重要突破。CERN 的辉煌正是长期以来正确抉择、合作共赢的结果。当前，CERN 正在开展一批国际上最前沿的物理实验，涵盖了从宇宙线到超对称性物理极其广泛的研究领域。LHC 上正在开展的实验 ATLAS、CMS、LHCb 和 ALICE 全都是超大型国际合作实验，以 ATLAS 为例，它就是一个由 38 个国家 (或地区)174 个研究所 3000 多名科学工作者参加的实验。在 "二战" 废墟上建立起了一个领跑国际高能物理实验的研究中心，CERN 的道路给全人类留下一份宝贵的历史遗产。

60 年的辉煌，一本书反映了 CERN 对科学的巨大贡献

CERN 成立 60 年来，重要的发明很多，杰出代表之一即是 20 世纪 80 年代在这里诞生了具有革命性改变的全球通信互联网。本书在这里的讨论则集中于 CERN 在粒子物理领域的成就。2015 年 CERN 为纪念成立 60 周年，编辑、出版了《CERN 60 年来的实验和发现》(*60 Years of CERN: Experiments and Discoveries*) 一书，分系统介绍了 CERN 成立 60 年来在实验方面的发现和重要结果。该书由 CERN 前所长、著名粒子物理学家 Herwig Schopper 和意大利物理学家 Luigi Di Lella 担任主编。大家知道，电弱统一理论和强相互作用理论是标准模型相互作用的两大支柱，而 CERN 的发展正与电弱相互作用物理的发展齐头并进。在电弱统一理论中，希格斯机制将质量赋予规范传播子和费米子，揭示了质量之源。欧洲核子研究中心在电弱统一理论发展的实验验证方面起了决定性作用。正如前任所长 Heuer 在该书序言中指出的："从 20 世纪 60 年代 π 介子稀有衰变的早期测量，到 70 年代对弱中性流的观测，接下来到 80 年代对弱相互作用的传递者 W 和 Z 玻色子的发现，欧洲核子研究中心所做的多项实验成为支撑粒子物理学标准模型的最重要组成部分的基石。20 世纪 90 年代，LEP 实验更是为标准模型奠定了坚实的实验依据，使其成为只缺失一个部分的拼图。然而无须我特意提醒你，所缺失的部分正是希格斯玻色子——布劳特–恩格勒–希格斯机制的'代言人'。2012 年 7 月 4 日，在大型强子对撞机上工作的 ATLAS 和 CMS 合作组宣布发现了希格斯粒子。"Schopper 教授在该书的前言中表述："本书致力于总结欧洲核子研究中心最重要的实验成果，也同时涵盖了新设备的技术研发成果，以及实验物理学家、理论物理学家和加速器领域学者之间的合作。"这些专题文章高屋建瓴地介绍了 CERN 在各个研究领域的研究意义、技术路线、取得的成就以及历史经验。可以说，这是一本了解 CERN 的成功之道和辉煌成就的历史资料。科学出版社决定引进并委托中国科学院高能物理研究所组织有关专家把此书翻译成中文，介绍给中国读者。物理学家、相关的科学工作者、学生、老师以及科学史方面的学者设选定为该书的读者群。此外，科学管理部门和领导者无疑也可从 CERN 的发展道路中得到启迪。此书见证了标准模型的最终确立，记录了全世界科学家为科学发展攻坚克难的历程，值得科学爱好者收藏。

译著翻译工作的分工

本人受托作为此书翻译小组的负责人，承担了几篇实验文章的翻译，还选聘了曾长期在 CERN 亲身参加相关实验的几位资深专家谢一冈、何景棠、张家铨等研究员参加翻译；而对 CERN 目前正在开展的研究领域工作的翻译，则专门邀请了这些项目的四位中方负责人担任，他们是高能物理研究所的金山、陈国明研究员以及清华大学的高原宁教授、华中师范大学的周代翠教授。其余一些章节的翻译工作我们也都遴选了具有相当学术水平的同事完成。出自对 CERN 的深厚的感情以及钦佩其对科学事业的巨大贡献，这些专家认真工作，不计报酬，克服了各种困难，使翻译工作得以顺利完成。

除了 17 个专业领域的翻译工作以外，全书的组织、协调、审阅、统稿等工作的分工如下：童国梁研究员负责组织和选聘翻译专家，通过审阅把握翻译质量，并负责统稿工作；赵洪明博士负责与出版社的联系协调，参与选聘翻译专家以及与他们的日常联系；吴霞博士翻译了前言和序言并负责中文译稿的润色、排版；董海荣博士负责翻译索引，规范专业词汇，承担部分章节的翻译、审阅。邢志忠研究员承担了全书的审校工作。

致谢

　　本译著的问世源起科学出版社的钱俊先生，正是他的慧眼选中了此书并推荐给中国科学院高能物理研究所所长王贻芳院士。在王贻芳所长的支持下，高能物理研究所文献信息部积极组织力量承担本书的翻译；邢志忠研究员承担了本译著全书的审校。高能物理研究所文献信息部原主任于润升研究员对此项工作非常热心，全方位地支持本书翻译工作。全体译者对上述领导、朋友和部门的热情支持深表感谢。

　　限于译者的水平，译文中难免出现一些不当之处，敬请专家和读者不吝赐教。

童国梁

中国科学院高能物理研究所

2017 年 7 月

序　言

1949 年，欧洲依然是一片废墟。但就在这一年，一群具有远见卓识的科学家和政治家产生了一个共同的想法，这一想法不仅改变了以往国际科学研究的合作方式，也在改变欧洲大陆的进程上发挥了重要作用。这个想法就是建立欧洲核子研究中心 (CERN)——这个以基础物理学研究为主的欧洲实验室成立于 1954 年 9 月 29 日。今天，我们感叹于描绘出这一愿景的人们，他们以坚忍不拔的决心，在高瞻远瞩的视野下创造了一个经得起时间考验并能够以此为蓝图付诸实施的典范，一种史无前例的国际科学合作方式。虽然要将 CERN 60 年所取得的科研成果编纂成史并不是一件容易的事情，但是本书实现了，同时也恰如其分地证明了那些 CERN 先驱者们的远见卓识。

CERN 的发展与电弱相互作用物理学的发展密切相关，本书正是对这一事实最好的证明。从 20 世纪 60 年代稀有介子衰变的早期测量，到 70 年代对弱中性流的观测，接下来到 80 年代的对弱相互作用的传递者 W 和 Z 玻色子的发现，CERN 所做的多项实验成为支撑粒子物理学标准模型的最重要组成部分的基石。20 世纪 90 年代，LEP 实验更是为标准模型理论奠定了坚实的实验基础，使这一理论成为"一幅仅差一个部分即可完成的拼图"。而无须我特意提醒你，所缺失的部分正是希格斯玻色子——布劳特–恩格勒–希格斯机制的"代言人"。2012 年 7 月 4 日，在大型强子对撞机 (LHC) 上工作的 ATLAS 和 CMS 合作组宣布发现了希格斯粒子。

毫不夸张地说，粒子物理学标准模型是人类最伟大的智慧成果之一，它集理论与实验之大成，为了这一共同的目标将来自全世界的科学家凝聚在一起。本书记录了 CERN 作为一个参与者，在这一系列的粒子发现旅程中所取得的引人注目的成果，但它所做的远不止于此。本书还探讨了 CERN 所取得的其他重要成就，如开拓性的 μ 介子 $g-2$ 测量和建设了直至目前依然是唯一的一个低能反物质设施。

赫维格·斯库普 (Herwig Schopper) 和路易吉·黛·莱拉 (Luigi Di Lella) 出色地完成了工作。本书所涉及的内容十分丰富，作者列表中包含了多位在 CERN 的粒子物理研究发展过程中做出重大贡献的科学家。对于那些希望认真了解 20 世纪粒子物理学发展历史的学生来说，本书应该是必选读物。

Rolf-Dieter Heuer

欧洲核子研究中心 (CERN) 所长

2015 年 4 月

前　　言

2014 年，正值欧洲核子研究中心成立 60 周年之际，由此回顾这一欧洲科学组织所取得的巨大成就。这些成就是多方面的，科学成就是首位的，同时也取得了巨大的技术成就，并促进了国际的科研合作。本书致力于总结欧洲核子研究中心所取得的最重要的实验成果，也涵盖了新设备的技术研发成果，同时还包括实验物理学家、理论物理学家和加速器领域学者之间的合作。我们的目标并不在于或多或少地重提当时所发表的科研成果，而是想请实验的主要参与者回首当年的工作动力及成败之道。当然有些文章不可避免地甚至是必不可少地会带有作者个人的观点，但他们每个人都在这些科研活动中发挥着主要作用。本书展示了科技进步是一个基于新想法的产生，伴随着有时略显单调乏味的研究工作，这项工作有着开放的信息交流环境，同时也是各方人员交流合作的过程，这其中不仅包括了实验室人员，也包括了实验室外部其他机构人员。

受篇幅的限制，我们不得不在极其困难的情况下做出合理的选择，以便更好地从整体上总结欧洲核子研究中心的实验成果。书中一部分文章涉及了由欧洲核子研究中心所完成的实验，正是这些实验组成了建立粒子物理学基本模型理论的一系列关键步骤。还有一些文章属于核物理领域的，特别是核物质的物理性质方面的。本书展示了过去 60 年里在粒子物理学领域所取得的巨大的成就，从早期开始直至最终成功发现希格斯粒子。伴随这些成就同时出现的，还有令人惊叹的技术装备 (加速器、对撞机和探测器) 方面的发展，以及参与其中的物理学家们从一个小的团体发展成为包含几千人的大的国际合作组。

本书适合物理学家、学生、老师以及科学史方面的学者。我们要衷心感谢撰写本书的所有作者所付出的努力。

Luigi Di Lella,　Herwig Schopper

2015 年 3 月，日内瓦

目　　录

第 1 篇 希格斯玻色子在 LHC 上的发现

Peter Jenni[1] Tejinder S. Virdee[2]

1 Albert Ludwigs University of Freiburg, 79085 Freiburg, Germany,
and CERN, CH-1211 Geneva 23, Switzerland

peter.jenni@cern.ch

2 Blackett Laboratory, Imperial College, London SW7 2BW, UK

t.virdee@imperial.ac.uk

金山，陈国明 译
中国科学院高能物理研究所

在大型强子对撞机 (LHC) 两个探测器 ATLAS 和 CMS 上对希格斯玻色子的寻找 (的准备工作) 开始于 20 多年前。2012 年 7 月 4 日他们宣布发现了一个重的标量玻色子，相关数据分析有力地指出这个新粒子符合布劳特-恩格勒-希格斯机制所预期的希格斯玻色子的性质。

1.1 引　言

在过去的半个多世纪中，粒子物理标准模型 (SM) 是物理学中令人瞩目的杰出成就。它对粒子物理描述和预测的能力已经被从低能到高能的许多代实验，以前所未有的精度所证实。这个 SM 包括所有可见物质的基本构建砖块，即三代费米子——夸克和轻子的家族，以及它们之间以玻色子为中介而发生的四种基本相互作用中的三种相互作用，即无质量的光子传递电磁力、重的 W 和 Z 玻色子传递弱力，这两种基本相互作用统一在电弱理论中 [1-3]，以及无质量的胶子传递强相互作用。

为了解开质量起源的谜团，通过引进一个弥散在整个宇宙的复杂标量场，提出了自发对称破缺机制 [4-9]，即布劳特-恩格勒-希格斯机制 (BEH)，其赋予 W 和 Z 大的质量，而光子没质量。夸克和轻子通过与这个标量场间的相互作用而获得同它们与标量场耦合强度成正比的质量，从而这个场需要引进一个额外的有质量的标量玻色子作为它的场量子，即希格斯玻色子。在 20 世纪 80 年代早期发现 W 和 Z 玻色子之后，寻找作为 SM 重点的希格斯粒子，就成为粒子物理的中心主题，这也是建造大型强子对撞机的初衷。发现希格斯玻色子就能证实 BEH 场的真实存在，从而构成认识自然的关键一环。

正如 C. Rubbia 在本书中的文章所述，20 世纪 80 年代初在 CERN 的 SPS 反质子–质子对撞机上，尽管存在着大量的强作用本底，但还是非常成功地在实验上清晰地发现了 W 和 Z 玻色子，这就是促使粒子物理界敢于梦想未来的更强大的高能强子对撞机的关键。LHC 的雏形最早出现在 70 年代末，设想容纳未来的大型正负电子对撞机 (LEP) 的隧道，也将容纳 LHC。感谢当时 CERN 的领导者制订的能容纳 LHC 的隧道计划，对 LHC 计划的热情真正浮现出来，是在洛桑 (Lausanne) 举办的 CERN-ECFA 研讨会，会议的主题是 "LEP 隧道中的 LHC"，其把对撞机专家、理论家和实验家结合到了一起。

在 LHC 上实现伟大物理发现的承诺激发了一系列的相关学术研讨会和会议，通过这些重要会议，这一巨大的实验挑战变得可控了，确定了足够的探测器所需要的研发工作。其中最重要的有：1987 年在拉蒂勒 (La Thuile) "卢比亚长期计划委员会" 举办的 "LHC 实验准备工作"；1990 年 ECFA 在亚琛 (Aachen) 举办的大型 LHC 研讨会；最后是 1992 年 3 月在依云 (Erian-les-Bains) 举办的著名会议 "面向 LHC 的实验计划"，最初期的合作组在 "兴趣表达" 中展示了他们的设计方案。更进一步，从 20 世纪 90 年代初起，负责评估和指导研发合作的 CERN LHC 探测器研发委员会 (DRDC)，在探测器技术领域大大促进了创新发展。

探测希格斯玻色子的要求在通用实验设计中发挥着关键性作用。在低质量区间 ($114 < m_H < 150$GeV)，两个清晰发现道是希格斯玻色子衰变到 2 光子或者 2 个 Z 玻色子的末态，Z 将衰变成 e^+e^- 或 $\mu^+\mu^-$，其中 1 个或 2 个 Z 玻色子可以是虚的。由于低质量希格斯玻色子的自然宽度小于 10MeV，所以实验所观测的峰宽度将主要取决于探测器的质量分辨。这就需要在设计通用探测器时重点考虑：磁场强度的数值、寻迹系统的精度和电磁量能器的高分辨。在高质量区域，信号来源于超对称，需要对喷注和丢失横动量 (E_T^{miss}) 的良好分辨和量能器近乎 4π 的空间覆盖。

除了实验 (ATLAS 和 CMS) 外，在这篇短文中无法详述另外两个对希格斯玻色子发现做出非常重要贡献的方面以表达深深敬意。的确，作为全球科学计划的 LHC 工程，包含 LHC 加速器、实验和世界范围内的网格计算。LHC 自 20 世纪 80 年代起随着实验仪器技术的发展而发展，而强大的计算设施计划在 90 年代末期就开始出现了。

LHC 是真正的 "技术奇迹"[10]。在 LHC 中，质子被超导射频腔所加速并且运行在强大超导偶极磁铁控制的圆形轨道中。超导偶极磁铁产生 8.3T 的磁场强度并被超流态氦冷却到低于星际空间温度的 1.9K。LHC 反向旋转的 2 条束流包含 2808 个束团，每个束团包含 $> 10^{11}$ 个质子，束团 (时间) 间距为 25ns，束团对撞频率约 40MHz(目前为止 LHC 加速器运行在 50ns 束团间隔 1380 个束团的条件下)。加速器的主要挑战包括: 要建造 1200 多根 15m 长的能达到设计场强的超导偶极磁铁; 大量分散状态的冷却装置将磁铁和一些加速器部件进行冷却; 达到运行要求的高储能 (350MJ) 的束流控制技术。这都需要异乎寻常的安防措施。

在 2008 年 9 月技术事故之后, LHC 2009 年 11 月在注入能量 450GeV 下实现了束流对撞, 并超预期地成功地在 2010 年和 2011 年实现 7TeV, 2012 年实现 8TeV 能量下的质子质子对撞, 对撞机的表现除了能量几乎都超过了最初的设计指标, 达到峰值亮度 7×10^{33}cm^{-2}·s^{-1}。

世界范围 LHC 网格计算 (wLCG[1]) 被研发出来用于处理实验产生的海量数据 (每年达到几十 PB), 需要采用全分布式的计算模式。wLCG 为合作组提供普遍的数据访问服务, 是一个包含各级站点的层次结构: CERN 有一个大的 0 级站点, 大约 12 个大的国家/地区计算设施的 1 级站点, 以及 100 多个各类研究机构的 2 级站点。

LHC 工程的建设时间表见表 1, 包括一些所选取的 LHC 和通用实验发展的里程碑。下面, 本文将集中阐述 ATLAS 和 CMS 实验, 以及它们所发现的, 在目前实验精度下, 均符合 BEH 机制所预言的 SM 希格斯玻色子性质的标量玻色子。

表 1　LHC 时间表

1984	LEP 隧道中的大型强子对撞机研讨会, 洛桑, 瑞士
1987	未来加速器物理研讨会, 拉蒂勒, 意大利, 卢比亚 "长期计划委员会" 推荐大型强子对撞机作为 CERN 未来发展的正确选择
1990	LHC 研讨会, 亚琛, 德国 (讨论物理、技术和探测器的设计概念)
1992	LHC 物理和探测器大会, 依云, 法国 (报告了 4 个通用实验设计方案)
1993	CERN 同行评审委员会 (LHCC) 评审 3 份意向书, 选择 ATLAS 和 CMS 进一步提交详细技术建议书
1994	LHC 加速器被批准分两期建造
1996	ATLAS 和 CMS 技术建议书被批准
1997	ATLAS 和 CMS 正式被批准建造 (材料成本上限 4.75 亿瑞士法郎)
1997	建造开始 (在详细的各子探测器技术设计报告被通过之后)
2000	实验安装开始, LEP 加速器关闭让位给 LHC
2008	LHC 实验为 pp 对撞做好了准备。开始运行, 一个事故导致运行失败
2009	LHC 再次投入运行, LHC 上的探测器记录了 pp 对撞数据
2010	LHC 中质子在更高能量下对撞 (质心能量 7TeV)
2012	LHC 运行在 8TeV: 发现希格斯玻色子

---

[1]http://wlcg.web.cern.ch

1.2 ATLAS 和 CMS 实验

为了实现雄心勃勃的物理目标，新奇的探测器技术被研发出来，而大多数已有的技术也几乎被使用到极限。曾提出过几套探测器概念设计，最终两个互补的探测器——ATLAS[11a] 和 CMS[12a] 被 LHC 实验委员会 (LHCC) 确定为通用探测器去发展详细设计。在 20 世纪 90 年代的下半期开始建造前的很多年，就开展了全面研发，探测器部件原型论证和束流实际检验。

这两个实验最终所采用技术的多年研发工作是怎么强调都不过分的，不仅面对预期的严酷大型强子对撞机环境，技术要求远远超越 20 世纪 80 年代末的实际水平，如探测器粒度、读出速度、抗辐照能力和可靠性等；而且还要考虑探测器组件可建造的大小和单元数量，以及可承受的造价。对于许多探测器子系统，最初有一些并行的研发作为选择，因为不能保证一套技术方案能最终满足所有必要的要求。在探测器界和工业界相互学习的过程中，越来越多更现实可行的探测器原型被研发出来了。

1994 年底，在向 LHCC 提交技术建议书 [11b,12b] 之前，一些主要的技术取向先在合作组内作出决定，而最终批准是在 1996 年初。对其他的研发选择需要更多的时间，有关的决定在后续的 1996 年至 2000 年代之初才确定，从而确定了包含各种各样探测器组件的最终技术设计报告的时间。

1.2.1 ATLAS 探测器

ATLAS 探测器的设计 [11c] 如图 1 所示，是一个创新的具有挑战性的超导空气芯环形磁铁系统，在八个分立的桶部线圈 (每一个都是 25m×5m "跑道" 形状的) 和两个匹配的端盖环状系统中包含 80km 长的超导电缆。0.5T 的磁场覆盖很大的空间区域。环形磁体辅以细螺线管 (2.4m 直径，5.3m 长) 在中心区域提供了一个轴向 2T 的磁场。

探测器包括电磁量能器 (em)，其外辅以全覆盖的强子量能器，用于测量喷注和丢失横动量。电磁量能器是一种采用 "手风琴" 几何形状的低温液体氩铅采样的新型量能器，具有精细的横向和深度粒度，并实现充分的空间覆盖，没有任何未探测区域。塑料闪烁体——铁取样强子量能器也具有创新型几何结构，用于实验的桶部区域测量。液氩强子量能器用在接近束流的端盖区域。电磁量能器和强子量能器分别大约有 20 万和 2 万个基本单元，并处在环形磁体和螺线管之间的几乎无磁场的区域，提供了优良的横向和纵向分辨。

不受干扰地穿过厚达 5m 物质层的 μ 子的动量通过环形磁场得以精密测量。大约 1200 个形状各异的 μ 子室，占据 5000m² 空间，位置的测量精度优于 0.1mm。还

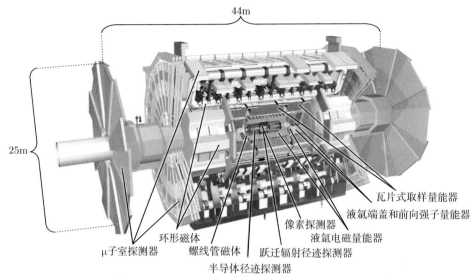

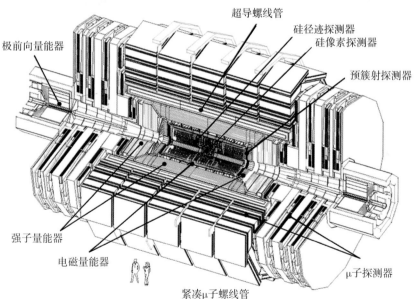

图 1　ATLAS(上图) 和 CMS(下图) 探测器的纵向剖面示意图, 展示了碰撞点中心 LHC 束流周围的多层结构

有另外一套包含 4200 个快室的系统提供 "触发" 信号。这些室由三大洲的 20 个合作研究机构共同建造。这是典型的国际合作形式, 实验其他部分的建造也是如此。

　　所有带电粒子的重建, 包括径迹顶点, 都是在内部探测器上实现的, 它结合了高颗粒像素探测器 (每个单元 50μm×400μm, 共 8000 万个通道) 和硅微带半导体探测器 (每个单元 13cm×80μm, 共 600 万个通道) 放置在靠近束流轴的位置上, 以

及一个 "稻草管" 气体探测器 (350000 个通道), 它为每条径迹提供了 30~40 个信号击中。后者也利用穿越辐射信息帮助进行电子识别。

空气芯磁铁系统使整个系统相对较轻, 整个探测器总重为 7000t。μ 子谱仪确定的 ATLAS 探测器的总尺寸: 圆筒半径为 25m, 长为 44m。

1.2.2　CMS 探测器

CMS 探测器 [12c] 的设计基于超导高磁场螺线管 (如图 1 所示), 在 2006 年首次实现 4 T 的设计磁场强度。

螺线管在平行于 LHC 束流方向上产生均匀的磁场。通过使 20kA 电流穿过一个四层设计的加强型 Nb-Ti 超导线圈来产生磁场。为降低成本同时便于运输, 超导线圈的外径和长度分别被限制为 3m 和 13m。通过一个 1.5m 厚的轭铁获得磁场, 轭铁中容纳了四个 μ 子系统, 保证了粒子鉴定测量的稳健性以及整个空间的覆盖度。

CMS 探测器设计的首要任务是保证对不同动量 μ 子的鉴定、触发以及测量。例如, $H \rightarrow ZZ \rightarrow 4\mu$ 中的 μ 子和 $Z' \rightarrow 2\mu$ 中几个 TeV 的 μ 子。为此, 内部径迹探测器和量能器的周围均覆盖 1.5~2m 的铁吸收介质, 来阻止除 μ 子和中微子之外所有对撞产生的粒子。μ 子在磁场中产生螺旋形轨迹, 在约 3000m² 的气室轭铁交替空间被鉴别重建。另一个约 500m² 的快速室被用于提供 Level-1μ 子触发器的探测器第二系统。

另一个探测器设计的重要目标是 SM 中希格斯玻色子到双光子末态的探寻。该研究对电磁量能器的能量分辨率要求极高。在设计中一种新型晶体被选用: 钨酸铅 ($PbWO_4$) 闪烁晶体。5 年对晶体透明度和辐射硬度的研究和探索, 以及 10 年 (1998~2008 年) 夜以继日的生产, 最终完成 75848 块晶体, 构建了目前世上最大的晶体量能器。

带电粒子径迹的测量是对每条带电径迹, 挑选一小部分精确位置测量点 (约 13 个位置分辨率为约 15μm 的点), 它们分布在一个长 5.8m、直径为 2.5m 的圆柱体内: 6600 万个 100μm×150μm 的硅像素体和 930 万个约 10cm×80μm 至约 20cm×180μm 的硅微条。整个 CMS 径迹系统包含 198m² 的硅区域, 是目前最大的在建硅径迹系统。

强子量能器是基于约 5cm 的黄铜吸收板和约 4mm 的用于采集能量的闪烁板构造, 包括约 3000 个小立体角向心塔, 覆盖了几乎整个空间。光电探测器 (混合型光电二极管) 可在强磁场中运行并检测闪烁光。

1.2.3　安装和调试

这两类不同且互补的探测器的构造理念也对其地下安装策略产生了深远的影

响。它们分别被建造在 LHC 对撞环相反位置的两个洞穴中。

基于对尺寸和磁铁结构的考量，ATLAS 探测器必须直接在地下洞穴中组装。安装进程始于 2003 年夏 (在完成 1998 年开始的土木工程工作后)，结束于 2008 年夏。图 2 展示了圆柱形桶部探测器的一端 (图片摄于安装开始 3.5 年之后，安装完成 1.5 年之前)，可以看到四个桶部的磁环线圈，展示了整体结构的八角对称性。

图 2 在端盖量能器插入桶部环形磁铁系统前，ATLAS 桶部探测器的一端 (照片摄于 2007 年 2 月 ATLAS 探测器安装阶段)

CMS 探测器的轭铁被分为五块桶部轮和三块端盖盘，重量总计达 12500t。分段结构便于探测器在地下洞穴完善之前先在一个大空间区域内进行安装和测试。各块重量在 350~2000t(图 3)。在 2006 年 10 月至 2008 年 1 月，通过一个专用的配备钢绞线千斤顶的起重装置将各分段依次放入地下。CMS 实验率先使用这项技术，大大简化了大型实验的地下安装。

各探测器组件 (如室) 的建造和安装是在全球众多参与实验的研究机构进行的。通常各探测器组件会在它们产生的站点进行第一轮测试，随后被运送至 CERN 再次进行测试，当其在地下洞穴完成安装后进行最终的测试。合作组也在 CERN 的测试束流和世界各地其他加速器实验室对探测器样品进行了无数测试，付出了巨大的努力。这些测试束流项目不仅证实了生产的探测器部件能在数年内符合性能的各项指标，同时也为 LHC 运行准备刻度和准直数据。尤其是被称为大型联合测试束流的调校极为重要，测试了最终探测器的所有部件。

在安装进程中，各实验广泛利用宇宙射线进行研究。即便在地下 100m 深处，

仍然有每秒数百的 μ 子穿过探测器。这些 μ 子可用于检查从硬件到软件的整个实验分析链，并在 pp 对撞前对探测器各组件进行准直和刻度。尤其在 2008 年 9 月 19 日 LHC 事故停机至 2009 年 11 月 23 日首次对撞期间的 15 个月时间内，使用大规模的宇宙射线调试探测器，获得数百万的 μ 子事例。这批宇宙射线数据为 ATLAS 和 CMS 实验在首次 pp 对撞时提供了预刻度和预准直的探测器，为物理运行做好充足的准备。

图 3　照片展示了 CMS 探测器安装阶段的中心桶部和电磁系统的放置，摄于 2007 年

1.3　触发器、计算技术及早期运行

1.3.1　触发器和计算技术

　　ATLAS 和 CMS 实验面临的一项特别挑战是大型强子对撞机极高的对撞率。这个问题亟须解决，尤其是在希格斯粒子探寻和研究中：希格斯粒子的产生截面很小，而研究末态的衰变分支比亦非常小。在运行的前三年，LHC 达到了 50ns 束流间距下 $7 \times 10^{33} \mathrm{cm}^{-2} \cdot \mathrm{s}^{-1}$ 的瞬时亮度峰值。这意味着探测器需要在每次束流碰撞时模拟上至约 50 个重叠的事例 (pile-up)。在下一年，瞬时亮度预期提高两至三倍。

　　技术上不可能保存所有事例的所有数据，因此使用触发器系统去除大量无关事例，仅保留感兴趣的包含潜在的物理进程的对撞事例。这是由先进的集成性触发器和数据采集系统实时实现的, 包括在前期使用定制的快速感应的电子产品, 在后期使用大量的计算机群, 将数据转移至大容量存储系统用于进一步的分析。因此, 数据流量从最初的 40MHz 束流碰撞降低至几百赫兹用于离线分析。关于这部分系统的详细介绍请见参考文献 [11] 和 [12]。

ATLAS 和 CMS 实验产生了大量的数据 (每年几十个 PB 量级的数据, $1PB=10^6 GB$), 需要一个全面的分布式计算模型。LHC 计算网格分布全世界, 在实验进行期间, 允许每位用户在任何地方获取任何被记录或后期分析产生的数据。欧洲核子中心为中心站点, 接收原始数据, 完成几乎实时的快速重建, 将原始和重建数据传送至 1 级站点以及 2 级站点用于物理分析。0 级站点必须紧跟事例的产生率, 每个实验每个事例产生几百赫兹到 1MB 的原始数据。大型 1 级站点负责在 CERN 外对原始和重建数据进行长期保存 (作为备份)。同时也负责, 例如, 当更精确的刻度参数可用时, 对数据进行第二轮重建。2 级站点主要负责产生大量的蒙特卡罗模拟仿真事例。

1.3.2 标准模型测量以检验其正确性

在 LHC 上精确测量 SM 已知的粒子是发现希格斯粒子的第一步, 特别是 W 和 Z 玻色子经常被认为是高能实验照亮未知新物理上的 "标准烛光"。举个例子, 图 4 是 ATLAS 与 CMS 实验测量双 μ 子的质量谱。该质量谱在 LHC 高能量对撞

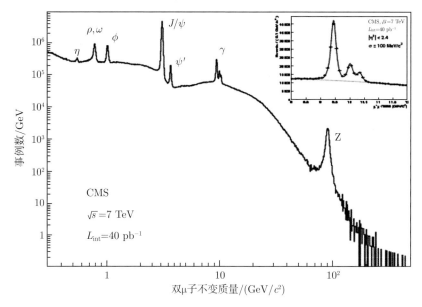

图 4 由 CMS 显示的双 μ 子不变质量的分布, 其显示了标准模型中各种公认的共振态。图内插图证明了 Y 族三种状态下都有着极好的质量分辨率

后仅仅几个月后就做出来，它包括了很多共振态，有效总结了过去几十年高能物理的发展，而且其精度非常高。

更重要的是，我们可以在强子对撞机上利用高精度探测器来研究标准模型的过程，从而以前所未有的测量精度和最小的探测器系统误差验证 SM。

ATLAS 与 CMS 实验利用过去三年收集到的 LHC 对撞的数据已经做了大量精确测量，包括底夸克、顶夸克、W 和 Z 玻色子，与双玻色子产生过程的测量，特别是对大量的对于量子色动力学过程的测量。图 5 展示了各种电弱作用和量子色动力学过程的产生截面测量结果与 SM 的预测 ①。这些产生截面的测量结果在横跨数个数量级上证实了 SM 与实验测量符合。在发现新物理前，这些测量非常重要，一方面证实探测器的性能已经被研究清楚，另一方面，这些已知的物理过程是新物理过程的主要背景，特别是对寻找希格斯粒子的背景。SM 的预测之所以如此

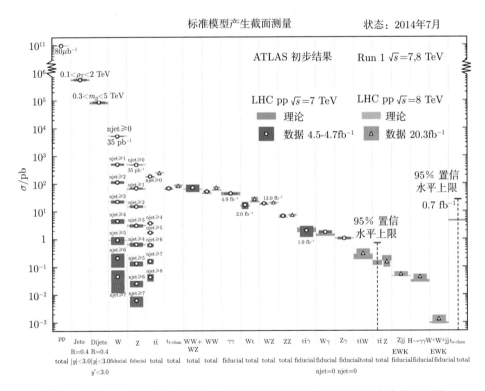

图 5   来自 ATLAS 实验例子的电弱作用和量子色动力学过程的产生截面测量结果与 SM 的预测

① https://twiki.cern.ch/twiki/bin/view/AtlasPublic/StandardModelPublicResults
https://twiki.cern.ch/twiki/bin/view/CMSPublic/PhysicsResultsSMP

准确是因为理论物理学家对其他对撞机实验 (如欧洲的大型电子加速器 LEP，美国的质子–反质子加速器 Tevatron，德国的 HERA 和底夸克工厂等) 的结果做了大量的工作。

1.4 标准模型中希格斯玻色子与 LHC

SM 的希格斯玻色子是一个特殊的粒子，它有独特的自旋宇称 $J^P = 0^+$，它也是一个无所不在的基本的标量场与其他基本粒子相互作用，其相互作用强度与其他基本粒子的质量相关。希格斯粒子的寿命很短 (10^{-23}s)，因此，高能物理实验只会探测到其衰变产物。SM 理论并没有预测希格斯粒子的质量，然而一旦我们知道希格斯粒子的质量，它的其他性质就能精确地估计出来。

高能物理界普遍认为希格斯粒子的质量小于 1TeV，而通过已有电弱相互作用的精确测量限制显示希格斯粒子的质量很有可能 (95%的置信度) 小于 152GeV[13]。希格斯粒子的质量下限已经被 LEP 上的实验测定为 114.4GeV[14]。

SM 希格斯粒子的产生截面以及不同衰变末态的分支比随着希格斯粒子质量变化的曲线如图 6a 和图 6b 所示 [15]。pp 对撞实验中希格斯粒子的产生主要有四种机制：首先是胶子融合机制，其次是矢量玻色子融合的机制 (VBF)，还有 WH 与 ZH 这种玻色子伴随产生过程 (VH)，最后是顶夸克对伴随产生过程。

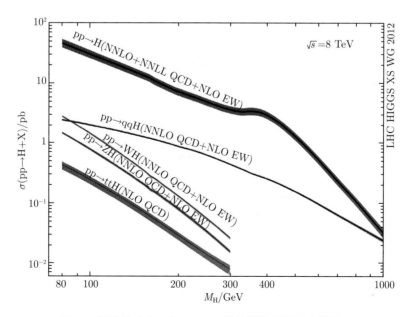

图 6a 标准模式在 $\sqrt{s} = 8$TeV 希格斯粒子的产生横截面

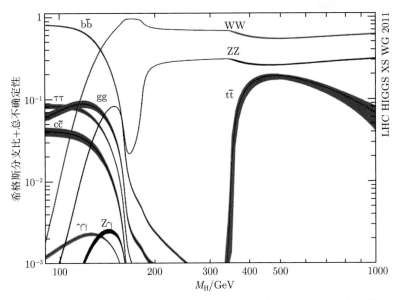

图 6b　标准模型下希格斯粒子的分支比，作为希格斯粒子质量的函数

　　SM 预测希格斯粒子与双费米子 (f) 的耦合强度正比于费米子质量的平方 (m_f^2)，而希格斯粒子与双玻色子 (V) 的耦合强度正比于玻色子质量的四次方 (m_V^4/v^2)，v 是希格斯标量场的真空期望值 (v =246GeV)。高能物理学家对希格斯粒子进行大范围的搜寻，他们不仅在不同质量区上探索，同时也寻找不同的衰变末态，如双光子末态、双 Z 玻色子末态、双 W 玻色子末态、b 夸克对末态、τ 轻子对末态。假定希格斯粒子质量为 125GeV，那么它衰变到双光子对的分支比为 2.3×10^{-3}，衰变到双 Z 玻色子然后再衰变为四个电子或者四个 μ 子，又或者是双电子、双 μ 子末态的分支比为 1.25×10^{-4}，衰变到双 W 玻色子然后再衰变到双轻子、双中微子的末态的分支比为 1%，衰变到 τ 轻子对末态的分支比为 6.4%，衰变到 b 夸克对的分支比为 54%。

　　寻找希格斯粒子的灵敏度与几个因素有关，包括:

- 希格斯粒子质量;
- 希格斯粒子的产生截面 (如图 6a);
- 希格斯粒子的衰变分支比 (如图 6b);
- 信号的探测效率;
- 该末态重建质量的分辨率;
- 该末态有背景噪声事件的数目。

　　要改善一个末态探测希格斯粒子的灵敏度，必须把该末态的事件根据信噪比情况分类, 对不同类型的事件作针对性的分析。在很多分析里使用到多个分辨信号与背景事件的变量, 这些变量通常经过挑选并与希格斯粒子质量不相关。通过多变量的分析可提高灵敏度。

1.4.1 希格斯玻色子的发现及其性质的测量

ATLAS[16] 与 CMS[17] 实验中最令人振奋的是发现质量为 125GeV 的新玻色子。

在 2011 年的取数的过程, ATLAS 与 CMS 实验在 7TeV 的对撞能量上对应积分亮度约 5fb^{-1} 收集了数据。在 2011 年底, 两个实验都首次显示有新粒子存在的迹象。当时的结论是两个实验都在质量谱相同区域 (120~130GeV) 发现实验数据事件数显著超出预期。

2012 年 1 月, 高能物理学家决定把对撞能量从 7TeV 增加到 8TeV, 使得希格斯粒子的产生截面增大 20%, 并且质子束对撞次数增大。ATLAS 实验与 CMS 实验都受益于这个改变。这两个实验都非常谨慎, 采用盲法分析, 即在重建算法与事件选择的判据没有定下来前不看实验数据, 以防产生人为的偏见。在 2012 年 7 月, ATLAS 实验与 CMS 实验都独立发现希格斯粒子 (见 4.2 节)。

在 2012 年底, 两个实验在 7TeV 的对撞能量上收集了约 5fb^{-1} 的对撞数据, 在 8TeV 的对撞能量上收集了约 20fb^{-1} 的对撞数据, 相当于两千万亿次质子对撞。利用这些数据, 高能物理学家对希格斯粒子的性质进行首次测量 (见 4.4 节)。

1.4.2 利用 2011 年全部数据与 2012 年部分数据的分析结果

在本节内, 我们将会讨论发现希格斯粒子的分析, 该分析用到 2011 年全部数据与 2012 年部分数据 (截止到 2012 年 6 月)。该分析用到两个分析道, 双光子分析道, 还有双 Z 玻色子分析道 (其中一个 Z 玻色子是虚粒子)。其中, 双 Z 玻色子分析道的末态为四个电子或者四个 μ 子, 又或者是双电子双 μ 子末态。该分析道有最好的质量分辨率 (希格斯粒子质量的百分之一的精度) 而且背景噪声事件很少。

1.4.2.1 H → γγ 衰变道

在双光子末态寻找希格斯粒子其实是在双光子质量谱上在 110~150GeV 的区域寻找一个尖峰。由于量子色动力学的背景很大, 该质量谱是一个连续下降的连续谱, 主要由背景事件组成, 特别是夸克与反夸克的湮灭的背景过程, 还有一种可区分的背景过程, 例如其中一个或者两个重建的光子可能来源于喷注的假光子。

信号事件选择判据要求重建的光子满足 p_T 的要求与通过光子识别的一系列变量的要求。例如, CMS 实验要求主要的 (次要的) 光子 p_T 大于 $m_{\gamma\gamma}/3$ ($m_{\gamma\gamma}/4$)。利用这种相对的 p_T 选择判据有效避免了由选择判据扭曲 $m_{\gamma\gamma}$ 谱的情况。通过对

$100 < m_{\gamma\gamma} < 180\mathrm{GeV}$ 的双光子不变质量谱进行拟合，背景事件的谱型在实验数据中用多项式函数拟合出来，不依赖 MC 模拟与理论预测。

CMS 实验双光子末态的分析结果见图 7a。在双光子质量谱中，我们可以看到一个尖峰在 125GeV 的区域 [17]。ATLAS 实验也看到类似结果 [16]。

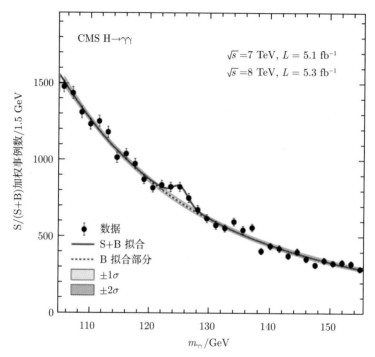

图 7a   CMS 实验所选取事例的以所在区间 S/B 加权的双光子不变质量谱，图中线条代表拟合本底和预期信号的分布 $(m_H = 125\mathrm{GeV})$

S: 信号；B: 本底

1.4.2.2   H → ZZ → 4*l* 的衰变

通过 H → ZZ → 4*l* 的衰变寻找希格斯的特点是：4 个带电轻子的不变质量峰很窄，并且本底低。本底包括不可压低的从夸克反夸克对撞或者胶子胶子对撞产生 ZZ 再衰变到 4 轻子的过程；也包括一些可压低的本底过程，比如 Z+bb 或者 tt 的过程，末态包含 2 个孤立轻子和两个混在 b 夸克喷注里的二手轻子。

事例选择时要求存在两对味道相同并且电荷相反的轻子。由于在可压低本底中，4e，4μ 和 2e2μ 这三道的本底率和质量分辨不一致，所以这三道分开来分析。一般要求电子的横动量 $p_T > 7\mathrm{GeV}$，μ 子 $p_T > 5\mathrm{GeV}$，电子和 μ 子都要求是孤立的。最主要的本底 ZZ 过程是通过蒙特卡罗模拟来估计的。

图 7b 展示了 ATLAS 实验的 m_{4l} 的分布 [16]。在 125GeV 附近看到了一个明显的峰。在 Z 质量处也看到了另一个峰，原因是 Z 衰变到两个轻子，其中一个轻子辐射出一个光子，然后再转换成一对轻子。CMS 实验也有类似的结果。

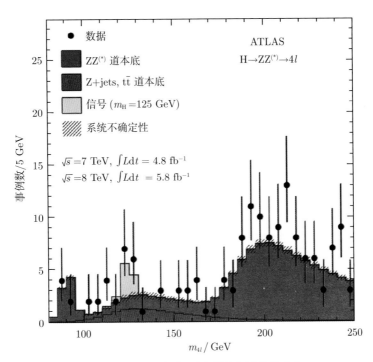

图 7b   ATLAS 实验 4 轻子不变质量的分布

黑点是数据，直方图是估计的本底，而蓝色直方图是期望的信号 (质量 125GeV)

1.4.2.3   综合结果

希格斯的其他衰变道也进行了寻找，并且把结果综合到了一起。综合结果在 2012 年 8 月分别被 ATLAS 和 CMS 发表。图 8 表示显著性随质量的变化。ATLAS[16] 和 CMS[17] 实验分别从 $\gamma\gamma$ 和 ZZ 这两个衰变道独立发现了一个大质量玻色子，质量几乎相同。ATLAS 看到的局部显著性是 6.0σ，期望值为 5.0σ。CMS 看到的局部显著性是 5.0σ，期望值为 5.8σ。

这个新粒子可以衰变到两个玻色子 (两个光子；两个 Z 玻色子；两个 W 玻色子)，表明它是自旋不能为 1 的玻色子。另外它衰变到两光子也意味着它的自旋可能为 0 或者 2。

ATLAS 合作组和 CMS 合作组展示的结果在误差范围内是符合的，同时与 SM 的预言也是相符合的。两个实验也注意到需要更多的数据来严格检验这一结论是否正确, 同时研究是否这个新粒子的性质意味着超出 SM 的新物理。

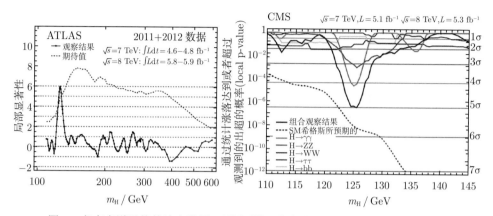

图 8   各衰变道寻找的综合结果, 观测到的和期望的局部显著性随质量的变化

ATLAS 实验结果见左图, CMS 见右图, 请注意两图的 y 轴是不一样的。右图中的 "local p-value" 的意思是通过统计涨落达到或者超过观测到的出超的概率。而对应的 "global p-value" 的意思是在任意的质量点 (一定范围内) 通过统计涨落达到或者超过观测到的出超的概率

1.4.3   来自 2011 年和 2012 年全部数据的结果

现在我们要展示来自 2011 年和 2012 年全部数据的结果。2011 年的对撞能量为 7TeV, 全年总积分亮度是约 5fb^{-1}, 2012 年的对撞能量为 8TeV, 全年总积分亮度是约 20fb^{-1}。大数据量可以证实新发现的玻色子的存在, 也可以观察除 $H \to ZZ \to 4l$ 和 $H \to \gamma\gamma$ 以外的衰变道, 同时也能首次实质性地测量这个新玻色子的性质。

1.4.3.1   衰变到玻色子: $H \to \gamma\gamma$, $H \to ZZ \to 4l$ 和 $H \to WW \to 2l2\nu$ 的衰变模式

图 9a[18] 展示的是 ATLAS 实验 $H \to \gamma\gamma$ 的结果, 图 9b[19] 展示的则是 CMS 实验 $H \to ZZ \to 4l$ 的结果。信号是不容置疑的, 显著性有了提高, 结果见表 2 在 125GeV 处事例的超出更加明显了。两个实验其他相关的补充材料可以参阅文献 [20] 和 [21]。

通过 $H \to WW$ 寻找希格斯粒子。要求两个 W 都衰变到轻子, 这样事例中包含两个孤立的、带有相反电荷的、高横动量的轻子 (电子和 μ 子)。由于中微子不可探测, 事例还伴随大横动量丢失。将事例根据轻子的味道来分类, 分成 e^+e^-, $\mu^+\mu^-$ 和 $e\mu$, 同时根据喷注数来分类, 分成 0 喷注和 1 喷注, 可以提高信号的灵敏度。主要本底来自于不可压低的非共振 WW 过程。对于味道相同电荷相反的两个轻子, 要求 $(m_Z-15) < m_{ll} < (m_Z+15)$GeV, 以排除来自 Z 的本底。

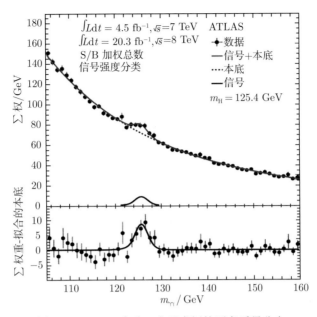

图 9a ATLAS 实验双光子事例的不变质量分布

图中也展示了多项式本底与信号叠加在一起进行拟合的结果, 底下展示的是扣除本底以后的分布

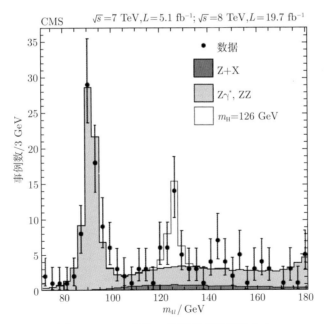

图 9b CMS 实验 4 轻子不变质量的分布

黑点是数据, 直方图是估计的本底, 而红色直方图是期望的信号

图 10a[22] 展示的是 CMS 实验 0 喷注 eμ 末态 eμ 的不变质量分布。图中也展示了质量为 125GeV 的 SM 希格斯期望的不变质量分布。图 10b[23] 展示了 ATLAS 实验横质量 m_T 的分布，底部是扣除本底以后的横质量分布。两者都清楚地表明事例的超出与质量为 125GeV 的希格斯的期望相符合。观测到的和期望的显著性请见表 2.

表 2　对于不同的希格斯衰变模式，ATLAS 和 CMS 实验 [30] 观测到的和期望的显著性，用标准差的倍数来表示。拟合中使用"只有本底"假设，并设定希格斯质量为 125GeV

实验衰变模式综合	ATLAS		CMS	
	期望值 (σ)	测量值 (σ)	期望值 (σ)	测量值 (σ)
γγ	4.6	5.2	5.3	5.6
ZZ	6.2	8.1	6.3	6.5
WW	5.8	6.1	5.4	4.7
bb	2.6	1.4	2.6	2.0
ττ	3.4	4.5	3.9	3.8
ττ+bb[26]	—	—	4.4	3.8

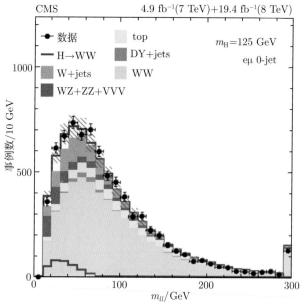

图 10a　CMS 实验 0 喷注 eμ 末态的 eμ 不变质量分布。红色直方图表示质量为 125GeV 的标准模型希格斯的衰变：H →WW→ $l\nu l\nu$，其他颜色的直方图代表一些主要本底的贡献

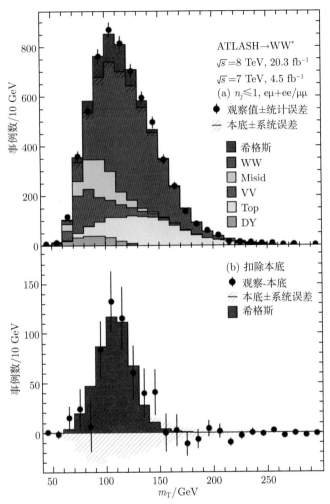

图 10b ATLAS 实验通过 H → WW →$l\nu l\nu$ 选择的事例的横质量分布, 这里所有轻子组合和喷注数小于等于 1 的事例类型都叠加在一起, 下图表示扣除本底以后的横质量分布, 并与标准模型的希格斯玻色子相比较

1.4.3.2 衰变到费米子: H → $\tau\tau$ 和 H → bb 的衰变模式

1.4.3.1 节主要描述了希格斯粒子与玻色子和上型夸克的耦合, 同样重要的是要检验它与费米子, 特别是下型费米子是否有耦合。要确定希格斯与下型夸克是否有耦合就要测量希格斯到底夸克和 τ 轻子的衰变。

H → $\tau\tau$ 的寻找要求事例末态包含 eμ, $\mu\mu$, eτ_{h}, $\mu\tau_{\mathrm{h}}$, $\tau_{\mathrm{h}}\tau_{\mathrm{h}}$, 其中电子和 μ 子来自 τ 的轻子衰变, 而 τ_{h} 表示 τ 的强子衰变。然后根据事例中喷注的数目和类型分成两类: i) 事例中包含一对前后向的喷注, 符合矢量玻色子熔合产生类型; ii) 事例

中包含至少一个高 p_{T} 强子喷注，但不在上面类型中。对于每一个事例类型，寻找重建的 $\tau\tau$ 质量分布上的超出。在分析中，主要的不可去本底，$Z \to \tau\tau$，和最大的可去本底 (W+ 喷注，多喷注产生过程，$Z \to ee$) 是用数据中各种控制样本来估计。

$H \to bb$ 衰变模式具有最大的分支比 (约 54%)。然而，因为 $\sigma_{bb}(\mathrm{QCD}) \sim 10^7 \times \sigma(H \to bb)$，所以主要用希格斯粒子和 W，Z 玻色子协同产生过程来寻找希格斯玻色子。W 和 Z 的衰变模式是：$W \to e\nu/\mu\nu$ 和 $Z \to ee/\mu\mu/\nu\nu$。分析中通过在末态探测是否有很大的横动量丢失来识别 $Z \to \nu\nu$ 衰变。重建希格斯玻色子要求有两个 b 夸克喷注 (jet)。

CMS[24] 和 ATLAS[27] 合作组报告了希格斯玻色子衰变到 $\tau\tau$ 轻子对的证据。其结果见表 2。CMS 更新了其研究，表 2 中的结果是来自于参考文献 [30] 中的 $\tau\tau$ 衰变分析。这个分析中 $H \to \tau\tau$ 和 $H \to WW$ 的贡献都被认为是信号。这样的处理提高了探测希格斯玻色子衰变到 $\tau\tau$ 和 WW 的灵敏度。

在目前数据统计精度下，CMS 通过 $H \to \tau\tau$[27] 和 VH 产生的 $H \to bb$[25] 过程寻找希格斯玻色子的结果相互一致，并且符合标准模型希格斯玻色子产生和衰变的预期。分析相同的数据，CMS 合并了这两个独立的测量结果 [26]。图 11 显示同信号强度下发现希格斯玻色子的置信水平扫描结果，以及 SM 希格斯玻色子

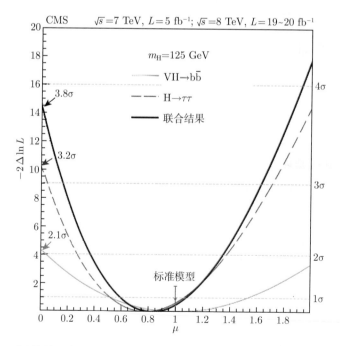

图 11　不同信号强度下发现希格斯玻色子的置信水平扫描，以及标准模型希格斯粒子 (m_{H} =125GeV) 产生和衰变的期望值

(m_H= 125GeV) 产生和衰变到费米子 (bb 和 $\tau\tau$) 的期望值。相对于本底水平, 发现 m_H= 125GeV 的希格斯玻色子的最大为 3.8σ。

图 12 显示 ATLAS 实验观测和期望的 $\tau\tau$ 质量分布[27]。图 12 中的每个衰变道的分布都加以了权重。权重是在包含 68% 信号的双 τ 质量分布范围内期望的信号和本底的事例数比值。此图也显示了观测的数据分布和期望本底分布的区别, 以及 m_H= 125GeV SM 希格斯玻色子的预期分布。ATLAS 实验结果显示在 125GeV, 观测的 (期望的) 信号超出相对于本底的是 4.5(3.4) 倍标准偏差。

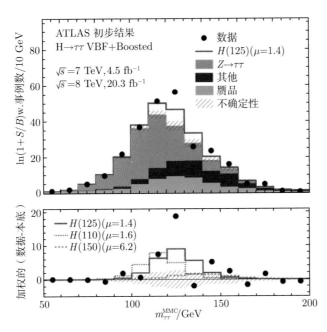

图 12　ATLAS 合作组观测和期望的带权重的双 τ 轻子质量分布, 下图显示不同希格斯信号质量下带权重数据事例和带权重本底事例 (点) 的比较, 其信号强度设置为最好拟合值

Tevatron 上的 CDF 和 D0 实验也报道其合并的观测信号为 3.0σ[28], 其中 H → bb 衰变道占主要贡献。所有这些结果都说明存在一个新玻色子到费米子的衰变, 和 SM 的预期相一致。

1.4.4　ATLAS 和 CMS 合作组 RUN I 数据合并的结果

1.4.4.1　希格斯玻色子的质量

ATLAS 和 CMS 都分别合并了它们 H → $\gamma\gamma$ 和 H → ZZ → $4l$ 道的希格斯质量测量结果, 这两个道具有最好的希格斯粒子质量分辨。在所有的分析道中, 信号都认为具有确定的质量, m_X。合并的结果是, ATLAS: $m_H = 125.36 \pm 0.37(\text{stat}) \pm 0.18(\text{syst})\text{GeV}$[29]; CMS: $m_H = 125.02 \pm 0.27(\text{stat}) \pm 0.14(\text{syst})\text{GeV}$[30], 两个实验结果符合得非常好。

1.4.4.2　信号的超出

表 2 总结了 ATLAS 和 CMS 实验各个衰变道 125GeV SM 玻色子期望和观测的局部显著性[30]。两个实验相互印证在 125GeV 附近发现一个新粒子。

1.4.4.3　新粒子和 SM 希格斯玻色子假设的一致性: 信号强度

要想知道新发现的粒子是否是 SM 的希格斯玻色子, 必须精确测量其性质。为此, 我们做了一些新粒子和标准模型希格斯玻色子预言一致性的测量。

一个比较是信号强度 $\mu = \sigma/\sigma_{SM}$, 即测量的产生信号 ×衰变分支比和 SM 预期的比值。分析中对每个衰变道和所有衰变道合并的结果都进行了信号强度 μ 值的比较。信号强度 μ 值为 1 意味着是 SM 希格斯粒子。

ATLAS 和 CMS 都通过不同衰变模式和额外标记的特定产生机制过程测量了 μ 值。图 13 显示了 ATLAS 和 CMS 不同衰变道和所有道合并的信号强度 μ 的最佳拟合值。对于 125GeV 的希格斯玻色子, CMS 的观测 μ 值是 1.00±0.09(统计)±0.08(理论)[30], ATLAS 的观测值是 1.30±0.20[31]。两个实验的 μ 值和 SM 希格斯玻色子的预期 (μ =1) 相一致。Tevatron 也测量了这一信号强度, 初步的 bb 道研究显示是 1.44±0.59[28]。

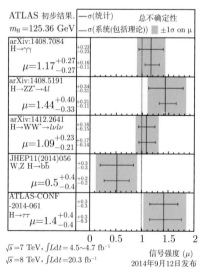
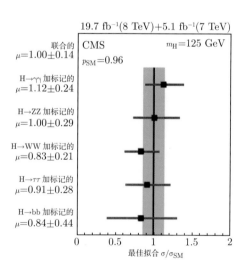

图 13　ATLAS(左图) 和 CMS(右图) 不同衰变道的 μ 值

1.4.4.4 希格斯玻色子的耦合

图 14 表明了希格斯玻色子的耦合对于衰变粒子 (τ、b 夸克，W、Z 和 t 夸克) 质量的依赖关系。图 14 中这一耦合用 λ 和 $\sqrt{(g/2v)}$ 项来表示，图中的直线是 SM 的期望值。对于费米子，图 14 显示了拟合的汤川耦合 Hff 的 λ 值，对于矢量玻色子，显示了 HVV 顶点除以两倍的希格斯玻色子场的真空期望值的耦合平方根 $\sqrt{(g/2v)}$。对于衰变到 μμ 的 125GeV 的希格斯玻色子，CMS 发现观测的 (期望的) 产生上限是 $7.4(6.5+2.8, -1.9)$[32]。它对应分支比上限为 0.0016。如 SM 所描述的那样，从 τ 轻子质量 (大约 1.8GeV) 到顶夸克质量 (比 τ 轻子质量大约 100 倍) 的很宽的一个质量范围内，耦合常数正比于粒子质量。

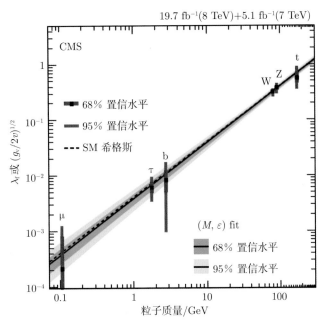

图 14 CMS 实验拟合的对于质量为 125GeV 的希格斯玻色子，耦合常数 λ 和 $\sqrt{(g/2v)}$ 相对标准模型预言的偏差与粒子质量的关系

1.4.4.5 自旋和宇称

鉴别这个新发现的玻色子是否就是希格斯粒子的另一个关键是确定它的量子数，这里也就是自旋宇称 (J^P)。这个玻色子的衰变粒子的角分布可以用来测试各种自旋假设。

在 H → ZZ → 4l 衰变模式中，所有末态被重建，包括对自旋宇称敏感的角变量。5 个角度和 2 个双轻子对质量的不同组合可用来形成多个增强决策树 (BDT) 的鉴别量。1 个决策树就是一系列判选条件，用来识别事例像信号还是像本底。

在 H → WW →$l\nu l\nu$ 衰变模式中，例如在 ATLAS 实验中，用于拟合的鉴别量就是两个不同的增强决策树的输出，这两个增强决策树被分别地训练用来识别 0^+ 事例伴本底事例和 2^+ 事例伴本底事例。对于这些增强决策树，使用的运动学变量是横质量 m_{T}，两个轻子的方位角差，$\Delta\varphi_{ll}, m_{ll}$ 和双轻子 p_{ll}^T。

CMS 介绍了对 ZZ → $4l$ 的第一次研究 [33]，数据不支持纯赝标假设 (图 15)。他们将 ZZ → $4l$ 和 WW →$l\nu l\nu$ 放在一起进行自旋分析 [34]，数据支持观测到的玻色子 $J^{\mathrm{P}} = 0^+$ 的假设，而不支持以下的假设，即该玻色子由胶子相熔合过程中最小耦合产生，它像引力子一样有 $J^{\mathrm{P}} = 2^+$，这种假设的置信度只有 0.60%。

ATLAS 也介绍了对希格斯玻色子候选者自旋的研究 [35]，他们将 H → γγ，H → WW →$l\nu l\nu$，H → ZZ → $4l$ 这 3 个衰变道放在一起去鉴别 SM 的预先设置 $J^{\mathrm{P}} = 0^+$ 和一个特别的模型 $J^{\mathrm{P}} = 2^+$。数据强力支持 $J^{\mathrm{P}} = 0^+$ 假设 (图 16)。具体的假设 $J^{\mathrm{P}} = 2^+$ 被排除的置信度在 99.9% 以上，不管这个自旋为 2 的粒子是产生于胶子相溶过程还是夸克反夸克湮灭过程。

以上提到的结果显示两个实验都强力地支持自旋宇称 $J^{\mathrm{P}} = 0^+$ 的假设，而别的假设 $J^{\mathrm{P}} = 0^-, 1^+, 1^-, 2^+$ 被排除的置信度在 97.8% 以上。

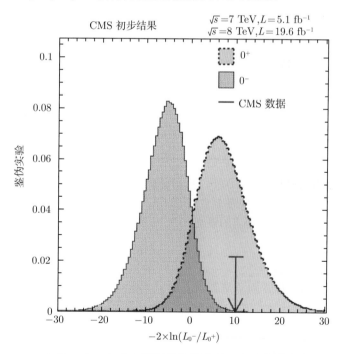

图 15　$q = -2\ln(L_{\mathrm{JP}}/L_{\mathrm{SM}})$ 分布的两种信号类型，0^+(右侧黄色直方图) 和 0^- 假设 (左侧蓝色直方图)，当 m_{H} =126GeV 时所大量产生的实验结果，箭头表示观测值

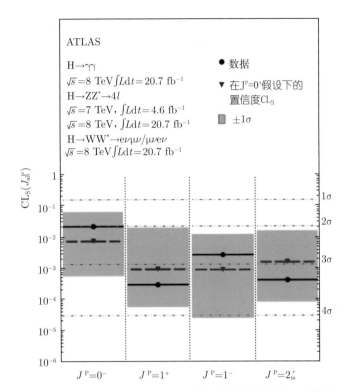

图 16 预期的 (虚线/蓝色三角形) 和观测的 (实线/黑色圆点) 置信度 CL_S 为自旋–宇称 $J^P = 0^+$ 假设的, 绿色的部分代表在 $J^P = 0^+$ 的假设下信号的置信度 $CL_S(J^P_{alt})$ 在 68% 的排除范围

1.5 总结和展望

两个实验的结果显示标量希格斯玻色子已经被发现。它似乎是一个基本粒子, 它的自旋–宇称和它与 SM 其他粒子的相互作用符合 SM 对希格斯玻色子的预言。

虽然两个实验对这个新发现粒子性质的确认取得了巨大的进步, 但依然存在几个显著的疑问。科学家希望这些疑问被 LHC 第二次运行解决 (LHC 第二次运行开始于 2015 年春季, 此时束流能量是 LHC 第一次运行时的两倍), 或被随后的 HL-LHC 解决 (它的目标是积分亮度达 3000fb^{-1})[36,37], 或被将来可能的对撞机解决。

对这个新粒子性质的改进测量, 包括观测稀有衰变 H →μμ, 将给人们提供更精确的信息去了解该粒子的自然属性, 例如它是基本粒子还是复合粒子。超出 SM 物理对希格斯玻色子与费米子和玻色子相互作用的预言与 SM 的预言有百分之几的偏离, 这取决于新粒子的能量标度; 因此, 为使对这种偏离的探测有意义, 实验的精度要求在从千分之几到百分之几的范围内。

　　如果人们希望对电弱对称性破缺机制进行有决定意义的探索，就要研究具有高玻色子对质量 (m_{VV}) 的 WW, ZZ 和 WZ 产生。这些研究将测试 SM 是否 "自圆其说"。在标准模型中，如果没有希格斯玻色子，两个左手规范玻色子散射的截面随能量发散，在 $m_{VV} \geqslant 1\text{TeV}$ 时，成为非物理行为。因此，去验证这个新发现的粒子是否恢复了理论的好行为或揭示另外的动力学对电弱对称性的贡献是很关键的一步。

　　在 SM 的拉氏量中，希格斯玻色子的自相互作用引入了标量势，这可以用升级以后的 LHC 满积分亮度数据 (每个实验 3000fb^{-1}) 观测到。到那时，大约 10 亿个希格斯玻色子产生了，使对这个新粒子的奇异衰变和稀有衰变的研究成为可能。

　　同时，对新物理的探测可以澄清这个 (轻) 希格斯玻色子的质量是否被一个新的对称稳定下来。至于为什么一个基本标量粒子有低到 100GeV 的质量，它确实是一个难题。在不对 SM 进行扩充的情况下，量子修正使这样的一个基本粒子质量上升到第二高物理质量标度，在不对 SM 进行扩展的情况下可以高至 10^{15}GeV。人们求助于假设存在一个新对称，这个新对称是一个超对称。最简单的超对称形式预言存在 5 个希格斯玻色子，其中 1 个希格斯玻色子的质量类似于 SM 的希格斯玻色子，低于 140GeV，这与 SM 的希格斯玻色子质量略有差异。人们需要更多的数据去严格测试新发现的玻色子与 SM 兼容，并用对新发现的玻色子性质的精确测量确认我们是否发现了超出 SM 的新物理。

　　至今收集到的数据表明我们已发现了一个标量场，它充满了我们整个宇宙。天文学和天体物理学测量指出了宇宙的能量物质成分：约 4% 的正常物质，它发光，约 23% 的暗物质，其余是暗能量。暗物质与物质只有很弱的相互作用，也有引力相互作用，没有电磁和强相互作用。众多模型中的最轻超对称粒子就具有这样的性质，在这些模型中一个称为 R- 宇称的量子数守恒，$R = (-1)^{3(B-L)+2s}$，其中 s、B 和 L 分别是自旋、重子数和轻子数。因此，这样的问题产生了，暗物质是自然界的超对称粒子？基本标量场对猜测我们的宇宙在大爆炸后立刻暴涨和最近观测到的宇宙正在加速膨胀起了重要作用，宇宙正在加速膨胀和别的测量说明暗能量存在。希格斯玻色子的发现对这种猜测起到推进作用。

　　经过数十年的杰出的理论和实验努力，以及三年的 LHC 运行，标准模型预言的粒子全找到了。然而，由于许多关键疑问还没有答案，标准模型不是粒子物理的最终理论。这些疑问包括宇宙的组成成分、暗物质的鉴别、物质和反物质不对称的缘由、中微子质量的起源、希格斯玻色子质量轻的诱因、引力比起别的力绝对弱小。大家都期待这次的发现是通向超出 SM 物理的一个入口。物理学家正殷切地希望 LHC 更高能量的运行，以确认这个新的玻色子的自然属性，并发现解决粒子物理学和宇宙学中别的未解决的基本问题的一些线索和答案。LHC 的物理探索刚开始，在未来的数十年中，新的发现将达到一个高潮。

感谢

ATLAS 和 CMS 两个大复杂实验的建设、运行和开发需要人才、资源和世界范围的成千的科学家、工程师、技术员的投入。这篇文章献给那些在两个实验工作的人们。我们要感谢 LHC 加速器的不可思议的建设和有效的运行与 wLCG 运算的基础设施。

这样一个杰出的成就是创造力、想象力、高能物理界的毅力和二十多年有才能的全身心投入 LHC 工程的人们的工作的结晶。

参 考 文 献

[1] S. L. Glashow, *Nucl. Phys.* **22**, 579 (1961).

[2] S. Weinberg, *Phys. Rev. Lett.* **19**, 1264 (1967).

[3] A. Salam, in *Proceedings of the Eighth Nobel Symposium*, ed. N. Svartholm (Almqvist & Wiskell, 1968), p. 367.

[4] F. Englert and R. Brout, *Phys. Rev. Lett.* **13**, 321 (1964).

[5] P. W. Higgs, *Phys. Lett.* **12**, 132 (1964).

[6] P. W. Higgs, *Phys. Rev. Lett.* **13**, 508 (1964).

[7] G. S. Guralnik, C. R. Hagen and T. W. B. Kibble, *Phys. Rev.* **155**, 1554 (1967).

[8] P. W. Higgs, *Phys. Rev.* **145**, 1156 (1966).

[9] T. W. B. Kibble, *Phys. Rev.* **155**, 1554 (1967).

[10] L. Evans (ed.), *The Large Hadron Collider, a Marvel of Technology* (EPFL Press, 2009); L. Evans, P. Bryant (ed.) and LHC Machine, *JINST* **03**, S08001 (2008).

[11] ATLAS Collaboration, a) Letter of Intent, CERN-LHCC-92-004 (1992); b) *Technical Proposal*, CERN-LHCC-1994-043 (1994); c) The ATLAS Experiment at the LHC, *JINST* **3**, S08003 (2008).

[12] CMS Collaboration, a) Letter of Intent, CERN-LHCC-92-003 (1992); b) *Technical Proposal*, CERN-LHCC-1994-038 (1994); c) The CMS Experiment at the LHC, *JINST* **3**, S08004 (2008).

[13] ALEPH, CDF, D0, DELPHI, L3, OPAL, SLD Collaborations, the LEP Electroweak Working Group, the Tevatron Electroweak Working Group, and the SLD Electroweak and Heavy Flavour Groups, Precision electroweak measurements and constraints on the standard model, CERN PH-EP-2010-095, http://lepewwg. web.cern.ch/LEPEWWG/ plots/winter2012/, arXiv:1012.2367, 2010, http://cdsweb. cern.ch/record/1313716.

[14] ALEPH, DELPHI, L3, OPAL Collaborations, and LEP Working Group for Higgs Boson Searches, *Phys. Lett. B* **565**, 61 (2003).

[15] LHC Higgs Cross Section Working Group, *Handbook of LHC Cross Sections: 1. Inclusive Observables*, arXiv:1101.0593 (2011); *2. Differential Distributions*, arXiv: 1201.3084 (2012); *3. Higgs Properties*, arXiv: 1307. 1347 (2013).

[16] ATLAS Collaboration, Observation of a new particle in the search for the Standard Model Higgs boson with the ATLAS detector at the LHC, *Phys. Lett. B* **716**, 1 (2012).

[17] CMS Collaboration, Observation of a new boson at a mass of 125 GeV with the CMS experiment at the LHC, *Phys. Lett. B* **716**, 30 (2012).

[18] ATLAS Collaboration, Measurement of Higgs boson production in the diphoton channel in pp collisions at centre-of-mass energies of 7 and 8TeV with the ATLAS detector, *Phys. Rev. D* **90**, 112015 (2014).

[19] CMS Collaboration, Measurement of the properties of a Higgs boson in the four-lepton state, *Phys. Rev. D* **89**, 092007 (2014).

[20] ATLAS Collaboration, Measurement of Higgs boson production and couplings in the four-lepton channel in pp collisions at center-of-mass energies of 7 and 8 TeV with the ATLAS detector, *Phys. Rev. D* **91**, 012006 (2015).

[21] CMS Collaboration, Observation of the diphoton decay of the Higgs boson and measurement of its properties, *Eur. Phys.* **74**, 3076 (2014).

[22] CMS Collaboration, Measurement of Higgs boson production and properties in the WW decay channel with leptonic states, *JHEP* **01**, 096 (2014).

[23] ATLAS Collaboration, Observation and measurement of Higgs boson decays to WW*. with the ATLAS detector, CERN-PH-EP-2-14-270, arXiv:1412.2641 (2014), submitted to *Phys. Rev. D* (2014).

[24] CMS Collaboration, Evidence for the 125 GeV Higgs boson decaying into a pair of τ leptons, *JHEP* **05**, 104 (2014).

[25] CMS Collaboration, Search for the standard model Higgs boson produced in association with a W or a Z boson and decaying to bottom quarks, *Phys. Rev. D* **89**, 012003 (2014).

[26] CMS Collaboration, Evidence for the direct decay of the 125 GeV Higgs boson to fermions, *Nat. Phys.* **10**, 557 (2014).

[27] ATLAS Collaboration, Evidence for Higgs Boson Yukawa coupling to tau leptons with the ATLAS Detector, arXiv: 1501.04943 (2015), submitted to *JHEP*.

[28] CDF and D0 Collaborations, Higgs boson studies at the Tevatron, *Phys. Rev. D* **88**, 052014 (2013).

[29] ATLAS Collaboration, Measurement of the Higgs boson mass from the H $\to \gamma\gamma$ and H $\to$ ZZ* $\to 4l$ with the ATLAS detector at the LHC, *Phys. Rev. D* **90**, 052004 (2014).

[30] CMS Collaboration, Precise determination of the mass of the Higgs boson and test of compatibility of its couplings with the standard model predictions using proton collisions at 7 and 8 TeV, CMS-HIG-14-009, arXiv: 1412.8662 (December 2014), submitted to *EPJC*.

[31] ATLAS Collaboration, Updated coupling measurements of the Higgs boson with the ATLAS detector using up to 25 fb^{-1} of proton-proton collision data, ATLAS-CONF-2014-009 (2014).

[32] CMS Collaboration, Search for a standard model-like Higgs boson in the $\mu^+\mu^-$. and e$^+$e$^-$. decay channels at the LHC, arXiv: 1410.6679 (2014), submitted to *Phys. Lett. B.*

[33] CMS Collaboration, Study of the mass and spin-parity of the Higgs boson candidate via its decays to Z boson pairs, *Phys. Rev. Lett.* **110**, 081803 (2013).

[34] CMS Collaboration, Constraints on the spin-parity and anomalous HVV couplings of the Higgs boson in proton collisions at 7 and 8 TeV, CMS-HIG-14-018, arXiv: 1411. 3441 (2014).

[35] ATLAS Collaboration, Evidence for the spin-0 nature of the Higgs boson using ATLAS data, *Phys. Lett.* **726**, 120 (2014).

[36] ATLAS Collaboration, Physics at a High-Luminosity LHC with ATLAS, ATL-PHYS-PUB-2013-007, arXiv: 1307. 7292.

[37] CMS Collaboration, Projected Performance of an Upgraded CMS Detector at the LHC and HL-LHC, CMS Note-13-002, arXiv: 1307. 7135.

第2篇　重味强子物理的精确测量

Patrick Koppenburg[1]　　Vincenzo Vagnoni[2]

1 Nikhef National Institute for Subatomic Physics,

PO Box 41882, 1009 DB Amsterdam, The Netherlands

European Organization for Nuclear Research (CERN),

CH-1211 Geneva 23, Switzerland

patrick.koppenburg@cern.ch

2 Istituto Nazionale di Fisica Nucleare (INFN),

Sezione di Bologna via Irnerio 46, 40126 Bologna, Italy

vincenzo.vagnoni@bo.infn.it

高原宁　译
清华大学工程物理系

　　理解味动力学是基本粒子物理学研究的关键目标之一。近 15 年来，标准模型中评述了夸克味量子数转换过程的小林-益川机制取得了巨大成功。这项重要成就的达成要归功于一系列的粒子物理实验，尤其是在 B 工厂、Tevatron 以及现在的 LHC 上进行的实验。本文简要介绍味物理的现状和未来展望，着重介绍 LHC 上各项实验作出了最显著贡献的一些分析结果，尤其是最近观测到的 $B_S^0 \to \mu^+\mu^-$ 衰变。

2.1　引　　言

　　标准模型 (SM) 代表了描述基本粒子相互作用的基础理论的最新发展水平。在 SM 的发展中，味物理发挥了关键的作用。SM 可以精确地描述目前观测到的所有与电磁、弱和强相互作用相关的基本物理现象。但是，它无法解释一些重要现象，特别是无法回答一个最基本的问题：为什么在可观测范围内宇宙中反物质所占比例如此之低。基于 Andrei Sakharov 在 1967 年的工作 [1]，CP破坏，即物理规律在电荷共轭 (C) 和宇称 (P) 的联合变换下的不对称性，是从对称宇宙按动力学演化成重子不对称宇宙的一个必要条件。然而，SM 中CP破坏程度过低，距解释观测到的宇宙中的重子不对称差几个量级 [2-4]。因此，一定存在超出 SM(BSM) 的其他CP破坏来源，它们可以令一些CP破坏量与 SM 预言出现可观测的偏离。在 SM

中被强烈压低的稀有衰变尤其有趣，因为与 SM 相比，它们 BSM 的衰变振幅可能相当大。

利用第一个运行周期 (Run I) 内收集的 7TeV 和 8TeV 质心能量下的质子–质子 (pp) 对撞数据，大型强子对撞机 (LHC) 首次观测到了 Higgs 玻色子 [5,6]，但是没有发现其他新粒子存在的迹象，也没有找到超对称或超出 SM 的直接信号。除了 Higgs 粒子的发现，ATLAS[7]、CMS[8] 和 LHCb[9] 实验 Run I 的分析结果在CP破坏和重味强子的稀有衰变领域也产生了重大影响。特别是主要利用包含 μ 子对的末态，LHCb 发表了 c 和 b 夸克领域的大量味物理的观测结果，ATLAS 和 CMS 则对 b 夸克研究作出了很大的贡献。这些测量也都没有发现 BSM 的迹象。

尽管如此，持续改进味物理领域的理论和实验，对未来基本粒子物理学的发展是极为重要的。一方面，这些改进可以提高间接测量 BSM 物理的能力，在没有直接探测到 BSM 信号的情况下探索更高的能标。另一方面，一旦直接观测到新粒子，将使精确测定 BSM 的拉氏量成为可能。本文从对重味物理发展历史的简短介绍出发，综述了目前的研究状况，着重介绍了 LHC 上各项实验作出了最显著贡献的一些结果。

2.2 历 史 回 顾

2.2.1 小林–益川机制的起源

如前文所说，味物理在 SM 的发展中发挥了重要作用。比如小林 (Makoto Kobayashi) 和益川 (Toshihide Maskawa) 在 1973 年一篇著名文章 [10] 中预言了第三代夸克的存在，就是这方面最著名的预言之一。这项工作使他们获得了 2008 年的诺贝尔物理学奖，以表彰他们发现了对称性破坏的起源，进而预言了自然界中至少三代夸克的存在。Kobayashi 和 Maskawa 拓展了卡比博 (Cabibbo) 机制 [11](仅包括 u、d 和 s 夸克) 和 Glashow-Iliopoulos-Maiani 机制 (GIM 机制，同时包括了 c 夸克)，指出如果存在六种夸克，CP对称性破坏就能被包含进 SM 的框架中。这一理论通常被称作小林–益川 (KM) 机制。必须强调的是，在他们提出这一机制时，实验上还只观测到了较轻的三个夸克组成的强子。1974 年实验上发生了突破性的进展，Brookhaven[13] 和 SLAC[14] 几乎同时发现了包含 c 夸克的新粒子。接下来 FNAL 又在 1977 年和 1995 年相继观测到了 b 夸克 [15] 和 t 夸克 [16]。

Kobayashi 和 Maskawa 提出的这一概念在 20 世纪 80 年代初期以卡比博–小林–益川 (CKM) 夸克混合矩阵的形式纳入了 SM 之中。CP对称性破坏这一早在 1964 年就由中性 K 介子衰变实验 [17] 揭示的现象终于因 CKM 矩阵中一个不可约的复相角得到合理解释。这样一来，实验上对 KM 机制有效性的证明以及对CP破坏相角的精确测量就变得至关重要。

2.2.2   B 物理的兴起

CKM 矩阵的性质使得 KM 机制的精确检验需要将物理研究扩展到重味强子领域。20 世纪 80 年代初 CESR 的 CLEO 实验[18] 在 b 夸克领域做出了开创性工作。同一时期，Ikaros Bigi、Ashton Carter 和 Tony Sanda 发表了系列文章，研究在 B^0 衰变至 $J/\psi K_S^0$ 这一CP本征态的衰变概率中体现出明显CP破坏效应的可能性[19,20]。另外，他们也指出这一测量结果可以用不包含强相互作用带来的相关理论不确定度的CP破坏相角来解释。然而，实验上面临两个难题：一是实验观测所需要的 B^0 介子数目远远超出了当时的产生和收集能力；二是需要一种精确测量衰变时间的方法并能够确定 B^0 介子产生时的味量子数。

不久后的 1987 年，DESY 上运行的 ARGUS 实验首次测量了 B^0 和 $\bar{B}^0$ 介子的混合比[21]，使通过 $B^0 \to J/\psi K_S^0$ 衰变测量CP破坏成为可能。此外，正负电子储存环性能的极大提升也增强了这一可能性。20 世纪 80 年代末，人们研究了多种不同的新实验装置的设计方法。其中，Pier Oddone 在 1987 年提出了一个新颖的设想：运行于 $\Upsilon(4S)$ 质心能量下的高亮度不对称环形正负电子对撞机[22]。因为束流能量的不对称，产生的 B 介子会向实验室系中更高能量束流的方向运动。B 介子衰变长度由最先进的硅顶点探测器测量，从而实现衰变时间的精确测量。最终，两个基于 Oddone 想法的实验装置，即所谓的 B 工厂，被建造了出来。它们分别是美国 SLAC 的 PEP-II 实验和日本 KEK 的 KEKB 实验。相应的探测器，PEP-II 上的 BaBar[23] 和 KEKB 上的 Belle[24] 分别于 1993 年和 1994 年通过了测试。如果说 CESR 最初能够每天产生几十对 $b\bar{b}$，那么 PEP-II 和 KEKB 就能够每天产生 100 万量级的 $b\bar{b}$。

同时，在 20 世纪 90 年代，Z^0 工厂，比如 CERN 的 LEP 实验[25−28] 及 SLAC 的 SLD 实验[29]，也进行了很多 b 物理的实验测量。尽管数据量相对较少，但 Z^0 衰变产生的 b 强子具有明显前冲的特点，这使得所有 b 强子寿命和中性 B 介子振荡频率的测量得以实现。特别是，这是第一次使研究 B_s^0 介子和 b 重子，甚至是少数的 B_c^+ 介子衰变[30,31] 成为可能。Tevatron 以强子碰撞作为 b 夸克的来源，利用它的 Run I 数据也做出了类似的开创性工作[32]。

PEP-II 和 KEKB 运行后不久就打破了之前粒子对撞机瞬时和积分亮度的纪录。在这两个项目结束时，BaBar 和 Belle 以 3% 的相对精度测量了 $B^0 \to J/\psi K_S^0$ 衰变中的CP破坏效应[33,34]。在 BaBar 和 Belle 上收集到的大量 B 介子衰变事例促进了一系列味领域中实验的开展，这远远超出了最初的预期。同时，Tevatron 的 Run II 数据使它也在这些方面迈出了重大的一步。尽管与 B 工厂相比，FNAL 的 CDF 和 D0 实验的研究范围有限，但是它们收集了大量重味强子衰变的事例，并进行了一些高精度的测量[35]，尤其是在 2006 年第一次观测到 B_s^0 介子混合[36]。

2.2.3 LHC 时期

在 BaBar 和 Belle 探测器尚处于结构检查阶段，还未被批准运行的时候，就已经有三个明确的 LHC 上的 b 物理实验方案被提出，分别名为 COBEX、GAJET 和 LHB。GAJET 和 LHB 都是基于固定靶的实验，前者是将一个气体靶放置在 LHC 的束流管内进行实验，后者则将束流引出，在外部进行实验。COBEX 则基于质子–质子对撞模式。这三组实验的发起者之后组成了一个团队，一起向 LHC 实验委员会 (LHCC) 提交了一个基于对撞机模式的实验方案，即 LHCb[9]。为发挥 LHC 在重味物理方面研究的潜力，LHCb 探测器放置在质子–质子对撞的前向区间，以利用 LHC 束流前向 (或后向) 较大的 b$\bar{\text{b}}$ 产生截面。LHCb 实验在 1998 年被批准通过，并在 2009 年 LHC 启动时开始采集数据。

LHCb 探测器 [9,37] 结构如图 1 所示。探测器包含一个高精度的寻迹系统，该系统由一个包围质子–质子对撞区域的硅条顶点探测器、一个放置于约有 4T·m 偏转能力的偶极磁铁上游的大面积的硅条探测器和磁铁下游的三组硅条探测器及漂移管组成。寻迹系统能够测量带电粒子的动量，测量的相对误差从低动量时的 0.5% 到 200GeV/c 时的 1.0% 不等。顶点探测器内的硅传感器距离 LHC 的束流只有 8mm，使得在对撞顶点附近的径迹测量能达到很高的精度。这对于区分 b 和 c 强子衰变的信号事例和本底至关重要，这些强子在实验室系中的飞行距离往往只有几毫米。径迹到对撞顶点的距离——即碰撞参数——的测量分辨率能达到 15~30μm。

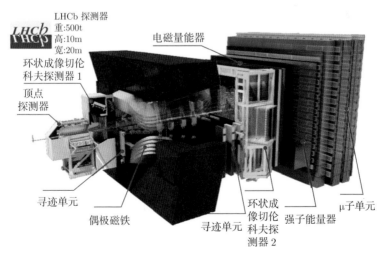

图 1　LHCb 探测器结构示意图

与 ATLAS 和 CMS 探测器相比，LHCb 探测器有良好的带电强子鉴别能力。这主要通过两个放置在径迹探测器两边的环状切伦科夫 (RICH) 探测器实现。在粒子动量已知的情况下，这两个 RICH 探测器能够给出质子、K 介子和 π 介子的鉴别信息。电磁量能器由闪烁体平板和预簇射探测器组成，能够提供光子和电子的能量和位置信息，结合寻迹系统的信息，也能够对这些粒子进行鉴别。放置在电磁量能器之后的强子量能器能够提供强子的粒子鉴别信息。在探测器最后，是一个 μ 子鉴别系统，由铁和多丝正比室交替层叠而成。LHCb 探测器能通过触发系统 [38] 进行线上事例筛选。触发系统包括基于量能器和 μ 子鉴别系统的硬件触发，以及基于完整事例重建的软件触发。LHCb 在远低于 LHC 束流峰值亮度的瞬时亮度下运行，这是为了使它能够在探测器接收范围覆盖的前向区域更好地将 b 和 c 强子衰变产生的带电粒子与其他质子–质子对撞的产物区分开来。在 LHC 第一次运行期间，LHCb 的对撞点上平均每一次质子束交叉会发生约 1.7 次质子–质子对撞，对应的亮度为 $4 \times 10^{32} \mathrm{cm}^{-2} \cdot \mathrm{s}^{-1}$。通过动态调整 LHC 束流的横向偏移，这个亮度得以保持不变。

除了 LHCb，ATLAS 和 CMS 探测器的设计目标也包括进行 b 物理测量，但因为受限于触发系统，并且缺乏有良好的对带电强子进行粒子鉴别能力的子探测器，它们测量的对象主要是末态包含 μ 子对的事例。

2.3 CKM 矩阵

2.3.1 定义

在 SM 中，夸克的带电流相互作用由拉氏量描述

$$\mathcal{L}_{W\pm} = -\frac{g}{\sqrt{2}} \overline{U}_i \gamma^\mu \frac{1-\gamma^5}{2} (V_{\text{CKM}})_{ij} D_j W_\mu^+ + \text{h.c.}$$

其中，g 是电弱相互作用的耦合常数，V_{CKM} 是 CKM 矩阵

$$V_{\text{CKM}} = \begin{pmatrix} V_{\text{ud}} & V_{\text{us}} & V_{\text{ub}} \\ V_{\text{cd}} & V_{\text{ca}} & V_{\text{cb}} \\ V_{\text{td}} & V_{\text{ts}} & V_{\text{tb}} \end{pmatrix}$$

来自于 SM 中SU(2)$_L$ 夸克双重态的上下型夸克在味空间中的错位。矩阵元 V_{ij} 代表着上型夸克 $U_i = (\text{u, c, t})$ 和下型夸克 $D_j = (\text{d, s, b})$ 之间的耦合。

CKM 矩阵的一个重要性质就是其幺正性，这决定了其自由参数的个数。通常地，一个 $N \times N$ 的幺正矩阵依赖于 $N(N-1)/2$ 个混合角和 $N(N+1)/2$ 个复相位。在 CKM 情形中，为描述夸克味本征态之间的混合矩阵，在拉氏量中对每个夸克场的相位进行了重新定义，抵消了 $2N-1$ 个无物理意义的相位。因此，用来描述 N

代夸克混合的 $N \times N$ 复矩阵拥有

$$\underbrace{\frac{1}{2}N(N-1)}_{\text{混合角}} + \underbrace{\frac{1}{2}N(N-1)(N-2)}_{\text{具有物理意义的复相位}} = (N-1)^2$$

个参数。有趣的是,当 $N=2$ 时可以得到只有一个自由参数——即卡比博角 θ_{C}[11]——的 GIM 混合矩阵

$$V_{\mathrm{GIM}} = \begin{pmatrix} \cos\theta_{\mathrm{C}} & \sin\theta_{\mathrm{C}} \\ -\sin\theta_{\mathrm{C}} & \cos\theta_{\mathrm{C}} \end{pmatrix}$$

V_{GIM} 在 1970 年被提出时,是为了解释味道改变中性流 (FCNC) 被压低的过程,并提供了粲夸克发现的基础 [12–14]。当 $N=3$ 时,自由参数有四个:三个混合角和一个复相位。正是这个相位导致了标准模型中弱相互作用的CP破坏。

2.3.2 标准参数化

在众多定义中,一种标准的 V_{CKM} 参数化的形式为

$$V_{\mathrm{CKM}} = \begin{pmatrix} c_{12}c_{13} & s_{12}c_{13} & s_{13}\mathrm{e}^{-\mathrm{i}\delta} \\ -s_{12}c_{23} - c_{12}s_{23}s_{13}\mathrm{e}^{\mathrm{i}\delta} & c_{12}c_{23} - s_{12}s_{23}s_{13}\mathrm{e}^{\mathrm{i}\delta} & s_{23}c_{13} \\ s_{12}s_{23} - c_{12}c_{23}s_{13}\mathrm{e}^{\mathrm{i}\delta} & -c_{12}s_{23} - s_{12}c_{23}s_{13}\mathrm{e}^{\mathrm{i}\delta} & c_{23}c_{13} \end{pmatrix}$$

其中,$s_{ij} = \sin\theta_{ij}$,$c_{ij} = \cos\theta_{ij}$,δ 是CP破坏相位。令所有的 θ_{ij} 在第一象限,可得 s_{ij}, $c_{ij} \geqslant 0$。当 θ_{ij} 等于零,第 i 和 j 代夸克之间的耦合就会消失;当 $\theta_{13} = \theta_{23} = 0$ 时,第三代夸克会去耦合,CKM 矩阵将退化为 V_{GIM} 的形式。混合矩阵中复相位的存在是CP破坏的必要条件,但并不充分。正如文献 [39] 中所说,另外一个关键条件是

$$(m_{\mathrm{t}}^2 - m_{\mathrm{c}}^2)(m_{\mathrm{t}}^2 - m_{\mathrm{u}}^2)(m_{\mathrm{c}}^2 - m_{\mathrm{u}}^2)(m_{\mathrm{b}}^2 - m_{\mathrm{s}}^2)(m_{\mathrm{b}}^2 - m_{\mathrm{d}}^2)(m_{\mathrm{s}}^2 - m_{\mathrm{d}}^2) \times J_{\mathrm{CP}} \neq 0$$

其中

$$J_{\mathrm{CP}} = |\Im(V_{i\alpha}V_{j\beta}V_{i\beta}^*V_{j\alpha}^*)| \quad (i \neq j, \alpha \neq \beta)$$

就是所谓的 Jarlskog 参数。如果带有相同电荷的夸克质量相同,CKM 相角就会消失。因此,SM 中CP破坏的起源是和夸克质量等级的来源及费米子代数紧密相关的。

Jarlskog 参数也可以作为 SM 中CP破坏程度大小的一个衡量。它的值并不依赖于夸克场相角的定义,采用标准参数化,它可以写为

$$J_{\mathrm{CP}} = s_{12}s_{13}s_{23}c_{12}c_{23}c_{13}^2 \sin\delta$$

实验测得 $J_{\mathrm{CP}} = \mathcal{O}(10^{-5})$,定量描述了 SM 中CP破坏的微弱程度。

2.3.3　Wolfenstein 参数化

实验表明, 同代夸克间的转换可用 $\mathcal{O}(1)$ 的 V_{CKM} 系数来表征。而第一代和第二代之间的转换系数被 $\mathcal{O}(10^{-1})$ 的因子压低, 第二代和第三代的系数被 $\mathcal{O}(10^{-2})$ 的因子压低, 第一代和第三代的系数被 $\mathcal{O}(10^{-3})$ 的因子压低。这组关系可以表述为

$$s_{12} \simeq 0.22 \gg s_{23} = \mathcal{O}(10^{-2}) \gg s_{13} = \mathcal{O}(10^{-3})$$

引入一种由 Wolfenstein 最先给出的 [40]CKM 矩阵参数化非常有用, 其定义如下:

$$s_{12} = \lambda = \frac{|V_{\text{us}}|}{\sqrt{|V_{\text{ud}}|^2 + |V_{\text{us}}|^2}}$$

$$s_{23} = A\lambda^2 = \lambda \left| \frac{V_{\text{cb}}}{V_{\text{us}}} \right|$$

$$s_{13}\mathrm{e}^{-\mathrm{i}\delta} = A\lambda^3(\rho - \mathrm{i}\eta) = V_{\text{ub}}$$

CKM 矩阵可以改写为 λ（相当于 $\sin\theta_{\text{C}}$）的幂函数展开的形式

$$V_{\text{GKM}}$$
$$= \begin{pmatrix} 1 - \frac{1}{2}\lambda^2 - \frac{1}{8}\lambda^4 & \lambda & A\lambda^3(\rho - \mathrm{i}\eta) \\ -\lambda + \frac{1}{2}A^2\lambda^5[1 - 2(\rho + \mathrm{i}\eta)] & 1 - \frac{1}{2}\lambda^2 - \frac{1}{8}\lambda^4(1 + 4A^2) & A\lambda^2 \\ A\lambda^3 \left[1 - (\rho + \mathrm{i}\eta)\left(1 - \frac{1}{2}\lambda^2\right) \right] & -A\lambda^2 + \frac{1}{2}A\lambda^4[1 - 2(\rho + \mathrm{i}\eta)] & 1 - \frac{1}{2}A^2\lambda^4 \end{pmatrix}$$

它直到 $\mathcal{O}(\lambda^6)$ 仍旧有效。在这种参数化下, CKM 矩阵是一个复矩阵, 当且仅当 η 不为零的时候, 存在CP破坏。化简到最低阶, Jarlskog 参数变成

$$J_{\text{CP}} = \lambda^6 A^2 \eta$$

并且正如预期的那样, 它与CP破坏的参数 η 直接相关。

2.3.4　幺正三角形

由 CKM 矩阵的幺正条件, $V_{\text{CKM}}V_{\text{CKM}}^{\dagger} = V_{\text{CKM}}^{\dagger}V_{\text{CKM}} = \mathrm{II}$ 可以导出 12 个方程: 6 个对角项和 6 个非对角项。特别是非对角项的方程可以用复平面上的不同三角形来描述, 它们的面积都是 $J_{\text{CP}}/2$:

$$\underbrace{V_{\text{ud}}V_{\text{us}}^*}_{\mathcal{O}(\lambda)} + \underbrace{V_{\text{cd}}V_{\text{cs}}^*}_{\mathcal{O}(\lambda)} + \underbrace{V_{\text{td}}V_{\text{ts}}^*}_{\mathcal{O}(\lambda^5)} = 0$$

$$\underbrace{V_{\text{us}}V_{\text{ub}}^*}_{\mathcal{O}(\lambda^4)} + \underbrace{V_{\text{cs}}V_{\text{cb}}^*}_{\mathcal{O}(\lambda^2)} + \underbrace{V_{\text{ts}}V_{\text{tb}}^*}_{\mathcal{O}(\lambda^2)} = 0$$

$$\underbrace{V_{ud}V_{ub}^*}_{\mathcal{O}(\lambda^3)} + \underbrace{V_{cd}V_{cb}^*}_{\mathcal{O}(\lambda^3)} + \underbrace{V_{td}V_{tb}^*}_{\mathcal{O}(\lambda^3)} = 0$$

$$\underbrace{V_{ud}V_{cd}^*}_{\mathcal{O}(\lambda)} + \underbrace{V_{us}V_{cs}^*}_{\mathcal{O}(\lambda)} + \underbrace{V_{ub}V_{cb}^*}_{\mathcal{O}(\lambda^5)} = 0$$

$$\underbrace{V_{cd}V_{td}^*}_{\mathcal{O}(\lambda^4)} + \underbrace{V_{cs}V_{ts}^*}_{\mathcal{O}(\lambda)^2} + \underbrace{V_{cb}V_{tb}^*}_{\mathcal{O}(\lambda)^2} = 0$$

$$\underbrace{V_{ud}V_{td}^*}_{\mathcal{O}(\lambda^3)} + \underbrace{V_{us}V_{ts}^*}_{\mathcal{O}(\lambda^3)} + \underbrace{V_{ub}V_{td}^*}_{\mathcal{O}(\lambda^3)} = 0$$

这 6 个三角形中只有 2 个每条边都具有相同的量级，$\mathcal{O}(\lambda^3)$。采用 Wolfenstein 参数化，精确到 $\mathcal{O}(\lambda^7)$，相应的方程可以写为

$$A\lambda^3\{(1-\lambda^2/2)(\rho+\mathrm{i}\eta) + [1-(1-\lambda^2/2)(\rho+\mathrm{i}\eta)] + (-1)\} = 0$$

$$A\lambda^3\{(\rho+\mathrm{i}\eta) + [1-\rho-\mathrm{i}\eta-\lambda^2(1/2-\rho-\mathrm{i}\eta)] + [-1+\lambda^2(1/2-\rho-\mathrm{i}\eta)]\} = 0$$

消去这两个方程共有的因子 $A\lambda^3$，可得到图 2 所示的复平面上的两个三角形。特别是上述第一个方程定义的三角形通常被称为幺正三角形 (UT)。UT 的边长为

$$R_u \equiv \left|\frac{V_{ud}V_{ub}^*}{V_{cd}V_{cb}^*}\right| = \sqrt{\bar{\rho}^2+\bar{\eta}^2}$$

$$R_t \equiv \left|\frac{V_{td}V_{tb}^*}{V_{cd}V_{cb}^*}\right| = \sqrt{(1-\bar{\rho})^2+\bar{\eta}^2}$$

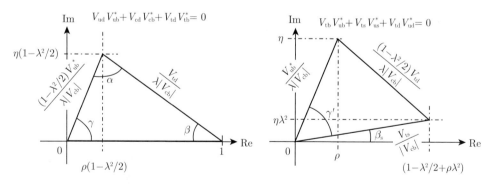

图 2　由 CKM 矩阵幺正条件的非对角元得到的复平面上的非钝角三角形

其中，为简化标记，记 $(\bar{\rho},\bar{\eta})$ 为 UT 在复平面上唯一一个非平凡顶点的坐标，另外两个顶点分别为 $(0,0)$ 和 $(1,0)$。$\bar{\rho}$ 和 $\bar{\eta}$ 的关系以及 Wolfenstein 参数可由下式定义

$$\rho+\mathrm{i}\eta = \sqrt{\frac{1-A^2\lambda^4}{1-\lambda^2}}\frac{\bar{\rho}+\mathrm{i}\bar{\eta}}{1-A^2\lambda^4(\bar{\rho}+\mathrm{i}\bar{\eta})}$$

将上式对 λ 进行级数展开至最低阶的非常数项, 可得

$$\rho = \left(1 + \frac{\lambda^2}{2}\right)\bar{\rho} + \mathcal{O}(\lambda^4), \quad \eta = \left(1 + \frac{\lambda^2}{2}\right)\bar{\eta} + \mathcal{O}(\lambda^4)$$

UT 角和 CKM 矩阵元的关系为

$$\alpha \equiv \arg\left(-\frac{V_{td}V_{tb}^*}{V_{ud}V_{ub}^*}\right) = \arg\left(-\frac{1 - \bar{\rho} - i\bar{\eta}}{\bar{\rho} + i\bar{\eta}}\right)$$

$$\beta \equiv \arg\left(-\frac{V_{cd}V_{cb}^*}{V_{td}V_{tb}^*}\right) = \arg\left(\frac{1}{1 - \bar{\rho} - i\bar{\eta}}\right)$$

$$\gamma \equiv \arg\left(-\frac{V_{ud}V_{ub}^*}{V_{cd}V_{cb}^*}\right) = \arg\left(\bar{\rho} + i\bar{\eta}\right)$$

第二个非钝角三角形和 UT 具有相似的性质。它的顶点放置在 (ρ, η) 并且倾斜了一个角度

$$\beta_s \equiv \arg\left(-\frac{V_{ts}V_{tb}^*}{V_{cs}V_{cb}^*}\right) = \lambda^2\eta + \mathcal{O}(\lambda^4)$$

2.3.5　CP 破坏的唯象理论

CP破坏已经在一系列中性和带电 B 介子及中性 K 介子的衰变中以高于五倍标准偏差的水平被观测到 [41]。本节我们着重讨论 b 夸克部分的CP破坏现象。

在夸克中存在三种 CP 破坏: 衰变中的 CP 破坏 (也叫做直接 CP 破坏)、中性介子混合中的 CP 破坏和衰变与混合干涉造成的 CP 破坏。

将 B 介子衰变到末态 f 的振幅定义为 A_f, 其CP共轭粒子 $\bar{B}$ 衰变到CP共轭末态 $\bar{f}$ 的振幅定义为 $\bar{A}_{\bar{f}}$, 当 $|A| \neq |\bar{A}_{\bar{f}}|$ 时存在直接CP破坏。带电介子和重子中不存在混合, 这是唯一可能的CP破坏方式。如果有两种明确的过程对衰变振幅有贡献, 则有

$$A_f = e^{i\varphi_1}|A_1|e^{i\delta_1} + e^{i\varphi_2}|A_2|e^{i\delta_2}$$

$$\bar{A}_{\bar{f}} = e^{-i\varphi_1}|A_1|e^{i\delta_1} + e^{-i\varphi_2}|A_2|e^{i\delta_2}$$

其中, $\varphi_{1,2}$ 表示CP破坏的弱相角, $|A_{1,2}|e^{i\delta_{1,2}}$ 表示两个过程的CP守恒的强振幅, 用下标 1、2 标识。

CP破坏的不对称性由

$$\begin{aligned}
A_{CP} &\equiv \frac{\Gamma_{\bar{B}\to\bar{f}} - \Gamma_{B\to f}}{\Gamma_{\bar{B}\to\bar{f}} + \Gamma_{B\to f}} = \frac{|\bar{A}_{\bar{f}}|^2 - |A_f|^2}{|\bar{A}_{\bar{f}}|^2 + |A_f|^2} \\
&= \frac{2|A_1||A_2|\sin(\delta_2 - \delta_1)\sin(\varphi_2 - \varphi_1)}{|A_1|^2 + 2|A_1||A_2|\cos(\delta_2 - \delta_1)\cos(\varphi_2 - \varphi_1) + |A_2|^2}
\end{aligned}$$

给出。若不对称性 A_{CP} 不为零，那它来自两个过程的干涉，并要求其弱相角差值 $\varphi_2 - \varphi_1$ 和强相角差值 $\delta_2 - \delta_1$ 都不为零。存在 (至少) 两个互相干涉的过程是CP破坏测量的一个显著特征。

当涉及中性重介子，具有相反味量子数的介子混合的现象就会发生。在 B^0 和 B_S^0 介子的例子中，如图 3 所示，初态 $|B\rangle$ 会作为 $|B\rangle$ 和 $|\bar{B}\rangle$ 的叠加态演化。因此质量本征态并不是味本征态，但它们有如下关系：

$$|B_{\text{H}}\rangle = \frac{p|B\rangle + q|\bar{B}\rangle}{\sqrt{|p|^2 + |q|^2}}, \quad |B_{\text{L}}\rangle = \frac{p|B\rangle + q|\bar{B}\rangle}{\sqrt{|p|^2 + |q|^2}}$$

其中，p 和 q 是两个复参数，而 $|B_{\text{H}}\rangle$ 和 $|B_{\text{L}}\rangle$ 是 $B_{(S)}^0$-$\bar{B}_{(S)}^0$ 系统的两个本征态。这两个本征态有不同的质量和寿命，我们定义它们的质量差和寿命宽度差为 $\Delta m_{\text{d}(s)} \equiv m_{\text{d}(s),\text{H}} - m_{\text{d}(s),\text{L}}$ 和 $\Delta\Gamma_{\text{d}(s)} \equiv \Gamma_{\text{d}(s),\text{L}} - \Gamma_{\text{d}(s),\text{H}}$，下角标 H 和 L 分别表示重的和轻的本征态。根据这个定义，Δm_{d} 和 Δm_{s} 为正数。目前对 B^0 和 B_S^0 混合过程的了解来自于对其半轻衰变或包含特定味末态的其他衰变 (比如 $B_s^0 \to D_s^- \pi^+$) 的味道标记且时间依赖的分析。$|B_{\text{H}}\rangle$ 和 $|B_{\text{L}}\rangle$ 质量差的世界平均值分别为 $\Delta m_{\text{d}} = 0.510 \pm 0.003\,\text{ps}^{-1}$ 和 $\Delta m_{\text{s}} = 17.757 \pm 0.021\,\text{ps}^{-1}$[42]。$\Delta\Gamma_{\text{s}}$ 测量结果是正数[43,44]，为 $\Delta\Gamma_{\text{s}} = 0.106 \pm 0.011(\text{stat}) \pm 0.007(\text{syst})\,\text{ps}^{-1}$[44]。SM 中 $\Delta\Gamma_{\text{d}}$ 也是正数，并且远小于 $\Delta\Gamma_{\text{s}}$，有 $\Delta\Gamma_{\text{d}} \simeq 3\times10^{-3}\,\text{ps}^{-1}$[45]。

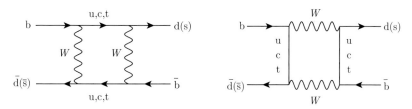

图 3　$\bar{B}^0$-B^0 和 $\bar{B}_S^0$-B_S^0 混合的框图贡献

当 $B_{(S)}^0$ 介子转化为 $\bar{B}_{(S)}^0$ 介子的速率与 $\bar{B}_{(S)}^0$ 介子转化为 $B_{(S)}^0$ 介子的速率不同时，就出现了中介子混合中的CP破坏。出现介子混合CP破坏的条件是 $|q/p|\neq1$。然而 SM 以很高的精度预测 $|q/p|\simeq1$，即介子混合中的CP破坏非常小，这也被实验所证实[42,46]。对于中性 B^0 和 B_S^0 介子，$|q/p|$ 的值可以利用半轻不对称性

$$A_{\text{sl}}^{\text{d}(s)} \equiv \frac{\Gamma_{\bar{B}_{(S)}^0 \to \ell+\text{x}}(t) - \Gamma_{B_{(S)}^0 \to \ell-\text{x}}(t)}{\Gamma_{\bar{B}_{(S)}^0 \to \ell+\text{x}}(t) + \Gamma_{B_{(S)}^0 \to \ell-\text{x}}(t)} = \frac{1 - |q/p|_{\text{d}(s)}^4}{1 + |q/p|_{\text{d}(s)}^4}$$

来测量。这个值被证明并不依赖于时间。

最后，CP破坏可能会在衰变和混合相干的过程中出现。假设CPT守恒，CP不

对称性关于中性 B^0 或 B^0_S 介子到自共轭末态 f 的衰变时间的函数为

$$A(t) \equiv \frac{\Gamma_{\bar{B}^0_{(S)} \to f}(t) - \Gamma_{B^0_{(S)} \to f}(t)}{\Gamma_{\bar{B}^0_{(S)} \to f}(t) + \Gamma_{B^0_{(S)} \to f}(t)} = \frac{-C_f \cos(\Delta m_{d(s)} t) + S_f \sin(\Delta m_{d(s)} t)}{\cosh\left(\dfrac{\Delta\Gamma_{d(s)}}{2} t\right) + A_f^{\Delta\Gamma} \sinh\left(\dfrac{\Delta\Gamma_{d(s)}}{2} t\right)}$$

C_f、S_f 和 $A_f^{\Delta\Gamma}$ 分别定义为

$$C_f \equiv \frac{1 - |\lambda_f|^2}{1 + |\lambda_f|^2}, \quad S_f \equiv \frac{2\Im\lambda_f}{1 + |\lambda_f|^2}, \quad A_f^{\Delta\Gamma} \equiv -\frac{2\Re\lambda_f}{1 + |\lambda_f|^2}$$

其中，λ_f 为

$$\lambda_f \equiv \frac{q}{p} \frac{\bar{A}_f}{A_f}$$

参数 λ_f 与 $B^0_{(S)}$-$\bar{B}^0_{(S)}$ 的混合 (q/p)、$B^0_{(S)} \to f$ 的衰变振幅 (A_f) 和 $\bar{B}^0_{(S)} \to f$ 的衰变振幅 $(\bar{A}_f)$ 都有关。当介子混合中的CP破坏可忽略 $(|q/p| = 1)$，C_f 和 S_f 可分别指代衰变中和衰变与混合相干的CP破坏。C_f、S_f 和 $A_f^{\Delta\Gamma}$ 有以下关系

$$(C_f)^2 + (S_f)^2 + (A_f^{\Delta\Gamma})^2 = 1$$

尤其是当 $C_f \neq 0$ 时有直接的CP破坏 $(\bar{A}_f \neq A_f)$。但是即使衰变中的CP破坏被压低，如果 q/p 和 $\bar{A}_f/A_f$ 有相对相位，依然可以观测到CP破坏。此时有 $S_f = \Im(q/p \times \bar{A}_f/A_f)$。例如，对于 $B^0 \to J/\psi K^0_S$ 衰变，在 SM 允许的百分之几或更低水平的近似下，记 $\phi_d = 2\beta$，则有 $S_{B^0 \to J/\psi K^0_S} = \sin\phi_d$ 和 $C_{B^0 \to J/\psi K^0_S} = 0$。类似地，$B^0_S \to J/\psi\phi$ 衰变，可由介子混合与衰变相干的CP破坏测定，$\phi_s = -2\beta_s$。

2.3.6　幺正三角形的实验测定

这里简单地给出 UT 的实验测定。以往文献 [42,47−50] 中有很多综述给出了各类相关问题的详细讨论。为了以可实现的最高精度确定 UT 的顶点，必须利用复杂的拟合将各类信息综合起来。拟合的关键输入量有：

- $|\varepsilon_K|$：这个参数通过测量中性 K 介子混合中的间接 CP 破坏确定，采用的衰变是 K→ππ、K→πℓν 以及 $K^0_L \to \pi^+\pi^-e^+e^-$。它为 UT 顶点位置的确定提供了一个非常重要的约束。

- $|V_{ub}| / |V_{cb}|$：对由 b→νℓν̄ 和 b→cℓν̄ 转换支配的半轻子衰变的分支比的测量可以分别给出 V_{ub} 和 V_{cb} 的幅度信息。这两个量的比值约束了 UT 中角 γ 和 α 所夹的边长。

- Δm_d：这个参数反映了 B^0-$\bar{B}^0$ 混合的频率。它正比于 V_{td} 的幅度，因此可以约束 UT 中 β 和 α 角之间的边长。

- $\Delta m_s/m_d$: Δm_s 在 $B^0_{(S)}$-$\bar{B}^0_{(S)}$ 混合中的意义与 Δm_d 类似,它的值正比于 V_{ts} 的幅度。不过,为了减小用格点 QCD 计算强子参数时的理论不确定度,用比例 $\Delta m_s/\Delta m_d$ 更有效。这也给出了对 UT 中 β 和 α 角之间边长的约束。

- $\sin(2\beta)$: 这个量主要通过测量 $B^0 \to J/\psi K^0_S$ 衰变中时间依赖的CP破坏来确定,它能给出对 UT 中 β 角的有力约束。

- α: 这个 UT 角由对 B→$\pi\pi$、B→$\rho\rho$ 和 B→$\rho\pi$ 的CP破坏不对称性及分支比的测量确定。

- γ: 这个角通过测量 B→D$^{(*)}$K$^{(*)}$ 衰变的分支比和时间积分的CP破坏不对称性及 B^0_S→$D^\pm_S K^\mp$ 衰变中时间依赖的CP破坏来确定。

各组实验测量结果的世界平均值由重味平均组 (HFLAG)[42] 保持更新。每一个测量结果都能给 UT 顶点的位置,即参数 $\bar{\rho}$ 和 $\bar{\eta}$ 的值,提供一个约束。两个独立的合作组,CKMfitter[51] 和 UTfit[45],定期对同一系列的实验和理论数据做全局 CKM 拟合,不过他们采用的统计方法不同。CKMfitter 进行频率分析,而 UTfit 用贝叶斯方法。它们的最新结果在图 4 中给出。每一个实验约束由 95% 的概率区间表示,用不同颜色的填充区域给出。所有区间的交叉点确定了 UT 的顶点。这些精确定位 UT 顶点的区间的符合程度也是对 KM 机制与数据一致性的测量。如果 (至少) 一个区域和其他区域不符,就意味着存在 BSM 的物理。目前,没有发现显著的不相符迹象。由 CMKfitter 和 UTfit 组得到的最新的 A、λ、$\bar{\rho}$ 和 $\bar{\eta}$ 的值见表 1。除了由理论输入值和统计方法的微小差异引起的小幅度涨落,这两组结果符合得很好。

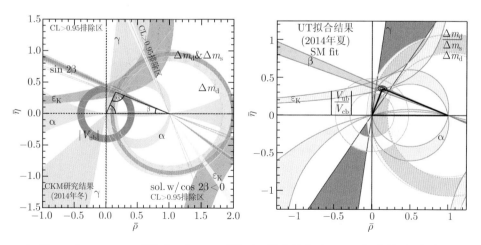

图 4 由 CKMfitter[51](左) 和 UTfit[45](右) 给出的全球 CKM 拟合结果。每个实验测量值对应的 95%概率区间由不同颜色的填充区域表示,不同区域在 UT 的顶点处相交

表 1　由 CKMfitter[51](左)和 UTfit[45](右)给出的全球 CKM 拟合结果

Group	A	λ	$\bar{\rho}$	$\bar{\eta}$
CKMfitter	$0.810^{+0.018}_{-0.024}$	$0.22548^{+0.00068}_{-0.00034}$	$0.1453^{+0.0133}_{-0.0073}$	$0.343^{+0.011}_{-0.012}$
UTfit	0.821 ± 0.012	0.22534 ± 0.00065	0.132 ± 0.023	0.352 ± 0.014

2.4　LHC 上的 b 物理回顾

2.4.1　CP 对称性破坏

在 B 工厂的实验结果的基础上 [52]，我们得以对 CKM 相关的物理进行精确的测量。其中对 CKM 矩阵中单个CP相角以外的CP破坏来源的搜寻，对实验的灵敏程度提出了极高的要求。

LHC 是一个 B_S^0 介子工厂。一方面，LHC 具有非常高的 B_S^0 介子产生截面；另一方面，LHC 上的各大实验可以精确测量 B_S^0 振荡。这对精确测量CP破坏的相角 $\varphi_s^{c\bar{c}s}$，等价于忽略高阶圈图 (即企鹅图) 贡献时CPM 中的 $-2\beta_s$ 角，提供了一条可行的途径。

LHC 上的 ATLAS、CMS 和 LHCb 实验都曾对味本征态衰变 $B_S^0 \to J/\psi K^+ K^-$[53-55] 和 $B_S^0 \to J/\psi\pi^+\pi^-$[56] 进行过测量。最近，LHCb 实验首次以一种依赖于极化的方法对 $B_S^0 \to J/\psi K^+K^-$ 进行了测量 [57]，并借由 $B_S^0 \to D_S^+ D_S^-$, $B_S^\pm \to K^+K^-\pi^\pm$ 这一强子末态的衰变链对 $\varphi_s^{c\bar{c}s}$ 进行了测量，测得 $0.02\pm0.17\pm0.02$[58]。综合所有结果，LHCb 给出 $\varphi_s^{c\bar{c}s} = -0.010\pm0.039$rad。结合其他实验，尤其是 CMS 和 ATLAS 的结果，不确定度可被进一步减小，得到 $\varphi_s^{c\bar{c}s} = -0.015\pm0.035$rad。实验结果对 $\varphi_s^{c\bar{c}s}$ 和衰变宽度差 $\Delta\Gamma_s$ 的约束，以及相应的 SM 期望值如图 5 所示。

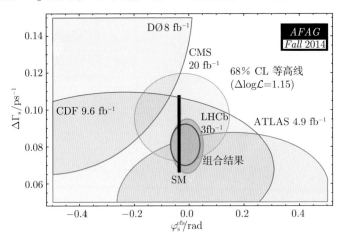

图 5　各实验测量结果对 $\Delta\Gamma_s$ 和 $\varphi_s^{c\bar{c}s}$ 的约束

当精度到达几度的水平，被压低的企鹅图贡献不能再被忽略 [59-64]。这一影响会使得 $\varphi_s^{c\bar{c}s}$ 的测量值偏移 $\delta\varphi_s$。我们可以通过研究被 Cabibbo 机制压低的衰变道来估计它的大小。在这类衰变道中，企鹅图的贡献相对更加明显。这一研究计划中涉及的衰变道包括 $B_S^0 \to J/\psi K_S^0$ [65,66]、$B_S^0 \to J/\psi \bar{K}^{*0}$ [67]，以及最近加的 $B^0 \to J/\psi\pi^+\pi^-$ [68]。这些研究以 68% 的置信度范围将 $\delta\varphi_s$ 限制在 $[-0.018, 0.021]$rad 之内。考虑到目前对 $\varphi_s^{c\bar{c}s}$ 的测量误差仅为 0.039rad，$\delta\varphi_s$ 需要被进一步约束。

利用企鹅图主导的衰变，如 $B_S^0 \to \phi\phi$，对混合相角 $\varphi_s^{c\bar{c}s}$ 的测量，也是一种有趣的检验 SM 的方式。$\varphi_s^{c\bar{c}s}$ 的测量结果为 $-0.17\pm0.15\pm0.03$rad[69]，与 SM 预期相符。

类似地，受企鹅图影响较大的 $B \to hh(h=\pi, K)$ 这类衰变道对 γ 和 β_s 的值较为敏感。LHCb 实验首次利用 $B_S^0 \to K^+K^-$ 测量了 B_S^0 衰变中时间依赖的CP破坏 [70]。利用文献 [64, 71, 72] 中提出的方法，将 $B_S^0 \to K^+K^-$ 的结果与来自 $B \to \pi\pi$ 的一些结果结合，可给出 $-2\beta_s = -0.12^{+0.14}_{-0.16}$rad。为得到这一结果，利用了由树图阶衰变测得的 γ 角 (见下文)，$\gamma = (63.5^{+7.2}_{-6.7})^\circ$，以及 SM 中 γ 和 $-2\beta_s$ 之间的关系 [73]。原则上，这些测量值对所涉及衰变的振幅中 U 旋度对称性 (即SU(3) 类似同位旋的一个子群，包含 d 和 s 夸克，而不是 d 和 u 夸克) 的破坏较为敏感，此处最多容许 50% 的破坏。

上文用到的 γ 值可以与树图主导的衰变 $B \to DK$ 中的测量结果相比。这里的CP破坏相角的影响是在 $b \to c$ 和 $b \to u$ 的干涉中体现的。此处对树图阶衰变中 γ 的估计没有包括 BSM 的贡献，同时不受强子过程不确定度的影响。精确测量 γ 仍对检验 KM 机制的一致性极为重要，它还可以作为与企鹅图主导衰变道的测量结果的比较。

目前对 γ 最为精确的测量是通过单个树图衰变 $B^+ \to DK^+$，$D \to K_S^0 h^+ h^- (h= \pi, K)$[74] 实现的，结果为 $\gamma = (62^{+15}_{-14})^\circ$。CP不对称性是通过 D^0 和 $\bar{D}^0$ 衰变到 $K_S^0 h^+ h^-$ 的过程之间的干涉来测量的 [75]。这个方法需要利用 CLEO-c 数据 [76]，将 D 衰变的 Dalitz 图中的强相角的测量值作为输入参数。这个衰变道还被用在了一个模型依赖的测量中 [77]。

测量 γ 还可以通过 $B_S^0 \to D_S^\pm K^\mp$[78-81] 来进行。在这种情况下，需要进行时间依赖且味道标记的CP破坏分析。利用 1fb^{-1} 的数据，LHCb 实验测得 $\gamma = (115^{+28}_{-43})^\circ$。虽然这一结果仍无法与其他方法得到的值相比，但统计量上升之后，它可以为其他结果提供重要的检验。

结合文献 [74, 81~85] 中 γ 的测量结果，可得 LHCb 测量的平均值 [86]。利用所有的 $B \to DK$ 衰变道，有 $\gamma = (73^{+9}_{-10})^\circ$，这比 B 工厂给出的相应的平均测量值 [52] 更为精确。LHCb 测量结果的似然分布如图 6 所示。

D0 合作组测量了相同电荷 μ 子对的不对称性 [87]，这可以看作是 B^0 和 B_S^0 衰变中的半轻衰变不对称性 A_{sl}^{d} 和 A_{sl}^{s} 的综合效应，与 SM 预言相差 3σ。目前，LHCb
还不能对这一结果做出定论。LHCb 的相关测量是通过研究部分重建 $B \to D_{\mu\nu}$ 衰变
中的CP不对称性得出的，其中 B 介子的味道由它衰变产生的 D 介子来确定。A_{sl}^{s}
的测量值 [46] 和最近给出的 A_{sl}^{d} 结果 [88] 都同时与 SM 和 D0 的结果相符合。从
图 7 可以看出，结合了 B 工厂和 D0 测量值的世界平均结果也无法给出更明确的
论断。

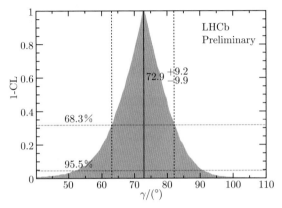

图 6　LHCb 实验利用 B→DK 衰变对 γ 测量的平均结果 [86]

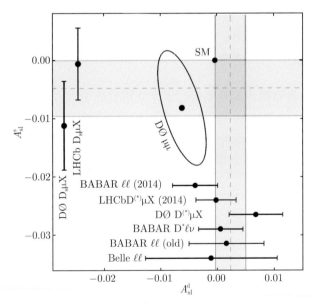

图 7　各个实验给出的 A_{sl}^{d} 和 A_{sl}^{s} 的测量结果。ℓ 代表电子或者μ子。水平和竖
直方向上的误差带代表实验测量平均值的误差，椭圆区域代表 D0 实验对相同
电荷μ子对不对称性的测量结果

在不含 c 夸克的 b 强子衰变，如 $B^+ \to h^+h^-h^+$ (h= π,K)[89] 及 $B^+ \to p\bar{p}h^+$[90] 中发现了显著的CP破坏。这些衰变的突出特征是，在没有任何共振态的小范围相空间里，观测到了极大的CP不对称性，其符号在 $B^\pm \to h^\pm K^+K^-$ 和 $B^\pm \to h^\pm\pi^+\pi^-$ 中相反。这一发现可能意味着存在长程的 $\pi^+\pi^- \leftrightarrow K^+K^-$ 二次散射。

另一重要的领域是 b 重子中CP破坏的研究。在 LHC 的前向区域，b 夸克强子化成 Λ_b^0 重子的概率出乎意料得大[91]，其产额几乎达到了 B^0 介子的一半。用 Λ_b^0 重子测量CP破坏可以带来比 B^0 更高的精确性。相关的一些研究已经有了初步结果，如 LHCb 对 $\Lambda_b^0 \to J/\psi p\pi^-$[92] 和 $\Lambda_b^0 \to K^0 p\pi^-$[93] 的分析，及 CDF 对 $\Lambda_b^0 \to p\pi^-$ 和 $\Lambda_b^0 \to pK^-$[94] 的分析等。目前为止，还没有在重子的衰变中发现CP破坏的迹象。

2.4.2　稀有电弱衰变

$b \to s\ell^+\ell^-$ 系列衰变可用于寻找 BSM 的物理。特别是 $B^0 \to K^{*0}\ell^+\ell^-$ (ℓ =e, μ) 衰变，提供了非常丰富的可观测量。这些观测量对 BSM 的物理具有不同的灵敏度，而 SM 对它们的预言受到不同程度的强子不确定性的影响。对于这些观测量的一些比值，大部分的理论不确定性会抵消，从而提供了清晰的 SM 检验标准[95−100]。

多组实验测量了关于双轻子质量平方 q^2 的微分衰变宽度、前后向不对称指数 A_{FB}，以及 K^* 共振态的纵向极化分数 F_L 的值[101−106]，未发现任何明显偏离 SM 预期的迹象。

在对已经发布的 2011 年数据[106] 的第二次分析中，LHCb 发布了另一组由文献 [100] 建议研究的角观测量的结果[107]。特别地，在 q^2 的一个区间内，测得某一观测量与 SM 预期有 3.7σ 的局部偏差。这一结果引发了理论界的极大兴趣，大量解释此测量结果的文章被迅速投稿，其中的一小部分参见文献 [108~112]。目前尚不清楚出现差异的原因，可能是实验涨落，可能是低估了形状因子的不确定度[113]，可能是由于存在重 Z′ 玻色子，也可能是因为很多其他的解释。在 LHCb 观测到 $B^+ \to \psi(4160)K^+$，$\psi(4160) \to \mu^+\mu^-$[115] 之后，人们怀疑这也可能是来自 $c\bar{c}$ 共振态的贡献[114]。测量显示，在 μ 子对质量大于 3770MeV/c^2 的区间内，$\psi(4160)$ 和它与非共振态部分的干涉共占了 20% 的产生率，远超预期。

有了这一异常角分布的线索，LHCb 尝试了在一些不对称测量中寻找其他偏离。$B^0 \to K^{(*)0}\mu^+\mu^-$ 和 $B^\pm \to K^\pm\mu^+\mu^-$ 衰变中的CP不对称性和预期为零一致[116]，$B^0 \to K^{(*)0}\mu^+\mu^-$ 和 $B^\pm \to K^\pm\mu^+\mu^-$ 衰变的同位旋不对称性也是如此[117]。在 1< q^2 < 6 GeV^2/c^4 范围内，轻子普适因子 $R_K = \dfrac{\mathcal{B}(B^+ \to K^+\mu^+\mu^-)}{\mathcal{B}(B^+ \to K^+e^+e^-)}$ 的测量值为 0.745$^{+0.090}_{-0.074}$ ± 0.036[118]，与 1 相差2.6σ。该结果可以解释为可能出现了新的向量粒子，该向量粒子与μ 子耦合更强，并对 SM 中的矢量流产生破坏性的干涉[119−123]。

2.4.3　$B_S^0 \rightarrow \mu^+\mu^-$ 衰变的首次观测

稀有衰变 $B^0 \rightarrow \mu^+\mu^-$ 和 $B_S^0 \rightarrow \mu^+\mu^-$ 的分支比的测量被认为是在 LHC 上寻找 BSM 效应的最有希望的途径之一。这些衰变通过 FCNC 过程进行，在 SM 中被严重压低。而且，轴矢量项的螺旋度压低使得它们对标量和赝标粒子 BSM 的贡献敏感，这些贡献会使其衰变分支比不同于 SM 预期。SM 中，不做味道标记且进行时间积分后对这些衰变分支比的预言是 [124]

$$\mathcal{B}(B_S^0 \rightarrow \mu^+\mu^-)_{SM} = (3.66 \pm 0.23) \times 10^{-9}$$

$$\mathcal{B}(B^0 \rightarrow \mu^+\mu^-)_{SM} = (1.06 \pm 0.09) \times 10^{-10}$$

这一结果采用了结合 LHC 和 Tevatron 实验 t 夸克质量测量值的最新结果 [125]。这两个分支比的比值 R 也是鉴别不同 BSM 的物理模型的有力工具。在 SM 中，该比值被预言为

$$\mathcal{R} = \frac{\mathcal{B}(B^0 \rightarrow \mu^+\mu^-)}{\mathcal{B}(B_S^0 \rightarrow \mu^+\mu^-)} = \frac{\tau_B^0}{1/\Gamma_H^s} \left(\frac{f_{B^0}}{f_{B_S^0}}\right)^2 \left|\frac{V_{td}}{V_{ts}}\right|^2 \frac{M_{B^0}\sqrt{1 - \frac{4m_\mu^2}{M_{B^0}^2}}}{M_{B_S^0}\sqrt{1 - \frac{4m_\mu^2}{M_{B_S^0}^2}}} = 0.0295^{+0.0028}_{-0.0025}$$

其中，τ_{B^0} 和 $1/\Gamma_H^s$ 分别是 B^0 和 B_S^0–$\bar{B}_S^0$ 系统重质量本征态的寿命，$M_{B^0_{(s)}}$ 是质量，$f_{B^0_{(S)}}$ 是 $B^0_{(S)}$ 介子的衰变常数，V_{td} 和 V_{ts} 是 CKM 矩阵的矩阵元，而 m_μ 是 μ 子质量，在 BSM 的最小味破坏的情况下，这两个衰变的分支比会改变，但它们的比值预计和 SM 下的值相等。

LHCb 合作组在 2012 年利用 2fb^{-1} 的数据首次发现了 $B_S^0 \rightarrow \mu^+\mu^-$ 衰变的迹象，显著度为 3.5σ [126]。一年后，CMS 和 LHCb 分别基于 25fb^{-1} 和 3fb^{-1} 的数据进行了结果更新 [127, 128]。这两个测量精度相当，互相符合。但是，它们都不足够精确，不能断定首次观测到了 $B_S^0 \rightarrow \mu^+\mu^-$ 衰变。2013 年，CMS 和 LHCb 简单结合了二者的实验结果 [129]，但没有考虑共同物理量的所有关联，也没有给出信号的统计显著度。

不久前，CMS 和 LHCb 通过联合拟合两个实验的数据，进行了结果的组合。这一拟合正确考虑了输入参数间的关联。CMS 和 LHCb 实验采用了非常相似的分析策略。$B^0_{(S)} \rightarrow \mu^+\mu^-$ 事例作为两条带相反电荷的径迹被筛选出来。为了在去除本底的同时保持高信号效率，进行了条件很松的初次筛选。经过这次筛选，剩余的本底主要包括来自半轻 B 衰变的 μ 子的随机组合 (组合本底)，强子被误鉴别成 μ 子的半轻衰变，如 B→hμν、B→ hμμ，$\Lambda_b^0 \rightarrow p\mu^-\bar{\nu}$ 以及误鉴别的 $B^0_{(S)} \rightarrow h^+h'^-$ (峰状本底)。信号和本底的进一步区分由多变量分类算法实现。事例分类利用 μ 子

对的不变质量 $m_{\mu\mu}$ 和多变量算法的输出值完成。多变量算法通过运动学和几何变量来训练。μ 子对质量 $m_{\mu\mu}$ 的标定通过 μ 子对的共振态实现。在 LHCb 中，还利用了 $B^0_{(S)} \to h^+h'^-$ 衰变进行标定。两个分析的 $B^0_{(S)} \to \mu^+\mu^-$ 产额都归一化到 $B^+ \to J/\psi K^+$ 的产额，并且考虑了由 LHCb 实验测出的 b 夸克到 B^0_S 和 B^0 介子的强子化比值[130-132]。LHCb 还用了 $B^0 \to K^+\pi^-$ 衰变作为归一化衰变道。

$B^0_S \to \mu^+\mu^-$ 和 $B^0 \to \mu^+\mu^-$ 衰变的分支比通过联合拟合得到。CMS 和 LHCb 实验的数据被当作一个组合实验的数据同时使用。对不变质量谱的不分区间的推广的最大似然拟合在这两个实验的多变量输出值的 20 个区间内联合进行，其中 LHCb 有 8 个区间，CMS 有 12 个。不同区间内信号纯度不同。在每个区间中，质量谱包括各种本底和两种信号。两个实验共用的参数包括两种待寻找信号衰变的分支比 $\mathcal{B}(B^0_S \to \mu^+\mu^-)$ 和 $\mathcal{B}(B^0 \to \mu^+\mu^-)$，已测量的共同的归一化衰变道的分支比 $\mathcal{B}(B^+ \to J/\psi K^+)$，以及强子化比例的比值 f_s/f_d。SM 预言在全部数据中有 94±7 个 $B^0_S \to \mu^+\mu^-$ 事例和 10.5±0.6 个 $B^0 \to \mu^+\mu^-$ 事例。图 8 展示了 B^0_S 信号纯度最高的 6 个多变量区间内事例的 μ 子对质量分布。联合拟合的结果是[133]

$$\mathcal{B}(B^0_S \to \mu^+\mu^-) = (2.8^{+0.7}_{-0.6}) \times 10^{-9}$$

$$\mathcal{B}(B^0 \to \mu^+\mu^-) = (3.9^{+1.6}_{-1.4}) \times 10^{-10}$$

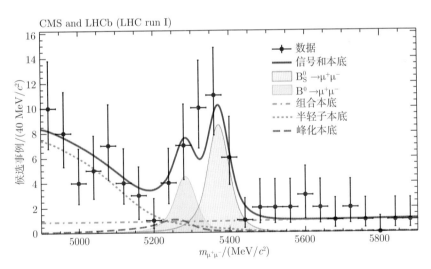

图 8 B^0_S 信号纯度最高的 6 个多变量区间内事例的 μ 子对质量分布，图中同时展示了联合拟合的结果

利用 Wilks 定理[134]计算可得 $B^0_S \to \mu^+\mu^-$ 和 $B^0 \to \mu^+\mu^-$ 的统计显著性分别是 6.2σ 和 3.2σ。SM 预测 B^0_S 和 B^0 的显著性分别为 7.4σ 和 0.8σ。由于 Wilks 定理

给出了略大于 3σ 水平的 $B^0 \to \mu^+\mu^-$ 信号显著性, 一种基于 Feldman-Cousins 构造 [135] 的改进方法也被应用到 $B^0 \to \mu^+\mu^-$ 衰变道。这种方法得出的统计显著性是 3.0σ。在 $\pm1\sigma$ 和 $\pm2\sigma$ 处对应的 Feldman-Cousins 置信区间分别是 $[2.5,5.6]\times10^{-10}$ 和 $[1.4,7.4]\times10^{-10}$。图 9 展示了 $\mathcal{B}\left(B_S^0 \to \mu^+\mu^-\right) - \mathcal{B}(B^0 \to \mu^+\mu^-)$ 平面的似然轮廓图。图中还展示了每个信号道的似然曲线。计算得出 $\mathcal{B}\left(B_S^0 \to \mu^+\mu^-\right)$ 和 $\mathcal{B}(B^0 \to \mu^+\mu^-)$ 与 SM 的符合程度分别在 1.2σ 和 2.2σ 的水平。对 B^0 与 B_S^0 比值的单独拟合结果为 $\mathcal{R} = 0.14^{+0.08}_{-0.06}$, 与 SM 在 2.3σ 的水平相符。$\mathcal{R}$ 的似然曲线如图 10 所示。

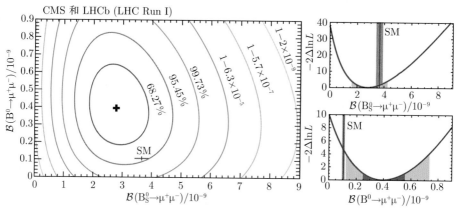

图 9　各 (左)$\mathcal{B}\left(B_S^0 \to \mu^+\mu^-\right)$-$\mathcal{B}(B^0 \to \mu^+\mu^-)$ 平面的似然轮廓图, (右上)$\mathcal{B}\left(B_S^0 \to \mu^+\mu^-\right)$ 和 (右下)$\mathcal{B}(B^0 \to \mu^+\mu^-)$ 的似然曲线。深色和浅色区域分别定义了 $\pm1\sigma$ 和 $\pm2\sigma$ 的置信区间, SM 预言由垂直的带状区域表示

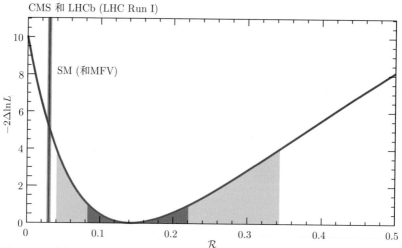

图 10　$\mathcal{R}$ 的似然曲线。深色和浅色区域分别定义了 $\pm1\sigma$ 和 $\pm2\sigma$ 的置信区间, SM 预言由垂直的带状区域表示

2.5 总 结

大型强子对撞机是一个全新的 b 强子工厂。在接下来的十年间，甚至在更远的高亮度大型强子对撞机阶段，ATLAS、CMS 和 LHCb 实验将同即将问世的 Belle II 实验一起，主导重味物理的研究。在 Run I 期间，ATLAS，CMS 和 LHCb 已经在CP破坏和 B 介子的稀有衰变领域完成了多项基础测量。本文讨论了其中的几项分析，重点介绍了 b→c$\bar{\text{c}}$s 衰变中 B$_\text{s}^0$ 介子混合相角 $\varphi_\text{s}^{\text{c}\bar{\text{c}}\text{s}}$，树图阶衰变中的幺正三角形 γ 角，B^0 和 B$_\text{S}^0$ 半轻衰变的不对称性，b→sl^+l^- 转换中角观测量和 B$_\text{S}^0 \to \mu^+\mu^-$ 衰变分支比的测量。其中 B$_\text{S}^0 \to \mu^+\mu^-$ 以超过五倍标准偏差的显著度被首次观测到。迄今为止的观测结果没有提供任何显著 BSM 预言的迹象。但是，它们对很多 BSM 的理论提供了很强的约束。在接下来的 Run II 阶段，对撞的质心能量有了显著增高，b$\bar{\text{b}}$的产生截面也会因此增大，这将促进 B 物理的分析的重大提升，并有希望带来 SM 之外的新物理现象的发现。

夸克领域的重味物理不只局限于底夸克强子。大型强子对撞机同样可以产生大量的 c 夸克强子，它们提供了另一个有趣的寻找新物理的研究领域。LHCb 最近对 D^0 介子的CP混合相关的观测量的实验结果做了优化，这进一步引起了大家对 c 夸克强子CP破坏测量的兴趣。LHCb 实验在大型强子对撞机的第三期运行阶段会进行探测器升级，它和 Belle II 实验会以极高的精度对 c 夸克混合的CP破坏进行探测。t 夸克也是一个寻找 BSM 的新物理的极佳的工具。ATLAS 和 CMS 实验已经收集了空前规模的数据量，这为我们提供了对 t 夸克产生和衰变过程中的CP破坏进行研究的重要机会。

参 考 文 献

[1] A. D. Sakharov, Violation of CP invariance, C asymmetry, and baryon asymmetry of the universe, *Pisma Zh. Eksp. Teor. Fiz.* **5**, 32-35 (1967).

[2] A. G. Cohen, D. Kaplan and A. Nelson, Progress in electroweak baryogenesis, *Ann. Rev. Nucl. Part. Sci.* **43**, 27-70 (1993). doi: 10.1146/annurev.ns.43.120193.000331.

[3] A. Riotto and M. Trodden, Recent progress in baryogenesis, *Ann. Rev. Nucl. Part. Sci.* **49**, 35 (1999). doi: 10.1146/annurev.nucl.49.1.35.

[4] W.-S. Hou, Source of CP violation for the baryon asymmetry of the universe, *Chin. J. Phys.* **47**, 134 (2009).

[5] G. Aad *et al.*, Observation of a new particle in the search for the Standard Model Higgs boson with the ATLAS detector at the LHC, *Phys. Lett. B* **716**, 1-29 (2012). doi: 10.1016/j.physletb.2012.08.020.

[6] S. Chatrchyan *et al.*, Observation of a new boson at a mass of 125 GeV with the CMS experiment at the LHC, *Phys. Lett. B* **716**, 30-61 (2012). doi: 10.1016/j.physletb.2012.08.021.

[7] G. Aad *et al.*, The ATLAS Experiment at the CERN Large Hadron Collider, *JINST* **3**, S08003, (2008). doi: 10.1088/1748-0221/3/08/S08003.

[8] S. Chatrchyan *et al.*, The CMS experiment at the CERN LHC, *JINST* **3**, S08004 (2008). doi: 10.1088/1748-0221/3/08/S08004.

[9] A. A. Alves Jr. *et al.*, The LHCb detector at the LHC, *JINST* **3**, S08005 (2008). doi: 10.1088/1748-0221/3/08/S08005.

[10] M. Kobayashi and T. Maskawa, CP violation in the renormalizable theory of weak interaction, *Prog. Theor. Phys.* **49**, 652 (1973).

[11] N. Cabibbo, Unitary symmetry and leptonic decays, *Phys. Rev. Lett.* **10**, 531-532 (1963).

[12] S. L. Glashow, J. Iliopoulos and L. Maiani, Weak interactions with lepton-hadron symmetry, *Phys. Rev. D* **2**, 1285-1292 (1970).

[13] J. J. Aubert *et al.*, Experimental observation of a heavy particle J, *Phys. Rev. Lett.* **33**, 1404-1406 (1974).

[14] J. E. Augustin *et al.*, Discovery of a narrow resonance in e^+e^-. annihilation, *Phys. Rev. Lett.* **33**, 1406-1408 (1974).

[15] S. Herb *et al.*, Observation of a Dimuon Resonance at 9.5-GeV in 400-GeV Proton-Nucleus Collisions, *Phys. Rev. Lett.* **39**, 252-255 (1977). doi: 10.1103/Phys- RevLett. 39. 252.

[16] F. Abe *et al.*, Observation of top quark production in $\bar{p}p$ collisions, *Phys. Rev. Lett.* **74**, 2626-2631 (1995). doi: 10.1103/PhysRevLett.74.2626.

[17] J. H. Christenson, J. W. Cronin, V. L. Fitch, and R. Turlay, Evidence for the 2π Decay of the K_2^0 Meson, *Phys. Rev. Lett.* **13**, 138-140 (1964).

[18] D. Andrews *et al.*, The CLEO detector, *Nucl. Instrum. Meth.* **211**, 47 (1983). doi: 10.1016/0167-5087(83)90556-2.

[19] A. B. Carter and A. Sanda, CP violation in B meson decays, *Phys. Rev. D* **23**, 1567 (1981). doi: 10.1103/PhysRevD.23.1567.

[20] I. I. Bigi and A. Sanda, On $B^0 - \bar{B}^0$ mixing and violations of CP symmetry, *Phys. Rev. D* **29**, 1393 (1984). doi: 10.1103/PhysRevD.29.1393.

[21] H. Albrecht *et al.*, ARGUS: A universal detector at DORIS-II, *Nucl. Instrum. Meth. A* **275**, 1-48 (1989). doi: 10.1016/0168-9002(89)90334-3.

[22] P. Oddone, Detector considerations, *eConfC.* **870126**, 423-446 (1987).

[23] B. Aubert *et al.*, The BaBar detector, *Nucl. Instrum. Meth. A* **479**, 1-116, (2002). doi: 10.1016/S0168-9002(01)02012-5.

[24] A. Abashian *et al.*, The Belle detector, *Nucl. Instrum. Meth. A* **479**, 117-232 (2002). doi: 10.1016/S0168-9002(01)02013-7.

[25] D. Decamp *et al.*, ALEPH: A detector for electron-positron annihilations at LEP, *Nucl. Instrum. Meth. A* **294**, 121-178 (1990). doi: 10.1016/0168-9002(90)91831-U.

[26] P. Aarnio *et al.*, The DELPHI detector at LEP, *Nucl. Instrum. Meth. A* **303**, 233-276 (1991). doi: 10.1016/0168-9002(91)90793-P.

[27] L3 collaboration, The Construction of the L3 Experiment, *Nucl. Instrum. Meth. A* **289**, 35-102 (1990). doi: 10.1016/0168-9002(90)90250-A.

[28] K. Ahmet *et al.*, The OPAL detector at LEP, *Nucl. Instrum. Meth. A* **305**, 275-319 (1991). doi: 10.1016/0168-9002(91)90547-4.

[29] SLD collaboration, SLD design report. (1984). SLAC Report-273.

[30] G. J. Barker, b-physics at LEP, *Springer Tracts Mod. Phys.* **236**, 1-21 (2010). doi: 10.1007/978-3-642-05279-8 1.

[31] P. Rowson, D. Su, and S. Willocq, Highlights of the SLD physics program at the SLAC linear collider, *Ann. Rev. Nucl. Part. Sci.* **51**, 345-412 (2001). doi: 10.1146/annurev.nucl.51.101701.132413.

[32] M. Paulini, B lifetimes, mixing and CP violation at CDF, *Int. J. Mod. Phys. A* **14**, 2791-2886 (1999). doi: 10.1142/S0217751X99001391.

[33] B. Aubert *et al.*, Measurement of time-dependent CP asymmetry in $B^0 \to c\bar{c}K^{(*)0}$ decays, *Phys. Rev. D* **79**, 072009 (2009). doi: 10.1103/PhysRevD.79.072009.

[34] I. Adachi *et al.*, Precise measurement of the CP violation parameter $\sin 2\phi_1$ in $B^0 \to (c\bar{c})K^0$ decays, *Phys. Rev. Lett.* **108**, 171802 (2012). doi: 10.1103/Phys-RevLett. 108. 171802.

[35] T. Kuhr, Flavor physics at the Tevatron, *Springer Tracts Mod. Phys.* **249** 1-161 (2013). doi: 10.1007/978-3-642-10300-1.

[36] A. Abulencia *et al.*, Observation of $B_S^0 - \bar{B}_S^0$ Oscillations, *Phys. Rev. Lett.* **97**, 242003 (2006). doi: 10.1103/PhysRevLett.97.242003.

[37] R. Aaij *et al.*, LHCb detector performance, *Int. J. Mod. Phys. A* **30**, 1530022 (2015).

[38] R. Aaij *et al.*, The LHCb trigger and its performance in 2011, *JINST* **8**, P04022 (2013). doi: 10.1088/1748-0221/8/04/P04022.

[39] C. Jarlskog, Commutator of the quark mass matrices in the Standard Electroweak Model and a measure of maximal CP violation, *Phys. Rev. Lett.* **55**, 1039 (1985).

[40] L. Wolfenstein, Parametrization of the Kobayashi-Maskawa matrix, *Phys. Rev. Lett.* **51**, 1945 (1983).

[41] K. A. Olive *et al.*, Review of particle physics, *Chin. Phys. C* **38**, 090001 (2014). doi: 10.1088/1674-1137/38/9/090001.

[42] Y. Amhis *et al.*, Averages of b-hadron, c-hadron, and τ-lepton properties as of summer 2014 (2014). updated results and plots available at http://www. slac.stanford.edu/

xorg/hfag/.

[43] Y. Xie, P. Clarke, G. Cowan, and F. Muheim, Determination of $2\beta_s$ in $B_s^0 \to J/\psi K^+ K^-$. decays in the presence of a $K^+ K^-$. S-wave contribution, *JHEP* **0909**, 074 (2009). doi: 10.1088/1126-6708/2009/09/074.

[44] R. Aaij *et al.*, Determination of the sign of the decay width difference in the B_s^0 system, *Phys. Rev. Lett.* **108**, 241801 (2012). doi: 10.1103/PhysRevLett.108.241801.

[45] M. Bona *et al.*, The unitarity triangle fit in the Standard Model and hadronic parameters from Lattice QCD: a reappraisal after the measurements of Δm_S and BR(B$\to \tau\nu$), *JHEP* **0610**, 081 (2006). doi: 10.1088/1126-6708/2006/10/081.

[46] R. Aaij *et al.*, Measurement of the flavour-specific CP-violating asymmetry α_{sl}^s in B_s^0 decays, *Phys. Lett. B* **728**, 607 (2014). doi: 10.1016/j.physletb.2013.12.030.

[47] M. Ciuchini and A. Stocchi, Physics Opportunities at the Next Generation of Precision Flavuor Physics, *Ann. Rev. Nucl. Part. Sci.* **61**, 491-517 (2011). doi: 10.1146/annurev-nucl-102010-130424.

[48] K. Olive *et al.*, Review of Particle Physics, *Chin. Phys. C* **38**, 090001 (2014). doi: 10.1088/1674-1137/38/9/090001.

[49] R. Aaij *et al.*, Implications of LHCb measurements and future prospects, *Eur. Phys. J. C* **73**(4), 2373 (2013). doi: 10.1140/epjc/s10052-013-2373-2.

[50] R. Fleischer, CP violation in the B system and relations to $K \to \pi\nu\bar\nu$ decays, *Phys. Rept.* **370**, 537-680 (2002). doi: 10.1016/S0370-1573(02)00274-0.

[51] J. Charles *et al.*, Current status of the Standard Model CKM fit and constraints on ΔF = 2 new physics (2015).

[52] A. Bevan *et al.*, The physics of the B factories (2014).

[53] G. Aad *et al.*, Flavour tagged time dependent angular analysis of the $B_s^0 \to J/\psi\phi$ decay and extraction of $\Delta\Gamma$ and the weak phase ϕ_s in ATLAS, *Phys. Rev. D* **90**, 052007 (2014). doi: 10.1103/PhysRevD.90.052007.

[54] CMS collaboration, Measurement of the CP-violating weak phase ϕ_s and the decay width difference $\Delta\Gamma_s$ using the $B_s^0 \to J/\psi\phi(1020)$ decay channel (2014), CMS-PASBPH-13-012.

[55] R. Aaij *et al.*, Measurement of CP violation and the B_s^0 meson decay width difference with $B_s^0 \to J/\psi K^+ K^-$. and $B_s^0 \to J/\psi\pi^+\pi^-$. decays, *Phys. Rev. D* **87**, 112010 (2013). doi: 10.1103/PhysRevD.87.112010.

[56] R. Aaij *et al.*, Measurement of the CP-violating phase ϕ_s in $B_s^0 \to J/\psi\pi + \pi$. decays, *Phys. Lett. B* **736**, 186 (2014). doi: 10.1016/j.physletb.2014.06.079.

[57] R. Aaij *et al.*, Precision measurement of CP violation in $B_s^0 \to J/\psi K^+ K^-$. decays, *Phys. Rev. Lett.* **114**, 041801 (2015). doi: 10.1103/PhysRevLett.114.041801.

[58] R. Aaij *et al.*, Measurement of the CP-violating phase ϕ_s in $B_s^0 \to D_s^+ D_s^-$ decays, *Phys. Rev. Lett.* **113**, 211801 (2014). doi: 10.1103/PhysRevLett.113.211801.

[59]　R. Fleischer, Extracting γ from $B_{s(d)} \to J/\psi K_S$ and $B_{d(s)} \to D_{(d/s)}^+ D_{(d/s)}^-$, *Eur. Phys. J. C* **10**, 299-306 (1999). doi: 10.1007/s100529900099.

[60]　R. Fleischer, Extracting CKM phases from angular distributions of $B_{(d,s)}$ decays into admixtures of CP eigenstates, *Phys. Rev. D* **60**, 073008 (1999). doi: 10.1103/PhysRevD.60.073008.

[61]　R. Fleischer, Recent theoretical developments in CP violation in the B system, *Nucl. Instrum. Meth. A* **446**, 1-17 (2000). doi: 10.1016/S0168-9002(00)00003-6.

[62]　S. Faller, M. Jung, R. Fleischer, and T. Mannel, The golden modes $B^0 \to J/\psi K_{(S,L)}$ in the era of precision flavour physics, *Phys. Rev. D* **79**, 014030 (2009). doi: 10.1103/PhysRevD.79.014030.

[63]　K. De Bruyn, R. Fleischer, and P. Koppenburg, Extracting γ and penguin topologies through CP violation in $B_S^0 \to J/\psi K_S^0$, *Eur. Phys. J. C* **70**, 1025-1035 (2010). doi: 10.1140/epjc/s10052-010-1495-z.

[64]　M. Ciuchini, M. Pierini, and L. Silvestrini, The effect of penguins in the $B^0 \to J/\psi K^0 CP$ asymmetry, *Phys. Rev. Lett.* **95**, 221804 (2005). doi: 10.1103/Phys- RevLett.95.221804.

[65]　R. Aaij *et al.*, Measurement of the effective $B_S^0 \to J/\psi K_S^0$ lifetime, *Nucl. Phys. B* **873**, 275-292 (2013). doi: 10.1016/j.nuclphysb.2013.04.021.

[66]　R. Aaij *et al.*, Search for CP violation in the decay $B_S^0 \to J/\psi K_S^0$ (2014), in preparation.

[67]　R. Aaij *et al.*, Measurement of the $B_S^0 \to J/\psi \bar{K}^{*0}$ branching fraction and angular amplitudes, *Phys. Rev. D* **86**, 071102(R) (2012). doi: 10.1103/PhysRevD.86.071102.

[68]　R. Aaij *et al.*, Measurement of the CP-violating phase β in $\bar{B}^0 \to J/\psi \pi^+ \pi^-$. decays and limits on penguin effects (2014), to appear in *Phys. Lett. B*.

[69]　R. Aaij *et al.*, Measurement of CP violation in $B_S^0 \to \phi\phi$ decays, *Phys. Rev. D* **90**, 052011 (2014). doi: 10.1103/PhysRevD.90.052011.

[70]　R. Aaij *et al.*, First measurement of time-dependent CP violation in $B_S^0 \to K^+ K^-$. decays, *JHEP* **10**, 183 (2013). doi: 10.1007/JHEP10(2013)183.

[71]　R. Fleischer, New strategies to extract β and γ from $B^0 \to \pi^+\pi^-$ and $B_S^0 \to K^+K^-$, *Phys. Lett. B* **459**, 306.320 (1999). doi: 10.1016/S0370-2693(99)00640-1.

[72]　R. Fleischer, $B_{s,d}^0 \to \pi\pi, \pi K, KK$: Status and Prospects, *Eur. Phys. J. C* **52**, 267.281 (2007). doi: 10.1140/epjc/s10052-007-0391-7.

[73]　R. Aaij *et al.*, First observation of $B^0 \to J/\psi K^+ K^-$ and search for $B^0 \to J/\psi \phi$ decays, *Phys. Rev. D* **88**, 072005 (2013). doi: 10.1103/PhysRevD.88.072005.

[74]　R. Aaij *et al.*, Measurement of the CKM angle γ using $B^\pm \to DK^\pm$ with $D \to K_S \pi^+ \pi^-, K_S$ $K^+ K^-$ decays, *JHEP* **10**, 097 (2014). doi: 10.1007/JHEP10(2014)097.

[75]　A. Giri, Y. Grossman, A. Soffer, and J. Zupan, Determining γ using $B^\pm \to DK^\pm$ with multibody D decays, *Phys. Rev. D* **68**, 054018 (2003). doi: 10.1103/PhysRevD.68.054018.

[76] J. Libby *et al.*, Model-independent determination of the strong-phase difference between D^0 and $D^0 \to K^0_{S,L}h^+h^-$ (h= π,K) and its impact on the measurement of the CKM angle γ/ϕ_3, *Phys. Rev. D* **82**, 112006 (2010). doi: 10.1103/Phys- RevD.82.112006.

[77] R. Aaij *et al.*, Measurement of CP violation and constraints on the CKM angle γ in $B^\pm \to DK^\pm$ with $D \to K^0_S \pi^+ \pi^-$. decays, *Nucl. Phys. B* **888**, 169 (2014). doi: 10.1016/j.nuclphysb.2014.09.015.

[78] I. Dunietz and R. G. Sachs, Asymmetry between inclusive charmed and anticharmed modes in $B^0, \bar{B}^0$ decay as a measure of CP violation, *Phys. Rev. D* **37**, 3186 (1988). doi: 10.1103/PhysRevD.37.3186, 10.1103/PhysRevD.39.3515.

[79] R. Aleksan, I. Dunietz, and B. Kayser, Determining the CP violating phase gamma, *Z. Phys. C* **54**, 653.660 (1992). doi: 10.1007/BF01559494.

[80] R. Fleischer, New strategies to obtain insights into CP violation through $B^0_S \to D^\pm_S K^\mp$, $D^{*\pm}_S K^\mp, \cdots$ and $B^0 \to D^\pm \pi^\mp, D^\pm \pi^\mp, \cdots$ decays, *Nucl. Phys. B* **671**, 459.482 (2003). doi: 10.1016/j.nuclphysb. 2003.08.010.

[81] R. Aaij *et al.*, Measurement of CP asymmetry in $B^0_S \to D^\pm_S K^\pm$ decays, *JHEP* **11**, 060 (2014). doi: 10.1007/JHEP11(2014)060.

[82] R. Aaij *et al.*, Observation of CP violation in $B^\pm \to DK^\pm$ decays, *Phys. Lett. B* **712**, 203 (2012). doi: 10.1016/j.physletb.2012.04.060.

[83] R. Aaij *et al.*, Observation of the suppressed ADS modes $B^\pm \to [\pi^\pm K^\mp \pi^+ \pi^-]_D K^\pm$ and $B^\pm \to [\pi^\pm K^\mp \pi^+ \pi^-]_D \pi^\mp$, *Phys. Lett. B* **723**, 44 (2013). doi: 10.1016/j. physletb. 2013. 05. 009.

[84] R. Aaij *et al.*, A study of CP violation in $B^\pm \to DK^\pm$ and $B^\pm \to D\pi^\pm$ decays with $D \to K^0_S K^\pm \pi^\mp$. final states, *Phys. Lett. B* **733**, 36 (2014). doi: 10. 1016/j.physletb. 2014. 03. 051.

[85] R. Aaij *et al.*, Measurement of CP violation parameters in $B^0 \to DK^{*0}$ decays, *Phys. Rev. D* **90**, 112002 (2014). doi: 10.1103/PhysRevD.90.112002.

[86] LHCb collaboration. Improved constraints on γ: CKM2014 update (Sept 2014), LHCb-CONF-2014-004.

[87] V. M. Abazov *et al.*, Study of CP-violating charge asymmetries of single muons and like-sign dimuons in $p\bar{p}$ collisions, *Phys. Rev. D* **89**(1), 012002 (2014). doi: 10.1103/Phys-RevD.89.012002.

[88] R. Aaij *et al.*, Measurement of the semileptonic CP asymmetry in $B^0 - \bar{B}^0$ mixing, *Phys. Rev. Lett.* **114**, 041601 (2015). doi: 10.1103/PhysRevLett.114.041601.

[89] R. Aaij *et al.*, Measurement of CP violation in the three-body phase space of charmless $B^\pm$ decays, *Phys. Rev. D* **90**, 112004 (2014). doi: 10.1103/PhysRevD.90.112004.

[90] R. Aaij *et al.*, Evidence for CP violation in $B^+ \to p\bar{p} K^+$ decays, *Phys. Rev. Lett.* **113**, 141801 (2014). doi: 10.1103/PhysRevLett.113.141801.

[91] R. Aaij *et al.*, Study of the kinematic dependences of Λ_b^0 production in pp collisions and a measurement of the $\Lambda_b^0 \to \Lambda_c^+\pi^-$. branching fraction, *JHEP* **08**, 143 (2014). doi: 10.1007/JHEP08(2014)143.

[92] R. Aaij *et al.*, Observation of the $\Lambda_b^0 \to J/\psi p\pi^-$. decay, *JHEP* **07**, 103 (2014). doi: 10.1007/JHEP07(2014)103.

[93] R. Aaij *et al.*, Searches for Λ_b^0 and Ξ_b^0 decays to $K_S^0 p\pi^-$ and $K_S^0 pK^-$ final states with first observation of the $\Lambda_b^0 \to K_S^0 p\pi^-$ decay, *JHEP* **04**, 087 (2014). doi: 10.1007/JHEP04(2014)087.

[94] T. Aaltonen *et al.*, Measurements of direct CP violating asymmetries in charmless decays of strange bottom mesons and bottom baryons, *Phys. Rev. Lett.* **106**, 181802 (2011). doi: 10.1103/PhysRevLett.106.181802.

[95] A. Ali, P. Ball, L. Handoko, and G. Hiller, A comparative study of the decays B→(K,K*)$\ell^+\ell^-$ in the Standard Model and supersymmetric theories, *Phys. Rev. D* **61**, 074024 (Mar 2000).

[96] Frank Krüger and Joaquim Matias, Probing new physics via the transverse amplitudes of B→K*(Kπ^+)$\ell\ell$ at large recoil, *Phys. Rev. D* **71**, 094009 (2005).

[97] W. Altmannshofer *et al.*, Symmetries and asymmetries of B→K$^*\mu^+\mu^-$ decays in the Standard Model and beyond, *JHEP* **0901**, 019 (2009). doi: 10.1088/1126- 6708/2009/01/019.

[98] U. Egede, T. Hurth, J. Matias, M. Ramon, and W. Reece, New observables in the decay mode $\bar{B} \to \bar{K}^*\ell^+\ell^-$, JHEP 0811, 032 (2008). doi: 10.1088/1126- 6708/2008/11/032.

[99] C. Bobeth, G. Hiller, and G. Piranishvili, CP asymmetries in $\bar{B} \to \bar{K}^*(\to \bar{K}\pi)\ell\ell$ and untagged $\bar{B}_S, B_S \to \phi(\to K^+K^-)\ell\ell$ decays at NLO, *JHEP* **0807**, 106 (2008). doi: 10.1088/1126-6708/2008/07/106.

[100] S. Descotes-Genon, T. Hurth, J. Matias, and J. Virto, Optimizing the basis of B→K$^*\ell^+\ell^-$ observables in the full kinematic range, *JHEP* **1305**, 137 (2013). doi: 10.1007/JHEP05(2013)137.

[101] B. Aubert *et al.*, Measurements of branching fractions, rate asymmetries, and angular distributions in the rare decays B→K$\ell^+\ell^-$ and B→K$^*\ell^+\ell^-$, *Phys. Rev. D* **73**, 092001 (2006). doi: 10.1103/PhysRevD.73.092001.

[102] J.-T. Wei *et al.*, Measurement of the Differential Branching Fraction and Forward-Backward Asymmetry for B→K$^*\ell^+\ell^-$, *Phys. Rev. Lett.* **103**, 171801 (2009). doi: 10.1103/PhysRevLett.103.171801.

[103] T. Aaltonen *et al.*, Measurements of the Angular Distributions in the Decays B→K$^{(*)}\mu^+\mu^-$ at CDF, *Phys. Rev. Lett.* **108**, 081807 (2012). doi: 10.1103/Phys-RevLett.108.081807.

[104] S. Chatrchyan *et al.*, Angular analysis and branching fraction measurement of the decay B^0 →K$^{*0}\mu^+\mu^-$, *Phys. Lett. B* **727**, 77.100 (2013). doi: 10.1016/ j.physletb.2013.10.017.

[105] ATLAS collaboration, Angular analysis of $B_d \to K^{*0}\mu^+\mu^-$ with the ATLAS experiment (Apr, 2013), ATLAS-CONF-2013-038.

[106] R. Aaij *et al.*, Differential branching fraction and angular analysis of the decay $B^0 \to K^{*0}\mu^+\mu^-$, *JHEP* **08**, 131 (2013). doi: 10.1007/JHEP08(2013)131.

[107] R. Aaij *et al.*, Measurement of form-factor-independent observables in the decay $B^0 \to K^{*0}\mu^+\mu^-$, *Phys. Rev. Lett.* **111**, 191801 (2013). doi: 10.1103/Phys- RevLett.111.191801.

[108] R. Gauld, F. Goertz, and U. Haisch, An explicit Z'-boson explanation of the $B \to K^*\mu^+\mu^-$ anomaly, *JHEP* **1401**, 069 (2014). doi: 10.1007/JHEP01(2014)069.

[109] S. Descotes-Genon, J. Matias, and J. Virto, Understanding the $B \to K^*\mu^+\mu^-$ anomaly, *Phys. Rev. D* **88**(7), 074002 (2013). doi: 10.1103/PhysRevD.88.074002.

[110] W. Altmannshofer and D. M. Straub, New physics in $B \to K^*\mu\mu$?, *Eur. Phys. J. C* **73**, 2646 (2013). doi: 10.1140/epjc/s10052-013-2646-9.

[111] A. Datta, M. Duraisamy, and D. Ghosh, Explaining the $B \to K^*\mu^+\mu^-$ data with scalar interactions, *Phys. Rev. D* **89**(7), 071501 (2014). doi: 10.1103/Phys- RevD.89.071501.

[112] F. Mahmoudi, S. Neshatpour, and J. Virto, $B \to K^*\mu^+\mu^-$ optimised observables in the MSSM, *Eur. Phys. J. C* **74**, 2927 (2014). doi: 10.1140/epjc/s10052-014-2927-y.

[113] F. Beaujean, C. Bobeth, and D. van Dyk, Comprehensive Bayesian analysis of rare (semi)leptonic and radiative B decays, *Eur. Phys. J. C* **74**, 2897 (2014). doi: 10.1140/epjc/s10052-014-2897-0.

[114] J. Lyon and R. Zwicky, Resonances gone topsy turvy—the charm of QCD or new physics in $b \to s\ell^+\ell^-$? (2014).

[115] R. Aaij *et al.*, Observation of a resonance in $B^+ \to K^+\mu^+\mu^-$ decays at low recoil, *Phys. Rev. Lett.* **111**, 112003 (2013). doi: 10.1103/PhysRevLett.111.112003.

[116] R. Aaij *et al.*, Measurement of CP asymmetries in the decays $B^0 \to K^{*0}\mu^+\mu^-$ and $B^+ \to K^+\mu^+\mu^-$, *JHEP* **09**, 177 (2014). doi: 10.1007/JHEP09(2014)177.

[117] R. Aaij *et al.*, Differential branching fractions and isospin asymmetries of $B \to K^{(*)}\mu^+\mu^-$ decays, *JHEP* **06**, 133 (2014). doi: 10.1007/JHEP06(2014)133.

[118] R. Aaij *et al.*, Test of lepton universality using $B^+ \to K^+\ell^+\ell^-$ decays, *Phys. Rev. Lett.* **113**, 151601 (2014). doi: 10.1103/PhysRevLett.113.151601.

[119] G. Hiller and M. Schmaltz, R_K and future $b \to s\ell\ell$ BSM opportunities (2014).

[120] D. Ghosh, M. Nardecchia, and S. Renner, Hint of lepton flavour non-universality in B meson decays, *JHEP* **1412**, 131 (2014). doi: 10.1007/JHEP12(2014)131.

[121] W. Altmannshofer and D. M. Straub, State of new physics in $b \to s$ transitions (2014).

[122] A. Crivellin, G. D' Ambrosio, and J. Heeck, Explaining $h \to \mu^\pm\tau^\mp$, $B \to K^*\mu^+\mu^-$ and $B \to K\mu^+\mu^-/B \to Ke^+e^-$ in a two-Higgs-doublet model with gauged $L_\mu - L_\tau$ (2015).

[123] S. L. Glashow, D. Guadagnoli, and K. Lane, Lepton flavor violation in B decays? (2014).

[124] C. Bobeth *et al.*, $B_{s,d} \to l^+l^-$ in the Standard Model with reduced theoretical uncertainty, *Phys. Rev. Lett.* **112**, 101801 (2014). doi: 10.1103/PhysRevLett.112.101801.

[125] ATLAS collaboration, CDF collaboration, CMS collaboration and D0 collaboration, First combination of Tevatron and LHC measurements of the top-quark mass (2014).

[126] R. Aaij *et al.*, First evidence for the decay $B_S^0 \to \mu^+\mu^-$, *Phys. Rev. Lett.* **110**, 021801 (2013). doi: 10.1103/PhysRevLett.110.021801.

[127] R. Aaij *et al.*, Measurement of the $B_S^0 \to \mu^+\mu^-$ branching fraction and search for $B^0 \to \mu^+\mu^-$ decays at the LHCb experiment, *Phys. Rev. Lett.* **111**, 101805 (2013). doi: 10.1103/PhysRevLett.111.101805.

[128] S. Chatrchyan *et al.*, Measurement of the $B_S^0 \to \mu^+\mu^-$ branching fraction and search for $B^0 \to \mu^+\mu^-$ with the CMS Experiment, *Phys. Rev. Lett.* **111**, 101804 (2013). doi: 10.1103/PhysRevLett.111.101804.

[129] CMS and LHCb collaborations. Combination of results on the rare decays $B_{(S)}^0 \to \mu^+\mu^-$ from the CMS and LHCb experiments (Jul 2013), CMS-PAS-BPH-13-007, LHCb-CONF-2013-012.

[130] R. Aaij *et al.*, Determination of f_s/f_d for 7 TeV pp collisions and measurement of the $B^0 \to D^-K^+$ branching fraction, *Phys. Rev. Lett.* **107**, 211801 (2011). doi: 10. 1103/PhysRevLett.107.211801.

[131] R. Aaij *et al.*, Measurement of b hadron production fractions in 7 TeV pp collisions, *Phys. Rev. D* **85**, 032008 (2012). doi: 10.1103/PhysRevD.85.032008.

[132] LHCb collaboration. Updated average f_s/f_d b-hadron production fraction ratio for 7TeV pp collisions (Jul 2013), LHCb-CONF-2013-011.

[133] V. Khachatryan *et al.*, Observation of the rare $B_S^0 \to \mu^+\mu^-$ decay from the combined analysis of CMS and LHCb data (2014), submitted to *Nature*.

[134] S. Wilks, The large-sample distribution of the likelihood ratio for testing composite hypotheses, *Annals Math. Statist.* **9**(1), 60-62 (1938). doi: 10.1214/aoms/ 1177732360.

[135] G. Feldman and R. Cousins, Unified approach to the classical statistical analysis of small signals, *Phys. Rev. D* **57**, 3873-3889 (Apr 1998).

第3篇 走近物质的极限：CERN 超相对论性核碰撞

Jurgen Schukraft[1]   Reinhard Stock[2]

1 CERN, CH-1211 Geneva 23, Switzerland

schukraft@cern.ch

2 FIAS, 60438 Frankfurt am Main, Germany

stock@ikf.uni-frankfurt.de

周代翠 译

华中师范大学

量子色动力学 (QCD) 中的热力学描述了强相互作用物质的相变，即从低温条件下的强子物质相变到高温下的夸克–胶子等离子体物质态。这类相变曾发生在早期宇宙诞生之初的微秒时刻。其物理过程可以借助实验室条件下相对论重核碰撞产生足够高能量密度的"火球"并穿越 QCD 相边界来实现。本文综述了三十多年来科学家们以 CERN 为基地致力于 QCD 等离子体和相变方面研究工作的成果，包括从最初用超级质子同步加速器 (SPS) 启动这项研究到跨越数十年后的超相对论重离子物理成为当今核物理学的支柱和 LHC 物理的重要组成部分的概述。

3.1 强相互作用物质

本文首先回顾以 CERN 为基地发展起来的全新研究领域，即强相互作用基本力下物质的相和相结构的研究。20 世纪 70 年代，人们发现了这一领域的基本理论——量子色动力学，主要研究以夸克为基元，以胶子为媒介的基本相互作用。相比于在量子电动力学 (QED) 中传递电磁相互作用的不带电光子，量子色动力学中的胶子自身携带强相互作用色荷。因此，QCD 理论在数学方面更为复杂。量子电动力学和量子色动力学二者构成了描述基本相互作用的现代标准模型的一部分，电子、光子、夸克和胶子进入基本粒子的范畴。经过数十年对粒子物理学的深入研究，已经确认了 QED 和 QCD 的各种预言。

目前，我们关注的热点不再是基本的 QCD 碰撞，而是由强相互作用主导的扩展物质结构，即从部分子等离子态到质子和原子核，再到中子星的演化和结构。

物质是在宇宙极早期的演化阶段形成的, 是宇宙标准模型 (与描述基本相互作用的标准模型同一时期发展起来的) 的一部分。宇宙已经历了连续且不同的物质形成阶段。从阿秒到最初几微秒, 膨胀的宇宙由等离子体 "火球" 主导, 并由基本的夸克、胶子和电子等组成。宇宙大爆炸形成的物质有电荷和色荷流传导特性, 然而并没有形成结构。QCD 物质研究领域就始于那个时刻。

冷却能促使物质通过相变而形成结构。该相变仅发生在宏观体积中, 即我们是讨论扩展物质的相变。确切地说, 这种转变因微观层面发生的夸克间的中性化和束缚效应而发生, 但正是其在宏观热力学条件 (如密度和温度) 下的集体同步效应, 导致了各种状态和物质相的发生。热力学定律、微粒自由度的微观内禀性质以及它们间的相互作用构成了特征相图, 并在温度和密度平面上出现不同物质相之间的相边界。

由夸克和胶子组成的 QCD 物质的相结构会是怎样的?

这个问题便是本文要阐述的该领域研究的主要目标。换言之, 我们需要利用 QCD 热力学。粒子物理学是关注部分子的基本属性, 而我们在这里试图了解早期宇宙中夸克–胶子等离子体是怎样冷却为核子或者随之在中子星内部被再压缩的。因此, 含介质修正的非微扰相互作用的部分子和强子的研究是一个深层次的重要的物理问题。

按照大爆炸宇宙学, 膨胀冷却从初始的极高能量部分子密度 (此时 QCD 束缚态 (强子) 无法形成, 因此无结构) 开始, 直至冷却到足够低温以至于自由的部分子态消失而仅存强子。根据 QCD 理论, 由于传递强相互作用力的胶子自身携带较强的色荷, 因此部分子表现出 "真空破缺" 形态, 并且从一个夸克辐射的胶子必定被另一个夸克吸收。QCD 理论认为, 在低能量密度时夸克是禁闭的, 即处于色中性的束缚态, 表现为强子。实际上, 宇宙演化至今已经产生了多至 10^{78} 个质子和中子, 却没有观察到自由的夸克。因此, 必然存在某个特定的中间密度发生了部分子到强子物质之间的相变。但是, 我们无法直接从现有的宇宙物质中抽取相应的临界温度。

在开始实验之前需考虑两个方面的问题。首先, 由于强子态是由夸克–胶子等离子体经历相变到束缚的夸克团簇态而形成的 (即某种凝聚形态), 因此人们期待质子内部能量密度应与凝结为质子的介质的能量密度相同。目前, 已知质子内部能量密度约为每立方费米 1GeV。另外, CERN 物理学家 R. Hagedorn 在 QCD 理论出现之前早就提出了强子世界必然存在一个温度限值, 约为 165MeV。值得注意的是, 在部分子气体中, 可以估算该温度下的能量密度约相当于上述的 1GeV/fm^3。如今, 可以通过已广为人知的用于描述时空演化的爱因斯坦–弗里德曼方程推导出该密度, 它在宇宙早期微秒时域时的密度。此时, 1m^3 的物质比整个南迦帕尔巴特 (Nanga Parbat) 山峰的质量高出十倍以上。

3.2　QCD 物质研究：树立信心

以上简述了在 QCD 物质中的相变观点，反映了 1976 年前后的理论物理学动态。当时，Steven Weinberg[1] 撰写了著名的《宇宙最初三分钟》(*The First Three Minutes*) 一书，在该书最后一章中提到了宇宙膨胀的最初阶段，并认为宇宙是一个在热力学平衡下演化的热火球。自 Collins 和 Perry[5] 首次提出自由部分子 "气体" 之后，Shuryak[2]、Baym[3] 和 Kapusta[4] 推广并发展了高温热 QCD 理论，并把自由的部分子气体取名为 "夸克–胶子等离子体 (QGP)"。他们以此描述近期发现 [6] 的 QCD 属性，即在极高能量密度下趋于弱相互作用 (该属性被称作 "渐近自由"，将在下文中具体讨论)，因而无法维持受缚的强子。后来发现这种观点实际上偏离了 QCD 相变的真正要点。但是，根据不同的温度和密度，他们已经第一次绘制出了 QCD 物质的相图。它的重要性在于已成为通向实验室研究高温高密度核物质和接近、甚至超过假设相变的一种方法：

相对论能量下重核碰撞 (即所谓的 "重离子" 碰撞) 会压缩并加热核物质接近甚至可能超过 QCD 估算的临界能量密度。

1980 年，伯克利 Bevalac 实验 (直线注入核到 Bevatron 同步加速器) 表明，两个处于较低 GeV 能量范围的核物质发生相互碰撞，它们互相阻止并生成火球。火球捕获了大部分的初始纵向束流能量，从而造成加热和压缩。当然，我们讨论并非是宇宙学中的情况，原子核较小且火球会快速碎裂，因此保持热平衡是关键问题。我们是否可以将 QCD 热力学或流体动力学应用到火球上？相变需要经过特定的最短 ("弛豫") 时间才能完成。火球再膨胀的速度有多快？热力学过程是否会在最终辐射的强子中留下痕迹？或核碰撞会像是基本核子碰撞的简单叠加吗？

一个重要的问题是：我们能否定义一个观察量来清晰描述历经部分子等离子体火球后的特征阶段或者演化过程 (如典型的等离子体辐射)，或者初始部分子集合特征变化。到 20 世纪 80 年代初期，通过 Bevalac 实验得到的物理结果，即观察到清晰的集体过程如强子物质的流体动力学行为的存在，部分问题已经得到了虽然试探性的但是肯定的回答。而更重要的一步则是热 QCD 理论解决了在数学上很难解决的低能问题，即用格点方法数值地解决了非微扰 QCD 问题。美国格点组 [7] 描绘的图像显示以温度为函数的 QCD 物质的热容量，表明了存在从强子态到部分子态的相变。图 1 中显示在临界温度 T_c 时，出现剧烈且陡峭的向上跃动。这意味着自由度大幅增加，而这种情况应当发生在相边界处核子分解成组分夸克的时刻。由于一个核子由三个受缚夸克组成，而且每个夸克携有三种不同色荷单位中的一个，在退禁闭的 QCD 等离子体中，它们形成新的自由度。此外，同样令人振奋的是发现临界温度约为 170MeV(开始对此非常不确定)，这与 Hagedorns 之前提出的组成质子的物质上边界温度相同。

在上述及其他理论知识的背景下，科学家们开始绘制通用的强相互作用物质的相图[8]，如图 1 所示。在该图中，不难发现加热或者压缩均可实现较高的能量密度。这两种情况可单独或者共同促使 QCD 物质达到相边界。因此，图中左侧部分显示的是大爆炸动力学和夸克–胶子等离子体，而右侧则是超新星、中子星或者可能是黑洞这些经过引力再次压缩的冷物质。那么，是否存在夸克星呢？

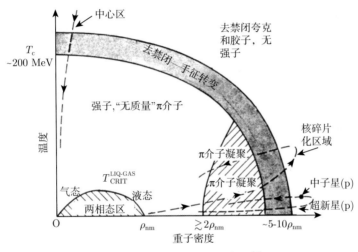

图 1 QCD 相图的早期草图[8]

3.3 CERN 关于高温 QCD 物质的研究

理论和构想已经达到如此令人神往的高度，那么必定要通过实验来验证！根据 Bevalac 的实验推断，同步加速器上的固定靶实验显然要求核中每个核子的入射能量处于 10~100GeV 范围，满足该同步加速器固定靶实验要求，从而达到和超过所预测的 QCD 相界。显然，这也是同步加速器设施的目标，如 CERN 的 PS 和 SPS，以及美国布鲁克海文国家实验室的 AGS。因此，1982~1986 年期间这些实验室首先提出了这方面的相关研究计划。同期，还出现了很多影响深远的概念，旨在通过对撞机实现质心系 (CM) 更高能量的原子核碰撞。于是设想，即完成在布鲁克海文[9] 曾经被临时放弃的超导 ISABELLE 对撞机建造，在该对撞机上能实现比 CERN SPS 能区高出十倍以上的质心系碰撞能量，而恰恰就在此时 CERN 的大型强子对撞机 (LHC) 计划业已开始，该对撞机能使射弹核的能量在原有的基础上增加 25 倍。未来无限的研究机会正逐渐显现，并且随着对此感兴趣的科学家以超过一个数量级的程度跃升, 已经从 Bevalac 最初朴素的研究开始进入另一个相变阶段。事实上, 所有的项目均在后来的 30 年中实现。1986 年, 核碰撞实验在 CERN 的 SPS 上开始采集数据。1994 年, 在 SPS 上实现了超重核 (铅 ^{208}Pb) 入射实验; 2001 年, 在布鲁克海文新建了相对论性重离子对撞机 (RHIC); 2009 年, CERN LHC 对撞机投入运行。

　　前所未有的高碰撞能量和随之而来的相关新物理观察量极大地增加了实验的规模和复杂性。下文简要介绍相关物理学观点的发展, 但愿能给出 CERN 各种实验发展领域一些典型的描述。为此, 图 2 中列出了首批 SPS 实验中 NA35 的设计图, 并在图 3 中给出同期 LHC 上 ALICE 实验的简图作为对比。构建这些实验的国际合作组得到了 CERN 和各国基金会在人力和财力上的巨大支持, 而其规模从起初约 100 名物理学家增加到 1000 多名物理学家。以上图所示的两个实验为例, NA35 自 1981 年开始规划并在 1986~1992 年期间采集 SPS 数据。该实验组由大约 80 名物理学家构成。LHC/ALICE 实验于 1991 年开始设计, 在它漫长建设期里最初建议的仪器和技术在后来都相继进行了大幅度改进, 于 2009 年末启动并采集首批实验数据。至目前, 该实验联合了来自 41 个国家的 1800 余名物理科学工作者和工程技术专家, 计划继续采集 10~15 年实验数据。这些实验要求长期保持探测设备的极度的先进性, 信息储存的完整性, 研究团队专业知识国际领先的绝对优势, 以及追寻科学目标上的锲而不舍精神。这些是大科学实验的重要特征, 堪称是人类智慧合作的典范。

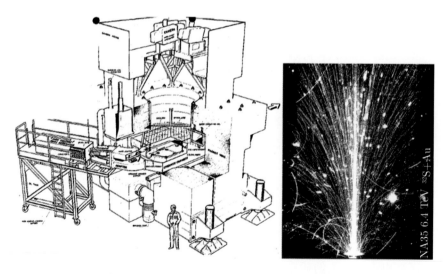

图 2　NA35 实验装置 (左) 和事件显示 (右)

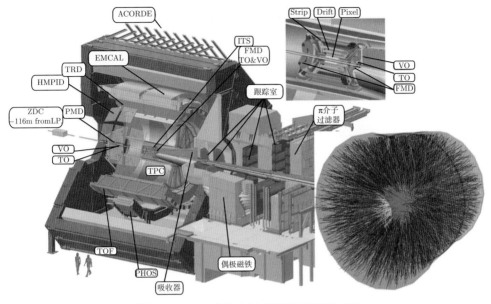

图 3 ALICE 实验 (左) 和事件显示图 (右)

核–核 (A-A) 碰撞的质子质心系能量从 20 世纪 90 年代 SPS 上 17.3GeV 已增加到 (当前)LHC 上 5.02TeV 能区，碰撞生成的带电粒子的数目从约 2000 增加到 20000 以上。在实验探测上这便需要通过磁场中的径迹来跟踪这些粒子，即通过径迹曲率测量动量并沿径迹测量气体中的电离强度。在 SPS NA49、RHIC STAR 和 LHC ALICE 上的时间投影室 (TPC) 成为现代探测器的选择。利用外层探测器，通过测量每个粒子的速度，可以鉴别粒子的类型 (如 π 介子、K 介子、质子和电子等)。铅核碰撞所产生的带电粒子数是之前的十余倍，因而要求 ALICE 探测器具有更大的跟踪体积、更高的读出粒度和更快的读出时间。此外，物理学已经从关注 SPS 转向 LHC，即所谓的 "QCD 硬过程"，如喷注产生成为其中的焦点。由于涉及几十到上百 GeV/c 的高动量强子，因此 ALICE 实验的跟踪精度要高于之前 SPS 实验中 "热" 强子的跟踪。该分辨率与 BL^2 成比例，其中 B 表示磁场强度，L 表示磁场中的径迹长度。图 2 和图 3 中还显示了非常复杂的粒子径迹重建过程。图 2 中显示了 SPS 每核子能量 200GeV^{32}S-Au 碰撞的跟踪信息，在实验室坐标系每个入射核子 200GeV 能量，换算成质心系中每对核子的碰撞能量大约为 20GeV。该图显示了 NA35 流光室 (一种 3D 照相记录气体检测器) 中的多条径迹。这种早期跟踪技术在 1994 年被 NA35 之后的 NA49 实验中的时间投影室 (TPC) 取代。图 3 显示出 ALICE 在探测器寻迹能力上远远超出以往的效果 (质心系下每对核子 2.76TeV 碰撞能量)。该 TPC 具有超过 60 万个电子学通道，每次碰撞事件生成大约 20GB 的原始数据流。在 1kHz 的事件频率下，TPC 每秒产生 20TB 的原始数据，它处于当今数字电子学处理能力的上限。

注意在同一个碰撞事件里末态产生数千个强子并非意味着单对强子碰撞的 "简单重复地" 叠加。每个事件中，部分子的流体动力学集体膨胀和强子化的 QCD 物质可诱导产生整体结构的微观特征。该过程给出所有粒子的特定的动量变化。单个变化虽然很小，但若一次事件中的所有粒子均记录下来就可以得到明显的量化效应。此外，单次事件中产生极大的带电粒子多重数会造成全新的现象，即事件源于单个量子力学相干过程，却获得了独自分析的统计显著性。这些单事件于是有了自分析特性。

3.3.1　CERN 重核加速

同步加速器通常用来加速质子、电子以及它们的反粒子。质子的荷质比 $Q=1$。稳定原子核的质荷比在钙以下 (电荷：20；质量：40)$Q=0.5$，但是在钙以上则中子数超过质子数。例如，在铅 (^{208}Pb) 核中 $Q=0.39$。加速率随 Q 的变小而降低。在质子同步加速器中，最高 450GeV 的质子能量 (SPS) 用来加速铅核束流只能加速到每个核子达 175GeV 的能量，但是可以达到稳定的加速模式。问题在于入射粒子会在非理想真空的加速腔里飞行约 100 万 km 的路程。射弹在稀释的气体中被电离导致离子电荷态改变，除非射弹在注入加速器时已经被完全电离，或者要求加速腔具有极高的真空度。对于加速质子不是问题，因此同步加速器只须具有适度的真空，于是只能接受完全剥离的离子。"重离子物理" 这一名称最初体现这一领域要求注入加速器的核为完全剥离的离子，而这样的离子只能在复杂多步骤的预加速系统中达到。首先需要特殊的离子源从强电场和磁场所产生的原子核等离子体里提供部分剥离的离子。这类源应提供尽可能高的电荷状态但又有足够强度的离子流，以确保后期同步加速器中的束流稳定性和实验过程中足够高的事件率。在 CERN 重离子研究的最初规划期间，即 1982 年至 1985 年，首选的离子源类型是电子回旋共振 (ECR) 源 [10]。在 1986 年产生了首个氧核束流 (一种轻原子核)，1988 年便有了硫核束流。针对铅离子，SPS 采用的更加精心制作的用于铅离子的加速方案于 1994 年投入运行。在经过部分修正之后，该方案至今依然沿用于 LHC。

新的大功率 ECR 离子源产生的铅离子，其电荷态可达 20+。经过电荷态分析之后，该束流注入新建的直线加速器储存箱中，可加速到每个核子约 5MeV 的能量。让束流通过一个薄的剥离箔，使得束流获得一个较宽的电荷态分布约为 50+，并且在该阶段的单一电荷态的选择造成了 90% 的束流强度损失。之后注入到第一个同步加速器中，即 PS 加速器。由于同步加速器的每一次循环只开放 (底部区域) 几十微秒的束流注入，所以该过程又会丢失宝贵束流的很大部分。为了获得最小化电荷态的改变，加速器的真空度需要提高到 10^{-9}Torr。在提取过程中每个核子达到 150MeV 的能量，然而铅核仍不能完全剥离成为离子，并且因蔓延到几种电荷态而进一步造成更大的强度损失。因此下一级的质子同步加速器的真空也需要提升到 10^{-9}Torr，即便如此也造成 50% 的束流损失。然后，PS 在约 7GeV/核子时提取 Pb(50+)，并剥离产生了完全离子化的 Pb(82+) 注入到 SPS。PS 的一个加速循环持续 1 秒，而 SPS 需要超过 15 秒才能达到最高能量。因此，加速器科学家可在此阶段应用复杂的多转注入技术，SPS 需要容纳四次连续的 PS 提取，才能把加速共振腔完全充满精确定位的束流聚堆，然后再开始加速。四倍强度的增加效果远远超过少量增长的整体循环持续方案。最终 SPS 在铅核射弹达到了每核子 158GeV 的能量。此外，这台先进的加速设备也能加速所有的与 ECR 离子源兼容的较轻元素，并且可用于更广泛的能量范围，即 15~160GeV/A。自 1994 年投入运行以来，该设备在全球范围内一直独占鳌头，直到 2000 年布鲁克海文 RHIC 对撞机开始运行并产生比 SPS 高 10 倍的能量。

3.3.2　CERN 的 SPS 实验及其物理学

1982 年，GSI-LBL-Heidelberg-Marburg-Warsaw 核物理研究合作组提交了第一份相关建议书 [11]，该合作组也是同期的 Bevalac 或 Dubna 质子同步加速器成员。该建议书呼吁在 CERN 建立一个提取氧核的 PS 设备，具体由 GSI 从格勒诺布尔 (Grenoble)R. Geller 的研究组购买 ECR 离子源，LBL 建造 RFQ 微型直线加速器，然后注入 CERN 已有的 Linac1，继之以 Booster 和 PS，最后达到 13 GeV/A。根据并行开展两组 Bevalac 实验的经验，即多段闪烁体塑料球 [12] 以及可视径迹流光室光谱仪 [13]，建议书同样提议两组并行实验。一个实验研究核物质流动的流体动力学，而另一个实验产生介子以观察相变信号。

CERN 接受了该初步建议书，但在 PS 东厅提取区开展进一步的实验遇到了较大困难。这导致了 CERN 管理层建议 [14] 将 PS 束流传输到 SPS，并通过外部 SPS 束流线路系统，将得到的 200 GeV/A 束流分配给当时极少使用的 SPS 北区和西区大型实验厅，这里已经实施了之前的 SPS 质子束流实验。这一想法催生了更具前瞻性的理念，即充分拓展的 SPS 重离子加速计划，束流能量最大可达到 200 GeV/A，同时契合了 CERN 几个实验小组得以继续实施之前已放弃的在 CERN ISR 对撞机上进行重离子实验的目标，因而广受欢迎。这里拥有大量已建立的实验基础设施，而且最重要的是存在三个完整的实验及现成的物理学合作组和技术人员，即大型磁强子光谱仪 OMEGA、实验 NA10 所采用的双轻子谱仪，以及几乎完成的流光室和量能器实验，并包含了 NA5 和 NA24 实验中的 400 吨超导两极磁体。因此，转向 SPS 真是一次聪明的选择！

CERN 规划中的 SPS 研究项目吸引的不仅是当初更多的核物理工作组，还包括一部分已经在 CERN 工作的粒子物理工作组。Omega 光谱仪小组重组为 WA85，双轻子光谱仪重组为 NA38，流光室实验转身为 NA35，而大型量能器实验 NA34(曾作为 SPS 项目的前身 [15] 用于 CERN 的 ISR⁴ 氦 4 碰撞研究中 [15]) 变身为 NA34-2。来自 LBL 的塑料球谱仪通过改造成铅玻璃电磁量能器组建了 WA80。最初, 只有实验 NA45 是完全新建, 即用于双电子谱的双切伦科夫 (RICH) 磁谱仪。该项目在 1994~2002 年的运行高峰期间使用铅核, 并且涵盖了较低的能量, 即 $20\text{GeV}/A$、$30\text{GeV}/A$、$40\text{GeV}/A$ 和 $80\text{GeV}/A$。2005 年, 该设备重新激活, 采用 NA60(基于之前 NA38 和 NA50 发展而来的高精确度粲素和双 μ 介子谱仪) 的铟 (^{115}In) 束流以及 NA61(基于 NA49 的大接收度强子光谱仪) 的铅束流。我们下面列出了主要的铅束流项目实验:

- NA44: 反质子和 K 介子小角度聚焦磁谱仪;
- NA45: 双电子双切伦科夫环成像磁谱仪;
- NA49: 用于强子的大接收度 TPC 和量能器谱仪;
- NA50: 用于矢量介子的双 μ 介子磁谱仪和电磁量能器;
- NA52: 用于寻找奇异夸克团簇的 "新质量" 束流线谱仪;
- WA97/NA57: 基于硅像素技术的 WA85/WA97/NA57 的超子和反超子谱仪;
- WA98: 用于直接光子的大接收度强子和光子谱仪;
- 最后出现了 NA60 和 NA61(见上文)。

3.4　新千年的成就

下文将简要介绍七种物理学观察量, 主要来自 SPS 项目, 代表着对 QCD 物质和 QCD 相变方面理解所取得的进展。本节将给出更加详细的物理讨论, 因此需要读者耐心地阅读。实验主要针对 "是或不是" 的问题。在本文的末尾会提到对 QCD 等离子体定量的描述, 主要来自于 2000 年以来布鲁克海文 (BNL) 上的相对论重离子对碰机 (RHIC) 和欧洲 CERN 的大型强子对撞机 (LHC) 上的对撞实验结果。首先, 让我们深入了解一下 SPS 的研究主题。

3.4.1　火球能量密度

量能器实验 (NA34、NA49 和 WA98) 测量铅核碰撞所产生的横向总能量 [16]。中心领头碰撞落在分布的尾部。根据其靶–射弹核密度的初始分布, 这类碰撞大约有平均 190 个核子对发生相互作用。因此, 我们知道其碰撞几何、质心系初始总能量和新产生的横向能量。根据 Bjorken[17] 公式可估算原初火球体积中的相应能量密度。在当前情况下可得到每立方费米 3.0±0.6GeV。与 "2000 年" 格点量子色动力学 (lattice QCD[18]) 计算出的部分子–强子相变结果相比, 发现在该能量密度下已经越过相边界, 因为临界 QCD 能量密度约为每立方费米 1GeV。

3.4.2 火球温度

格点 QCD 在 $3\mathrm{GeV/fm}^3$ 能量密度下也给出了等离子体温度的估算值, $T = 210\mathrm{MeV}$。从热等离子体辐射出来的光子因不参与强相互作用, 将逃离火球而不受影响。通过精确地扣除距产生时间晚得多的中性介子电磁衰变产生的光子, WA98 第一次测量了直接光子[19]。等离子体温度在 200~250MeV 范围时, 能够很好地描述这些实验数据, 与上述格点 QCD 温度估算得出等离子体的温度值一致[20]。

3.4.3 $T = (160 \pm 10)\mathrm{MeV}$ 时强子的形成: 接近格点 QCD 预测

如果在 SPS 最大能量下的 Pb-Pb 中心碰撞时生成了原初 QCD 部分子等离子体, 随后的膨胀性冷却将使得火球体恢复到 QCD 部分子-强子相变临界点, QCD 色禁闭催化了强子的形成。如果整个火球体都被一个临界 QCD 强子化温度均匀控制, 各种类型的强子就会按照它们的所谓统计权重比同时产生, 这是恩利克·费米发现的普适规律, 也被称作 "费米黄金法则"。在 "统计强子化模型"(SHM) 中清楚地解释了该法则, 普遍地预测各类强子的产额仅须使用一个重要参数, 即强子最终状态产生时的主导温度 T[21]。NA44、NA49 和 WA57 合作组系统地测量了强子多重数分布。图 4 给出了 SHM 模型拟合每个碰撞事件中强子多重数的例子[22], 数据

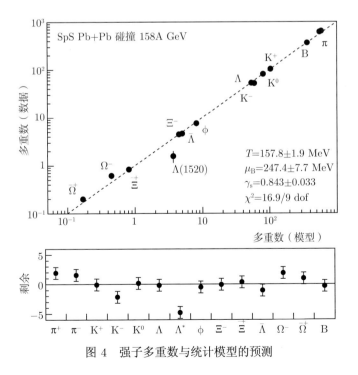

图 4 强子多重数与统计模型的预测

来自于 SPS 能区 NA49 合作组在最大能量下 Pb-Pb 中心碰撞实验。从图 4 可以得出, 强子化温度 $T = 158 \pm 5$ MeV, 与格点 QCD 预测的临界温度 T_c 相一致。在这样低的温度下, 我们远离了 QCD 渐近自由[5,6]。所以, QCD 物质从退禁闭相到禁闭相的相变必须是由其他真实的非微扰 QCD 机制驱动。

3.4.4　奇异重子和反重子产生增强

在膨胀的热化 QCD 物质中 "烹饪" 效应增强了奇异强子的产生率, 尤其携带奇异数 1、2 和 3 的超子 (Λ 超子、Ξ 超子和 Ω 超子及其反粒子)。在核–核碰撞实验中观察到的这种现象被称为奇异粒子增强。

图 5 显示了 NA57 实验的观测结果[23]。此图包含了在 SPS 最大能量的 Pb-Pb 碰撞实验中各种超子和反超子产生多重数随碰撞中心度 (对应着参与碰撞的核子数目 $N(\text{part})$) 增大的观测结果。火球体积随参与反应核子数目 $N(\text{part})$ 增加而增大。图中显示的粒子产额定义为平均每个参与核子数 $N(\text{part})$ 诱导产生的奇异粒子多重数。这些产额是假定在质子–核 (p-A) 碰撞中没有生成 QCD 等离子体时观测到的每个参与反应核子数的粒子产额进行归一化的。如果火球的产生仅仅是基本核子–原

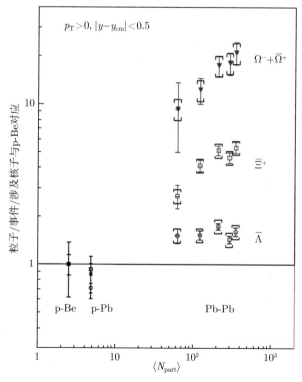

图 5　Pb-Pb 碰撞中超子产额奇异数增强

子核 (p-A) 碰撞多重数 (这里用同样能量下 p-Be 和 p-Pb 结果代表) 的简单叠加, 则超子产生率应简单地保持常数。但是与之相反, 我们在 Pb-Pb 中心碰撞中观察到 Ω 和反 Ω 超子相对产额约 10 倍增强。因此, Pb-Pb 碰撞并非是 p-A 碰撞的简单叠加, 并且奇异数增强会随着火球体积的增加而增大, 但是在中心碰撞时趋于饱和。我们发现, 火球体看起来是一种集体行为, 正如巨正则 (大体积极限) 统计强子化模型 (图 4) 所预言。

3.4.5 粲偶素 (J/Ψ) 压低解释了 QCD 等离子体的形成

J/Ψ 矢量介子被称作粲偶素。它产生于核–核碰撞初始阶段时 "硬" 部分子碰撞所生成的粲–反粲夸克对, 即 $c\bar{c}$。如果在接下来由退禁闭 QCD 等离子体相主导动力学演化, 原初 $c\bar{c}$ 在介质中协同移动, 于是可能会被夸克间色交换力的 QCD 德拜屏蔽解散 [24], 不能演化成最终的粲偶素态。因此, A-A 碰撞中 J/Ψ 粒子的产额受到 QCD 等离子体的形成而压低。图 6 显示 NA38 和 NA50 实验确认了该结果。图中显示了各类中心度下一系列不同反应中 J/Ψ 粒子的产生 [25]。数据可以用相同的标度来表示, 即之前提到的随靶和射弹参与反应核子数增加而单调增大的火球的能量密度。现在, 我们简单地描绘相应的每个参与核子所产生的末态粒子产额, 用以得到 J/Ψ 粒子产额压低会随着能量密度的增大而一致增加, 即在中心碰撞中 J/Ψ 粒子产额压低最厉害这一我们想要量化的退禁闭信号。但是, 在普通冷核物质中也存在粲夸克对被吸收的情况。通过测量相同能量下 p-A 碰撞

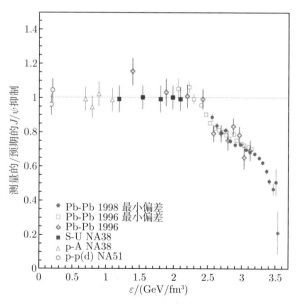

图 6　SPS 上的 J/Ψ 压低随能量密度的变化

来量化这一情形, 并且采用复杂的方法模拟核–核 (A-A) 碰撞中这种 "正常" 吸收的横截面 (假设仍是冷却条件下)。图 6 最后还显示了相对于正常冷核吸收机制实验观测到的 J/Ψ 产额。这一比率被称作 "J/Ψ 反常压低"。图 6 显示这种压低随着能量密度的增加而增强, 即只有更少部分由最初产生的粲夸克对能变成末态强子, 大部分离解在等离子体中。

3.4.6 QCD 手征对称性恢复: 强子在接近 T_{c} 时融化

当强子物质接近 QCD 相边界时, 大的强子质量到哪儿去了? 它们的夸克 "波函数" 是怎样的? 在 QCD 等离子体中夸克是无质量的, 而组成强子物质的上下夸克仅在很小 MeV 范围内, 其质量起源于希格斯机制。QCD 具有手征对称性, 是这一以光速传播的无质量粒子独有的特性。如果自旋造成其相对于动量方向变成左手或右手征, 则它将永远保持如此。这种对称性在强子中将因夸克被有质量的真空极化云包围而完全丢失 ("破缺"), 而这一转变是可观测的。这与发生在临界温度 T_{c} 时 QCD 退禁闭过程契合吗? 或者说, 我们能在接近 T_{c} 时看到强子波函数离解吗? 所有中性非奇异介子会衰变成电子和/或 μ 介子对。其强度与不变的质量应反映介子波函数的离解。NA45 首次应用了轻子对谱仪, 并在 NA60 中进一步完善 (用于 μ 介子对的观测)。根据所观察到的双轻子动量谱构建了 "不变质量" 谱, 其中每种介子会在以固有的静止质量为中心值产生一个有特征高度和宽度的峰值。如果在非常接近退禁闭相变温度时发生的整体介子到双轻子的衰变有一部分显示了并发的 QCD 手征相变效应, 则真空中双轻子衰变的简单叠加 (称为 "cocktail") 就无法重现所观察到的不变质量谱。图 7 中显示数据超过了根据 NA60[26,30] 获得的 $\mu^+\mu^-$ 不变质量谱的

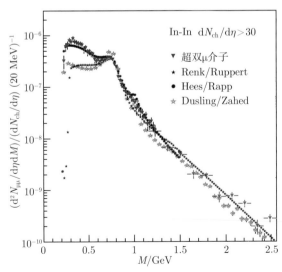

图 7 In+In 中过剩的双 μ 介子不变质量谱 (落在 Cocktail 标度之上部分)

cocktail 预测。该数据在 SPS 最大能量下 In–In 碰撞中测得。过剩产额一直出现到最大约为 1GeV，可归结为来自于 T_c 紧邻区域的辐射。在此区域以介质内过程为主导，在较高的物质密度时会大幅度增强，尤其是：两个 π 介子 $\pi^+ + \pi^-$ 湮灭到中间态的 ρ 矢量介子，然后再衰变到 $\mu^+\mu^-$。发现在火球介质接近 T_c 时 ρ 介子会产生很强的展宽，因此能说明超出 cocktail 期望的数据部分。QCD 手征对称性恢复的迹象首先是在部分子相边界发现的。此外，图 7 中的指数尾部在大约 1GeV 以上的部分体现了之前产生的等离子体的夸克–反夸克湮灭到轻子对的贡献。这个类似于普朗克光谱的不变质量谱，反映了等离子体的平均温度大约是 220MeV(参考文献 [30])，即 SPS 能区第一个 "直接" 等离子体信号。

3.4.7 火球物质显示集体动力学流

考虑非对心而有限作用距离的 Pb-Pb 碰撞 (通常称为半边缘碰撞) 的最初始阶段。沿着射弹入射方向，投影到垂直于射弹入射方向的横平面上，可以看到射弹和靶密度分布的重叠区域。射弹会把靶核切成一个椭圆形，并将会进一步演化成相应形状的火球。在椭圆火球中，沿碰撞参数矢量方向 (即所谓的反应平面) 上的能量密度下降的速度超过与之垂直方向的下降速度。因此，反应平面上的膨胀压强较大，导致反应平面上的辐射物质相对于平面外的物质具有更高的膨胀动量。结果就是最初部分子和接下来的强子化的膨胀模式将会获得空间各向异性。如果物质的集体动力学外向流行为在这一最初阶段就已经形成，则会在接下来的演化中保持这种特殊的各向异性信号。因为来自椭圆形的火球，这种信号被称作 "椭圆流"。如果介质内的黏滞系数很小，则最初各向异性膨胀模式将一直传递到最终观察到的各向异性强子辐射，而这一最终集体强子辐射模式可采用傅里叶展开所得二次谐波系数 ν_2 进行量化。在 SPS 最高能量下 NA49 观测到半边缘 Pb-Pb 碰撞中 π 介子和质子都存在 ν_2[27]。火球部分子物质在其膨胀过程中是集体流动的，就像液体一样，可以用 QCD 流体动力学来描述。此外，这种液体耗散黏滞系数极低，否则原初压力各向异性将不会延续到火球膨胀之后很晚才辐射的强子阶段。在后来的进程中，这个课题非常显著的重要性变得清晰起来，在 RHIC 和 LHC 上进行了更加详细的研究。这将在下文中继续讨论。

3.4.8 SPS 总结及 RHIC 上的一些结果

2000 年恰在 RHIC 启动之前 [28]，根据过去几年中所收集并发表的 "常规评估" 结果对 SPS 项目进行了评价，得出结论如下："已经发现了明显的证据证明存在一种新的物质形态，具有夸克–胶子等离子体的众多预见特征 [29]"。该结论主要依据前文的三个实验观察结果：携带奇异夸克的强子产生增强 ("奇异数增强")、J/Ψ 介子产生压低 ("异常 J/Ψ 抑制")、低质量轻子对的产额 ("ρ 融化")。这三种信号与预测的 QGP 特征最为接近，即热化、退禁闭和手征对称恢复。

　　SPS 的实验结果已经受住时间的考验，多年以来得到了充分的验证和精炼。但是与 2000 年相比，评估的重要性因为一些后来事件而在现在人眼中被放大了，例如，来自 2005 年才开始采集数据的 SPS NA60 实验 [30] 极大改善了低质量轻子对结果，以及将在下文中讨论的 RHIC 和 LHC 实验中所得到的新结果及其理解。

　　2000 年夏季，当专门建造的相对论重离子对撞机 (relativistic heavy ion collider) 开始在 130GeV 质心系能量下运行 Au-Au 碰撞，此时，重离子活动的中心从 CERN 转移到 BNL。RHIC 在第二年达到了设计能量 200GeV，并在之后的十年中一直保持在能量的前沿位置，直到 2009 年 LHC 出现。对 RHIC 的科学价值进行详细的介绍不属于本文的范围，但下文将简要总结其主要亮点以描述 CERN/LHC 这一后来篇章所具有的基础。

　　2005 年，根据 RHIC 最初几年运行结果的深入分析，对 RHIC 的初步结果开展了总结和评估 [31]。RHIC 实验总结出 "一种新的高温高密物质态" 已经产生，"来自夸克和胶子······ 但是该物质与预言的状态有极大的不同，而且更加令人瞩目 [32]"。按照原初理论预测，QGP 应该是由弱耦合的夸克和胶子组成的近似理想气体，但是与这一预期不同，RHIC 生成的这种高温物质表现出极强的相互作用，接近完美液体，有时候也被称作 sQGP("s" 表示 "强相互作用")。该物质几乎不透明，吸收任何穿过的快速部分子的大量能量 (该过程被称作 "喷注淬火")，此外它对压力梯度的反应是流动几乎不受阻碍且内部摩擦力极低 (即具有极低的剪切黏滞系数)[33]。该物质的剪切黏滞系数与熵密度之比 η/s 与推测的下限 $\eta/s \geqslant 1/4\pi(\hbar = k_B = 1)$ 相一致，这是一个当平均自由程接近量子极限 (即 Compton 波长) 时，非常强的相互作用系统达到的极限值。

　　此外，RHIC 上重要的实验结果及所推导出的 QGP 特征，即一种 "高温、强相互作用且近乎完美的液体"，已经经受了时间的考验 [37]。

3.5　LHC 上的重离子物理学

　　在 LHC 之前，25 年时间的重离子实验已经显示 SPS 生成了 "相似 QGP" 态，以及 RHIC 产生了并非 "所预言的 QGP" 而是 "新发现的 sQGP" 态。随着发现阶段的基本结束 [34]，LHC 的重离子项目的主要目标是提高精确度，系统研究 QGP 物质的性质即利用 LHC 所具有的特殊优势，即束流能量的大幅度提高及新一代强有力的大接收度新式探测器，来更好地归纳总结这种新的物质形态。这些实验包含专门建造的重离子探测器 ALICE[35]、通用目标的 pp 碰撞实验 ATLAS 和 CMS(两者均参与到重离子研究项目中)，还有通过质子–原子核碰撞参与的 LHCb 实验。在 LHC 能区，具有较大反应截面的硬探针和更高粒子密度产生的 QGP 应当 "更高温、更大体积且存活更久"。实际上，在离子运行的最初两年中，LHC 已经极大提

升了黏滞系数 (5.2 节) 和等离子体不透明性的测量精度 (5.3 节)[37,38]。但是，在处理非微扰 QCD 时，对任何意外情况都不应该感到意外，而在 LHC 上的大量出乎意料的发现已经为一些过去难题或问题提供了新的契机，如粒子产生 (5.1 节) 和 J/Ψ 压低 (5.4 节)。LHC 上的第一个发现是在高多重数 pp 反应 (5.5 节) 中出现了神秘的长程"脊"关联。这一现象在 2012 年质子–原子核运行时再次出现且更加强烈，引起了人们的浓烈兴趣，并且可能与高温高密物质的物理属性存在较大关联。至于它的最终起因以及与核–核碰撞中类似现象的联系，到目前为止还没有得出最终结论。

3.5.1 强子形成

在 LHC 上对粒子进行分类测量是个虽单调却尤为必要的工作，因为得到与 SPS 和 RHIC 测量基本相同的热粒子比率 (除了与粒子和反粒子比率相关的预期差异以外) 被认为是最可靠的预见之一 [36]。因此当某些粒子特别是质子这一物质世界的基础，是最常产生的强子之一，与预期存在极大的差异 (在较低的程度也和 RHIC 测量不一致) 成为令人惊讶的事情。而对于其他一些粒子，包括多奇异超子均与热理论预言相一致。

出现上述情况的可能原因，从包括热化模型参数的简单调整开始，进而包括目前为止都忽略的末态粒子的相互作用和后继的单种强子类的冻结，一直到考虑不同味的夸克相变温度不同。目前"质子谜团"仍没有最终解释，可能还需要在 LHC 上测量更加完整的粒子比率数据，以及回过头去查看 RHIC 的结果以便在更好的置信度上确认中心核–核碰撞得到的粒子比率是否随能量演化。无论哪种解释最终获胜，未曾意料的 LHC 结果都是一个广受欢迎的全新贡献，将有助于我们深入理解强子产生的统计模型。

3.5.2 椭圆流

在固定靶实验和 RHIC 重离子反应中观察到的显著的集体流现象是强相互作用、宏观 (即与平均自由路径相比较大) 且高密物质生成的最直接证据。根据方位角带电粒子密度 $\mathrm{d}N_{ch}/\mathrm{d}\phi$ 相对于反应平面 ($\phi = 0$) 的傅里叶展开，一阶分量 ($v_1 \propto \cos(\phi)$) 被称作直接流，二阶分量 ($v_2 \propto \cos(2\phi)$) 被称作椭圆流 (参见 3.4.7 节)。物质的属性，如状态方程、声速或黏滞系数，可通过将测量结果和流体动力学模型关于椭圆流 (方位角相关) 和径向流 (方位角平均) 的计算相比较而获得。但是，流体不仅依赖流体动力学的演化特性，也依赖初始条件，尤其是原初核重叠区内能量密度的几何分布。因此，压强梯度尤其应反映初始阶段胶子饱和可能的效应，正如色玻璃凝聚态 (CGC) 模型所假设。

当 2011 年初 LHC 首次获取了方位角流的数据时，所有三个实验的结果以及

RHIC 上两个合作组提供的新结果是压倒性的 [39]: 重离子碰撞中的集体流模式比之前测量的更为复杂, 且直到傅里叶系数展开的第六项都还非常显著 $(v_1, v_2, \cdots, v_6)$! 如今, 这些模式被认为产生于由核子-核子碰撞的天然混乱和/或 CGC 初态引起的逐事件的初始几何涨落。

多年来, 复杂的关联模式实际上一直很强且清晰可见, 但在 2011 年之前基本上没有被认为来自流体动力学, 而是以一些花哨名称 ("近侧脊, 远侧锥") 和解释 ("胶子切伦科夫辐射" "马赫锥" 等) 的形式讨论 [40]。在 LHC 上, 拥有大的接收度实验加上高粒子密度 (作为集体效应, 流信号随着多重数增加而强烈增长) 使得观察和理解更加直接和清晰。

事实上, 在初态能量密度以核半径大小级别的涨落可靠地转变成末态可观测速度的涨落, 是一个最令人惊奇且最有用的发现。这样不仅可以鉴别平均的杏仁状碰撞区, 而且能识别单个核碰撞的精细结构。对流体的分析焕发活力, 从此得到了快速发展 [41], 包括利用逐事件测量动力学流和对涨落谱的直接测量 [42,43], 而且在不同的谐波间发现了非线性混合模式 [44]。如同宇宙微波背景辐射中的温度涨落可以映射到早期宇宙中的初始状态密度涨落, 集体流的涨落也可以强有力地限制初始条件, 从而允许更好地测量流体的性质。自 2011 年以来, 黏滞系数的限值已经下降 2 倍 $(\eta/s < (2-3) \, x \, 1/4\pi)$。目前的精度甚至足以看出对温度的依赖关系, 即从 RHIC 到 LHC 有微小的增加 [45]。在数据精度和流体模型方面的进一步改进将能改进限值, 或给出 η/s 的有限值。无论哪种情况带来精度的改进都是相关联的, 因为黏滞系数与介质内横截面积直接相关, 从而通过其相互作用的强度以及温度的影响, 包含了有关 sQGP 中自由度的信息。

3.5.3　喷射淬火

高能量部分子与介质发生相互作用并损失能量, 主要是通过介质诱发胶子辐射, 而弹性散射损失能量的份额相对较小 [46]。期待能量损失 ΔE 依赖介质的性质, 尤其是介质的不透明和介质中的路径长度 L, 而不同模型分别预言了对 L 的线性 (弹性 ΔE)、二次 (辐射 ΔE) 甚至立方 (AdS/CFT) 的依赖关系。此外, ΔE 通过色荷依赖于部分子类型 (夸克与胶子)、通过形成时间和干涉效应依赖于部分子质量 (轻夸克与重夸克), 也一定程度上依赖于喷注的能量。当然, 总喷注能量会守恒, 领头部分子的能量损失主要出现在辐射胶子中, 从而导致了变得更软的碎裂函数。因此喷注淬火 (如测量改变的碎裂函数) 是一个包含有非常丰富信息的观察量, 它不仅能探测介质的性质, 也能反映强相互作用性质。

在 RHIC 上喷注淬火的发现并非通过在高多重数的重离子背景环境下测量喷注得到的, 而是通过高横动量 (p_T) "领头" 喷注碎裂组分的压低给出的。在实验中的喷注淬火效应非常清晰和明显, 其中抑制因子最高可达 5。LHC 具有高能量和相应的硬过程大截面, 使得高能量喷射很容易从核–核中心碰撞的背景中分离出来 (图 8)。因此, 随着数据中存在很多不平衡的双喷注甚至明显的单喷注, 喷注淬火很容易被鉴别和测量[47]。高能部分子在介质中能量损失可达几十个 GeV 的级别, 因此, 可平均估算出它占有喷注总能量的很大份额, 该结果与采用 RHIC 更高密度物质的 LHC 能区非常接近。双喷注保持背对背的 (相对于 pp 而言, 非常小或没有角度加宽) 方向, 而且在极低 p_T 粒子 ($< 2\text{GeV}/c$) 中和相对喷注的大角度方向上发现了辐射的能量 (ΔE)[48]。后两者的发现最初令人感到惊讶, 但是目前已经自然归入多重软散射造成能量损失而辐射的胶子以较大的角度分离出来的模型中。之后, 部分子会离开热密物质并经历正常的真空碎裂, 即看起来像普通的 pp 喷注, 但能量减少。

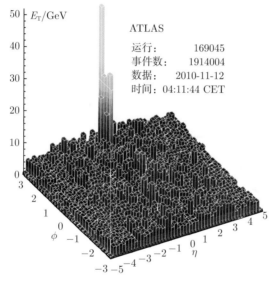

图 8 非常不对称 (淬火) 双喷注事件的量能显示[47]

由能量损失过程启迪我们从中得到的额外的见解来自重味[49,50]。粲介子的压低几乎与单举带电粒子的压低相同, 这样的结果出人意料且最初令人困惑。目前, 胶子 (大多数带电粒子的来源) 和重夸克具有相似的能量损失被理解为夸克与胶子的耦合强度 (色荷) 差异与它们不同的碎裂函数两者间的偶然抵消。但是, 质量效应似乎与预测的相同: 在中等 p_T 时, 底夸克的压低小于粲夸克, 但在高 p_T 时 b 喷注和遍举喷注显示相似的修正。

3.5.4 夸克偶素压低

SPS 发现的 "反常"J/Ψ 压低被视作 QGP 最强烈的标志之一, 而 RHIC 的结果显示在更高的能量下压低基本相同, 这与不论 QGP 还是非 QGP 模型中的大多数期待和预言相反。这些初始非常令人困惑的结果使得过去 10 年里这一退禁闭的最直接信号一直很难理解。

因此, 有建议认为 J/Ψ 压低实际上随着能量一起增加 (即从 SPS 到 RHIC), 但或多或少被新的产生机制所平衡: 当达到部分子–强子相变边界时, 两个从等离子体独立产生的粲夸克像较轻的夸克那样通过强子化结合在一起, 从而形成了 $J/\Psi^{[51]}$。事实上, LHC 的数据似乎已经解答了 J/Ψ 的谜团, 倾向于重结合物理图像 [52]: 与预测相同, LHC 上更大的粲截面造成比 RHIC 更少的 J/Ψ 压低 (图 9); 而且压低在更容易重结合的相空间即低 p_T 时也较弱, 这一观测结果对于 p_T 的依赖明显与 SPS 和 RHIC 上发现的结果相反。

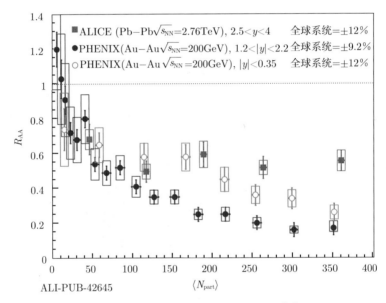

ALI-PUB-42645

图 9　RHIC 和 LHC 能区 J/Ψ 压低的碰撞中心度依赖 [52], N_{part} 是对应中心度的参与反应核子数目

初看起来, 粲夸克结合过程可能是另一个使得夸克偶素退禁闭复杂且模糊的过程, 但其自身事实上是一个相当重要的退禁闭信号: 只有在一个色导的退禁闭介质中, 夸克才能在较大的距离上自由遨游 ($\gg$1fm), 而且这也正是两个粲夸克能在强子化期间发生组合所必须做到的。

不同夸克偶素态压低程度依赖于它们间的结合能, 对于较强的束缚态, 如 Υ 显示很小的修正或无修正。LHC 上 Υ 族 [53] 的结果与退禁闭热介质的预期相一致, 其中夸克偶素的存活率随着结合能一起减少, 即压低因子是 $\Upsilon(3S)>\Upsilon(2S)>\Upsilon(1S)$。其中, 在中心核–核碰撞中 $\Upsilon(1S)$ 受到 2 倍的压低, 而 $\Upsilon(2S)$ 受到几乎一个数量级的压低。对于 $\Upsilon(3S)$, 仅测量其上限。由于仅大约 50% 观察到的 $\Upsilon(1S)$ 是直接产生, 则结果可能对应着所有高质量底偶素态完全融化, 且存在一个单独且很强的束缚 $\Upsilon(1S)$ 态, 该束缚态根据格点 QCD 的预测仅仅只有在高于相变温度很多时才能融化。

3.5.5 发现

在 2010 年 9 月, 公布了 LHC 上的第一次发现 [54], 所涉及主题并非事先预料, 而对众多读者而言也很陌生: CMS 实验发现了在 7TeV 时极高多重数 pp 碰撞中存在一个神秘的 "长程快度关联" [56]。图 10(左侧) 中显示了 pp 碰撞中所有中等 p_T (1~3GeV/c) 的粒子对之间的快度 $\Delta\eta$ 及方位角 $\Delta\phi$ 关联。除了单个喷注里粒子关联特征出现在 (0,0)"近侧峰" 处, 而两个粒子分别来自于背对背的喷注对的方位角 $\Delta\phi = \pi$"远侧脊" 处以外, 关联结构在 $\Delta\phi = 0$ 时显示出一个虽小却很明显的第二脊。虽然, 该 "近侧脊" 与希格斯粒子的发现相比逊色不少, 但是仍可以视作迄今为止最令人意外的 LHC 发现, 而且该发现也带来了各种不同的解释 [57]。其中最有竞争力的观点当属饱和物理描述, 类似于色玻璃凝聚态 (CGC) 模型 [55], 以及集体性的流体动力学流。流体动力学用于描述重离子反应中形成的宏观高温物质长程关联, 当然是一个非常成功的架构, 但并不天然适用于像 pp 碰撞那样每个单位快度仅产生几十个粒子的较小的系统。CGC 是对 QCD 的第一原理经典场理论近似, 它适用于非常稠密 (高占有数) 的部分子系统, 如初态强子波函数中较小 x 和低 Q^2 时的系统。该理论已经成功地应用到描述如 HERA 上 ep 碰撞中产生的实验数据的规律 ("几何量度"), 并应用于模型化重离子物理的初始条件。

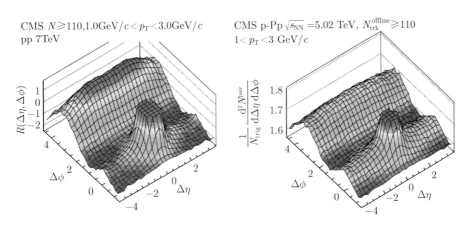

图 10 高多重数的 pp 碰撞 [56](左侧) 与 p-Pb 碰撞 [58](右侧) 在 $\eta - \phi$ 空间的双粒子关联

由于缺少进一步的实验数据, 在两年后 LHC 首次运行质子–原子核对撞再次确认发现脊的存在之前 (图 10(右侧), $\sqrt{s_{\mathrm{NN}}} = 5$TeV 的 p-Pb), 在解释这些长程 pp

关联起源方面并没有取得实质性进展。实际上，在相同的多重数下质子-原子核的关联强度远大于质子-质子碰撞，而且之后不久便发现 [59]：该脊实际上是在同侧和异侧都存在，即显示了方位角方向既有接近粒子也有背对背向粒子之间的关联；傅里叶分析同时显示出偶数 (v_2) 和奇数 (v_3) 分量；关联强度对粒子质量的依赖关系几乎与流体动力学模型预言的结果相同。最后，采用多粒子方法测量的关联强度几乎与只使用两个粒子测量的强度相同，因而可靠地证明了该脊属于真正的集体效应，涉及每个事件中的全部低能粒子 (而不是喷射关联那样，仅涉及了部分事件中的几个粒子)。

p-Pb 脊的所有特征从流体动力学集体流的起源观点看来都非常自然，并且与该模型相一致。如果采用一些合理的几何初始条件和标准的流体模型，并仅仅假定微小且寿命很短 (尺寸和寿命为 1fm 左右) 的相互作用物质系统与宏观理想流体行为类似，流体的信号强度及其多重数依赖，与实验数据相比都可以具有正确的数量级 (相差一倍以内)。但注意到，在 Pb-Pb 中心碰撞中形成的物质尺度为 5000fm^3 的量级，因此会大出多个数量级！

那么，这样小的 (几个 fm^3) 系统怎样才能在很短的时间内热化呢？甚至成为一个 sQGP 小云滴呢？虽然近期得到一些看似令人信服的证据，包括最近吸引了目光的在 RHIC 上利用 "椭圆形" 氘核射弹和 "三角形"[3] 氦原子核确认了存在脊效应，但是仍然没有解答这个问题。

在任何一种情况下，在 LHC 上的 pp 和 pA 碰撞中发现的脊绝不仅仅是令人好奇的存在，而是可能会对重离子物理学产生深远的影响。如果 sQGP(类似) 态可以在比预期小得多的系统中形成并研究，我们可以对比 pp、pA 和 AA 以便找出有限尺度效应，得到有关关联强度和弛豫时间大小的信息，这些信息在其他地方并不容易得到。相反，如果初态效应和饱和物理学就是答案，那么在 LHC 上就发现另一种新的物质形态，即色玻璃凝聚态，从而为实验和理论拓展一个全新且丰富的研究领域。

3.6　总　　结

CERN 在高能重离子物理学的产生和发展过程中，是一个重要的发起者、必要的参与者，而且是坚定不移的支持者。在 30 年如此短的时间内，核物质相的研究已经从固定靶能量下每核子几个 GeV 的轻离子反应，发展到质心系下几个 TeV 的重核反应，有效能量增加了 3 个量级 [60]。当然，如此快速的发展只有通过反复利用粒子物理学界在很长时间跨度建造的加速器和探测器才能实现。如今，全球共有 2000 多名物理学家踊跃参与到该领域的研究，使得超相对论性重离子物理学已经在一代人的时间内从边缘研究发展成为当代核物理学的中心议题。自早期的探索阶段开始，虽然有时获得更多是定性而非定量的结果和结论，但该领域已经逐渐成长和成熟起来，在每个新设备上均取得重大甚至令人意外的发现。夸克–胶子等离子体的观点已经得到戏剧般的发展，从一个简单的弱相互作用部分子气体发展到强相互作用理想流体，并可能在所谓的 "孪生态" 即弦理论框架找到相应的理论描述 [61]。

在今天这样的高度，重离子物理学已经将关注扩展到它的直接参与者圈之外，与从等离子体物理学到弦理论的相邻学科领域产生了联系并且交叉受惠。如今，重离子研究计划在高能和低能两方面均非常活跃且具有竞争力，着眼于描绘相变图，定位普通物质相到 sQGP 相的转变，并寻找在 SPS 固定靶能量或更低能量区域下所推测的 "三相临界" 点。正在建造的两个全新低能设施 (GSI 的 FAIR 和 JINR 的 NICA)，用于研究压缩物质，即高重子密度但 (相对) 低温，从而相结构可能非常不同 (一阶相变)，物质更接近于中子星而不是早期宇宙。但是，LHC 因其良好规划和可扩展的项目，在目前和可预见的将来仍然是高能物理学方面，同时也是核物理学方面最前沿的高能设施；而且如果以最初三年为例，LHC 在牢固根植于标准模型的强相互作用物理学方面已经不断给了我们惊讶和发现，必将能在相当长的时间内确保重离子物理学的吸引力和趣味性。

参 考 文 献

[1] S. Weinberg, *The First Three Minutes* (Basic Books, New York, 1977).

[2] E. V. Shuryak, *Phys. Rept.* **61**, 71 (1980); *Sov. Phys. JETP* **47**, 212 (1978).

[3] G. Baym and S. A. Chin, *Phys. Lett. B* **62**, 241 (1976).

[4] J. I. Kapusta, *Nucl. Phys. B* **148**, 461 (1979).

[5] J. C. Collins and M. J. Perry, *Phys. Rev. Lett.* **34**, 1353 (1975).

[6] D. J. Gross and F. Wilczek, *Phys. Rev. Lett.* **30**, 1343 (1973).

[7] S. A. Gottlieb, W. Liu, D. Toussaint, R. L. Renken and R. L. Sugar, *Phys. Rev. D* **35**, 2531 (1987).

[8] G. Baym, *Nucl. Phys. A* **418**, 433C (1984).

[9] "RHIC and Quark Matter. Proposal for a Relativistic Heavy Ion Collider at Brookhaven National Laboratory," BNL-51801.

[10] R. Geller and B. Jacquot, *Nucl. Instrum. Meth.* **184**, 293 (1981).

[11] R. Stock *et al.*, (GSI-LBL-HEIDELBERG-MARBURG-WARSAW Collaboration), in *Proceedings of Quark Matter Formation and Heavy Ion Collisions*, Bielefeld 1982, pp. 557-582.

[12] A. R. Baden *et al.*, (GSI-LBL Collaboration), *Nucl. Instrum. Meth.* **203**, 189 (1982).

[13] A. Sandoval, R. Bock, R. Brockmann, A. Dacal, J. W. Harris, M. Maier, M. E. Ortiz and H. G. Pugh *et al.*, *Nucl. Phys. A* **400**, 365C (1983).

[14]　R. Klapisch, *Nucl. Phys. A* **418**, 347C (1984).

[15]　H. G. Fischer, in *Proceedings of the Future Relativistic Heavy Ion Experiments*, Darmstadt 1980, pp. 528-550; W. J. Willis, *ibid.* p. 499.

[16]　T. Alber *et al.* (NA49 Collaboration), *Phys. Rev. Lett.* **75**, 3814 (1995).

[17]　J. D. Bjorken, *Phys. Rev. D* **27**, 140 (1983).

[18]　S. Hands, *Contemp. Phys.* **42**, 209 (2001), physics/0105022 [physics.ed-ph].

[19]　M. M. Aggarwal *et al.* (WA98 Collaboration), *Phys. Rev. Lett.* **85**, 3595 (2000), nuclex/ 0006008.

[20]　D. K. Srivastava and B. Sinha, *Phys. Rev. C* **64**, 034902 (2001), nucl-th/0006018; P. Huovinen, P. V. Ruuskanen and S. S. Rasanen, *Phys. Lett. B* **535**, 109 (2002), nucl-th/0111052.

[21]　P. Braun-Muninger, K. Redlich and J. Stachel, in *Quark-Gluon Plasma 3*, eds. R.C. Hwa and X.-N. Wang (World Scientific, 2004), pp. 491-599, nucl-th/0304013.

[22]　F. Becattini, M. Gazdzicki, A. Keranen, J. Manninen and R. Stock, *Phys. Rev. C* **69**, 024905 (2004), hep-ph/0310049.

[23]　A. Dainese (NA57 Collaboration), *Nucl. Phys. A* **774**, 51 (2006), nucl-ex/0510001.[24] T. Matsui and H. Satz, *Phys. Lett. B* **178**, 416 (1986).

[25]　M. C. Abreu *et al.* (NA50 Collaboration), *Phys. Lett. B* **477**, 28-36 (2000).

[26]　S. Damjanovic *et al.* (NA60 Collaboration), *Nucl. Phys. A* **774**, 715 (2006), nucl-ex/ 0510044.

[27]　C. Alt *et al.* (NA49 Collaboration), *Phys. Rev. C* **68**, 034903 (2003), nucl-ex/0303001.

[28]　U. W. Heinz and M. Jacob, Evidence for a new state of matter: An Assessment of the results from the CERN lead beam program, nucl-th/0002042.

[29]　http://press.web.cern.ch/press-releases/2000/02/new-state-matter-created-cern.

[30]　H. J. Specht (NA60 Collaboration), AIP *Conf. Proc.* **1322**, 1 (2010), arXiv:1011.0615.

[31]　The Brahms, Phenix, Phobos, and Star Collaborations, *Nucl. Phys. A* **757**, 1-283 (2005).

[32]　http://www.bnl.gov/newsroom/news.php?a=1303.

[33]　B. Muller and J. L. Nagle, *Ann. Rev. Nucl. Part. Sci.* 56, 93 (2006), nucl-th/0602029. 34. J. Schukraft, Phil. Trans. Roy. *Soc. Lond. A* **370**, 917 (2012), arXiv:1109.4291.

[35]　C. Fabjan and J. Schukraft, in *The Large Hadron Collider: A marvel technology,* ed L. Evans (EPFL-Press Lausanne, Switzerland, 2009), Chapter 5.4, arXiv:1101.1257.

[36]　N. Armesto et al., J. *Phys. G* **35**, 054001 (2008), arXiv:0711.0974.

[37]　B. Muller, J. Schukraft and B. Wyslouch, *Ann. Rev. Nucl. Part. Sci.* 62, 361 (2012), arXiv:1202.3233.

[38]　J. Schukraft, *Phys. Scripta T* **158**, 014003 (2013), arXiv:1311.1429.

[39]　Y. Schutz and U. A.Wiedemann, in *Proceedings of the 22nd International Conference on Ultra-Relativistic Nucleus-Nucleus Collisions (Quark Matter 2011)*, Annecy, France,

May 23-28, 2011, J. *Phys. G* **38**, 120301 (2011).

[40] J. L. Nagle, Nucl. *Phys. A* **830**, 147C (2009), arXiv:0907.2707.

[41] U. Heinz and R. Snellings, *Ann. Rev. Nucl. Part. Sci.* **63**, 123 (2013), arXiv:1301.2826.

[42] G. Aad *et al.*, (ATLAS Collaboration), JHEP **1311**, 183 (2013), arXiv:1305.2942.

[43] J. Schukraft, A. Timmins and S. A. Voloshin, *Phys. Lett. B* **719**, 394 (2013), arXiv: 1208. 4563.

[44] Z. Qiu and U. Heinz, *Phys. Lett. B* **717**, 261 (2012), arXiv:1208.1200.

[45] B. Muller, *Phys. Scripta T* **158**, 014004 (2013).

[46] A. Majumder and M. Van Leeuwen, *Prog. Part. Nucl. Phys. A* **66**, 41 (2011), arXiv:1002.2206.

[47] G. Aad *et al.*, (ATLAS Collaboration), *Phys. Rev. Lett.* **105**, 252303 (2010), arXiv: 1011. 6182.

[48] S. Chatrchyan *et al.*, (CMS Collaboration), *Phys. Rev. C* **84**, 024906 (2011), arXiv: 1102. 1957.

[49] T. Renk, *J. Phys. Conf. Ser.* **509**, 012022 (2014), arXiv:1309.3059.

[50] A. Dainese, *J. Phys. Conf. Ser.* **446**, 012034 (2013).

[51] P. Braun-Munzinger and J. Stachel, Charmonium from Statistical Hadronization of Heavy Quarks: A Probe for Deconfinement in the Quark-Gluon Plasma, arXiv:0901.2500.

[52] B. Abelev *et al.* (ALICE Collaboration), *Phys. Rev. Lett.* **109**, 072301 (2012), arXiv:1202.1383.

[53] S. Chatrchyan *et al.* (CMS Collaboration), *Phys. Rev. Lett.* **107**, 052302 (2011), arXiv:1105.4894.

[54] http://indico.cern.ch/conferenceDisplay.py?confId=107440.

[55] F. Gelis, E. Iancu, J. Jalilian-Marian and R. Venugopalan, *Ann. Rev. Nucl. Part. Sci.* **60**, 463 (2010), arXiv:1002.0333.

[56] V. Khachatryan *et al.* (CMS Collaboration), *JHEP* **1009**, 091 (2010), arXiv:1009.4122.

[57] W. Li, *Mod. Phys. Lett. A* **27**, 1230018 (2012), arXiv:1206.0148.

[58] S. Chatrchyan *et al.* (CMS Collaboration), *Phys. Lett. B* **718**, 795 (2013), arXiv: 1210. 5482.

[59] C. Loizides, *EPJ Web Conf.* **60**, 06004 (2013), arXiv:1308.1377.

[60] J. Schukraft, The Future of high energy nuclear physics in Europe, nucl-ex/0602014.

[61] J. Casalderrey-Solana, H. Liu, D. Mateos, K. Rajagopal and U. A. Wiedemann, arXiv: 1101. 0618.

第 4 篇　LEP 轻中微子种类数目的测量

Salvatore Mele

CERN, CH-1211 Geneva 23, Switzerland

salvatore.mele@cern.ch

童国梁　译

中国科学院高能物理研究所

在 LEP(the Large Electron-Positron Collider, 大型正负电子对撞机) 加速器数据采集的最初几周内，ALEPH, DELPHI, L3 和 OPAL 四个实验组就已经确认了存在三种中微子。而这个结论是依据标准模型 Z 玻色子的"不可见"宽度与 Z 玻色子的产生并随后发生强子衰变截面之间的关系得出的。

此轮实验在 Z 玻色子共振及其附近采集的全部数据精确测得的轻中微子的种类数目为 2.9840 ± 0.0082。测量结果的不确定性主要源自对用作确定实验亮度的小角巴巴散射过程的了解。

通过 $e^- e^+ \rightarrow \nu \bar{\nu} \gamma$ 过程简洁的直接观察，独立确认了该实验结果，在该实验中，仅仅探测一个初态辐射光子，而探测器的其余部分都没有留下探测信息。

本结果确认了存在三种带电轻子的预期，这是对天体物理学和宇宙学的贡献。与 LEP 其他的成就一起，这个结果的精确性也是对 CERN 自成立以来第四个 10 年全球合作的一个见证。CERN 领会了遍及 2000 多位科学家的大规模的在高能物理群落内具有紧密关系的全球合作：这种合作覆盖了加速器的运行直到对理论过程的理解。

4.1　引　言

CERN 自 LEP 计划的开始、设计和批准，继而加速器和探测器的标志性建造，代表了该实验室历史上的一个分水岭。参考文献 [1] 描述了当时所遇到的在科学、组织和社会方面的挑战。LEP 建造了当时最大的科学装置，设计来推动知识前沿研究和加深对电弱相互作用标准模型的理解，高精度测量当时被发现不久的 Z 和 W 玻色子的性质。

在 LEP 上每产生的 5 个 Z 玻色子就有一个衰变为一个质量小于 Z 玻色子一半的 "轻中微子"。该种衰变宽度和 Z 玻色子产生继而发生强子衰变的截面之间的标准模型关系可以推断出轻中微子种类的数目，N_ν[2]。

LEP 加速器束流于 1989 年 7 月 14 日实现第一次循环。第一次数据采集的能量设定在 90GeV 附近，这与 UA1 和 UA2 测量 [3] 的 Z 玻色子的质量①是一致的。约于 1989 年 10 月，四个 LEP 实验，即 ALEPH，DELPHI，L3 和 OPAL 各自都发表了描述 Z 玻色子性质的第一篇论文 [4-7]。正如表 1 所列，这些早期观察已把 N_ν 约束到 3 左右。

表 1 **LEP 四个实验的轻中微子种类数目的早期测量结果和它们的平均值。实验结果的不确定性主要由观察的 Z 玻色子产生截面决定**

实验名称	N_ν	参考文献
ALEPH	3.27 ± 0.30	[4]
DELPHI	2.4 ± 0.6	[5]
L3	3.42 ± 0.48	[6]
OPAL	3.1 ± 0.4	[7]
Average	3.10 ± 0.04	[8]

本文在 LEP 高精度物理计划的背景下详细地描述了 N_ν 的测量。除了物理成就以外，本测量还洞悉了为什么 LEP 项目会如此成功：这正源于下列因素的独特的组合，即杰出的加速器性能，建造和运行探测器的创新技术成就，以及与理论物理群体前所未有的合作。这些方面为 CERN 的历史，即成立后的第四个 10 年，翻开了重要的一页。那样强化的合作文化引领 CERN 在成立后第五个 10 年、第六个 10 年进入作为世界范围的合作和创新中心的 LHC 时代。

本文的结构是这样的，引言之后，在第 2 节回顾了间接测量 N_ν 的原理，包括电弱相互作用标准模型的一些概念。第 3 节描述了实验方法，包括 LEP 探测器粗线条的描述，并提供测量结果以及关于不确定性的讨论。第 4 节突出介绍了通过探测带有单光子而没有其他探测信号的 N_ν 的直接测量，这是第 3 节介绍的测量方法的互补性实验。第 5 节提供一些结论性的考虑。

4.2 理 论 原 理

LEP 物理项目的基础是研究 Z 玻色子的谱线形状。这包括电弱相互作用标准模型的参数测量，通过描述 Z 玻色子产生和衰变的物理可观察量的研究来证明它的内部一致性。在这些可观察量中，Z 玻色子的 "不可见" 宽度是与它衰变到中微子相关的，并可得到 N_ν。这一节面向指导 N_ν 测量的可观察量以及一些关键的理

①我们假设 $h = 2\pi$ 和 $c = 1$，而用因子 0.389 把 GeV^2 转换成 mb^{-1}。

论假设。

4.2.1　Z 玻色子的宽度

Z 玻色子的宽度定义为

$$\Gamma_Z = \Gamma_{ee} + \Gamma_{\mu\mu} + \Gamma_{\tau\tau} + \Gamma_{had} + N_\nu \Gamma_{\nu\nu} \tag{1}$$

式中，前三项分别为衰变到 e、μ 和 τ 的衰变宽度，Γ_{had} 是其衰变到 u, d, s, c 和 b 夸克的宽度，而 $\Gamma_{\nu\nu}$ 是衰变到中微子的宽度。同时测量 Γ_Z 和与 Z 玻色子的强子和轻子宽度有关的可观察量就能使我们确定 N_ν[2]。

Z 玻色子衰变到每一种费米子对的分支比与 Z 玻色子的耦合强度以及与标准模型的参数有如下的关系 [9−11]：

$$\Gamma_{f\bar{f}} = N_c^f \frac{G_F m_Z^3}{6\sqrt{2}\pi} (|G_{Af}|^2 R_{Af} + |G_{Af}|^2 R_{Vf}) + \Delta_{ew/QCD} \tag{2}$$

式中，N_c^f 为强色数 (夸克为 3，轻子为 1)，G_F 为费米常数，可由 μ 子衰变确定 [12]，R_{Af} 和 R_{Vf} 分别为因子化的末态 QED 和 QCD 修正，这些修正分别来自非零费米子质量对轴矢量和矢量项的贡献，$\Delta_{ew/QCD}$ 代表不可因子化的电弱和 QCD 修正，而 G_{Af} 和 G_{Vf} 为 Z 玻色子对费米子对的轴矢量和矢量的有效耦合，它们可以表达为 [13]

$$G_{Af} = \sqrt{R_f} T_3^f \tag{3}$$

$$G_{Vf} = \sqrt{R_f} (T_3^f - 2Q_f K_f \sin\theta_W) \tag{4}$$

形状因子 R_f 和 K_f 把耦合和 "在壳" 修正全部吸收于电弱混合角 θ_W，Q_f 和 T_3^f 分别为费米子的电荷和弱同位旋的第 3 分量。

4.2.2　实验可观察量

四个实验可观察量描述了 Z 玻色子共振附近总的强子和轻子截面，并把 N_ν 与 Z 玻色子的谱线形状联系起来：

(1) Z 玻色子的质量，m_Z；

(2) Z 玻色子的宽度，Γ_Z；

(3) 强子顶点截面

$$\sigma_{had}^0 = \frac{12\pi}{m_Z^2} \frac{\Gamma_{ee}\Gamma_{had}}{\Gamma_Z^2} \tag{5}$$

(4) Z 玻色子衰变到强子与衰变到无质量轻子分支宽度 Γ_{ll} 之比，如假设轻子具有普适性，即为

$$R_l^0 = \frac{\Gamma_{had}}{\Gamma_{ll}} \tag{6}$$

由于 τ 轻子质量不可忽略的, 需引入修正 $\Gamma_{ll} = \delta_\tau \Gamma_{\tau\tau}$, 这里 $\delta_\tau = -0.23\%$。第 5 个实验可观察量为轻子前后不对称性, 此观察量对决定 N_ν 不太重要, 在假定轻子普适性的条件下:

(5) $A_{\mathrm{FB}}^{0,1}$ 定义为前向出射的 (也就是带负电轻子 "继续" 沿着入射电子的方向) 末态轻子在 Z 玻色子截面顶点的不对称性, 或后向出射, 写成通式 $A_{\mathrm{FB}} = (\sigma_{\mathrm{F}} - \sigma_{\mathrm{B}})/(\sigma_{\mathrm{F}} + \sigma_{\mathrm{B}})$。

4.2.3 对 N_ν 的灵敏性

对 N_ν 直接有关的关键实验观察量是

$$R_{\mathrm{inv}}^0 = \frac{\Gamma_{\mathrm{inv}}}{\Gamma_{ll}} = N_\nu \left(\frac{\Gamma_{\nu\nu}}{\Gamma_{ll}} \right) \tag{7}$$

R_{inv}^0 的可贵之处在于实验和理论的不确定性被控制在 Z 玻色子宽度的数值中。

结合式 (2) 和 (5), R_{inv}^0 可以写成

$$R_{\mathrm{inv}}^0 = \left(\frac{12\pi R_l^0}{\sigma_{\mathrm{had}}^0 m_Z^2} \right)^{\frac{1}{2}} - R_l^0 - (3 + \delta_\tau) \tag{8}$$

又结合式 (7), 此式就表示了 N_ν 和强子顶点截面之间的关系。此依赖关系主导了 N_ν 的确定, 图 1 给出了当预言轻中微子种类数目为 2, 3 和 4 时可能测得的 Z 玻色子共振附近强子产生截面的比较。图 1 的曲线展示了 LEP 数据对 N_ν 的巨大的统计灵敏度。

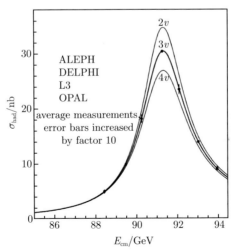

图 1 LEP 质心能量置于 Z 玻色子共振附近强子截面的测量。图组合了 LEP 四个实验的结果。曲线分别展示了预言中微子种类数目分别为 2, 3 和 4 的状况。为了进一步表示测量的高灵敏性, 图上的结果的不确定性被放大了 10 倍 [14]

有件事很重要，即概括一下描述 N_ν 对 LEP 的物理观察量的依赖关系时用到了下面的一些假设：轻子普适性；Z 玻色子只能衰变为已知的费米子；中微子的质量可以忽略；并且 Z 玻色子与中微子的耦合可由标准模型描述。

4.3　实验测量

LEP 加速器和 LEP 探测器的规模和复杂性是空前的。这一节简明地描述为了高精度探测 Z 玻色子，探测器设计将遇到多大的挑战。本节回顾数据样本后，接着展示为获得 N_ν 的关键观察量的测量，给出最终结果，并对关键的不确定性给以讨论。

4.3.1　Z 玻色子衰变的探测

四个 LEP 实验[15-18]的设计被优化，使其能够在可能的预算、技术和科学的约束下高效率探测 Z 玻色子的衰变。几百个科学家、技术员和工程师组成的团队设计、打样、建造和装配了直径和长度超过 10m、重量达到几千吨的复杂装置。各探测器的基本设计原理是类似的，而在一些子探测器上则选用了显著不同的技术，以最终减少综合的系统不确定性。

图 2 给出了四个探测器的三维剖视图。所有这些探测器都是辐射型的，并且

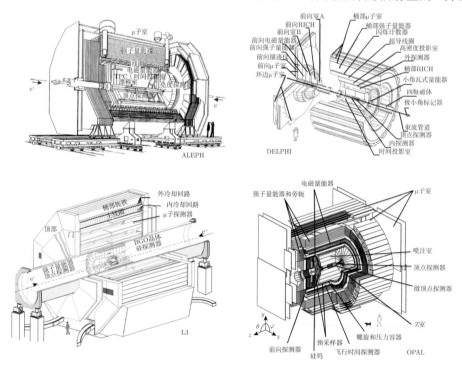

图 2　LEP 探测器剖面展示：ALEPH, DELPHI, L3 和 OPAL

前后对称。设计的共同部件 —— 子探测器一个接一个地连接, 从束流轴向外依次为径迹室、外面环绕量能器和弯曲磁体, 然后, 最外层为 μ 子谱仪。L3 探测器有些例外, 它的全部 μ 子谱仪都包含在磁场之中。某些子探测器依赖于已掌握的技术, 如寻迹的丝室或量能器上的晶体和闪烁计数器, 推动了规模和精度上的技术进步 (如 L3 BGO 电磁量能器, 以及它的高精度的 μ 子谱仪)。其他子探测器也都依赖于较新的技术, 那样大的规模都是以前从未部署过的 (如 ALEPH 和 DELPHI 的时间投影室, ALEPH 的液氩量能器, 以及 DELPHI 的环状成像 Cerenkov 探测器 RICH)。

LEP 探测器的一些性能举例:

- ALEPH 寻迹系统的横向动量分辨率 $\sigma(1/p_t) = 0.6 \times 10^{-3}\text{GeV}^{-1}$[19]
- DELPH RICH 的 $K^\pm$ 鉴别在 30% 污染情况下的效率达到 70%[20]
- 对 45GeV 的电子, L3 电磁量能器的能量分辨率 $\Delta E/E \approx 1.4\%$[21]
- 对 45GeV 的 μ 子, L3 的 μ 子谱仪的动量分辨率 $\Delta p/p \approx 2.5\%$[21]

图 3 展示了 Z 玻色子衰变的探测原理。强子事例在中心径迹室具有高多径迹, 在量能器中留下能量沉积, 并能重建出两个背靠背的全喷注。高喷注多重性可能是罕见的高阶 QCD 过程。Z 玻色子衰变成正负电子对的特征是在中心径迹室中有两条背靠背的径迹, 而在电磁量能器中留下高能信号。Z 玻色子衰变成 μ 子对的特征是在中心径迹室仅留下背靠背的径迹, 在电磁量能器和强子量能器中留下最小电离能损沉积, 并在 μ 子室中留下径迹。Z 玻色子衰变成 τ 子对探测具有更大的挑战性, 需要根据 τ 的不同衰变道综合分析探测器中的丢失能量, 低多重性喷注、e 和 μ 子。

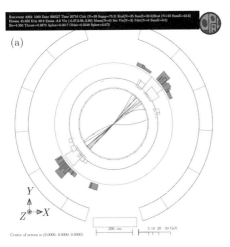

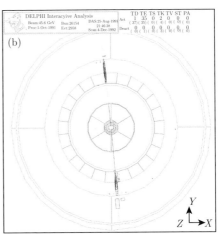

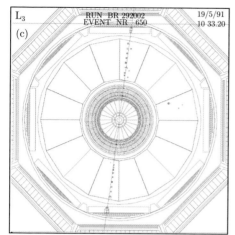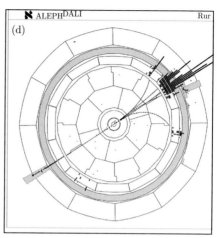

图 3　四个 LEP 探测器 Z 玻色子的事例显示

(a) OPAL 探测器的强子衰变, 两个高多重性背靠背喷注; (b) DELPHI 正负电子对衰变, 此事例的特征是在中心径迹室有一对背靠背的径迹, 在电磁量能器中沉积的能量接近束流能量; (c) L3 探测器中 μ 子对衰变, 它的特征是在 μ 子室 (置于图中最外层), 在强子、电磁量能器以及中心径迹室相应径迹都有最小电离能量沉积, 飞行时间探测器确信那些径迹来自对撞顶点, 而不是来自宇宙线; (d) ALEPH 探测器中的 τ 子对衰变, 此时在一个半球中探测到一个电子 (径迹以及在量能器沉积能量的特点被鉴定), 而在反方向是个低多重性的喷注并带着全部丢失能量。所有这些图中, 束流轴都垂直于纸面

4.3.2　数据样本

自 1989 年的试运行直到 1995 年 LEP 加速器在 Z 玻色子共振峰及其附近能量点运行。在 1990 年和 1991 年, 用 1GeV 的间隔做能量扫描, 提供了第一次绘制的 Z 玻色子共振峰图谱。在接着的几年中, 高亮度数据采集集中在 Z 玻色子共振峰上, 而在 1993 年和 1995 年分别在高于或低于 Z 玻色子共振峰 1.8GeV 处的非峰值处增加了两个能量点, 以进一步约束 Z 玻色子的谱线形状。关于 LEP 加速器设计和性能的更详细情况可见参考文献 [22]。

表 2　质心能量和交付给每个实验的亮度, 以及被四个实验在强子和轻子衰变模式采集到的事例数。由于亮度太低以及实验条件相对控制等原因, 1989 年的数据样本没有用于 Z 玻色子谱线形状研究

年份	质心能量/GeV	实验的积分亮度/pb⁻¹	探测到的总强子事例数/×10³	探测到的总轻子事例数/×10³
1990/1991	88.2~94.2	27.5	1660	186
1992	91.3	28.6	2741	294
1993	89.4, 91.2, 93.0	40.0	2607	296
1994	91.2	64.5	5910	657
1995	89.4, 91.3, 93.0	39.8	2579	291

四个实验一共探测到 1700 万个 Z 玻色子衰变。表 2 提供了每个实验积分亮度的细目表以及探测到的强子和轻子终态的事例数。

4.3.3 截面和不对称性测量

Z 玻色子的每一种衰变的截面由下式测定，$\sigma_{\mathrm{tot}} = (N_s - N_b/\varepsilon\mathcal{L})$，式中 N_s 是所选事例数，N_b 为本底过程造成的预期数，ε 是包括几何接受度在内的选择效率，而 $\mathcal{L}$ 是积分亮度。LEP 实验的 N_b 和 ε 是由描述 Z 玻色子产生和衰变以及本底过程的蒙特卡罗模拟程序得到的。那些模拟程序产生器所产生的事例通过探测器详细模拟，同样的软件也用于重建对撞事例。这些工作流程多年来通过数据检查和改良，给出了极其准确的探测器模拟。

每种末态的不对称性由式 $A_{\mathrm{FB}} = (N_F - N_B)/(N_F + N_B)$ 测量，这里 N_F 和 N_B 分别为"继续"沿着电子入射方向前进的带负电的轻子的计数，或者是"反向"发射的计数。

LEP 采集到大统计量的 Z 玻色子样本使每个实验测得的截面具有很低的统计不确定性，强子道和轻子道的不确定性分别为 0.5‰和 2.5‰。实验性不确定性主要来自从数据和蒙特卡罗对效率和接受度的计算以及选择步骤。在强子道中这类不确定性的变化范围为 0.4‰～0.7‰，轻子道的变化范围为 1‰～7‰，而对 τ 子对衰变道，这个数值会更高一点。对于不对称性测量，实验性不确定性的绝对值在 0.0005 和 0.0030 之间，这里较高的值对应的是 τ 子对这个衰变道。统计不确定性是系统不定性的 2～5 倍 [14,23−26]。

各实验的截面和不对称性测量的共有的系统不确定性是不能减少的。主要的来源是：LEP 能量的标定 [22]；使用相同的蒙特卡罗产生器模拟信号和本底过程；标准模型可观察量参数化的理论不确定性，贡献给电子–正电子末态以及总 QED 末态修正的理论不确定性。共有的系统不确定性的最重要的来源影响了亮度的决定，这在下一节讨论。

4.3.4 亮度测量

正如式 (7) 和 (8) 以及图 1 所展示的，N_ν 强烈依赖于强子截面的数值。当探测器被很好理解的情况下，很大的事例计数限制了统计不确定性，这时 N_ν 的精度依赖于亮度测量的准确性。LEP 实验利用探测小角巴巴散射作瞬时亮度测量 [27]。此过程的好处是有很高的作用截面，因而可以忽略统计不确定性，并且来自于 Z 玻色子自身产生的贡献也很低。

配置径迹室的一对专用的量能器紧挨在 LEP 束流管道的前后小角区，通常与束流线成 30～50mrad 安装。为了精密运行，这些仪器必须针对危险的条件进行保护，在达到稳定对撞之前，束流已被熟练控制，然后对携带与束流能量相近的、并在前向和后向区均沉积能量的带电粒子作符合计数。这就是典型的巴巴散射信号。事例计数同时也详细记录了瞬间亮度的条件, 继而就可获得总积分亮度。决定亮度的实验性的系统不确定性被很好地控制在 0.03%～0.09% 范围。

所有的实验都依靠相同的蒙特卡罗程序和体现最高水平的理论计算来估算被接受的小角巴巴散射截面并推导亮度 [28]。经过紧张的努力来改进这些计算, 但还是余下 0.061% 的理论不确定性, 这些不确定性主要来自真空极化、高阶修正和轻费米子对的产生 [29]。LEP 数据采集战役中使亮度不确定性减少的道路诉说了高度复杂实验技术进步与理论群体对于推动小角巴巴的专注努力步调一致而取得成功的故事。

LEP 实验中截面和不对称性的广泛结合, 加上显著的统计方面的优越性减少了几个不相关的实验性系统不确定性。同时, 在决定亮度不确定性方面的理论不确定性对于所有的实验都是公共的, 因此是不能减少的。它对强子顶点截面测量的不确定性中差不多占了一半, 并且也在确定 N_ν 决定的系统不确定性中占主导地位, 这将在下一节讨论。

4.3.5　结果

每一个 LEP 实验在不同能量点的强子和轻子终态中提取截面和不对称性, 这对应于约 200 个单独测量。这样的测量可以得到 Z 玻色子谱线形状的精密的描述并相应获得标准模型的参数 [23-26]。

一个额外而崭新的跨实验组之间的合作努力导致了 LEP 电弱工作组的建立 [30]。该组有权建议和安排跨组的谱线形状测量, 由此显著减少了统计和系统的不确定性。每个实验都以商定的格式与全相关矩阵提供自己的测量结果。LEP 电弱工作组把各组的输入的数据结合起来 [14] 以比每个单独实验得到的统计样本高得多的精确度确定了 Z 玻色子谱线形状可观察量, 并检查这些实验结果的总体一致性以及它们对理解标准模型的意义 [22]。表 3 提供了 4.2.2 节中引入的可观察量在轻子普适性的假设下的综合结果。该综合结果以拟合优度 $\chi^2/\text{d.o.f} = 36.5/31$ 显示了各实验结果的相容性。

利用全部 LEP 数据样本通过测得的 Z 玻色子分支衰变宽度比对轻子普适性的假设做了检验, 得到 $\Gamma_{\mu\mu}/\Gamma_{ee} = 1.0009 \pm 0.0028$ 以及 $\Gamma_{\tau\tau}/\Gamma_{ee} = 1.0019 \pm 0.0032$, 注意到这一点是很重要的。[14]

利用式 (7) 和 (8) 以及标准模型中 Z 玻色子衰变到对中微子和轻子宽度之比值 [14]

$$(\Gamma_{\nu\nu}/\Gamma_{ll})_{\text{SM}} = 1.99125 \pm 0.00083 \tag{9}$$

轻中微子种类数目就可以被确定为

$$N_\nu = 2.9840 \pm 0.0082 \tag{10}$$

请记住导致这个结果的四个关键假设:

- 轻子普适性成立;
- 不存在 Z 玻色子衰变到那些已知费米子以外的衰变;
- 中微子质量可以忽略;
- Z 玻色子与中微子的耦合由标准模型描述。

表 3 综合的 **LEP** 结果,以及它们与关键观察量的相关性 **(4.2.1 节)**[14]

观察量	综合 LEP 测量	相关性				
		m_z	Γ_z	σ^0_{had}	R^0_l	$A^{0,1}_{\mathrm{FB}}$
m_z	91.1875 $\pm$0.021GeV	1.000				
Γ_z	2.4952 $\pm$0.0023GeV	-0.023	1.000			
σ^0_{had}	41.540 $\pm$0.037 nb	-0.045	-0.297	1.000		
R^0_l	20.767 $\pm$0.025	0.033	0.004	0.183	1.000	
$A^{0,1}_{\mathrm{FB}}$	0.0171 $\pm$0.0010	0.055	0.033	0.006	-0.056	1.00

4.3.6 不确定性

N_ν 的不确定性小于 3 ‰。它可以分解成三部分的平方和 [14]

$$\delta N_\nu \sim 10.5\frac{\delta n_{\mathrm{had}}}{n_{\mathrm{had}}} \oplus 3.0\frac{\delta n_{\mathrm{lep}}}{n_{\mathrm{lep}}} \oplus 7.5\frac{\delta \mathcal{L}}{\mathcal{L}} \tag{11}$$

前两项与截面和不对称性测量时分别在强子和轻子道所选事例数的不确定性有关。第三项为从亮度测量不确定性推导得到的参数化不确定性。

亮度测量不确定性的最大贡献来自已经在 4.3.4 节讨论过的理论不确定性 (0.061%)。此项单独的不确定性带给 N_ν 产生的不确定性为 0.0046,占 N_ν 总不确定性的一半以上。

4.4 N_ν 的直接测量

LEP 实验通过探测 $e^-e^+ \rightarrow \nu\bar{\nu}\gamma$ 过程中的可见单光子对 N_ν 进行另一种简洁测量 [2]。在 Z 玻色子共振处,随着 Z 玻色子衰变到中微子,此末态主要是通过小角的光子的初态辐射得到的,这种辐射具有急剧下降的能谱。交换一个虚 W 玻色子的 t 道的贡献是比较小的。

在 Z 玻色子共振处,$e^-e^+ \rightarrow \nu\bar{\nu}\gamma$ 过程的截面可以表示 [31] 为

$$\sigma^0_{\nu\nu\gamma}(s) = \frac{12\pi}{m_Z^2}\frac{s\Gamma_{\mathrm{ee}}N_\nu\Gamma_{\nu\nu}}{(s-m_Z^2)^2 + s^2\Gamma_Z^2/m_Z^2} + \mathrm{W玻色子交换项} \tag{12}$$

此截面基本上正比于 N_ν。仔细地测量此过程的截面,控制好剩余本底源和总接受度就可以得到 N_ν。此过程的截面显著低于 Z 玻色子共振。因此 N_ν 直接测量的统

计准确性要次于间接测量一个量级。同时，直接测量不需依赖 Z 玻色子只能衰变到已知的费米子的假设。可能衰变到可见的 "奇特" 粒子混杂在其他可见道中间，特别混杂在强子末态中，原则上也会改变 Z 玻色子的谱线形状并导致不正确的测量。

直接测量关键性的实验挑战来自对单光子事例的探测，而且要求在探测器中没有其他信息。一方面，此类截面较大，因而测量就更灵敏，且光子能量低，并靠近束流轴。另一方面，这些严格的条件既使光子的探测更复杂，也使实验本底更难控制。四个 LEP 实验设计了复杂的分析链并在某些情况下使用专用的触发系统来记录这些 "单光子" 事例 (如参考文献 [32] 所描述的)。扣除本底后四个实验在 Z 玻色子共振处约探测到 2500 个单光子事例，这些事例具有不同的能量阈值和有效体积，如表 4 所示，表上也给出了具体的数据样本以及信噪比。

图 4 展示了测量截面作为质心能量以及对 N_ν 依赖性函数的一个例子。对截面的理论模型进行拟合，并假设 Z 玻色子与中微子之间具有标准模型耦合得到的 N_ν 的直接测量结果列于表 4 中。这些结果可以综合成 [37]

$$N_\nu = 3.00 \pm 0.08 \tag{13}$$

这几个 LEP 实验在质心能量高于 Z 玻色子共振的区域重复进行了该项测量。其中，在较高的能量，从 130~209GeV 单光子能谱展示了两个明显的特点。第一个特点是类似于在 Z 玻色子共振所观察到的急剧下降行为，主要是由伴随 t 道通过交换一个虚 W 玻色子产生一对中微子和反中微子单光子的始态辐射。第二个特点是在相应于质心能量与 Z 玻色子质量之差的能量处出现一个峰。这个结构对应于一个光子的为降低质心能量回到 Z 玻色子所需的能量的始态辐射，而 Z 玻色子则衰变为中微子。这些过程 [38−40] 的蒙特卡罗模拟得到了光子能谱以及极角对 N_ν 的依赖关系。

表 4　四个 LEP 实验围绕 Z 玻色子共振的单光子事例的分析。表中给出积分亮度，$\mathcal{L}$，光子能量阈值，E_γ，有效体积，$|\cos\theta_\gamma|$；也给出了信噪比 s/b，每个实验组测得的 N_ν，以及四个实验测得的 N_ν 的平均值。表中 N_ν 测量值不确定性的前一项为统计性不确定性，后一项则为系统性不确定性 [35]

实验组	$\mathcal{L}/\mathrm{pb}^{-1}$	$E_\gamma>/\mathrm{GeV}$	$|\cos\theta_\gamma|<$	s/b	N_ν	参考文献
ALEPH	15.7	1.5	0.74	1.8	$2.68\pm0.20\pm0.20$	[33]
DELPHI	67.6	3.0	0.70	2.7	$2.89\pm0.32\pm0.19$	[34]
L3	99.9	1.0	0.71	6.0	$2.98\pm0.07\pm0.07$	[35]
OPAL	40.5	1.75	0.70	11.0	$3.23\pm0.16\pm0.10$	[36]
				平均	3.00 ± 0.08	[37]

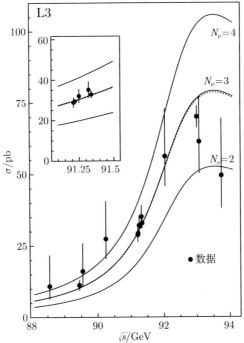

图 4　L3 实验在围绕 Z 玻色子共振对 $e^-e^+ \to \nu\bar{\nu}\gamma$ 过程作为质心能量函数的
截面测量。光子能量的下限为 1GeV，而有效 (探测) 体积为 $|\cos\theta_\gamma| < 0.71$；对
轻中微子种类数目为 2，3 和 4 的预言也展示在图中，虚线表示对数据点的拟
合 [35]

　　四个实验在质心能量高于 Z 玻色子共振处以相当低的本底一共收集到 6200 个
单光子事例。为了获得 N_ν，研究了各种观察量，分析结果总结于表 5 中。包括较低
能量的数据，在所有 LEP 能量直接测量决定轻中微子种类数目的综合结果是 [37]

$$N_\nu = 2.92 \pm 0.05 \tag{14}$$

表 5　在 Z 玻色子共振以上的质心能量，$\sqrt{s}$，对 N_ν 的直接测量。每个实验为了得出 N_ν
研究了不同的观察量

实验组	$\sqrt{s}$/GeV	观察量	N_ν	参考文献
ALEPH	189~207	丢失质量, θ_γ	2.86 ±0.09 (统计 + 系统)	[41]
DELPHI	130~209	截面	2.84 ±0.10 (统计) ±0.14 (系统)	[42]
L3	130~209	反弹质量, θ_γ	2.95 ±0.08 (统计) ±0.03(系统) ±0.03 (理论)	[43]
OPAL	130~189	E_γ	3.27 ±0.30 (统计 + 系统)	[44]
	平均 (包括较低的能量)		2.92 ±0.05	[37]

4.5　总　　结

1989 年，LEP 的 ALEPH，DELPHI，L3 和 OPAL 各合作组在数据采集的最初几周内就报告了轻中微子种类数目约为 3。这是一个引人注目的成就，它见证了 LEP 加速器的性能，探测器的早期知识，以及 CERN 在头 40 年中对 LEP 物理计划上的总体规划。该物理计划采集了五年多的数据，用了十多年的时间发展复杂的分析技术以得到 LEP 实验的综合结果，最终决定的轻中微子种类的数目为 [14]

$$N_\nu = 2.9840 \pm 0.0082$$

主要的不确定性来自用于决定实验亮度的小角巴巴散射过程的理论限制。本实验结果依赖于四个重要的假设：轻子普适性成立；Z 玻色子只衰变为已知的费米子；中微子质量可以忽略；Z 玻色子与中微子耦合符合标准模型。在 Z 玻色子及更高的直到 209GeV 质心能量的 $e^-e^+ \to \nu\bar{\nu}\gamma$ 过程的直接测量也给出了独立证明，得到的结果为 $N_\nu = 2.92 \pm 0.05$。

这个结果是 LEP 物理计划杰出的贡献之一。它第一次排除了第四种 (即第四代味) 轻中微子的存在，对天体物理学和宇宙学的有关的理论模型给出了严格限制。实验结果的高精密度进一步限制了 Z 玻色子衰变中奇特粒子存在的可能。除了极其重要的物理结果以外，LEP 轻中微子种类数目的测量、标准模型总体参数的确定以及它的内部相容性的证明 [22] 等令人印象深刻的精确度作为科学合作的榜样表征了 CERN 历史的一个转折点。

LEP 探测器第一次通过真正的全球建造，参加 CERN 项目的美国和亚洲科学家阵容强大。规模上空前的 LEP 合作对于粒子物理作为一项事业而言是真正的全球化模式，也成了 CERN 的历史上最近二十多年作为 LHC 时代前奏的实验室模式。在 LHC 的第一个发现问世之时，这个全球科学合作的榜样赢得了全世界的注意力和想象力。不只是一个趣闻，而是证明了为什么科学合作对扩展人类知识是绝对必要的，描述 LEP[14] 高精度测量结果的论文也是由 2500 个作者签署，这在论文发表史上也是史无前例的②。

LEP 时代改变了 CERN，当时有很大的和重要的贡献来自苏联和东欧国家的科学家，他们与美国和西方科学家并排站在一起。这个过程体现了 CERN 作为 "为和平的科学" 大使的那种至关重要的作用，这件事最近被联合国在其会员大会上授予 CERN 的观察员身份而得到承认。

---

②相反的是，有时听到第一个发表作者超过 1000 人的论文不是高能物理研究，而是日本的关于一项大规模的医学研究 [45,46]。

一方面，精确决定轻中微子种类数目对我们理解宇宙具有根本的重要性。另一方面，十余年全球通过成千上万专事奉献的个人的合作努力，集智慧和创造力之大成，取得了这个结果，这种合作努力是我们人类集体遗产的一部分。

参 考 文 献

[1] H. Schopper, *LEP—The Lord of the Collider Rings at* CERN (Springer, 2009).

[2] G. Barbiellini *et al.*, Neutrino counting, in *Proceedings of the Workshop on Z Physics at* LEP, CERN, Switzerland (Sept. 1989), pp. 129–170.

[3] C. Rubbia, The discovery of the W and Z particles, in 60 *Years of CERN Experiments and Discoveries.* (World Scientific, 2015).

[4] D. Decamp *et al.* (ALEPH Collaboration), A precise determination of the number of families with light neutrinos and of the z-boson partial widths, *Phys. Lett. B* **231**, 519–529 (1989).

[5] P. Aarnio *et al.* (DELPHI Collaboration), Measurement of the mass and width of the Z^0-particle from multihadronic final states produced in e^+e^-. annihilations, *Phys. Lett. B* **231**, 539–547 (1989).

[6] B. Adeva *et al.* (L3 Collaboration), A determination of the properties of the neutral intermediate vector boson Z^0, *Phys. Lett. B* **231**, 509–518 (1989).

[7] M. Z. Akrawy *et al.* (OPAL Collaboration), A precise determination of the number of families with light neutrinos and of the Z-boson partial widths, *Phys. Lett. B* **231**, 530–538 (1989).

[8] J. J. Hernandez *et al.* (Particle Data Group), Review of particle properties, *Phys. Lett. B* **239**, VI.22–VI.23 (1990).

[9] K. Chetyrkin *et al.*, QCD corrections to the e^+e^-. cross section and the Z-boson decay rate. In *Reports of the working group on precision calculations for the Z resonance*, CERN, Switzerland (Mar. 1993), pp. 175–264.

[10] A. Czarnecki and J. Kuhn, Nonfactorizable QCD and electroweak corrections to the hadronic Z boson decay rate, *Phys. Rev. Lett.* **77**, 3955–3958 (1996).

[11] R. Harlander *et al.*, Complete corrections of $O(\alpha\alpha s)$ to the decay of the Z-boson into bottom quarks, *Phys. Lett. B* **426**, 125–132 (1998).

[12] K. Olive *et al.* (Particle Data Group), Review of Particle Physics, *Chin. Phys. C* **38**, i-1676 (2014).

[13] M. Veltman, Limit on Mass Differences in the Weinberg Model, *Nucl. Phys. B* **123**, 89–99 (1977).

[14] S. Schael *et al.* (ALEPH, DELPHI, L3, OPAL and SLD Collaborations and the LEP Electroweak Working Group, SLD Electroweak Group and SLD Heavy Flavour Group Collaborations), Precision electroweak measurements on the Z Resonance, *Phys. Rept.*

427, 257–454 (2006).

[15]　D. Decamp *et al.* (ALEPH Collaboration), ALEPH: A detector for electron-positron annihilations at LEP, *Nucl. Instrum. Meth. A* **294**, 121–178 (1990).

[16]　P. Aarnio *et al.* (DELPHI Collaboration), The DELPHI detector at LEP, *Nucl. Instrum. Meth. A* **303**, 233–276 (1991).

[17]　B. Adeva *et al.* (L3 Collaboration), The construction of the L3 experiment, *Nucl. Instrum. Meth. A* **289**, 35–102 (1990).

[18]　K. Ahmet *et al.* (OPAL Collaboration), The OPAL detector at LEP, *Nucl. Instrum. Meth. A* **303**, 275–319 (1991).

[19]　D. Busculic *et al.* (ALEPH Collaboration), Performance of the ALEPH detector at LEP, *Nucl. Instrum. Meth. A* **360**, 481–506 (1995).

[20]　P. Abreu *et al.* (DELPHI Collaboration), Performance of the DELPHI detector, *Nucl. Instrum. Meth. A* **378**, 57–100 (1996).

[21]　O. Adriani *et al.* (L3 Collaboration), Results from the L3 experiment at LEP, *Phys. Rept.* **236**, 1–146 (1993).

[22]　W. de Boer, Precision Experiments at LEP, in 60 *Years of CERN Experiments and Discovery* (World Scientific, 2015).

[23]　R. Barate *et al.* (ALEPH Collaboration), Measurement of the Z resonance parameters at LEP, *Eur. Phys. J. C* **14**, 1–50 (2000).

[24]　P. Abreu *et al.* (DELPHI Collaboration), Cross-sections and leptonic forward backward asymmetries from the Z0 running of LEP, *Eur. Phys. J. C* **16**, 371–405 (2000).

[25]　M. Acciarri *et al.* (L3 Collaboration), Measurements of cross-sections and forward backward asymmetries at the Z resonance and determination of electroweak parameters, *Eur. Phys. J. C* **16**, 1–40 (2000).

[26]　G. Abbiendi *et al.* (OPAL Collaboration), Precise determination of the Z resonance parameters at LEP: 'Zedometry', *Eur. Phys. J. C* **19**, 587–651 (2001).

[27]　G. M. Dallavalle, Review of precision determinations of the accelerator luminosity in LEP experiments, *Acta Phys. Pol. B* **28**, 901–923 (1997).

[28]　S. Jadach *et al.*, Upgrade of the Monte Carlo program BHLUMI for Bhabha scattering at low angles to version 4.04, *Comput. Phys. Commun.* **102**, 229–251 (1997).

[29]　B. Ward *et al.*, New results on the theoretical precision of the LEP/SLC luminosity, *Phys. Lett. B* **450**, 262–266 (1999).

[30]　LEP Electroweak Working Group, http://lepewwg.web.cern.ch/LEPEWWG/, last accessed February 6th, 2015.

[31]　O. Nicrosini and L. Trentadue, Structure Function Approach to the Neutrino Counting Problem, *Nucl. Phys. B* **318**, 1–21 (1989).

[32]　R. Bizarri *et al.*, The First level energy trigger of the L3 experiment: Description of the hardware, *Nucl. Instrum. Meth. A* **317**, 463–473 (1992).

[33] D. Buskulic *et al.* (ALEPH Collaboration), A Direct measurement of the invisible width of the Z from single photon counting, *Phys. Lett. B* **314**, 520–534 (1993).

[34] P. Abreu *et al.* (DELPHI Collaboration), Search for new phenomena using single photon events in the DELPHI detector at LEP, *Z. Phys. C* **74**, 577–586 (1997).

[35] M. Acciarri *et al.* (L3 Collaboration), Determination of the number of light neutrino species from single photon production at LEP, *Phys. Lett. B* **431**, 199–208 (1998).

[36] R. Akers *et al.* (OPAL Collaboration), Measurement of single photon production in e$^+$e$^-$ collisions near the Z0 resonance, *Z. Phys. C* **65**, 47–66 (1995).

[37] C. Amsler *et al.* (Particle Data Group), Review of Particle Physics, *Phys. Lett. B* **667**, 1–1340 (2008).

[38] S. Jadach *et al.*, The Precision Monte Carlo event generator K K for two fermion final states in e$^+$e$^-$ collisions, *Comput. Phys. Commun.* **130**, 260–325 (200).

[39] S. Jadach *et al.*, The Monte Carlo program KORALZ, version 4.0, for the lepton or quark pair production at LEP/SLC energies, *Comput. Phys. Commun.* **79**, 503–522 (1994).

[40] G. Montagna *et al.*, Single photon and multiphoton final states with missing energy at e$^+$e$^-$ colliders, *Nucl. Phys. B* **541**, 31–49 (1999).

[41] A. Heister *et al.* (ALEPH Collaboration), Single photon and multiphoton production in e$^+$e$^-$ collisions at $\sqrt{s}$ up to 209 GeV, *Eur. Phys. J. C* **28**, 1–13 (2003).

[42] J. Abdallah *et al.* (DELPHI Collaboration), Photon events with missing energy in e$^+$e$^-$ collisions at $\sqrt{s} = 130$ GeV to 209 GeV, *Eur. Phys. J. C* **38**, 395–411 (2005).

[43] P. Achard *et al.* (L3 Collaboration), Single photon and multiphoton events with missing energy in e$^+$e$^-$ collisions at LEP, *Phys. Lett. B* **587**, 16–32 (2004).

[44] G. Abbiendi *et al.* (OPAL Collaboration), Photonic events with missing energy in e$^+$e$^-$ collisions at $\sqrt{s} = 189$ GeV, *Eur. Phys. J. C* **18**, 253–272 (2000).

[45] C. King, Multiauthor Papers: Onward and Upward, in *Science Watch Newsletter*, July 2012, http://archive.sciencewatch.com/newsletter/2012/201207/multiauthor papers, last accessed February 6th, 2015.

[46] H. Nakamura, *et al.* (MEGA Study Group), Design and baseline characteristics of a study of primary prevention of coronary events with pravastatin among Japanese with mildly elevated cholesterol levels, *Circulation J.* **68**, 860–7 (2004).

第5篇　在 LEP 上的精确实验

W. de Boer

Karlsruhe Institute of Technology，

Institut für Experimentell Kernphysik，Gaedestr. 1，

76131 Karlsruhe，Germany

wim.de.boer@kit.edu

张家铨　译

中国科学院高能物理研究所

在大型电子–正电子对撞机 (LEP) 上的一些实验以空前的精确度确立了粒子物理学的标准模型 (SM)，包括所有的辐射修正。这些精确的实验结果引导物理学家能够预言顶夸克和希格斯玻色子的质量，后来这些预言都被漂亮地证实了。经过精确测量之后，1999 年诺贝尔物理学奖颁发给了't Hooft 和 Veltman 二人，因他们阐明了物理学中的电弱相互作用的量子结构。

在 LEP 上的另一些具有标志性的实验结果是规范耦合常数的精确测量，这个测量结果排除了在标准模型里相互作用力的统一，但是在标准模型的超对称性扩展理论里允许相互作用力统一。这进一步激发了研究人员在超对称性理论 (SUSY) 和大统一理论 (GUT) 方面的兴趣，特别是在 SM 无法解释难以捉摸的暗物质的时候，超对称性理论则为暗物质提供了一个解释渠道。此外，超对称性理论消除了 SM 的二次发散和预言了源自辐射电弱对称性破缺的希格斯机制，即预言了类 SM 希格斯玻色子的质量小于 130GeV，同在大型强子对撞机 (LHC) 上发现的希格斯玻色子的结果一致。然而，超对称性理论预测的粒子尚未被发现，因为它们太重了，目前 LHC 的能量和亮度都达不到，或者要找到另外的替代方法来规避 SM 的缺点。

5.1　引　　言

标准模型是描述夸克和轻子的强和电弱相互作用的相对论量子场理论，现在夸克和轻子被认为是基本粒子。在 36 次诺贝尔演讲中，获奖者清晰地描述了粒子

物理标准模型的复杂性和非凡性，阐明了 SM 的系列发现 [1]。相对论量子场理论的第一个例子是量子电动力学，它描述了电磁相互作用是通过交换无质量的光子进行的。弱相互作用的短程特性意味着它们是由有质量的规范玻色子，W 和 Z 玻色子，进行传递的。W 和 Z 玻色子在 SPS 上被发现了，正如在本书中其他部分所描述的一样。

　　基于局域规范对称性的相对论量子场理论有两个基本问题：(i) 在 SM 中不允许规范玻色子具有质量，因为它们破坏了对称性；(ii) 高能行为导致截面、质量和耦合常数为无穷大。1964 年，Higgs 等 [2-5] 解决了第一个问题，他们建议规范玻色子的质量是通过在真空里无所不在的标量 (希格斯) 场的相互作用产生的，所以在产生质量的动力学拉格朗日函数里不需要明确质量项。正如在本卷其他部分所述，2012 年在 LHC 上发现了希格斯场量子 —— 希格斯玻色子。因此发现，Englert 和 Higgs 被授予 2013 年度的诺贝尔物理学奖。通过 "重整化" 发散的质量和耦合常数，为可观测量解决了第二个问题。这样，电弱理论成为 "可重整化的" 理论，正如't Hooft 和 Veltman 在 1971 至 1974 年 [6] 证明的一样。重整化的电弱理论很成功，计算和观测的辐射修正相互符合足以证明这项工作的有效性，并使得 CERN 的 LEP 上做的一些电弱作用精确实验正确预言了顶夸克和希格斯玻色子的质量。't Hooft 和 Veltman 的计算在 LEP 得到验证之后，他们被授予了 1999 年度的诺贝尔物理学奖。

　　这项贡献如何适应这个图像？首先我将讨论在 LEP 上做的几个电弱精确实验，这些实验非常详细地测量了 SM 的量子结构。第二个话题是讨论超出标准模型以外的物理。SM 是基于 $SU(3) \otimes SU(2) \otimes U(1)$ 对称性群的乘积，所以自然而然的问题是：为什么有三个群？为什么我们不能将这些群统一成更大的一个群，如将几个标准的群作为子群的 $SU(5)$[7-9]？结果是戏剧性的：因为每个 $SU(n)$ 群预言有 n^2-1 个规范玻色子，这就导致规范玻色子的数目加倍 (SM 有 12 个规范玻色子，在 $SU(5)$ 里有 24 个规范玻色子)。在 $SU(5)$ 里 $SU(2)$ 的轻子和 $SU(3)$ 的夸克包含在相同的多重态里，自动地导致轻子和夸克之间新的轻子数和重子数破坏的相互作用。这就不可避免地导致质子通过新规范玻色子的相互作用衰变成轻子和夸克。在标准的 $SU(5)$ 里质子寿命估计为 10^{31} 年 [8]。实验的极限值①比这个预言值大两个数量级以上 [10,11]，这样就排除了 SM 的大统一，但却不能排除 SM 的超对称性延伸扩展所导致的大统一，后者预言质子有更长的寿命 [12]。

　　为了解释在大统一理论里质子有更长的寿命，新规范玻色子必须是重的。多重呢？假定通过 $SU(5)$ 对称性破缺为 $SU(3) \otimes SU(2) \otimes U(1)$ 对称性，这些规范玻色

――――――――――

　　①由于质子衰变实验的本底是中微子提供的，发现上行 (up-going) 和下行 (down-going) 中微子的本底不同导致中微子振荡的发现，这意味着中微子有质量。因此，小柴昌俊 (Koshiba) 获得了 2002 年度的诺贝尔奖。

子获得了质量, 就像 W 和 Z 玻色子通过 SU(2)⊗U(1) 对称性破缺为 U(1) 对称性获得质量一样。在 SU(5) 破缺能标之上我们得到了有一个规范耦合常数的大统一理论 (GUT)。在 LEP 上精确测量的规范耦合常数扩展延伸到更高能量表明, 在 SM 里大统一被排除在外, 但在 SM 超对称性延伸扩展里规范耦合统一, 而且有趣的是能标与质子长寿命一致。通过大统一理论估计的能标和由拟合规范耦合的统一 [13] 得到的超对称 (SUSY) 能标同时获得的这个结果, 很快地进入被引次数最多的十大引文列表, 并且迅速地在科学期刊 [14~16] 和新闻媒体上广泛地进行讨论。

SUSY 理论是在 20 世纪 70 年代早期作为一个独特的旋转和平移庞加莱群的对称性的扩展而得到的, 庞加莱群基于内部量子数, 即自旋的对称性, 历史性的评论和原始的参考见文献 [17]。SUSY 理论需要同等数量的玻色子和费米子, 这只有在特定条件下才能实现, 即 SM 的每个费米子 (玻色子) 都有其超对称玻色子 (费米子) 伙伴。这就导致粒子谱加倍, 但是到目前为止没有观测到超对称性伙伴, 如果它们存在, 它们必须比 SM 粒子更重。SUSY 理论受欢迎不仅仅是因为规范耦合统一, 它还克服了 SM 的几个缺点。特别是它提供了具有正确的遗留物密度 [18,19] 的暗物质 (DM) 候选者, 有关的评论见文献 [20]~[23]。另一方面, SUSY 理论的主要缺点是预言的 SM 粒子的超对称性伙伴没有被观测到, 这可能是因为 LHC 的亮度或者能量不够高, 在最后一节将讨论这个问题。当然, 也存在其他的 DM 候选者 [24]。

5.2　正负电子对撞机

在 Gargamelle 气泡室里的中微子和电子弹性散射实验发现中性流后, 正如在本卷其他部分所讨论的一样, 重中性规范玻色子必须存在, 这是很明显的, 正如 Weinberg[25] 预言的一样。在 CERN 的质子反质子对撞机 SPS 上确实观测到了弱规范玻色子, 在本卷其他部分讨论了这个问题。但很明显, 精确实验需要 e⁺e⁻ 对撞机的干净本底环境。CERN 主任, John Adams, 刚刚完成 SPS 的建造, 于 1976 年成立了一个研究小组来调研得以产生和研究 W 和 Z 玻色子的大型正负电子对撞机, 当时预言 W 和 Z 玻色子的质量约为 65GeV 和 80GeV。Pierre Darriulat[26] 领导的小组在一年半以后提交了一个著名的黄皮报告 [27]。这个报告里面提到了物理学方面的很多预想, 也包括有 LEP 的原初设计思想, LEP 最终于 1982 年获得批准, 1989 年开始取数据。实现这样一个大型项目的困难在题为《LEP: 世界上最大的 CERN 对撞机环 (1980~2000): 建造、运行和世界上最大的科学仪器的遗产》一书中有所描述, 该书由 Herwig Schopper 编著, 在 LEP 建设期间他是 CERN 总所长。这本书不仅涵盖了技术、科学、管理和政治方面, 还论述了参与 LEP 上的大型国际合作实验建设的社会企业, 每个国际合作实验约有 500 位物理学家。它还提到了互联网 (World-Wide-Web), 这是在 LEP 运行期间由 CERN IT 部的 Berners-Lee

和 Cailliau 发明的, 目的是改善 LEP 上大型国际合作的通信和数据处理。

在同一期间, SLAC 着手建造一台直线对撞机, 它是用阻尼环和末端弯曲改造现存的直线加速器, 有序地使加速的电子和正电子束进行对撞。尽管在计划上 SLAC 预计在 LEP 之前做好准备, 但是由于电子和正电子束在直线对撞机里进行对撞是一个开创性的工作任务, 改造工作花了比预期更长的时间, 最后, 在 1989 年的夏天, MARK-II 探测器上的国际合作实验在 LEP 运行之前第一次观测到了几百个 Z 的事例 [28]。

LEP 的 45kHz 束团交叉率与 SLC 的 120Hz 的重复率相对比, 前者的数据样本快速地增长, 很快地超过了后者的数据样本, 因为 LEP 的峰值亮度为 10^{32}cm^{-2}·s^{-1}, 所以每个实验收集数据的速度为大约每小时 1000 个 Z 玻色子。2001 年在西恩纳 (西班牙 Sienna) 举行了一次学术专题研讨会 "LEP 和 SLC 的遗产", 在这个研讨会上科学家们简要评论了如何达到 LEP 的设计亮度值 [29]。LEP 加速器的综述报告也描述了通过自旋退极化技术精确地测定束流能量, 可以确定束流能量的精确度达到 0.2MeV 或者相对精度为 5×10^{-6}。另外, 还描述了许多意外惊喜的事件, 像由于月球和地球之间的引力相互作用发生潮汐或者日内瓦湖里的水量与束流能量的相关性。LEP 轨道长度变化几毫米对应于束流能量变化几兆电子伏, 这些效应是由地球地壳的弹性引起的。日内瓦和巴黎之间的高速火车 TGV 也引起短期内的束流能量波动, 在法国铁路罢工期间这些波动没有了, 终于明白引起这些波动的原因后, 调整了 LEP 磁铁的电流回路减小它们带来的影响。Z 玻色子质量的最终不确定度大约为 2MeV, 大多来源于束流能量的涨落, 主要是由偶极磁体磁场随时间变化引起的。LEP 的 27km 长的隧道的示图及其实验人员如图 1 所示, 1989 年 7 月 LEP 开始运行, 实验者的快乐笑脸展示了他们获得成功的喜悦。

LEP 开始运行后, SLC 通过提供高度极化束流做出了一个惊人的改进, 这是一个弱相互作用的灵敏探针, 左手和右手粒子有不同的耦合。这些数据主要由 SLD 探测器收集, 能够比较精确地确定电弱混合角, 尽管数据样本小得多, 只有 50 万个 Z 玻色子 (与 LEP 上 4 个实验的总数据样本 17000 万个事例相比)。在 LEP 上极化方案也非常详细地研究过 [30], 但最终还是放弃了束流极化方案, 转而支持尽可能快地提升到更高的能量的方案。

1995 年, LEP 能量升级到 WW 和 ZZ 对产生阈值, 后来提升到 208GeV(通过添加更多的加速腔) 寻找希格斯粒子。可以设置一个置信水平 95% 的希格斯粒子质量 [31] 下限 114.4GeV, 只比在 2012 年 LHC 上发现的希格斯粒子质量低 11GeV。如果用超导腔填满 LEP 所有可用空间, LEP 可以达到更高能量, 在这种情况下, 高到 SUSY 理论预言的希格斯粒子质量 130GeV 是可能达到的 [32], 参见关于 LEP 和 SLC 实验结果的评论 [33]。然而, 来自 LHC 与 Tevatron 升级 (在 1993 年由于财政预算问题两年前 SCC 已经被放弃了) 竞争的时间和财务压力导致了 2000 年决定停止 LEP 运行。当然，回想起来，希格斯玻色子可能应该早在 10 年前在正负电子对撞的清洁环境下，在 LEP 上被发现和研究。

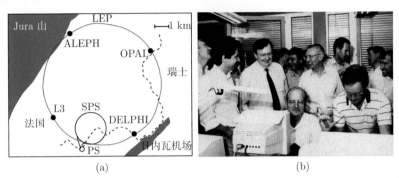

图 1   (a) LEP 储存环和 4 个实验装置以及预加速器 (PS 和 SPS)；(b) 1989 年 7 月 LEP 开始运行和人们幸福的笑脸

5.3   在 LEP 上的四个探测器

在 LEP 上总共有四个探测器被批准：ALEPH(在 LEP 上做物理学实验的装置)[34]，DELPHI(识别轻子和强子的探测器)[35]，L3(意向书 3)[36]，OPAL(在 LEP 上的全能装置)[37]。所有的探测器都是大 4π 探测器，尺寸通常是每个方向上大约 10m，有重量千吨的装置。他们是为了研究 Z 玻色子衰变末态中的强子、电磁和轻子组分而设计的，但他们使用了不同的实验技术，如磁谱仪的分辨率、电磁和强子量能器，以及粒子识别范围。此外，所有探测器在束流管外都安装了升级的硅顶点探测器 (有关评论见文献 [38])，它能够定位原初碰撞顶点的精确度通常为几微米。这使我们可以用次级顶点标记底 (b) 和粲 (c) 夸克喷注，因为长寿命的 B 和 D 介子衰变前平均飞行几毫米，并产生第二个顶点。

大型探测器运转所需的资源需要大规模的人员合作来支撑，在 LEP 开始时每个实验通常有 250 位物理学家，在 LEP 末期增加到 500 位物理学家。参与的科研机构 20~50 个，他们中的大多数来自欧洲成员国，但也有来自亚洲，以及以色列、俄罗斯和美国的物理学家。LEP 实验委员会认为 ALEPH 和 DELPHI 有 "高风险" 性，因为它们采用超导磁铁①和时间投影室作为三维空间径迹跟踪装置。此外，ALEPH 使用大液氩电磁量能器，而 DELPHI 还把三维时间投影思想应用到电磁量能器并安装了环成像切伦科夫 (RICH) 探测器作强子识别。L3 和 OPAL 探测器使用更常规的技术，比如用多丝室作径迹跟踪，常温磁铁和闪烁晶体作电磁量能器。

你可能想知道，一个 LEP 为什么需要多达四个实验装置，两个不就足够了吗？

①德尔菲螺线管是直径为 6.2m，长 7.2m，磁场强度 1.2T 的世界最大的超导磁体。

四个探测器不仅有些多余,而且有不同系统的不确定性。结果证明多一些实验装置对研究涨落是极其重要的,就像在四喷注 [39] 里标准偏差过大和质量约 115GeV 的类希格斯信号一样 [40]。主要基于三个 ALEPH 的类希格斯信号事例,如果加上所有其他实验,标准偏差小于 2σ,其意义是很重大的。从观测的希格斯粒子的质量,我们现在知道,它确实是一个统计涨落。四喷注超额也是一个涨落,从所有实验相结合的数据得到的结论是显而易见的 [41]。

最后,但并非最不重要的是,尽管数据样本令人印象深刻,但在有关轻子衰变模式的比率方面,统计误差仍占主要地位,所以他们结合四个实验的数据获得的结果误差减小了两倍。四个实验结合也有助于控制常见的系统理论错误的风险,如果没有正确的估计,可能会改变结果。我们将在耦合常数的讨论中看几个例子。

尽管是竞争对手,但四个实验联合组成一个合作工作组将所有实验数据结合进行分析以得到问题的最准确的答案。杰出的工作组是电弱工作组 (EWWG)、重味工作组、希格斯粒子工作组和搜索工作小组。这样的大型合作,甚至是由不同的国际合作组做数据结合是高能物理历史上的一个转折点,不仅对 LEP 是重要的,而且对于 LHC 也是一项社会性活动,其最大合作组的合作者人数增加至 3000余人。

5.4 W 和 Z 玻色子质量的量子修正

两个物质粒子之间的相互作用可以由规范玻色子传递,这导致传播子是无质量的规范玻色子,在费曼图里传播子因子为 $g^{\mu\nu}/q^2$,这里 q 是传播子的动量,$g^{\mu\nu}$ 是具有指数 μ 和 ν 的闵可夫斯基度规。对于质量为 m 的重质量规范玻色子,传播子得到一个额外的因子 $k_\mu k_\nu/m^2$。如果传入和传出的粒子的动量 k 成为无限,这个因子,源自于规范玻色子的纵向的自旋自由度,变为无限。这无穷只能通过添加对应物补偿,所以一般的来说一个重质量的传播子是:

$$\frac{g_{\mu\nu} - \dfrac{k_\mu k_\nu}{m^2}}{q^2 - m^2 + i\epsilon} + \frac{\dfrac{k_\mu k_\nu}{m^2}}{q^2 - \dfrac{m^2}{\lambda} + i\epsilon} \tag{1}$$

这里,规范参数 λ 可以选为 0,1 或无穷,分别对应于幺正性规范、费曼或't Hooft 规范和朗道或洛伦兹规范。在式 (1) 中对于 $\lambda = 1$,即在费曼规范或't Hooft 规范中,最后一项代表标量粒子的传播子。在这种情况下,补偿项因子 $k_\mu k_\nu/m^2$ 很简单:纵向 W 玻色子交换的幅度无穷,通过希格斯玻色子交换来补偿,所以计算的截面不会通过幺正性极限①。正如't Hooft 在他的诺贝尔演讲 [1] 中指出:人们知道

---

①温伯格 (Weinberg) 在他的诺贝尔奖演讲 [1] 中指出,他没有成功证明重整化,因为他是用幺正规

希格斯玻色子的质量可以通过希格斯机制产生, 但他们不知道, 这是一个独特的解决方案, 因为同时消除了无穷大, 从而使理论可以重整化①。证明 SM 可重整化的一个重要方面是如何处理技术分歧。最方便的做法是用空间尺度归一化方法来处理, 正如't Hooft 和 Veltman 讨论的一样 [6]。但是对 LEP 至关重要的是: 通过这一重整化方案, Veltman 可以计算从希格斯玻色子和费米子环到弱规范玻色子的辐射修正, 如图 2(a) 所描绘, 并且令人惊讶地发现辐射修正依赖于顶夸克质量的平方 [42]。对于希格斯粒子质量, 二次项恰好具有零振幅②, 所以只留下了对数依赖关系。通过希格斯机制破坏电弱对称性后, 质量本征态成为初始 (对称的) 拉格朗日函数 ($W^i, i = 1, 2, 3$ 对于 SU(2) 群, B 对于 U(1) 群) 的规范玻色子的线性组合: $W^\pm = (W^1 \mp W^2)/\sqrt{2}$, $Z = -B \cos\theta_W + W^3 \sin\theta_W$, $\gamma = B \sin\theta_W + W^3 \cos\theta_W$, 这里电弱混合角 θ_W 是 U(1) 和 SU(2) 群的耦合常数之比, $\tan\theta_W = g'/g$, 其与电荷的关系如图 2(b) 中所示, 意味着 $e = g \sin\theta_W$。

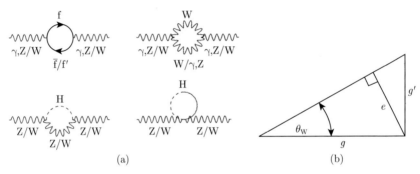

图 2　(a) SM 的圈修正; (b) 规范耦合之间的关系

因为希格斯机制预言规范玻色子的质量正比于规范耦合, 人们发现:

$$\cos\theta_W = \frac{g}{\sqrt{g'^2 + g^2}} = \frac{M_W}{M_Z} \quad \text{或者} \quad \rho_0 = \frac{M_W^2}{M_Z^2 \cos^2\theta_W} \qquad (2)$$

在 SM 中 $\rho_0 = 1$, 但是对于更复杂的希格斯结构它可以偏离 1。μ 子通过交换 W 进行衰变, 所以 W 的质量与 μ 子衰变常数有关: $G_F = \pi\alpha/(\sqrt{2}\sin^2\theta_W M_W^2)$, 这导致 $M_W^2 = A^2/\sin^2\theta_W$, $M_Z^2 = A^2/(\sin^2\theta_W\cos^2\theta_W)$, 其中 $A = \sqrt{\pi\alpha/\sqrt{2}G_F} = 37.2805\text{GeV}$。由 A 值得到 $\sin^2\theta_W = 0.2314$, $M_Z = 88\text{GeV}$。然而, 这些关系只有

范, 其优点是表现出真正的粒子谱, 但缺点是模糊了重整化, 从式 (1) 是显而易见的。

①'t Hooft 还指出, 幺正性的问题没有给他什么麻烦, 因为他已经发现了 SU(3) 群有负 β 函数, 从而减少高能下的截面。然而, 他没有意识到 "这里它有什么宝藏", 所以他没有将它与渐近自由连接起来, Wilczek 和 Politzer 发现了渐近自由, 并于 2004 年获得了诺贝尔奖。无论如何, 他期待, 所有专家都知道在量子电动力学和量子色动力学中 β 函数有不同的符号。

②威尔特曼 (Veltman) 称其为 "屏蔽定理", 因为希格斯玻色子本身就 "屏蔽" 了可观测的辐射修正。

在树图水平下才成立, 并且通过圈修正进行调整 (见图 2(a)):

$$\sin^2\theta_W = \left(1 - \frac{M_W^2}{M_Z^2}\right) = \frac{A^2}{1 - \Delta r} \tag{3}$$

这里辐射修正已经集中到 Δr, 它与顶夸克质量有平方依赖关系, 与希格斯质量有对数依赖关系。这些定义在所谓的在壳重整化方案 [43-46] 中是有效的, 在这种情况下, 电弱混合角是由规范玻色子的在壳质量定义的: $\sin^2\theta_W \equiv 1 - M_W^2/M_Z^2$。在该方案中, $\Delta r \approx \Delta r_0 - \rho_t/\tan^2\theta_W$, 这里 $\Delta r_0 = 1 - \alpha/\alpha(M_Z) = 0.06637(11)$ 和 $\rho_t = 3G_F M_t^2/8\sqrt{2}\pi2 = 0.00940(M_t/173.24\text{GeV})^2$。最后一项显示顶夸克的二次方依赖关系, 增强了 $1/\tan^2\theta_W = 3.32$, 所以次级 M_t 修正几乎是主要的 r_0 修正的 50%。

EWWG 用在壳重整化方案分析 LEP 上的电弱精确测量数据。另一个方案, 修改的最小减除 ($\overline{\text{MS}}$) 方案 [47], 广泛用于量子色动力学。在这个方案中电弱混合角不是由质量定义的 ($\sin^2\theta_W \equiv 1 - M_W^2/M_Z^2$), 而是由树图水平的耦合值定义的, $\sin\theta_{\overline{\text{MS}}} \equiv g'/\sqrt{g'^2 + g^2}$ (见图 2(b)), 所有耦合由 Z 质量定义[①]。总截面与这一选择无关, 所以在 $\overline{\text{MS}}$ 修改的最小减方案中质量必须重新定义: $M_W^2 = A^2/(\sin^2\theta_{\overline{\text{MS}}}(1 - \Delta r_{\overline{\text{MS}}}))$ 和 $M_Z^2 = M_W^2/(\rho_{\overline{\text{MS}}}\cos^2\theta_{\overline{\text{MS}}})$, 其中 $\Delta r_{\overline{\text{MS}}} \approx \Delta r_0$ 和 $\rho_{\overline{\text{MS}}} \approx 1 + \rho_t$。由于这些定义, M_W 变得实际上与顶夸克的质量无关。这是合理的, 因为它值是由 G_F 决定的, 它有辐射修正, 在测量中这些辐射修正被吸收了。现在所有顶夸克的质量依赖修正都包含在 M_Z 以及 Z 玻色子和费米子之间的耦合中。

W 玻色子只与其强度由弱荷 I_3 给出的左手粒子和右手反粒子耦合, 对中微子和上型夸克它是 $+1/2$, 对带电轻子和下型夸克它是 $-1/2$。右手粒子的弱荷为零, 即 $I_3 \approx 0$[②]。光子与左手和右手粒子有同等耦合, 所以 W^3 和 B 混合后 Z 耦合获得电磁分量 $-Q_f\sin^2\theta_W$: $g_L^f = \sqrt{\rho_f}(I_3^f - Q_f\sin^2\theta_W)$ 和 $g_R^f = -Q_f\sin^2\theta_W$。矢量和轴矢量耦合定义为

$$g_V^f = g_L^f + g_R^f = \sqrt{\rho_f}(I_3^f - 2Q_f\sin^2\theta_{\text{eff}}), \quad g_A^f = g_L^f - g_R^f = \sqrt{\rho_f}I_3^f \tag{4}$$

这里 $\sin^2\theta_{\text{eff}}^f = \kappa^f\sin^2\theta_W$ 是有效的混合角, 即其中包括了辐射修正。在树图水平下 $\rho_f = \rho_0 = 1$, 除了底夸克 (b quark), 因为顶夸克和 W 玻色子三角形圈的顶点修正使底夸克的产生截面略微变化。在这种情况下 [48],

$$\rho_b \approx 1 + \frac{4}{3}\rho_t, \quad \kappa_b \approx 1 + \frac{2}{3}\rho_t \tag{5}$$

---

①电弱混合角的值在两个方案中由下列表示式相关联, $\sin^2\theta_{\overline{\text{MS}}} = c(M_t, M_H)\sin^2\theta_W = (1.0344 \pm 0.0004)\sin^2\theta_W$, 其中 $c(M_t, M_H) = 1 + \rho_t$, 所以在这种情况下耦合变得依赖于顶夸克质量。(译注: 在原文中上式末项括号不配对, 已作修正。)

②在弱荷中左和右之间的区别是著名的宇称破坏的基础, 1954 年吴健雄观测到这个现象, 并由杨和李作了解释, 杨和李因为这个基本的发现获得了 1957 年的诺贝尔奖 [1]。

f 不等于 b 的情况下，有效混合角和 $\overline{\mathrm{MS}}$ 修改的最小减混合角之间的差异很小，并且几乎与希格斯粒子和顶夸克质量无关：$\sin^2\theta^{\mathrm{f}}_{\mathrm{eff}} - \sin^2\theta^{\mathrm{f}}_{\overline{\mathrm{MS}}} = 0.00029$[48]。这是一个重要关系式，因为 LEP 的电弱工作组总是确定 $\sin^2\theta^{\mathrm{f}}_{\mathrm{eff}}$，而且对于规范耦合统一人们需要 $\overline{\mathrm{MS}}$ 修改最小减方案的值。

5.5　SM 截面、不对称性和分支比

$\mathrm{e}^+\mathrm{e}^-$ 湮灭到费米子对的微分截面可以写为 [48]

$$\frac{2s}{\pi}\frac{1}{N^{\mathrm{f}}_{\mathrm{c}}}\frac{d\sigma_{\mathrm{ew}}}{d\cos\theta}(\mathrm{e}^+\mathrm{e}^- \to \mathrm{f}\bar{\mathrm{f}}) = \alpha^2(s)[F_1(1+\cos^2\theta)+2F_2\cos\theta]+B \qquad (6)$$

这里，

$$F_1 = Q^2_{\mathrm{e}}Q^2_{\mathrm{f}}\chi Q_{\mathrm{e}}Q_{\mathrm{f}}g^{\mathrm{e}}_{\mathrm{V}}g^{\mathrm{f}}_{\mathrm{V}}\cos\delta_{\mathrm{R}} + \chi^2(g^{\mathrm{e}2}_{\mathrm{V}}+g^{\mathrm{e}2}_{\mathrm{A}})(g^{\mathrm{f}2}_{\mathrm{V}}+g^{\mathrm{f}2}_{\mathrm{A}}),$$
$$F_2 = -2\chi Q_{\mathrm{e}}Q_{\mathrm{f}}g^{\mathrm{e}}_{\mathrm{A}}g^{\mathrm{f}}_{\mathrm{A}}\cos\delta_{\mathrm{R}} + 4\chi^2 g^{\mathrm{e}}_{\mathrm{V}}g^{\mathrm{e}}_{\mathrm{A}}g^{\mathrm{f}}_{\mathrm{V}}g^{\mathrm{f}}_{\mathrm{A}},$$
$$\tan\delta_{\mathrm{R}} = M_{\mathrm{Z}}\Gamma_{\mathrm{Z}}/(M^2_{\mathrm{Z}}-s),$$
$$\chi(s) = (G_{\mathrm{F}}sM^2_{\mathrm{Z}})/(2\sqrt{2}\pi\alpha(s)[(s-M^2_{\mathrm{Z}})^2+\Gamma^2_{\mathrm{Z}}M^2_{\mathrm{Z}}]^{1/2}),$$

$\alpha(s)$ 是依赖能量的电磁耦合常数，θ 是出射费米子相对于电子束方向的散射角。颜色因子 $N^{\mathrm{f}}_{\mathrm{c}}$ 等于 1(对于轻子) 或 3(对于夸克)，$\chi(s)$ 是传播子项；B 代表源自电弱项图的微小贡献。在峰值周围横截面是不对称的，如图 3(a) 中所示。因为量子电动力学 (QED) 修正，在上面峰值高能量处截面更高，主要来自关断入射束流的单光子辐射。辐射光子后有效质心 (CM) 能量降低，从而增加在有效质心能量处的截面。截面的不对称性可以用一个辐射体函数来描述 [49]，后者通常在拟合函数中被考虑到。

因为在镜像里轴矢量改变符号，在式 (6) 中轴矢量耦合对应于余弦项，这导致截面的角依赖的非对称性或在两极化束流情况下极化的非对称性。对于费米子 f 定义：

$$A_{\mathrm{f}} = \frac{2g^{\mathrm{f}}_{\mathrm{V}}g^{\mathrm{f}}_{\mathrm{A}}}{g^{\mathrm{f}2}_{\mathrm{V}}+g^{\mathrm{f}2}_{\mathrm{A}}} = \frac{2g^{\mathrm{f}}_{\mathrm{A}}/g^{\mathrm{f}}_{\mathrm{V}}}{1+(g^{\mathrm{f}}_{\mathrm{A}}/g^{\mathrm{f}}_{\mathrm{V}})^2} \qquad (7)$$

人们从前半球的积分截面 (σ_{F}) 和后半球的积分截面 (σ_{B}) 发现了截面的前-后不对称性 (A_{FB})，$A_{\mathrm{FB}} = (\sigma_{\mathrm{F}}-\sigma_{\mathrm{B}})/(\sigma_{\mathrm{F}}+\sigma_{\mathrm{B}}) = 3A_{\mathrm{e}}/4A_{\mathrm{f}}$，对于左手和右手极化电子，截面 σ_{LR} 的左-右不对称性，$A_{\mathrm{LR}} = (\sigma_{\mathrm{L}}-\sigma_{\mathrm{R}})/(\sigma_{\mathrm{L}}+\sigma_{\mathrm{R}}) = A_{\mathrm{e}}$，它们全都是由比值 $g_{\mathrm{A}}/g_{\mathrm{V}}$ 决定的，所以它们对电弱混合角 $\sin^2\theta_{\mathrm{W}}$ 是敏感的 (见式 (4))，特别是对轻子，因为对于 $\sin^2\theta_{\mathrm{W}} = 1/4$，$g_{\mathrm{V}}$ 改变符号；而对于夸克，零交叉发生在更大的值，如图 3(b) 所示。然而，对于夸克 $\sin^2\theta_{\mathrm{W}} = 1/4$，不对称更大，这样就减少了相对系统误差。

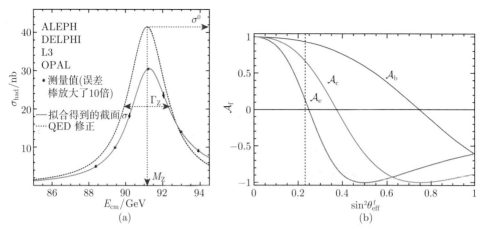

图 3 (a) 有辐射和无辐射强子的截面；(b) 对于各种费米子末态非对称性对 $\sin^2\theta_W$ 的灵敏度

弱混合角完全决定分支比 $\sum(g_V^2 + g_A^2)/\sum_{tot}$，这里分子是对被考虑的费米子求和，总合计是对所有可能的费米子求和。对于 $x = \sin^2\theta_W = 0.2315$，计算的分支比与观测值很好地相符合，如表 1 所示。与观测值相比较而得出的小偏差来源于被忽略的费米子质量和缺失的对高阶辐射的修正，因为只有在 b 顶点的源自顶夸克圈的主要辐射修正 (见式 (5)) 被考虑在内。

表 1   对于 $x = \sin^2\theta_W = 0.2315$，Z 玻色子的分支比

粒子符号	耦合常数 (方程 (4))			分支比	
	g_V	g_A	$\sum(g_V^2 + g_A^2)$	计算值	观测值
ν_e, ν_μ, ν_τ	$\frac{1}{2}$	$\frac{1}{2}$	$3\left(\frac{1}{2}\right)^2 + 3\left(\frac{1}{2}\right)^2$	20.5%	20.00%±0.06%
e, μ, τ	$-\frac{1}{2} + 2x$	$-\frac{1}{2}$	$3\left(-\frac{1}{2} + 2x\right)^2 + 3\left(\frac{1}{2}\right)^2$	10.3%	10.097%±0.0069%
u, c	$\frac{1}{2} - \frac{4}{3}x$	$\frac{1}{2}$	$6\left(\frac{1}{2} - \frac{4}{3}x\right)^2 + 6\left(\frac{1}{2}\right)^2$	23.6%	23.2%±1.2%
d, s	$-\frac{1}{2} + \frac{2}{3}x$	$-\frac{1}{2}$	$6\left(-\frac{1}{2} + \frac{2}{3}x\right)^2 + 6\left(\frac{1}{2}\right)^2$	30.3%	31.68%±0.8%
b	$-\frac{1}{2} + \frac{4}{3}x$	$-\frac{1}{2}$	$3\left(-\frac{1}{2} + \frac{2}{3}x\right)^2 + 3\left(\frac{1}{2}\right)^2$	15.3%	15.12%±0.05%

5.6   LEP-I 的电弱结果

Physics Reports 2006 年发表了针对 LEP-I[50] 上 Z 产生的实验结果在 SM 的框架内进行描述和解释的最终论文，2013 年又发表了针对 LEP-II[51] 上 W 对产生的

实验结果在 SM 的框架内进行描述和解释的类似论文。该对撞机的 4 个实验，在第 3 节中简短地做了描述，1990~1995 年共收集了 1700 万个 Z 事例，分布在 7 倍的质心能量范围，大多数据是在峰值亮度下获取的。总截面由 $\sigma_{\text{tot}} = (N_{\text{sel}} - N_{\text{bg}})/(\epsilon_{\text{sel}}\mathcal{L})$ 给出，其中 N_{sel} 是在所有末态中选择的事例数，N_{bg} 是本底事例数，ϵ_{sel} 是包括接收度在内的选择效率，$\mathcal{L}$ 是积分亮度。我们简短地讨论这些变量的不确定性。具有良好的径迹跟踪的磁谱仪，电磁和强子量能器及 μ 子径迹室的结合能够从 l^+l^- 末态中很好地鉴别 $q\bar{q}$，并且大大地降低本底，对所有末态通常低于 1%（除了强子的 τ 末态，这里本底上升至 3%）。因为本底在很大程度上与 LEP 能量无关，它提供了一个常数本底，所以能够在实验上从偏离峰值能量下进行测量，并且本底小，正如上面讨论的那样。

　　亮度由小角度的巴巴散射确定，使用程序 BHLUMI 计算接收度和截面，所有实验都是这样做的，这导致相关的公共误差，它源自巴巴散射截面的高阶的不确定性 0.061%[52]。由具有高角分辨率硅探测器的量能器，实验获得了亮度误差大约为 0.1%，这导致总截面的实验误差可以与经过高阶修正的理论的不确定性相比较。

　　接收度主要受探测器的几何接收度限制。电磁量能器的几何接收度通常是 $|\cos\theta| \leqslant 0.7$，μ 子径迹室通常是 $|\cos\theta| \leqslant 0.9$。对于强子末态，喷注的接收度没有锐利的角边缘，所以接收度只受要求的探测器总质心能量的可见能量分数限制 (通常是 10%)。因为 Z 衰变的模拟程序和探测器的模拟[①]在接收度内是现实的，总效率能够可靠地外推到全接收度。在接收度内触发效率通常是高的，因为事例可以通过多种信号触发，如径迹跟踪器触发、量能器触发和组合触发。在接收度内选择效率高，电子和 μ 子对在 95% 以上，对于 τ 了对末态选择效率为 70%~90%。对称的 Breit-Wigner 函数可以用质量、截面分布宽度和峰高描述。轻子的截面可以用强子和轻子宽度的比率参数化：$R_l^0 = = \Gamma_{q\bar{q}}/\Gamma_{ll}$。因为轻子的普适性与所有观察兼容，我们只引用包括轻子普适性的结果。由各个实验得到的这些参数的拟合值和它们的组合显示在图 4 中。人们观察发现，对于几个实验结合得到的值在强子末态情况下系统误差大，但对于轻子末态统计误差仍然是重要的。质量的系统误差和宽度是由 LEP 能量的不确定性主宰的 (大约 2MeV，如在第 2 部分所讨论)，截面的误差由亮度误差主宰，在上面进行了讨论。

　　所有数据的联合拟合需要可观测量和实验之间的相关误差的知识。这些相关性可以考虑通过最小化 $\chi^2 = \Delta^{\text{T}} V^{-1} \Delta$ 来实现，其中 Δ 是测量的 N 和拟合值之间包含 N 残差的矢量，V 是 $N \times N$ 误差矩阵，这里对角元素 σ_{ii}^2/O_i^2 代表可观测量 O_i 的相对总误差的平方和非对角元素 $\sigma_{ij}^2/(O_i Q_j)$ 有关的相对误差。

　　例如，巴巴亮度的相关误差 0.061% 以求积方式添加到依赖于亮度的所有可观测量的非对角元素。这个方法是为在 DESY 的 DORIS 和 PETRA 对撞机和在

---

①关于模拟软件细节可以见参考文献 [50]。

KEK 的 TRISTAN 对撞机的 e⁺e⁻ 湮没数据开创的, 在 Z 共振的尾部在最高能量 57GeV[53] 下强子截面已经增加了 50%。从 EWWG 的最终报告中可以找到全部 LEP 数据的完整相关矩阵 [50]。

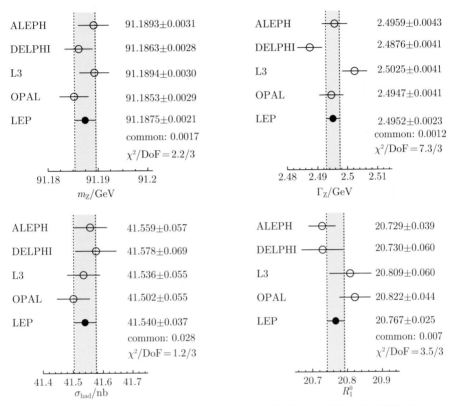

图 4 Z 玻色子的质量, 宽度 (上图), 峰位截面和强子与轻子宽度 (下图) 之比的拟合值, 源自参考文献 [50]

5.7 SM 的约束

如果人们知道 3 个规范耦合、规范玻色子的质量和顶夸克的质量以及希格斯玻色子, 上述截面的测量和不对称性在 SM 中都可以预言。因为电磁和弱耦合通过规范玻色子质量相关联, 只需要 2 个耦合常数: $\alpha(M_Z)$ 和 $\alpha_s(M_Z)$。此外, M_W 可以和 G_F 交换, 从最近的测量得到 μ 子的寿命精确度可到 0.5ppm, 得到 G_F 的测量值为: $G_F = 1.1663787(6) \times 10^{-5} \text{GeV}^{-2}$[54]。这个值足够精确, 在拟合中可以认为是一个常数。轻费米子的质量对截面只有很小的影响, 并且可以足够精确地计算其影响。原则上从在低能量运行测量的值知道 $\alpha(M_Z)$, 但是包括夸克的圈修正有重大的不确定性。因此，5 夸克强子态对于 $\Delta\alpha_{\text{had}}^{(5)}(M_Z^2)$ 的贡献在拟合中作为一个参数 (而不是 α 个 M_Z)，并且 $\Delta\alpha_{\text{had}}^{(5)}(M_Z^2)$ 在实验上满足 SM 约束。那么，可测参量拟合的 SM 参数是：$M_Z, M_t, M_H, \alpha_s, \Delta\alpha_{\text{had}}^{(5)}(M_Z^2)$。给定这些参数可以用程序 TOPAZ0[55]，ZFITTER[56] 或 GAPP[57] 计算出所有可观测参量。

对于规范玻色子质量，圈修正的二次顶夸克依赖性形成了由精确的 Z 玻色子质量测量初步估计顶夸克质量的快速方法，如图 5(a) 所示。这些顶夸克质量估计值后来通过直接测量被证实，如在图 5(a) 中的 Tevatron 实验的数据点所示，这又进一步与 LHC 上的测量相符合，如图 5(b) 所示 [58]。

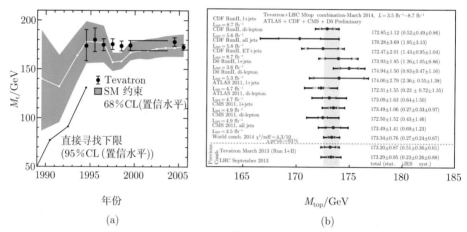

图 5　(a) 测量的顶夸克质量与时间的关系 [50]，LEP 数据的电弱拟合 (阴影)，Tevatron 实验测量 (数据点)；(b) 各个实验测量的顶夸克质量概要 [58]

对于 M_t 和 M_W，由拟合 Z-极数据和初步的数据，EWWG 发现如下这些参数 [50]：$M_Z = 91.1874 \pm 0.0021$，$M_t = 178.5 \pm 3.9\text{GeV}$，$M_H = 129^{+74}_{-49}\text{GeV}$，$\alpha_s = 0.1188 \pm 0.0027$ 和 $\Delta\alpha_{\text{had}}^{(5)}(M_Z^2) = 0.02767 \pm 0.00034$①。这五个参数描述数据十分好，如图 6(a) 所示，它显示了可观测参量的计算值和测量值之间的差别。误差 2.8σ 的最大部分是由底夸克的前后不对称性造成的，其次 1.6σ 是峰值截面和源自 SLC 的极化束流左右极化的不对称性。希格斯粒子的质量和 $\sin^2\theta_W$ 之间的关系如图 7(a) 所示，对角线显示了 SM 的预言。两个水平带显示由 A_{LR} 和 $A_{\text{FB}}^{0,b}$ 得到的 $\sin^2\theta_W$ 值，这导致完全不同的希格斯粒子质量，从与 SM 预言交叉是显而易见的。垂直 (黄色) 带显示在 SM 的超对称性扩展中预期的希格斯粒子质量。在 LHC 上观测到的希格斯玻色子的质量落在这个带里，SM 的预言在 $\sin^2\theta_W$ 处的交叉值接近从平均不对称性获得的值。

_____
①在粒子数据手册 [48] 里有更新的数据，更小的误差：0.02771 ± 0.00011。

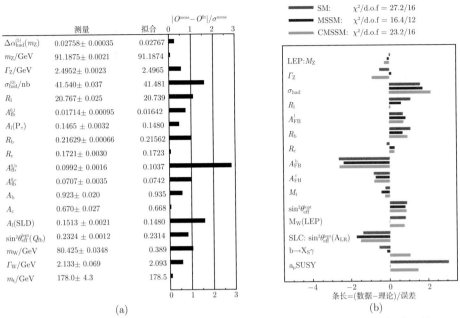

图 6　(a) 对于精确的电弱可观测参量，测量值和计算值的比较；用标准误差表示的差别 ("线长度") 之图示；$\chi^2/\text{d.o.f}$ 拟合值为 18.3/13，对应于 15% 的概率；(b) 对于 SM，最小超对称 SM(MSSM) 和约束的最小超对称 SM(CMSSM)，标准误差 (线长度) 的比较

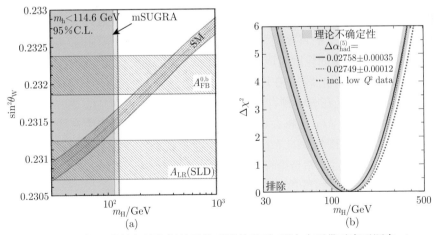

图 7　(a) $\sin^2\theta_W$ 的值与希格斯粒子的质量的关系，两个水平带对应于源自 A_{LR} 和 $A_{FB}^{0,b}$ 的 $\sin^2\theta_W$ 的值，对角线带对应于从总体拟合得到的 SM 预言参量值；由 LEP 数据，$M_H < 114.3\text{GeV}$ 的阴影 (绿色) 区域被排除在外；(b) 在希格斯玻色子发现之前由 LEP-I 和 SLC 的数据得到 $\Delta\chi^2$ 分布作为希格斯粒子质量的函数，而且包括了源自 M_W 和 M_t 的约束 [50]，最低值对应于 $M_h = 129^{+74}_{-49}\text{GeV}$

除了不对称性差异，μ 子的反常磁矩 a_μ 显示了与 SM 有 3σ 偏差 [59]。a_μ 的超对称圈修正减少理论和实验观察到的差异，许多小组试图改善 SM 的超对称扩展的拟合，其中包括最小超对称的 SM(MSSM) 和约束的最小超对称 SM(CMSSM)，详细的评论见参考文献 [60] 和 [61]。这意味着 SM 的最小延伸，即每个 SM 粒子有一个超对称性伙伴和最少的希格斯粒子数 (两个希格斯粒子双重态)。另外，在 CMSSM 中人们假设规范耦合和在 GUT 标度下 SUSY 的统一①。所有其他可观测参量在 SM 和 (C)MSSM 中拟合大体上都一样好，尤其是 $A_{\mathrm{FB}}^{0,\,\mathrm{b}}$ 的值用 SUSY 理论没有改善，如图 6(b) 所示 [63]。尽管在 (C)MSSM 中 χ^2 更小，但概率保持相似 (因为参量的数量更多)。

在希格斯粒子发现以后关于 SM 的一些约束

希格斯粒子发现后，总体的拟合还在重复进行，Erler 和 Freitas 在粒子数据组 [48] 的电弱评论中描述了这些结果。同时 $M_{\mathrm{W}}, G_{\mathrm{F}}$ 和 M_{t} 更新的值也包含其中。μ 子的反常磁矩拟合也已经完成。包括测量顶夸克和希格斯玻色子的质量，总体的拟合给出不错的 $\chi^2/\mathrm{d.o.f}$ 值，为 48.3/44；获得更大 χ^2 的概率是 30%。

为了检验质量 $M_{\mathrm{W}}, M_{\mathrm{t}}$ 和 M_{H} 的直接测量和通过间接测量的 SM 预言之间的一致性，我们展示两个取自粒子数据组 [48] 的例子。图 8(a) 显示 SM 预言的 M_{W} 对顶夸克质量，如亮色 (绿色) 对角轮廓所示，对于 125GeV 希格斯玻色子这显示了规范玻色子质量对顶夸克质量的二次依赖关系。因为在拟合中包括了精确测量的希格斯粒子的质量，这轮廓几乎崩溃成一条线。否则，在这个平面图里，线会是一个带，因为更大的希格斯玻色了的质量将会使这条线平行地向下移至较小 W 玻色子质量。M_{W} 和 M_{t} 的直接测量限制在黑色 (蓝色) 椭圆范围内。这些直接和间接测量 (绿色和蓝色) 的轮廓对应于 1σ 的误差，其概率为 39%。直接和间接测量的结合导致黑色 (红色)"线"，在这种情况下 $\Delta\chi^2 = 4.61$ 或选择概率为 90%。直接测量的 M_{W} 质量值是在 SM 预言 [48] 之上 1.5σ，这意味着在 M_{W} 和 M_{H} 之间有某种张力，因为较低的 M_{H} 值将会使 SM 预言值向上移。这种张力在图 8(b) 中也可以看见，在不同的间接测量的 M_{H} 对 M_{t} 平面里它显示允许 1σ 的轮廓。水平和垂直的线表示直接测量值。希格斯粒子质量的误差在这个标度下是不可见的。对所有数据的总拟合 [48]，黑色 (红色) 椭圆对应于 90% 置信水平轮廓 ($\Delta\chi^2 = 4.605$)。椭圆的中心值 (间接测量) 略低于希格斯玻色子质量的直接测量值，因为略高的 M_{W} 值将希格斯玻色子的质量拉至较低的值。尽管间接测量的希格斯粒子的质量不精确，但它第一次表示，希格斯玻色子的质量需要在电弱标度质量上下，其值来自 SUSY 理论 [32] 所预言，在 SM 中没有预言希格斯玻色子的质量 [64]。

---

①在目前的超对称性质量下限，α_μ 的偏差不能用约束的最小超对称性 SM 解释，详细解释见参考文献 [62] 和其中引用的参考文章。

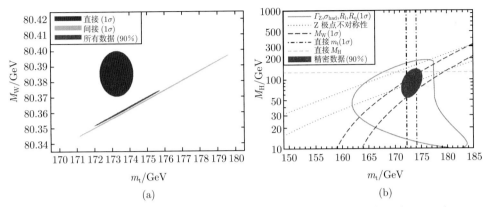

图 8 (a) 对于直接 (黑 (蓝) 椭圆) 和间接测量 (光亮 (绿色)"线") 在 M_H 对 M_t 平面里允许 1σ 轮廓的概率是 39.35%，黑 (红色)"线" 是所有数据都允许的 90% 置信水平轮廓 ($\Delta\chi^2 = 4.605$)，详见参考文献 [48]；(b) 在各种可观测量的 M_H 对 M_t 平面里允许 1σ 轮廓的概率为 39.35%，黑色 (红色) 椭圆对应于 90% 置信水平轮廓 ($\Delta\chi^2 = 4.605$)，源自所有数据总拟合，见参考文献 [48]

5.8 LEP-II 的电弱结果

通过研究 W 对可以用 LEP-II 的数据研究规范玻色子的自耦合，W 对可以在 e^+e^- 湮灭中通过 t 通道中微子交换和 s 通道光子，Z 和希格斯粒子交换产生。正如在第 4 节中所说的那样，为了补偿规范玻色子的纵向成分的差异需要希格斯粒子交换。人们确实可以通过显式计算验证，在高能量下振幅抵消，即 $A_\nu + A_\gamma + A_Z = -A_H$。然而，希格斯粒子交换正比于 $m_e\sqrt{s}/M_W^2$，所以对于 $\sqrt{s} \approx M_W^2/m_e \approx 10^7 \text{GeV}$ 这一项是唯一重要的。在 LEP-II 能量下，纵向截面可以被忽视，只有 A_γ, A_ν 和 A_Z 是重要的。它们中的每一项随能量的平方增加，但 A_Z 与其他的振幅有负的干涉。$A_\nu, A_\nu + A_\gamma$ 和总截面的能量依赖关系显示在图 9(a) 中。

由于 A_Z 的三个规范玻色子顶点与费米子有相同的规范耦合，负干涉效应导致 W 对产生总截面对能量的依赖相当缓慢，这个特性是因 SM 的规范不变性强加的。人们观测到 SM 的预言和数据之间良好的相符性。图 9(a) 截面的形状对 M_W 是敏感的。这个形状与 W 末态的不变质量分布结合导致 $M_W = 80.376 \pm 0.033 \text{GeV}$ 和 $\Gamma_W = 2.195 \pm 0.083 \text{GeV}$[51]，这与在 Tevatron 上测量的质量符合，如图 9(b) 所示。直接测量的 W 质量的世界平均值 ($M_W = 80.385 \pm 0.015 \text{GeV}$) 略高于间接测量的 W 质量，后者源自总的电弱拟合 ($M_W = 80.363 \pm 0.006 \text{GeV}$)，如前面图 8(a) 所示，但这种差异只有 1.5σ 水平，如前文所述。

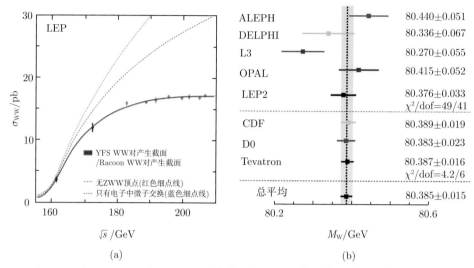

图 9　(a) 在 LEP-II 能量下 W 对产生截面与质心能量的关系；作为能量的函数，无 ZWW 顶点的截面会偏离，如图中点线所示，对于这些情况只呈现 t 通道中微子交换或者中微子和光子交换（"无 ZWW"）；(b) 直接测量的 W 玻色子质量的比较，数据取自参考文献 [51]

5.9　QCD 结果

　　LEP-I 数据是研究量子色动力学的一个理想之地，它有高 Z 玻色子截面和强子的大分支比 ($\approx$70%，见表 1)。它具有如下里程碑的重要意义：(i) 胶子的自相互作用的直接展示，因此在实验上确认了渐近自由的基础；(ii) 强耦合常数的精确实验测量；(iii) 对底夸克质量的跑动和强耦合常数的跑动做一个低能量数据的比较。下面我们简短地描述这些令人印象深刻的结果。

5.9.1　胶子的自相互作用

　　在 e^+e^- 湮灭中的四喷注事例起源于两胶子辐射或者单胶子辐射随后分裂成两个夸克或者两个胶子。三者的贡献有不同的角分布和不同的截面，因此由 LEP 上清晰的四喷注事例和它的高统计性人们可以区分各种贡献。源于三胶子顶点的贡献清楚地被确定了 [67-70]，并且与 SU(3) 的预言符合，如图 10(a) 中的圆圈所示。另外，胶子的自耦合增加胶子喷注多重性和随着能量增加改变平均多重数，正如重整化群方程 (RGE) 的 β 函数决定的那样。结合所有这些测量 [65]，强相互作用的规范群限制到 SU(3) 群，如图 10(a) 所示。

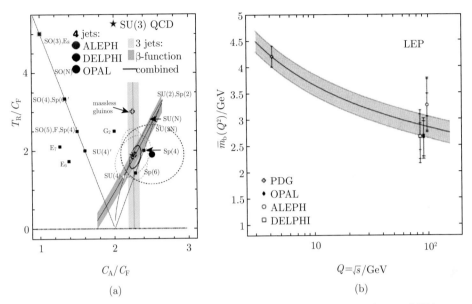

图 10 (a) T_R/C_F 与 C_A/C_F 的关系, 这里 T_R 是颜色因子, C_F 和 C_A 分别与 g → q$\bar{\text{q}}$, q → qg 和 g → gg 相关联; 合并所有数据后的拟合 (黑色 (红色) 椭圆) 与量子色动力学的 SU(3) 群符合, 但不包括许多其他群, 有关详细信息请见参考文献 [65] 和其中进一步引用的参考文章; (b) b 夸克质量的跑动结果, 参考文献 [66]

5.9.2 b 夸克质量的跑动

　　裸夸克被胶子云包围, 从而以能量依赖方式增加它的质量。可以通过耦合常数和标度的跑动数据计算能量依赖关系, 由此探测夸克质量。对于 b 夸克质量, 人们预计变化从 b 夸克质量处的 4.2GeV 到 Z 玻色子质量处的 3GeV。比较 b 夸克和轻夸克的三喷注比率可以确定底夸克的质量 [72-74], 因为底夸克质量效应使截面降低大约 5% [41]。比较 LEP 能量下的测量值和在低能量下的测量数据清晰地显示了 b 夸克质量跑动结果 [41,75,76], 见图 10(b)。

5.9.3 强耦合常数的确定

　　夸克的胶子辐射增加了强子的 Z 截面, 其增加因子为 $1+\alpha_s/\pi + \cdots \approx 1.04$, 这里圆点表示高阶修正, 已认知到 α_s^4 [77]。截面的精确测量使得人们在 Z 标度下可以提取强耦合常数。通过亮度归一化或是轻子的截面都可以确定强子峰值截面 σ_{had}^0。而在后一种情况下人们可以确定 R_ℓ^0, 即 Z 玻色子的强子和轻子衰变宽度的比值。如果人们分别用 σ_{had}^0 或 R_ℓ^0, 不同的归一化给出不同的强耦合常数值: $\alpha_s = 0.1154 \pm 0.0040$ 和 $\alpha_s = 0.1225 \pm 0.0037$。这里, 在拟合中只用了所有 LEP

实验的 M_Z, Γ_{tot} 和 σ^0_{had} [63]. 相对于亮度归一化, 截面获得的低值与中微子代数的低值相关联, 确定 $N_\nu = 2.982(8)$, 在三代中微子的期望值之下误差是 2.3σ. 误差主要是亮度的普通理论误差, 如前所述. 相比之下, 比率 R^0_l 不依赖于亮度. 如果我们需要中微子的代数数量是 3 代, 通过改变通常的巴巴散射截面这是最容易获得的, 对所有 LEP 实验, 改变 $0.15\%(3\sigma)$, 这导致 $\alpha_s = 0.1196 \pm 0.0040$ 巴巴散射截面, 这个值接近于由 R^0_l 得到的 $\alpha_s = 0.1225 \pm 0.0037$, 并且也接近于从 τ 轻子的强子和轻子的宽度的比值——R_τ, 得到的值, 它给出 $\alpha_s = 0.1197 \pm 0.0016$ 的巴巴散射截面 [78]. 这些 α_s 值略高于世界平均值 $\alpha_s = 0.1185 \pm 0.0006$ 巴巴散射截面, 这是在粒子数据手册中引用的值. 然而, 这个值是由点阵计算得到的, 它没有考虑不同群之间的相关性. 相反, 只做了加权平均, 这意味着 "窗口" 问题的系统误差群保守地估算有一个小的权重 [78]. 简单地说, 窗口问题是将强耦合从拟合夸克质量的非微扰方式, 如在点阵计算中所用, 转移到 $\overline{\text{MS}}$ 方式的问题, 这依赖于微扰性的扩展. 如果人们将扩展不同点阵计算的值作为正确值的窗口, 就像在由 τ-数据决定 α_s 的计算中所做的一样, 误差会增大因子 3, 这意味着所有测量之间的一致性.

5.10　规范耦合统一

从 LEP 的第一次高统计数据可利用后不久, 规范耦合以前所未有的精度被确定, 并且使用重整化群方程组 (RGEs) 耦合可以外推到高能 [79]. 如果包括二阶效应, 人们不但必须考虑汤川和规范耦合之间的相互作用, 也要考虑 SUSY 和希格斯质量的跑动结果, 这导致一组耦合微分方程. 可以从数值上解这组方程式, RGEs 的汇编见参考文献 [21] 和其中引用的参考文章. 然而, 二阶效应都很小, 在第一阶效应中耦合常数作为能量标度 Q 的函数的跑动正比于 $1/\beta \log(Q^2)$, 所以耦合常数的倒数与 $\log(Q^2)$ 是一条直线, 其斜率由 RGE 的 β 系数给出. 由重整化群方程计算精细结构常数在低能量下是 $1/137.035999074$, 在 LEP-I 能量下改变为 $1/(127.940\pm0.014)$, 这与数据一致, 如图 11(a) 所示 [71]. 强耦合常数的跑动结果也与数据一致, 如图 11(b) 所示 [48]. 人们能够从下列表示式获得 Z 标度下的规范耦合 $\alpha_1 = (5/3)g'^2/4\pi = 5\alpha/(3\cos^2\theta_W)$, $\alpha_2 = g^2/(4\pi) = \alpha/\sin^2\theta_W$, $\alpha_3 = g_s^2/(4\pi)$, 这里 g', g 和 g_s 是 U(1), SU(2) 和 SU(3) 群的耦合常数①.

前两个耦合和电弱混合角之间的关联可以从图 2(b) 获得. 对于规范群的适当规一化, 在 α_1 的定义中因子 5/3 是必要的, 它的运算符需要用迹为零的矩阵来表

①这些耦合通常在 $\overline{\text{MS}}$ 方案中给出. 然而, 对于 SUSY 理论, 空间维数减少 ($\overline{\text{DR}}$) 的方案更合适 [80]. 它的优点是, 三个规范耦合完全交汇在一个点. $\overline{\text{MS}}$ 和 $\overline{\text{DR}}$ 耦合相差一个小偏移 $1/\alpha_i^{\overline{\text{DR}}} = 1/\alpha_i^{\overline{\text{MS}}} - C_i/12\pi$, 这里 $C_i = N$ 对于 SU(N) 和 0 对于 U(1), 所以 α_1 保持不变.

示，详见参考文献 [21]。图 12(a) 显示，规范耦合常数与由 SM①的 RGEs 得到的拟合点不符合。然而，如果包含 SUSY 粒子圈的贡献，耦合的跑动结果会改变。在拟合中让 SUSY 质量标度和 GUT 标度为自由参数，要求统一允许推导出这些标度和它们的不确定性 [13]。在能量标度 10^{16}GeV 以上完美统一是可能的，这与质子寿命下限一致，如图 12(b) 所示，这与由其他小组的结果相符合 [63,82−87]。这样的统一绝不是微不足道的，甚至从天真的观点来看，这两条线总是符合一致，这样的三条线总是可以带到一个具有一个额外自由参数的交汇点，如 SUSY 质量标度一样。然而，由于新质量标度同时影响所有三个耦合，只有在极少的情况下才能达到统一 [88]。例如，具有任意质量标度的第 4 家族将所有斜率改变相同的量，因此永远不会导致统一。

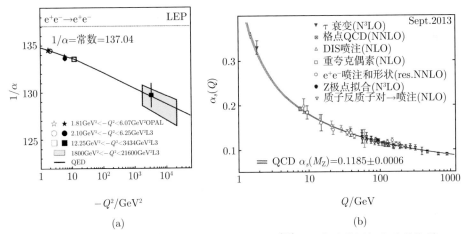

(a)   (b)

图 11 电弱跑动结果 [71](a) 和强耦合跑动结果 [48](b)，实验结果与由重整化群方程组得到的期望运行值比较

SUSY 质量标度取决于在 Z 标度下的耦合值，从图 13(a) 中 χ^2 分布的最小值我们可以看到，略微不同的耦合导致 SUSY 标度的变化范围从 0.5TeV 到 3.5TeV。因此，α_s 的值和 $\sin^2\theta_W$ 的值与 M_{SUSY} 是相关的。这 3 个参数的结合给出完美的统一，这在图 13(b) 中 α_s 对 $\sin^2\theta_W$ 平面里用给定的 M_{SUSY} 值的对角线表示 [63]。在这里，随着每个超对称性粒子阈值下 β 系数的步长函数一起，使用完整的第二阶 RGEs，SUSY 粒子取自约束的最小超对称性模型 (CMSSM) 的粒子谱，也假定在大统一理论标度下对自旋为 0(1/2) 的粒子有等同的质量 $m_0(m_{1/2})$。低能量的质量差异源于 GUT 标度到低能标度下的质量跑动，当作是 SUSY 粒子的质量。水平

---

①阿马尔狄等 (Amaldi et al.)[81] 在 1987 年 LEP 运行之前对 SM 的统一做过测试，但这些耦合的精确度不够高，排除了在 SM 里的统一。阿马尔狄建议用新的 LEP 数据重复分析，其结果表明在 SM 内统一排除在外。然而，我们发现，在超对称性理论里它是完全可能的。

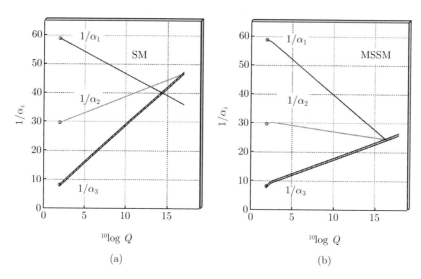

图 12　在 SM(a) 和 MSSM(b) 里的耦合的跑动 [13]。注意，MSSM 跑动较慢，这导致 GUT 标度大一个数量级。对于玻恩图由于质子的寿命与 M_{GUT}^4 成正比，MSSM 预言的质子寿命比 SM 预言值大 4 个数量级，见参考文献 [21]。线的宽度对应于实验误差

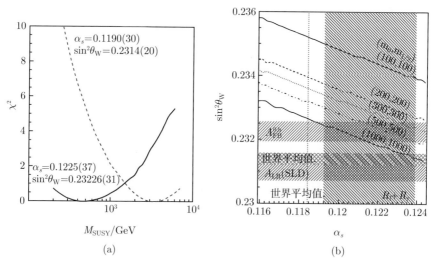

图 13　(a) M_{SUSY} 的 χ^2 分布 [63]，两组不同的 $\alpha_s(M_{\mathrm{Z}})$ 和 $\sin^2\theta_{\mathrm{W}}$ 值给出完全不同的 SUSY 质量，也是统一要求的质量，正如它的最小值所示；(b) 斜线 (CMSSM 的 SUSY 质量在括号中以 GeV 为单位表示)，给出完美的规范统一，水平阴影带分别表示 LEP 和 SLC 的 $\sin^2\theta_{\mathrm{W}}$ 测量值，而垂直阴影带表示 R_l^0 和 R_τ 的强耦合常数值。这些值高于世界平均值，但具有很好的理论动机 (参见本文)，并且它们更容易导致统一，见参考文献 [63]

带表示由 $A_{\mathrm{FB}}^{0,b}$ 和 A_{LR} 得到的 $\sin^2\theta_{\mathrm{W}}$ 的值。对于由 A_{LR} 获得的 $\sin^2\theta_{\mathrm{W}}$，用 α_s 的中心值，统一是不可能的。然而，这个 $\sin^2\theta_{\mathrm{W}}$ 值与 $A_{\mathrm{FB}}^{0,b}$ 的 $\sin^2\theta_{\mathrm{W}}$ 值在 3σ 误差水平下是不一致的 (第 7 节)。对于 $\alpha_s \approx 0.12$ 和 $M_{\mathrm{SUSY}} > 1\mathrm{TeV}$，用 $A_{\mathrm{FB}}^{0,b}$ 的 $\sin^2\theta_{\mathrm{W}}$ 值，统一是可能的。这些值与可观测变量的 α_s 值是一致的，不依赖于亮度 (R_l^0 和 R_τ 在图 13(b) 中用阴影垂直带表示)，并且也与现在的来自 LHC 的极限值 M_{SUSY} 一致。显然，从未来的 Z-工厂获取的新数据会非常受欢迎，来解决次要的、然而是重要的 α_s 和 $\sin^2\theta_{\mathrm{W}}$ 的差异，显示在图 13(b) 中。

5.11 总 结

LEP 和 SLC 的电弱精确数据为 SM 的量子结构提供了引人注目的验证。不仅顶夸克和希格斯玻色子的质量可以从量子修正推导出来，而且也可以从规范耦合运行数据中获得暗示，SM 是大统一理论的一部分，在这种情况下 SM 的对称性由另一种对称性，即 SUSY 扩展了。SUSY 解决了 SM 的几个缺点 (例如，评论见参考文献 [20]~[23])：(i) 电弱对称性破缺 (EWSB) 不需要特别引入，而是通过辐射修正引入的；(ii)EWSB 预言类 SM 的希格斯玻色子的质量低于 130GeV；(iii) 因为希格斯质量项从正到负地缓慢跑动，EWSB 解释了 GUT 和电弱标度之间的巨大区别；(iv) 对于这些希格斯粒子的质量项的正确跑动，EWSB 要求顶夸克的质量是在 140~190GeV；(v)SM 圈修正的二次发散在 SUSY 中消失了，因为圈里同等数量的费米子和玻色子之间相互抵消了；(vi) 如果人们假定在 GUT 标度下汤川耦合统一，那么 SUSY 预言了底夸克超越 τ 轻子的质量之比；(vii) 最轻的 SUSY 粒子是完美的动力学模型的候选者，因为它的自湮灭截面在数量级上提供了正确的大爆炸遗留物的密度。

唯一的麻烦问题是：所有预言的超对称性粒子在哪里？LHC 排除超对称性夸克 (squarks) 和超对称性胶子 (gluinos) 低于 TeV 标度。然而，如图 13(a) 所示，对于 SUSY 粒子质量高达几 TeV，规范统一是完全可能的。人们还认为，对于更重的 SUSY 粒子质量，抵消二次发散被嵌入，仅仅是定性的。不管怎样，人们期待超对称性夸克和超对称性胶子是最重的粒子，因为它们周围是胶子云，所以超规范子 (gauginos) 和额外的希格斯粒子可能是相当轻的。在 LHC 上这些粒子只有弱产生截面，所以我们没有足够的探测灵敏度，即使能量可能足够了。例如，对于 3-轻子通道相关的 WZ 产生，在 8TeV 目前亮度大约为 20fb^{-1} 的情况下每个实验 LHC 通常产生 2500 个事件。假设超对称性伙伴更重，有一个因子 4，使截面减少了大约为因子 $1/M^4$ 或者超过两个数量级，把它们带到了发现的边缘。即使在 LHC 的全能量和积分亮度为 3000fb^{-1} 的情况下，发现超带电子 (charginos) 的质量也只有 800GeV[89]。至 2030 年左右可达到这个积分亮度，当然，也可能什么都没有发现，原因要么是 SUSY 粒子仍较重，或者自然可能已经找到不同于 SUSY 的方法从而绕过 SM 的缺点。

致谢

在此感谢 Ugo Amaldi，Jens Erler，Klaus Hamacher，Hans Kühn，Herwig Schopper，Greg Snow，Dmitri Kazakov 和 Wilbur Venus，与他们进行了有用的讨论和评论。

参 考 文 献

[1] Nobel Lectures, http://www.nobelprize.org/nobel prizes/physics/laureates/year/name-lecture.pdf (or html), where 'name' is one of the following: yang, lee, schwinger, feynman, tomonaga, gellmann, glashow, salam, weinberg, 'thooft, veltman, gross, politzer, wilczek, kobayashi, maskawa, nambu, englert, higgs, ting, richter, fitch, cronin, meer, rubbia, lederman, schwartz, steinberger, friedman, kendall, taylor, perl, koshiba, alvarez, davis, charpak, (1957–2013).

[2] P. W. Higgs, Broken symmetries, Massless particles and gauge fields, *Phys. Lett.* **12**, 132–133 (1964). doi: 10.1016/0031-9163(64)91136-9.f

[3] P. W. Higgs, Broken Symmetries and the Masses of Gauge Bosons, *Phys. Rev. Lett.* **13**, 508–509 (1964). doi: 10.1103/PhysRevLett.13.508.

[4] F. Englert and R. Brout, Broken Symmetry and the Mass of Gauge Vector Mesons, *Phys. Rev. Lett.* **13**, 321–323 (1964). doi: 10.1103/PhysRevLett.13.321.

[5] G. Guralnik, C. Hagen, and T. Kibble, Global Conservation Laws and Massless Particles, *Phys. Rev. Lett.* **13**, 585–587 (1964). doi: 10.1103/PhysRevLett.13.585.

[6] G. 't Hooft and M. Veltman, Regularization and Renormalization of Gauge Fields, *Nucl. Phys. B* **44**, 189–213 (1972). doi: 10.1016/0550-3213(72)90279-9.

[7] H. Georgi and S. Glashow, Unity of All Elementary Particle Forces, *Phys. Rev. Lett.* **32**, 438–441 (1974). doi: 10.1103/PhysRevLett.32.438.

[8] H. Georgi and S. Glashow, Unified Theory of Elementary Particle Forces, *Phys. Today.* **33N9**, 30–39 (1980). doi: 10.1063/1.2914275.

[9] H. Georgi, H. R. Quinn, and S. Weinberg, Hierarchy of Interactions in Unified Gauge Theories, *Phys. Rev. Lett.* **33**, 451–454 (1974). doi: 10.1103/PhysRevLett.33.451.

[10] C. McGrew *et al.*, Search for nucleon decay using the IMB-3 detector, *Phys. Rev. D* **59**, 052004 (1999). doi: 10.1103/PhysRevD.59.052004.

[11] K. Abe *et al.* (Super-Kamiokande Collaboration), Search for proton decay via $p \to \nu K^+$ using 260kilotonyear data of Super-Kamiokande, *Phys. Rev. D* **90** (7), 072005 (2014). doi: 10.1103/PhysRevD.90.072005.

[12] W. J. Marciano and G. Senjanovic, Predictions of Supersymmetric Grand Unified Theories, *Phys. Rev. D* **25**, 3092 (1982). doi: 10.1103/PhysRevD.25.3092.

[13] U. Amaldi, W. de Boer, and H. Fürstenau, Comparison of grand unified theories with electroweak and strong coupling constants measured at LEP, *Phys. Lett. B* **260**, 447–455 (1991). doi: 10.1016/0370-2693(91)91641-8.

[14] G. G. Ross, Evidence of supersymmetry, *Nature* **352**, 21–22 (1991). doi: 10.1038/352021a0.

[15] D. Hamilton, A Tentative vote for supersymmetry: Do new measurements offer indirect support for an elegant attempt to unify fundamental forces of nature?, *Science.* **253**, 272 (1991). doi: 10.1126/science.253.5017.272.

[16] S. Dimopoulos, S. Raby, and F. Wilczek, Unification of couplings, *Phys. Today.* **44**(10), 25–33 (1991). doi: 10.1063/1.881292.

[17] P. Ramond, SUSY: The Early Years (1966–1976), *Eur. Phys. J. C* **74**, 2698 (2014). doi: 10.1140/epjc/s10052-013-2698-x.

[18] G. Jungman, M. Kamionkowski, and K. Griest, Supersymmetric dark matter, *Phys. Rept.* **267**, 195–373 (1996). doi: 10.1016/0370-1573(95)00058-5.

[19] P. Ade *et al.* (Planck Collaboration), Planck 2013 results. XVI. Cosmological Parameters, *Astron. Astrophys.* **571**, A16 (2014). doi: 10.1051/0004-6361/201321591.

[20] H. E. Haber and G. L. Kane, The Search for Supersymmetry: Probing Physics Beyond the Standard Model, *Phys. Rept.* **117**, 75–263 (1985). doi: 10.1016/0370-1573(85)90051-1.

[21] W. de Boer, Grand Unified theories and Supersymmetry in Particle Physics and Cosmology, *Prog. Part. Nucl. Phys.* **33**, 201–302 (1994). doi: 10.1016/0146- 6410(94)90045-0.

[22] S. P. Martin, A Supersymmetry Primer, in *Perspectives on Supersymmetry II, ed. G. Kane* (World Scientific, 2010).

[23] D. Kazakov, Supersymmetry on the Run: LHC and Dark Matter, *Nucl. Phys. B (Proc. Suppl.)* 203–204, 118 (2010). doi: 10.1016/j.nuclphysbps.2010.08.007.

[24] G. Bertone (ed.), *Particle Dark Matter: Observations, Models and Searches* (Cambridge University Press, 2010).

[25] S.Weinberg, Effects of a Neutral Intermediate Boson in Semileptonic Processes, *Phys. Rev. D* **5**, 1412–1417 (1972). doi: 10.1103/PhysRevD.5.1412.

[26] P. Darriulat, The Discovery of the W and Z, a Personal Recollection, *Eur. Phys. J. C* **34**, 33–40 (2004). doi: 10.1140/epjc/s2004-01764-x.

[27] L. Camilleri, D. Cundy, P. Darriulat, J. R. Ellis, J. Field, *et al.*, Physics with Very High-Energy e^+e^- Colliding Beams, CERN-YELLOW-REPORT-76-18. (1976).

[28] G. Abrams *et al.* (Mark-II Collaboration), First Measurements of Hadronic Decays of the Z Boson, *Phys. Rev. Lett.* **63**, 1558 (1989). doi: 10.1103/PhysRevLett.63.1558.

[29] R. Assmann, M. Lamont, and S. Meyers, A Brief History of the LEP Collider, *Nucl. Phys. B (Proc. Suppl.)* **109**, 17 (2002). doi: 10.1016/S0920-5632(02)90004-6.

[30] A. Blondel, A Scheme to Measure the Polarization Asymmetry at the Z Pole in LEP, *Phys. Lett. B* **202**, 145 (1988). doi: 10.1016/0370-2693(88)90869-6.

[31] R. Barate *et al.* (LEP Working Group for Higgs Boson Searches, ALEPH-, DELPHI-, L3- and OPAL Collaborations), Search for the Standard Model Higgs boson at LEP, *Phys. Lett. B* **565**, 61–75 (2003). doi: 10.1016/S0370-2693(03)00614-2.

[32] A. Djouadi, The Anatomy of Electroweak Symmetry Breaking. II. The Higgs Bosons in the Minimal Supersymmetric Model, *Phys. Rept.* **459**, 1–241 (2008). doi: 10.1016/j.physrep.2007.10.005.

[33] D. Treille, LEP/SLC: What did we expect? What did we achieve? A very quick historical review, *Nucl. Phys. B (Proc. Suppl.)* **109**, 1 (2002). doi: 10.1016/S0920-5632(02)90004-6.

[34] D. Decamp *et al.* (ALEPH Collaboration), ALEPH: A Detector for Electron-Positron Annihilations at LEP, *Nucl. Instrum. Meth. A* **294**, 121–178 (1990). doi: 10.1016/0168-9002(90)91831-U.

[35] P. Aarnio *et al.* (DELPHI Collaboration), The DELPHI detector at LEP, *Nucl. Instrum. Meth. A* **303**, 233–276 (1991). doi: 10.1016/0168-9002(91)90793-P.

[36] O. Adriani *et al.* (L3 Collaboration), Results from the L3 experiment at LEP, *Phys. Rept.* **236**, 1–146 (1993). doi: 10.1016/0370-1573(93)90027-B.

[37] K. Ahmet *et al.* (OPAL Collaboration), The OPAL detector at LEP, *Nucl. Instrum. Meth. A* **305**, 275–319 (1991). doi: 10.1016/0168-9002(91)90547-4.

[38] F. Hartmann, Evolution of Silicon Sensor Technology in Particle Physics, *Springer Tracts Mod. Phys.* **231**, 1–204 (2009).

[39] D. Buskulic *et al.* (ALEPH Collaboration), Four jet final state production in e+e− collisions at center-of-mass energies of 130-GeV and 136-GeV, *Z. Phys. C* **71**, 179–198 (1996). doi: 10.1007/s002880050163.

[40] A. Heister *et al.* (ALEPH Collaboration), Final Results of the Searches for Neutral Higgs Bosons in e+e− Collisions at s**(1/2) up to 209-GeV, *Phys. Lett. B* **526**, 191–205 (2002). doi: 10.1016/S0370-2693(01)01487-3.

[41] P. Abreu *et al.* (DELPHI Collaboration), Study of the four-jet Anomaly observed at LEP center-of-mass Energies of 130-GeV and 136-GeV, *Phys. Lett. B* **448**, 311–319 (1999). doi: 10.1016/S0370-2693(99)00066-0.

[42] M. Veltman, Radiative Corrections to Vector Boson Masses, *Phys. Lett. B* **91**, 95 (1980). doi: 10.1016/0370-2693(80)90669-3.

[43] A. Sirlin, Radiative Corrections in the SU(2)-L x U(1) Theory: A Simple Renormalization Framework, *Phys. Rev. D* **22**, 971–981 (1980). doi: 10.1103/PhysRevD.22.971.

[44] D. Kennedy and B. Lynn, Electroweak Radiative Corrections with an Effective Lagrangian: Four Fermion Processes, *Nucl. Phys. B* **322**, 1 (1989). doi: 10.1016/0550-

3213(89)90483-5.

[45] D. Y. Bardin *et al.*, A Realistic Approach to the Standard *Z Peak, Z. Phys. C* **44**, 493 (1989). doi: 10.1007/BF01415565.

[46] W. Hollik, Radiative Corrections in the Standard Model and their Role for Precision Tests of the Electroweak Theory, *Fortsch. Phys.* **38**, 165–260 (1990). doi: 10.1002/prop. 2190380302.

[47] S. Fanchiotti, B. A. Kniehl, and A. Sirlin, Incorporation of QCD Effects in Basic Corrections of the Electroweak Theory, *Phys. Rev. D* **48**, 307–331 (1993). doi: 10.1103/PhysRevD.48.307.

[48] K. Olive *et al.* (Review of Particle Physics), *Chin. Phys. C* **38**, 090001 (2014). doi: 10.1088/1674-1137/38/9/090001.

[49] D. Y. Bardin and G. Passarino, The Standard Model in the Making: Precision Study of the Electroweak Interactions. (Clarendon, Oxford, UK, 1999).

[50] S. Schael *et al.* (LEP Electroweak Working Group, ALEPH-, DELPHI-, L3- and OPAL-Collaborations), Precision Electroweak Measurements on the *Z* resonance, *Phys. Rept.* **427**, 257–454 (2006). doi: 10.1016/j.physrep.2005.12.006.

[51] S. Schael *et al.* (LEP Electroweak Working Group, ALEPH-, DELPHI-, L3- and OPAL-Collaborations), Electroweak Measurements in Electron-Positron Collisions at W-Boson-Pair Energies at LEP, *Phys. Rept.* **532**, 119–244 (2013). doi: 10.1016/j.physrep.2013.07.004.

[52] B. Ward, S. Jadach, M. Melles, and S. Yost, New results on the Theoretical Precision of the LEP/SLC Luminosity, *Phys. Lett. B* **450**, 262–266 (1999). doi: 10.1016/S0370-2693(99)00104-5.

[53] G. D'Agostini, W. de Boer, and G. Grindhammer, Determination of $\alpha^- s$ and the Z^0 Mass From Measurements of the Total Hadronic Cross-section in e^+e^-. Annihilation, *Phys. Lett. B* **229**, 160 (1989). doi: 10.1016/0370-2693(89)90176-7.

[54] V. Tishchenko *et al.* (MuLan Collaboration), Detailed Report of the MuLan Measurement of the Positive Muon Lifetime and Determination of the Fermi Constant, *Phys. Rev. D* **87** (5), 052003 (2013). doi: 10.1103/PhysRevD.87.052003.

[55] G. Montagna, O. Nicrosini, F. Piccinini, and G. Passarino, TOPAZ0 4.0: A New Version of a Computer Program for Evaluation of Deconvoluted and Realistic Observables at LEP-1 and LEP-2, *Comput. Phys. Commun.* **117**, 278–289 (1999). doi: 10.1016/S0010-4655(98)00080-0.

[56] A. Arbuzov *et al.*, ZFITTER: A Semi-analytical Program for Fermion Pair Production in e+e− Annihilation, from Version 6.21 to Version 6.42, *Comput. Phys. Commun.* **174**, 728–758 (2006). doi: 10.1016/j.cpc.2005.12.009.

[57] J. Erler, GAPP: Global Analysis of Particle Properties. http://www.fisica. unam.mx/erler/GAPPP.html.

[58] ATLAS, CDF, CMS, and D0 Collaborations, First Combination of Tevatron and LHC Measurements of the Top Quark Mass, arXiv:1403.4427. (2014).

[59] F. Jegerlehner and A. Nyffeler, The Muon $g - 2$, *Phys. Rept.* **477**, 1–110 (2009). doi: 10.1016/j.physrep.2009.04.003.

[60] S. Heinemeyer, W. Hollik, and G. Weiglein, Electroweak precision observables in the minimal supersmmetric standand model, *Phys. Rept.* **425**, 265–368 (2006).

[61] W. Hollik, Electroweak theory, *J. Phys. Conf. Ser.* **53**, 7–43 (2006).

[62] C. Beskidt, W. de Boer, D. Kazakov, and F. Ratnikov, Constraints on Supersymmetry from LHC data on SUSY Searches and Higgs Bosons combined with Cosmology and Direct Dark Matter Searches, *Eur. Phys. J. C* **72**, 2166 (2012). doi: 10.1140/epjc/s10052-012-2166-z.

[63] W. de Boer and C. Sander, Global Electroweak Fits and Gauge Coupling Unification, *Phys. Lett. B* **585**, 276–286 (2004). doi: 10.1016/j.physletb.2004.01.083.

[64] A. Djouadi, The Anatomy of Electroweak Symmetry Breaking. I: The Higgs Boson in the Standard Model, *Phys. Rept.* **457**, 1–216 (2008). doi: 10.1016/j.physrep.2007.10.004.

[65] J. Abdallah *et al.* (DELPHI Collaboration), Charged particle multiplicity in three-jet events and two-gluon systems, *Eur. Phys. J. C* **44**, 311–331 (2005). doi: 10.1140/epjc/s2005-02390-x.

[66] P. Zerwas, W & Z physics at LEP, *Eur. Phys. J. C* **34**, 41–49 (2004). doi: 10.1140/epjc/s2004-01765-9.

[67] B. Adeva *et al.* (L3 Collaboration), A Test of QCD Based on Four Jet Events from Z0 Decays, *Phys. Lett. B* **248**, 227–234 (1990). doi: 10.1016/0370-2693(90) 90043-6.

[68] P. Abreu *et al.* (DELPHI Collaboration), Experimental Study of the Triple Gluon Vertex, *Phys. Lett. B* **255**, 466–476 (1991). doi: 10.1016/0370-2693(91)90796-S.

[69] P. Abreu *et al.* (DELPHI Collaboration), Measurement of the Triple Gluon Vertex from Four-jet Events at LEP, *Z. Phys. C* **59**, 357–368 (1993). doi: 10.1007/BF01498617.

[70] D. Decamp *et al.* (ALEPH Collaboration), Evidence for the Triple Gluon Vertex from Measurements of the QCD Color Factors in Z Decay into Four Jets, *Phys. Lett. B* **284**, 151–162 (1992). doi: 10.1016/0370-2693(92)91941-2.

[71] S. Mele, Measurements of the Running of the Electromagnetic Coupling at LEP, *XXVI. Phys. in Collision, Rio de Janeiro*, hep-ex/0610037. (2006). http://www.slac. stanford.edu/econf/C060706/pdf/0610037.pdf.

[72] W. Bernreuther, A. Brandenburg, and P. Uwer, Next-to-leading Order QCD Corrections to Three Jet Cross-Sections with Massive Quarks, *Phys. Rev. Lett.* **79**, 189–192 (1997). doi: 10.1103/PhysRevLett.79.189.

[73] G. Rodrigo, A. Santamaria, and M. S. Bilenky, Do the Quark Masses Run? Extracting m-bar(b) (m(z)) from LEP Data, *Phys. Rev. Lett.* **79**, 193–196 (1997).

[74] M. S. Bilenky et al., mb(m_z) from Jet Production at the Z Peak in the Cambridge Algorithm, *Phys. Rev. D* **60**, 114006 (1999). doi: 10.1103/PhysRevD.60.114006.

[75] R. Barate et al. (ALEPH Collaboration), A Measurement of the b Quark Mass from Hadronic Z Decays, *Eur. Phys. J. C* **18**, 1–13 (2000). doi: 10.1007/s100520000533.

[76] G. Abbiendi et al. (OPAL Collaboration), Determination of the b Quark Mass at the Z Mass Scale, *Eur. Phys. J. C* **21**, 411–422 (2001). doi: 10.1007/s100520100746.

[77] P.Baikov, K. Chetyrkin, J. Kühn, and J. Rittinger, Complete $O(\alpha_s^4)$ QCD Corrections to Hadronic Z-Decays, *Phys. Rev. Lett.* **108**, 222003 (2012).

[78] S. Aoki et al., Precise Determination of the Strong Coupling Constant in N(f)=2+1 Lattice QCD with the Schrödinger Functional Scheme, *JHEP* 0910, 053 (2009).

[79] K. Wilson and J. B. Kogut, The Renormalization Group and the Epsilon Expansion, *Phys. Rept.* **12**, 75–200 (1974). doi: 10.1016/0370-1573(74)90023-4.

[80] I. Antoniadis, C. Kounnas, and K. Tamvakis, Simple Treatment of Threshold Effects, *Phys. Lett. B* **119**, 377–380 (1982). doi: 10.1016/0370-2693(82)90693-1.

[81] U. Amaldi et al., A Comprehensive Analysis of Data Pertaining to the Weak Neutral Current and the Intermediate Vector Boson Masses, *Phys. Rev. D* **36**, 1385 (1987). doi: 10.1103/PhysRevD.36.1385.

[82] J. R. Ellis, S. Kelley, and D. V. Nanopoulos, Probing the Desert using Gauge Coupling Unification, *Phys. Lett. B* **260**, 131–137 (1991). doi: 10.1016/0370-2693(91)90980-5.

[83] C. Giunti, C. Kim, and U. Lee, Running Coupling Constants and Grand Unification Models, *Mod. Phys. Lett. A* **6**, 1745–1755 (1991). doi: 10.1142/S0217732391001883.

[84] P. Langacker and M.-X. Luo, Implications of Precision Electroweak Experiments for M_t, ρ_0, $\sin^2\theta_W$ and Grand Unification, *Phys. Rev. D* **44**, 817–822 (1991). doi: 10.1103/PhysRevD.44.817.

[85] J. R. Ellis, S. Kelley, and D. V. Nanopoulos, A Detailed Comparison of LEP Data with the Predictions of the Minimal Supersymmetric SU(5) GUT, *Nucl. Phys. B* **373**, 55–72 (1992). doi: 10.1016/0550-3213(92)90449-L.

[86] M. S. Carena, S. Pokorski, and C. Wagner, On the Unification of Couplings in the Minimal Supersymmetric Standard Model, *Nucl. Phys. B* **406**, 59–89 (1993). doi: 10.1016/0550-3213(93)90161-H.

[87] J. Bagger, K. T. Matchev, and D. Pierce, Precision Corrections to Supersymmetric Unification, *Phys. Lett. B* **348**, 443–450 (1995). doi: 10.1016/0370-2693 (95)00207-2.

[88] U. Amaldi, W. de Boer, P. H. Frampton, H. Fürstenau, and J. T. Liu, Consistency Checks of Grand Unified Theories, *Phys. Lett. B* **281**, 374–383 (1992). doi: 10.1016/ 0370-2693(92)91158-6.

[89] CMS-Collaboration, SUSY future analyses for Technical Proposal, CMS-PAS-SUS- 14–012 (2014).

第6篇　W 与 Z 粒子的发现

Luigi Di Lella[1]　　Carlo Rubbia[2]

1 Physics Department, University of Pisa, 56127 Pisa, Italy luigi.di.lella@cern.ch

2 GSSI (Gran Sasso Science Institute), 67100 L'Aquila, Italy carlo.rubbia@cern.ch

谢一冈　译

中国科学院高能物理研究所

　　本文描述了弱中间玻色子 W 与 Z 发现的科学研究过程。其中包括将 CERN 当时已存在的高能质子加速器及其相关设备改建成质子反质子对撞机的最初建议，以及之后的探测器的设计、建造和运行的全过程，由此为第一次观测到这两种基本粒子的产生和衰变提供了相应的证据。

6.1　引　　言

　　第一个支持电弱相互作用统一的实验证据是于 1973 年获得的，也就是借助于中微子相互作用所导致的末态只能是通过在该作用中交换一个重的电中性虚粒子传递来完成 [1]。在标准模型的框架内，这些观测提供了确定的弱混合角，θ_W。即使测量混合角的不确定性很大，也能定量地预见到 $W^{\pm}$ 与 Z 的质量，由此得到的质量范围 W 是 60~80GeV，Z 是 75~92GeV，这在当时来说，要能观测到这样重的粒子任何加速器的能量下都是不可能达到的。

　　能够产生这两种弱玻色子的理想设备正是电子–正电子对撞机，而 CERN 的 LEP 项目完美地证明了这一点。但是，当 LEP 还在遥远的计划中时，Rubbia, Cline 与 McIntyre[2] 于 1976 年提出了一个将现有的高能质子加速器快速且廉价地改建成对撞能量高于产生 W 与 Z 阈值的质子反质子对撞机的方案。在这个方案中，能量都为 E 的质子 (p) 与反质子 ($\bar{p}$) 束流互相在相反方向的环形路线内以质心系能量为 $\sqrt{s} = 2E$ 对头相撞。

　　费米实验室和 CERN 都提出了这一方案。1978 年 CERN 将其应用于 450GeV 的质子加速器上，并于 1981 年 7 月在 $\sqrt{s} = 540$GeV 的对撞能量 (SPS) 下第一次观察到了 $p\bar{p}$ 对撞，1982 年的年底对撞率已经足以观察到 $W \to e\nu$ 衰变，1983 年春接续的运行中又观察到了 $Z \to e^+e^-$ 和 $Z \to \mu^+\mu^-$。

本文在简单描述对撞机和提取数据的两台新的探测器 UA1 和 UA2 之后，将进一步描述引发观察到 W 和 Z 玻色子的实验结果。这一重要发现获得了 1984 年度的诺贝尔奖。

6.2 CERN 的质子反质子对撞机

CERN 的质子反质子对撞机的概念、建造和运行本身就是一个伟大的成就。因此，在这里对此设备做简单描述是非常有意义的。

W 和 Z 玻色子在 $\bar{p}p$ 对撞中产生，这主要是期望从夸克与反夸克湮灭的结果中得到，即 $\bar{d}u \rightarrow W^+$，$d\bar{u} \rightarrow W^-$，$u\bar{u} \rightarrow Z$，$d\bar{d} \rightarrow Z$。在部分子模型中，大约 50% 的高能质子动量被三个价夸克所携带，其余部分由胶子所携带，因此一个价夸克所携带的动量大约为质子动量的 1/6。结果要求，为了能产生 W 和 Z，$\bar{p}p$ 对撞的质心系的能量必须等于玻色子质量的 6 倍，即 500~600GeV。为了能够探测到 $Z \rightarrow e^+e^-$ 衰变所需要的最小撞击亮度是：根据 Z 粒子在 600GeV 时的单举产生截面约为 1.6nb 和 $Z \rightarrow e^+e^-$ 衰变的分支比约为 3%，这样，当 $\bar{p}p$ 对撞的亮度为 $L = 2.5 \times 10^{29}$ cm$^{-2} \cdot$ s^{-1} 时，大约每天会得到一个事例。为了得到这一亮度，就要求每天能够发出分布在几个 (3~6) 严格准直的致密束团内约 3×10^{10} 个反质子，并须在 CERN-SPS 加速器束流的角接受度与动量接受度范围内。

CERN 的 26GeV 的质子同步加速器 (PS) 能够得到设计所要求的反质子产生率，PS 的每个脉冲中有 10^{13} 个质子在每 2.4s 内输运到反质子区，大约可以产生 7×10^6 个，动量为 3.5GeV/c，动量不确定性范围在 $\Delta p/p = 1.5\%$ 内，可在 0° 方向射出，射出的立体角为 8×10^{-3}sr。这些反质子在数量上是足够的，可是其相空间太大，即便加速到 SPS 的注入能量 26GeV 时，仍比 SPS 接受度大了 10^8。因此需要将反质子 $\bar{p}$ 的相空间密度在送入 SPS 前要改进 10^8 因子。这个过程称为 "冷却"。这是因为，一个粒子束团占有大的相空间，就可看作很热的气体，作为在束流本身质心系静止的观察者，就会看到粒子具有各种方向的速度。

CERN 的对撞机计划使用了 1972 年由 S. van der Meer 发明的随机冷却技术 [3]。加速器物理中的相空间的理论要点来自其他特定的物理领域。一个加速器或对撞机的接收度是由相空间体积所定义的。传统的粒子减速一般是由所谓 Liouville 理论为主导的。它禁止用保守力压缩相空间，例如，不能采用加速器建者常用的电磁场来压缩相空间。事实上所有处理粒子束流都是使相空间体积扭曲而不改变相空间密度。20 世纪 50 年代 MURA[4] 已经很快地实现了某些从源到对撞之间束流相空间压缩的需求 (O'Neill Piccioni, Symon)。

随机冷却由图 1 的水平贝塔加速器 (betatron) 振荡所表示。那些不按照磁场环所确定的中心线轨道运行的粒子可以在聚焦磁场的影响下围绕着磁场中心线振荡。一个恰好安置在振荡振幅最大处的收集电极提供了粒子到中心轨道之间距离的信号。这个信号被放大后被送至粒子跨越中心轨道位置处的 "踢出器" 上。这个信号到达也就表示粒子同时到达了。因此连接收集电极和 "踢出器" 的电缆应该尽可能地按照直线距离安置。事实上，收集电极测量的是一群粒子距离中心轨道的平均距离，而不是单个粒子的。这一群粒子的尺寸依赖于收集电极系统的灵敏度，特别是其频率响应的影响。

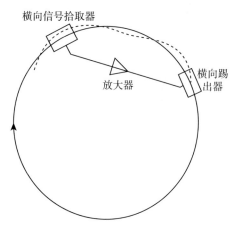

图 1　单粒子水平振荡冷却

随机冷却的特征是基于粒子在相空间中是一些相互间为零空间距离的点。我们可以促使这些粒子向着它们分布的中心运动，压缩它们到零空间距离，这样小尺度内的密度就可以严格保持住，而从宏观的角度则表示密度增加了。按照这个路线，Liouville 理论成立。据此关于个别粒子位置信息就可以被利用并促使粒子间趋于空 (零) 相位。这样，用了这种简单的由粒子使传感器激发以影响收集信号振幅的方法，可使 6 维相空间密度增大 10^9 因子。

事实上，传感器并不是只观察到单一粒子，而是一群粒子 (10^6 至 10^{12}) 的信号。个别粒子的信号上受到其他粒子的干扰而重叠起来，幸运的是这个效应与增益的平方成正比。因此，冷却效应与增益按线性关系变化，并且人们可以选用这一关系。这样，冷却效应就可以突现出来。随着所谓 "初始冷却实验" (ICE)[5] 的成功所提供的实验结果，确实能够使 p̄ 相空间密度的增加达到已经可能探测到 W 与 Z 玻色子。1978 年 5 月 28 日，CERN 批准了质子-反质子对撞机工程。

出于 CERN 对撞机的随机冷却的目的，建造了反质子积累器 (AA)，它包括几个独立的冷却系统，用以冷却水平与垂直的振荡，也可以利用拾取电极提供的与 Δp 成正比的关系，以使动量散度 (纵向运动的冷却) 降低。AA 是一台大孔径磁环，其建造时期的照片如图 2 所示。图 3 表示的是一个 p̄ 束块冷却和聚集的图像。

图 2 建造期间的反质子积累器

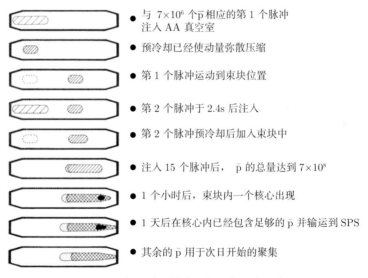

- 与 7×10^6 个 $\bar{\mathrm{p}}$ 相应的第 1 个脉冲注入 AA 真空室
- 预冷却已经使动量弥散压缩
- 第 1 个脉冲运动到束块位置
- 第 2 个脉冲于 2.4s 后注入
- 第 2 个脉冲预冷却后加入束块中
- 注入 15 个脉冲后，$\bar{\mathrm{p}}$ 的总量达到 7×10^8
- 1 个小时后，束块内一个核心出现
- 1 天后在核心内已经包含足够的 $\bar{\mathrm{p}}$ 并输运到 SPS
- 其余的 $\bar{\mathrm{p}}$ 用于次日开始的聚集

图 3 AA 中反质子的冷却与聚集顺序示意图

当密集的 $\bar{\mathrm{p}}$ 束块已在 AA 中聚集充分后，束流就开始注入 SPS，这时要利用 PS 加速器环对 SPS 进行注入。首先 3 个质子束团 (1986 年以后为 6 个束团)，每个束团包含约 10^{11} 个质子，将它们在 PS 中加速到 26GeV 后注入 SPS(参看图 4)。然后 3 个 $\bar{\mathrm{p}}$ 束团 (1986 年以后为 6 个束团)，每个束团包含约 10^{10} 个反质子，从 AA 引出也注入 PS 加速到 26GeV，但运动的方向与质子运行方向相反，并注入 SPS。这些束团的相对注入时间被控制在 1ns 以内，以便保证束流在 SPS 中交叉对撞恰好发生在探测器的中心。

　　CERN 的质子–反质子对撞是第一个使用质子与反质子对头碰撞储存环的实验。虽然 CERN 的质子–反质子对撞机采用的是同正电子–电子对撞机相同的束团型束流，但是由同步辐射引起的连续的相空间衰减现在已不再存在了。进一步说，因为反质子是稀少的，因而必须使对撞运行在相对大的束流–束流相互作用条件下，这和以前 CERN 的交叉储存环 (ISR) 的连续质子束流的情形不同。

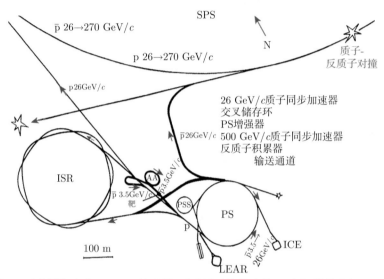

图 4　示意图包含在 CERN 的质子–反质子对撞机内的 3 个机器的布局：PS，AA，SPS，及其交互传输路线系统。PS：266eV/c 质子同步加速器；ISR：交叉储存环；PSB：PS 增强器；SPS：500GeV/c 质子同步加速器；AA：反质子积累器

　　在建造初期，曾经十分关注束流–束流相互作用所产生的潜在不稳定性问题。例如，SLAC 曾经观察到可容许的最大能量移动，当调低能量时会使亮度急剧降低，结果同时也使同步衰减率降低。设想质子–反质子连续地碰撞反应同 e^+e^- 对情况相同，即也是随机的，那么外推到 CERN 质子–反质子对撞机的条件，就会出现灾难性的大的 $1/e$ 增长和最大的可行的调谐移动为 $\Delta Q \approx 10^{-6}$。

　　这样一个苍白无力的预言并没有得到确认，因为每次束流交叉时的最佳调谐移动为 $\Delta Q \approx 3 \times 10^{-3}$。按程序推算，由 6 次交叉后可得到亮度的寿命为 1 天。

　　那么，导致质子对撞机和电子对撞机之间明显矛盾的原因是什么呢？在对撞机中，光子的发射是同时的，它是束流交叉和同步辐射引起的衰减导致产生快速随机性的主要根源。幸运的是，质子–反质子对撞机能够保持稳定，这是因为随机性和衰减机制都不存在。束流是一种长而且有持续的"记忆作用"，这样就能够使质子–反质子的强烈碰撞反应是相关相加而不是随机的了。这些效应能够保证质子–反质子对撞机是可行的。

　　在 1987 年，CERN 的 p̄ 源因在 AA 旁增加了一台所谓反质子收集器 (AC)(参见图 5) 而有所改进。对于单一的 p̄ 脉冲，AC 比 AA 有更大的接收度。它可以接收和冷却 7×10^7 p̄，由此可以增加聚集率，使其提高 10 倍。表 1 给出自 1981(第一次运行) 至 1990 年 (最后一次运行) 的主要的对撞机参数。后因 1987 年费米实验室的 1.8TeV 的质子反质子对撞机开始运行，这台对撞机于 1990 年的年底停机。

图 5　围绕反质子累积器 AA 的反质子收集器 AC

表 1　CERN 的质子反质子对撞机 1981~1990 年的运行参数

年份	对撞能量/GeV	峰值亮度/$\mathrm{cm}^{-2}\cdot\mathrm{s}^{-1}$	积分亮度/cm^{-2}
1981	546	$\sim 10^{27}$	2×10^{32}
1982	546	5×10^{28}	2.8×10^{34}
1983	546	1.7×10^{29}	1.5×10^{35}
1984~1985	630	3.9×10^{29}	1.0×10^{36}
1987~1990	630	3×10^{30}	1.6×10^{37}

6.3　实　　验

　　因为 SPS 要建在地下大约 100m 深处的隧道中，为了安装探测器，该计划需要开凿地下实验区。"地下实验区" 的第一个实验称为 UA1，它很快于 1978 年 6 月 29 日获批。接着 1978 年年底，称为 UA2 的第二个实验也获批。

6.3.1　UA1 实验

UA1 是一个具有几乎覆盖全立体角的通用磁场型探测器 [6]，由图 6 可以看到磁铁打开后的探测器的两半部分。该磁铁是偶极型，水平磁场强度为 0.7T，垂直于束流，体积为 $7 \times 3.4 \times 3.5 \text{m}^3$。由对射线吸收极小的铝线圈产生磁场，并且在工作时线圈是温热的。

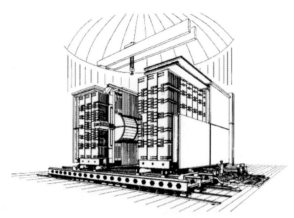

图 6　两个半扇磁铁开启时的 UA1 示意图

磁铁包围着中心径迹探测器，它是一组漂移室系统，充满长 5.8m，直径 2.5m 的圆柱形空间，可以在与束流所夹的极角小到 6° 的大空间内重建带电粒子的轨迹。径迹大约按每厘米取样，可以达到 180 个击中。该探测器采用了当时最先进的技术，包围着这个中心径迹探测器的是电磁量能器和更外面的强子量能器，一直覆盖到与束流夹角小到 0.2°。这种后来被称为的 "密闭性" 对于 $W \to e\nu$ 衰变为电子与中微子，在重建探测不到的中微子以及尚未发现的从直接探测逃出的中性粒子是非常有效的。这种密闭性成为下一代电子–正电子对撞机和强子对撞机 (LEP，费米实验室的 $\bar{p}p$ 对撞机和 LHC) 上所有的通用探测器的基本特征之一。

由多组铅–闪烁体夹层组成的电磁量能器也安装在磁铁内。在中心区，它们由两个半圆柱形壳层组成，并包围着中心径迹探测器。每个半壳层有 24 个单元 (gondolas，也称冈斗拉，形状似威尼斯船，译者注)，它们覆盖 180°Φ (轴向角，译者注)，沿着径向 (不是束流方向，原文估计有误，译者注) 的厚度为 24cm，相当于 26.4 辐射长度 (X_0)。另外两组类似但较小的结构体安置在与束流线夹角较小的方向，每个结构体由 32 个径向单元组成。对电子的能量分辨率为 $\sigma(E)/E = 0.15/\sqrt{E}$。

磁铁系统的线圈与轭铁以及两组铁墙被对称地安置在磁铁的两端，磁铁是层状的，各铁板间插入闪烁体，形成强子量能器。该量能器被分成 450 个独立的单元。由漂移管系统组成的 μ 子探测器围绕着磁轭铁。对动量为 40 GeV/c 的 μ 子径迹，其动量分辨率的典型值为 ±20%(作为比较，对动量为 40 GeV/c 的电子，其在电磁量能器中测得的能量分辨率为 ±2.5%)。

在建造的初期，UA1 合作组由从 Aachen，Annecy，Birminghan，CERN，Collège de France，Helsinki，London(QMC)，UCLA-Riverside，Rome，RAL，Saclay，Vienna，13 个机构来的 130 位科学家组成。可以看到如此多的科学家在一个共同的计划中一起工作，这还是第一次，并为此后产生的 LEP 和 LHC 两个实验上所开展的数十年的更大规模上的国际合作铺平了道路。

图 7 所示为安装期间的 UA1。

图 7　安装期间的 UA1

尽管在粒子物理界对这样一个复杂的探测器能否建成并按时运行持怀疑态度，但在 1981 年实现了该探测器的基本功能，并按时进行了第一轮物理实验。

6.3.2　UA2 探测器

UA2 探测器不是一个为通用目的而设计的探测器，而是一台最佳的用于探测 W 和 Z 衰变为电子的探测器。其设计重点在于球形投影几何型的高颗粒度的电磁量能器，它也适合于探测强子喷注。

图 8 给出的是 1981~1985 年 [7] 对撞机运行时期的实验布局 (该图为垂直截面图，实际上沿着轴向看为圆柱体，译者注)。中心区 (即积极角 θ 在 37.5°~90°，译者注) 包括一个 “顶点探测器”(vertex detector)，它由不同类型的圆柱形径迹室组成。一个位于最后一个径迹室后面的 “预簇射计数器” 由钨转换体 (tungsten converter)

组成,其后为多丝正比室,这些对于鉴别电子是至关重要的。顶点探测器被中心量能器围绕,它覆盖整个轴向角 ϕ(即与纸平面垂直的平面内的张角,译者注),并进一步划分成 240 个独立单元,每一个单元指向的角度范围为 $\Delta\theta \times \Delta\phi = 10° \times 15°$,并由电磁量能器 (Pb-闪烁体) 与强子量能器 (Fe-闪烁体) 两部分组成。该中心量能器对电子的能量分辨率为 $\sigma(E)/E = 0.14/\sqrt{E}$,对 80GeV 强子的能量分辨率大约为 10%。在这个区域内没有磁场。

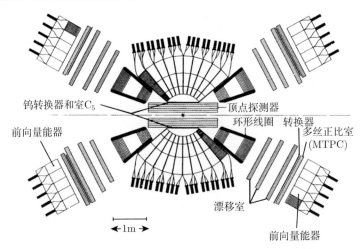

图 8　1981~1985 年期间 UA2 探测器配置示意图

前向探测器覆盖在与束流的夹角 (即正负极角 θ,译者注) 为 $20° \sim 37.5°$ 的区域内,由 12 个轴向部件 (按不同的 ϕ 角分布,图中只表示出垂直截面中的两侧各两组的部件,译者注) 组成。在其内部有环流形磁场,该磁场由 12 组也按相同的轴向配置的线圈所产生。每组部件包括有径迹室 (图中漂移室)、“前向簇射” 探测器 (估计为图中 MTPC,译者注) 与一个电磁量能器 (图中为前向量能器),没有 μ 子探测器。在初期,UA2 合作组由 Bern, CERN, Copenhagen, Orsay, Pavia 的约 60 位科学家所组成。

在 1981~1983 年运行的初期,沿着轴向的覆盖角度为 $300°$,并在围绕水平面 $\pm30°$ 的范围内被一个与束流成 $90°$ 的单臂磁谱仪所覆盖。

1985 年的年底,两台前向磁探测器被与束流夹角 θ 到 5° 的全角度范围的量能器所代替,由此在很大程度上改善了探测器的密闭性。这些量能器划分成类似于中心量能器的那样的分离的小单元,这种配置也包括电磁量能部分与强子量能部分。中心径迹探测器也进行了升级,其中有硅–探测器,用闪烁光纤制成的径迹探测器和预簇射计数器以及漂移室,另外还有利用探测电子穿过多层薄锂金属层产生的穿越辐射探测器。这组探测器在 1985~1990 年期间提取数据。图 9 给出的是 1987~1990

年期间 UA2 的装置组合。在那段时间, 有 Cambridge, Heidelberg, Milano, Perugia, Pisa 参加, 合作组科学家增加到约 100 人。

图 9   1987~1990 年期间 UA2 探测器的配置

6.4 W 和 Z 玻色子的发现

CERN 对撞机的第一轮物理运行为 1981 年的年底。那时两个实验所能记录到的总积分亮度还不足以探测到 W 和 Z 玻色子, 但是, 那一轮实验已经表明, 通过对与对撞机运行有关的全部机器 (PS,AA,SPS) 以及它们之间的传输路线的进一步仔细调整之后, 就可以使亮度增加到所需要的值, 到此将不会再有概念性的障碍。在这段时间里, CERN 的对撞机得到的关注不仅来自于科学界, 而且还有来自公众的。人们殷切地期待 1982~1983 年间的对撞机各轮运行的物理结果, 如在世界各地新闻中出现的同这个项目有关的许多文章, 甚至英国首相 Margaret Thatcher 要求 CERN 总所长在对外公布前告诉她个人有关实验结果的消息。

6.4.1 W 玻色子的发现

W 玻色子主要衰变为夸克–反夸克 $(q\bar{q}')$ (70%), 这表现为两个强子喷注。这个信号会被来自硬部分子散射的本底所淹没 [8], 因此两个实验组都选择通过鉴别 W 的轻子衰变道中的电子, 即 $W^{\pm} \rightarrow e^{\pm} \nu_e (\bar{\nu}_e)$, 用以探测 W; 另外只有 UA1 也通过鉴别 μ 子来探测 W, 即 $W^{\pm} \rightarrow \mu^{\pm} \nu_\mu (\bar{\nu}_\mu)$。

从 $W \rightarrow e\nu_e$ 衰变所得到的信号具有以下的特征:

- 出现具有大横动量 (p_T) 的孤立电子;
- 该大横动量 (p_T) 孤立电子的峰值 ("Jacobian" 峰值) 出现在 $m_W/2$ 处;
- 出现测不到的中微子大的丢失横动量。

这些特征是产生 W 的主要机制 (夸克–反夸克湮灭) 的结果, 它们在 W 玻色子中几乎是和束流轴共线的。因此那些发射方向与束流轴有很大的夹角的电子和中微子具有大横动量 p_{T}。我们注意到在强子对撞中丢失纵向动量无法被测量到, 这是因为大量的高能次级粒子的发射角与束流轴有很小的夹角, 它们的轨迹都在机器的真空管道内, 因此无法测到。

丢失横向动量 ($\vec{p}_{\mathrm{T}}^{\mathrm{miss}}$) 定义为

$$\vec{p}_{\mathrm{T}}^{\mathrm{miss}} = -\sum_{\mathrm{cells}} \vec{p}_{\mathrm{T}}$$

式中 $\vec{p}_{\mathrm{T}}$ 为在每个矢量的横分量, 该矢量方向沿事例顶点与某量能器单元中心的连线, 而矢量长度等于在该量能器单元内的沉积能量 (最后对所有不为 0 的沉积动量求和所得到的总的沉积能量是矢量, 按某事例的总能动量守恒原理, 总能量矢量的带负号的反向矢量就是中微子带走的能量和动量, 称为丢失能量和动量, 译者注)。在一台没有测量误差的理想的探测器中, 对于在末态事例中有不能测到中微子的那些事例, 按照动量守恒, 则 $\vec{p}_{\mathrm{T}}^{\mathrm{miss}}$ 就等于中微子动量。

图 10 为 UA1 于 1982 年的 $|\vec{p}_{\mathrm{T}}^{\mathrm{miss}}|$ 分布 [9] 数据。在丢失横动量 $|\vec{p}_{\mathrm{T}}^{\mathrm{miss}}|$ 很小

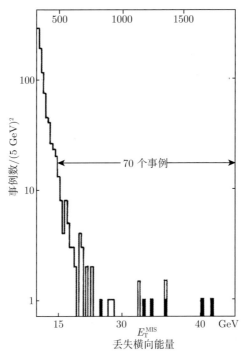

图 10 UA1 的丢失横向动量向量 ($\vec{p}_{\mathrm{T}}^{\mathrm{miss}}$) 分布图 (此图中 $\vec{p}_{\mathrm{T}}^{\mathrm{miss}}$ 称为 $E_{\mathrm{T}}^{\mathrm{MIS}}$), 图中黑色区域内为高 p_{T} 电子

的区域, 由于量能器分辨率效应, 事例数按 $|\vec{p}_T^{\text{miss}}|^2$ 下降, 随着 $|\vec{p}_T^{\text{miss}}|$ 增加, 事例数逐渐平坦。在图 10 中有 6 个具有大的 $|\vec{p}_T^{\text{miss}}|$, 它们正好和大横动量电子一一对应。在这些事例中, 另外 $\vec{p}_T^{\text{miss}}$ 矢量与电子的横动量矢量几乎背对背, 如图 11 所示。这几个事例就解释为 W → eν_e 衰变。1983 年 1 月 20 日 CERN 报告会上公布了这一结果。图 12 所示的图像为这些事例中的一个。

UA2 关于 W → eν 的结果 [10] 在次日 1983 年 1 月 21 日公布于 CERN 报告会上。6 个包含 p_T>15GeV/c 的电子从 1982 个数据中鉴别出来。图 13 给出这些事例的 $|\vec{p}_T^{\text{miss}}|$ 与电子的 p_T 的比。在图 13 中也给出这些事例的电子的 p_T 随 $|\vec{p}_T^{\text{miss}}|$ 的分布, 可以看到二者的比值为 1 时有 4 个事例 (电子的平均能量在 40GeV 附近, 译者注)。这些事例具有 W → eν 所期望的特性。

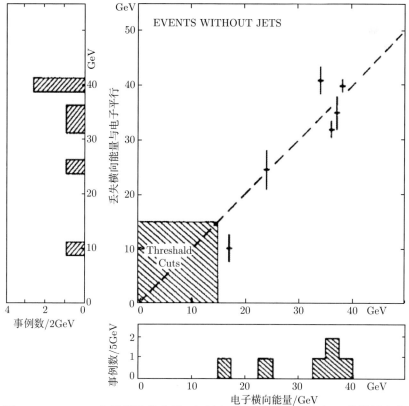

图 11　UA1 1982 年数据的散点图, 包括高 p_T 电子和大 $|\vec{p}_T^{\text{miss}}|$, 其横轴为大 $|\vec{p}_T^{\text{miss}}|$, 纵轴为同 $|\vec{p}_T|$ 方向相反的 $\vec{p}_T^{\text{miss}}$ (注意 p_T 上标为箭头)

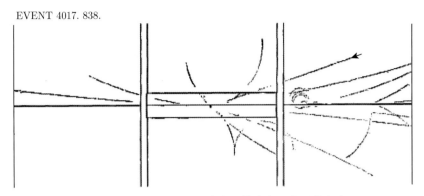

图 12　UA1 的 W → eν 事例，箭头表示电子的方向

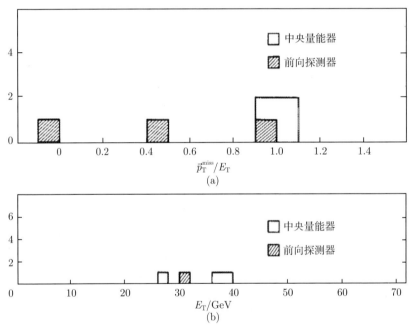

图 13　(a) UA2 的 6 个事例的 $|\vec{p}_{\mathrm{T}}^{\mathrm{miss}}|$ 与电子横动量之比 (此图中称为 E_{T} 且 $E_{\mathrm{T}} > 15\mathrm{GeV}$)；(b) 具有最高 $|\vec{p}_{\mathrm{T}}^{\mathrm{miss}}|/E_{\mathrm{T}}$ 比值的 4 个 UA2 事例的电子分布

6.4.2　Z 玻色子的发现

图 14 表示 UA1 寻找 Z →e$^+$e$^-$ 的衰变[11]。第一步的分析要求两个量能器单元内电子具有的沉积横能量为 $E_{\mathrm{T}} > 25\mathrm{GeV}$。在 1982~1983 年的对撞运行期间所取得的数据中，有 152 个事例满足这些条件。下一步要求出现的孤立径迹要满足条件 $p_{\mathrm{T}} > 7\mathrm{GeV}/c$，并且指向两个量能器单元中的一个。有 6 个事例满足这个要求，如 Z →e$^+$e$^-$ 衰变所期望的，即在两个单元中有高的不变质量值。在这些事例

中，发现 4 个满足 $p_T > 7\mathrm{GeV}/c$ 并指向两个单元。它们同 e^+e^- 的不变质量值在量能器的分辨率范围内完全一致。其中一个事例显示于图 15。

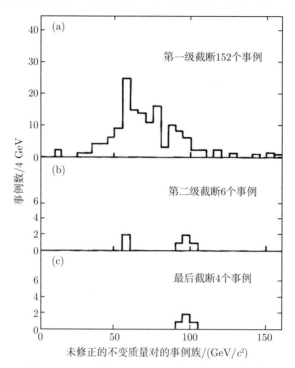

图 14 UA1 寻找 $Z \to e^+e^-$ 的衰变 (参见本文)

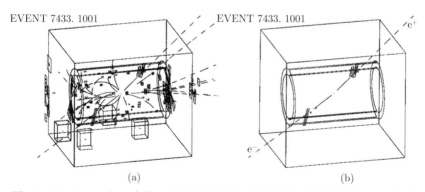

图 15 UA1$Z \to e^+e^-$ 中的一个事例的衰变, (a) 显示全部重建事例; (b) 仅显示 $p_T > 2\mathrm{GeV}/c$ 和量能器单元中 $E_T > 2\mathrm{GeV}$ 的事例

在 1983 年 UA1 收集的数据中，发现了一个与 $Z \to \mu^+\mu^-$ 一致的事例[11] (参见图 16)。图 17 给出 UA1 于 1982~1983 年期间分析中发现的全部轻子对的质量

分布。所得到的平均质量为

$$m_Z = 95.2 \pm 2.5 \pm 3.0\,\mathrm{GeV}$$

其中，第一个误差为统计误差，第二个误差为有量能器标度出的系统误差。

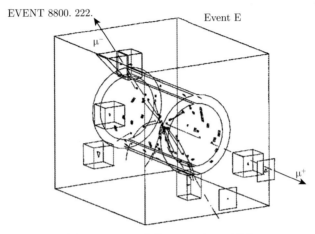

图 16 　UA11 中的 $Z \to \mu^+\mu^-$ 事例

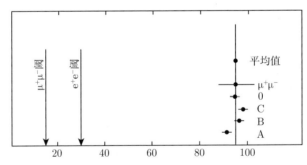

图 17 　UA1 1982~1983 年期间全部轻子对的不变质量分布

利用 1982~1983 年的数据 [12]，UA2 寻找 $Z \to e^+e^-$ 衰变的结果显示于图 18。首先选择在量能器中要求有一对孤立电子的沉积能量 $E_T > 25\,\mathrm{GeV}$，并且要求有一个孤立径迹为电子 (从前簇射信息得到) 指向至少一个量能器单元。有 8 个事例满足这些条件，其中 3 个事例为孤立径迹的电子指向 2 个量能器单元。对 8 个事例做不变质量权重平均后得到

$$m_Z = 91.9 \pm 1.3 \pm 1.4\,\mathrm{GeV}$$

其中，第一个误差为统计误差，第二个误差为有量能器标度出的系统误差。后者的值小于 UA1 的值，这是因为 UA2 的量能器的尺寸比 UA1 的小，并且它的模块容许频繁地在 CERN SPS 的已知电子能量的束流线上进行刻度。

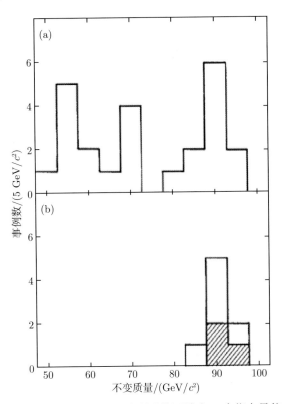

图 18 UA2 寻找 Z → e⁺e⁻(参见本文)，带阴影的区域为 3 个指向量能器的孤立电子径迹

图 19 给出了在 W → eν 和 Z →e⁺e⁻ 过程中 UA2 量能器的能量分布。这种通常称为 "乐高图" 的分布显示出该类事例的典型拓扑结构，即绝大部分能量分布在很少的几个量能器单元内，而其他大部分单元内只有很少或者没有能量分布。

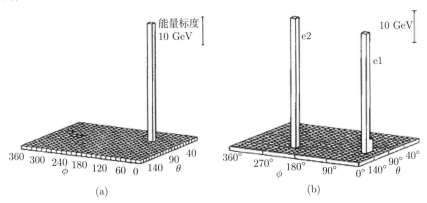

图 19 UA2 的量能器中的能量分布, (a) W → eν 和 (b) Z → e⁺e⁻

6.5　对撞机继续运行后的物理结果

紧接着在 1982~1983 年，对撞机运行期间历史性地发现 W 和 Z 玻色子之后的几年内又进行了更多轮的运行。

直到 1985 年底的第一阶段，两个探测器基本上没有改动，对撞机能量由 $\sqrt{s} =$ 540 GeV 提高到 630 GeV，峰值亮度增加了一倍 (参见第 6.2 节表 1)。利用这批新数据得以更加细致地研究 W 与 Z 的产生和衰变性质，从而完美证明了标准模型所期待的结果。

如第 2 节所叙述的，CERN 对撞机从 1987~1990 年底关闭的期间进行了多轮物理运行。由两个实验得到的另外的重要的物理结果将在下一节中描述。

6.5.1　W 和 Z 的质量与产生截面

到 1985 年底，UA1 实验记录了 290 个 W $\to$ eν，33 个 Z $\to$ e$^+$e$^-$，57 个 W $\to$ $\mu\nu$，21 个 Z $\to$ $\mu^+\mu^-$ [13]。作为一个例子，图 20 给出了 W $\to$ eν 的横质量 (M_T) 分布，其中 $M_T = [2p_T^e p_T^\nu (1 - \cos\phi_{e\nu})]^{1/2}$，$\phi_{e\nu}$ 是电子与中微子之间所夹的轴向角 (用横质量而不用电子的横动量是因为它的分布比 W 的横动量更不灵敏)。

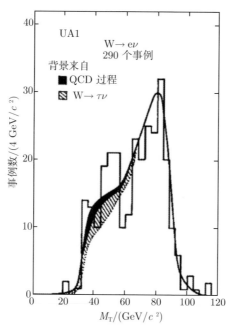

图 20　UA1 1982~1985 年期间 W $\to$ eν 的横质量分布

图 21 个给出的是 UA1 在这同一时期的 e^+e^- 对的不变质量分布。由图 20 和图 21 中的数据进行拟合得到

$$m_W = 82.7 \pm 1.0 \pm 2.7 \text{ GeV}$$

$$m_Z = 93.1 \pm 1.0 \pm 3.1 \text{ GeV}$$

其中, 第一个误差为统计误差, 第二个误差为有量能器标度出的系统误差。

UA1 测得的 W 与 Z 的产生截面乘以相应的衰变分支比 (BR) 为

$$\sigma_W \text{BR}\,(W \to e\nu) = 630 \pm 50 \pm 100 \text{ pb}$$

$$\sigma_Z \text{BR}\,(Z \to e^+e^-) = 74 \pm 14 \pm 11 \text{ pb}$$

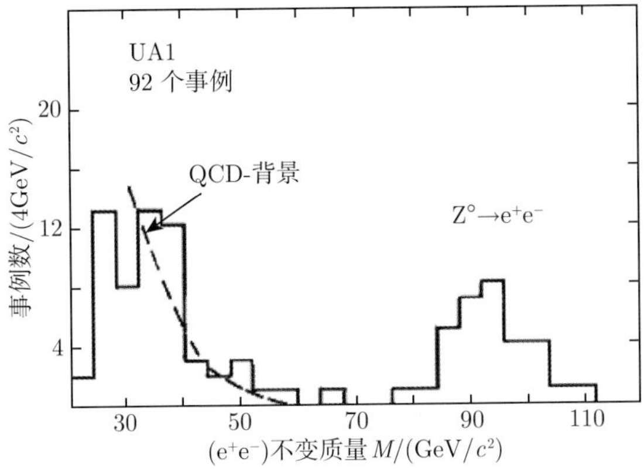

图 21 UA1 1982~1985 年期间全部 e^+e^- 对的不变质量分布

UA1 还观察到 32 个 $W \to \tau\nu$ 衰变和 τ 的强子衰变 [14]。在探测器中有高准直性的低多重数的喷注出现。这个喷注同显著的丢失动量 p_T 在轴向平面内大约是背对背的。

在 1982~1985 年同样的物理运行轮中, UA2 实验记录到 251 个 $W \to e\nu$ 的样本和 39 个 $Z \to e^+e^-$ 事例 [15]。这些实验的测量性质都同 UA1 的结果符合得很好。UA2 测得的 W 与 Z 的质量值为

$$m_W = 80.2 \pm 0.8 \pm 1.3 \text{ GeV}$$

$$m_Z = 91.5 \pm 1.2 \pm 1.7 \text{ GeV}$$

其中, 第一个误差为统计误差, 第二个误差为有量能器标度出的系统误差。

6.5.2 $W \to e\nu$ 衰变中的电荷不对称性

在 CERN 的 $\bar{p}p$ 对撞机, W 的产生主要是基于包含至少一个价夸克或反夸克的 $q\bar{q}$ 湮灭过程。作为违反宇称守恒的 V − A 耦合的结果, 夸克 (反夸克) 的螺旋度

是 −1(+1)。因此 W 几乎沿着 p̄ 的束流方向是全极化的。类似的，依据对 W → eν
衰变的分析，预计其衰变的轻子 (e⁻，μ⁻，ν) 应该朝向与 W 极化方向相反的方向
发射，并且反轻子 (e⁺，μ⁺，ν̄) 也沿着这个方向。

在 W 静止坐标系中的带电轻子的角分布可以写成

$$\frac{\mathrm{d}n}{\mathrm{d}\cos\theta^*} \propto (1 + q\cos\theta^*)^2$$

其中，θ^* 为相对于 W 极化方向测得的带电轻子的夹角，并对电子 (正电子)，其
$q = -1(+1)$。当 W 的横动量很小时，这个轴实际上与入射的 p̄ 方向是共线的。

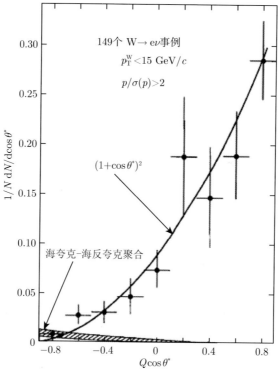

图 22   UA1 1982~1985 年 W → eν 事例最后样本的衰变角分布 (参看文本)，
阴影部分为由海夸克-海反夸克聚合湮灭产生的错误的极化所贡献的

由于以下的事实，情况变得复杂，即中微子的纵向动量无法测量和与等于 W
质量的 eν 对的不变质量可以给出 θ^* 的两个解答。UA1 分析 [13] 得出的事例中有
一个解是非物理的 (W 的纵向动量与运动学不相符合)，并且带电轻子的符号是可
以不含糊地确定的。图 22 给出这 149 个不含糊的事例的变量 $q\cos\theta^*$，其分布与所
期望的 $(1+q\cos\theta^*)^2$ 的形式一致。必须引起注意的是，所得到的结果并不可能分辨
V−A 或 V+A 机制，这是因为在后一种情形中所有的螺旋度都变符号并且角分布

都相同。

6.5.3 对 QCD 的一次检验

由 $q\bar{q}$ 湮灭产生的最低阶的 W 和 Z 具有非常低的横动量。然而，从最初的夸克 (或反夸克) 产生的胶子辐射可以导致具有明显横动量的 W 和 Z。这种横动量等于同中间玻色子相应产生的全部强子的总横动量，而且方向相反。

图 23 给出利用由 UA1[13] 已经测量的 $W \to e\nu$ 的样本所得到的 W 横动量 p_T^W 分布，也给出一种 QCD[16] 所预期的在全部 p_T^W 范围内是一致的。具有高 p_T^W 的 W 玻色子预计会反冲出一个或多个喷注，而这样的喷注确实在实验中已经被观察到了。

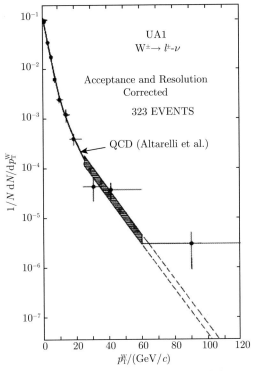

图 23　UA1[13] 测量 p_T^W 的分布，曲线为 QCD 预期 [16]，阴影带显示高 p_T^W
理论的不确定性

6.5.4　W 和 Z 玻色子的强子衰变

前面已经 (参见第 6.4 节) 叙述过 W 和 Z 玻色子主要衰变为夸克–反夸克对 (70%)，表现为两个强子喷注。信号被从硬部分子散射来的 QCD 本底所淹没。然而，尽管有这种不受欢迎的信号–噪声比，但在对撞机上探测 $W \to q\bar{q}'$ 和 $Z \to q\bar{q}$

衰变还是有兴趣的, 这不仅是对实验挑战, 而且双喷注的不变质量重建的展示将有助于推进在下一代强子对撞机上利用两个强子喷注探测新粒子衰变的相关研究。

在 UA2 喷注能量的测量所用的量能器的分辨率为 $\sigma E/E \approx 0.76/\sqrt{E}$。从 UA2[17] 在 1983~1985 年期间收集到的数据得到的双喷注的不变质量表示在图 24 中。这个分布在 W 和 Z 的双喷注末态质量区域有一个清晰的凸起结构 (在部分子–部分子散射的连续本底中, 凸起包含 632±190 个事例)。我们注意到将双喷注的质量值的坐标乘以 5 次方以便移去快速下降并且用线性标度, 这样的凸起结构还是不能将 W 和 Z 分辨开来。

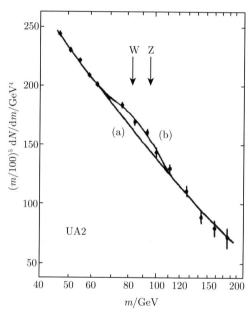

图 24　UA2 测量的双喷注的不变质量分布, 曲线 (a) 排除 65GeV< m < 105GeV 的最佳拟合; (b) 包括两个 W、Z 质量标称值的高斯中心的全部数据点的拟合

6.5.5　W 和 Z 玻色子的精密测量

在对撞机运行的最后 3 年 (1988~1990 年), UA2 收集了大量 W → eν 和 Z → e$^+$e$^-$ 衰变事例样本。由 6.5.1 节中可见, 量能器标度的不确定性影响着 W 和 Z 的质量, 如 1982~1985 年期间 UA1 和 UA2 测量的数据样本已经可以与统计误差相比, 甚至大于统计误差。然而, 这个误差在对 m_W/m_Z 的比值中只有统计误差了, 这是因为量能器标度系统的不确定性在这个比值中被大大地抵消掉了。

这一期间测量 m_W/m_Z 的比值, 还有一个附加原因, 就是 1989 年 7 月 LEP 开始运行。当时期待 m_Z 的精确测量很快可以实现, 这样, 将两方面的测量联合起来就可以精确地确定 m_W 了。

图 25 给出由 UA2 中心量能器测得的 2065 个 $W \to e\nu$ 衰变中的电子所得到的横质量分布 [18]。以 m_W 作为自由参数对这个分布进行最佳拟合，得到 $m_W = 80.84 \pm 0.22\,\mathrm{GeV}$(仅为统计误差)。

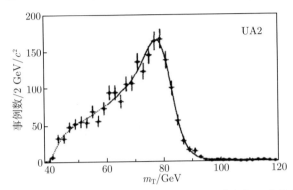

图 25 2065 个 $W \to e\nu$ 事例的衰变横质量分布 (参看本文)，曲线为以 m_W 作为自由参数的实验最佳拟合

图 26 所示是不变质量的分布，它显示了两个谱：一个包括 95 个事例，在这些事例中两个电子都落在了中心量能器的有效区域内，并且它们的能量都测量得很精确；另外一个谱包括 156 个事例，在这些事例中两个电子都落在了中心量能器的有效区域之外，导致较宽的质量分辨率。根据这两个谱，分别得到 $m_Z = 91.65 \pm 0.34\,\mathrm{GeV}$ 和 $m_Z = 92.10 \pm 0.48\,\mathrm{GeV}$。将两个值加权平均后，得到 $m_Z = 91.74 \pm 0.28\,\mathrm{GeV}$(仅为统计误差)。由 m_W、m_Z 两个独立的测量得到

$$\frac{m_W}{m_Z} = 0.8813 \pm 0.0036 \pm 0.0019$$

其中，第一个误差为统计误差，第二个为计入可能的量能器的非线性引入的系统的很小的不确定性。

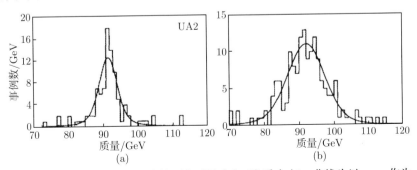

图 26 UA2 测量的事例样本的不变质量分布 (参看本文)，曲线为以 m_W 作为自由参数的实验最佳拟合

　　1991 年 LEP 已经得到 m_Z 的精确测量结果，为 $m_Z = 91.175 \pm 0.021\,\mathrm{GeV}$[19]。利用这一结果乘以 UA2 得到的 m_W/m_Z 就确定了精度为 0.46% 的 m_W 值

$$m_W = 80.35 \pm 0.33 \pm 0.17\,\mathrm{GeV}$$

这一结果与费米实验室的 $\bar{\mathrm{p}}\mathrm{p}$ 对撞机的 CDF 实验的直接测量到的 $m_W = 79.91 \pm 0.39\,\mathrm{GeV}$ 一致 [20]。

　　m_W 的精确测量结果被用来获得顶夸克的质量范围。以前在 CERN 和费米实验室的 $\bar{\mathrm{p}}\mathrm{p}$ 对撞机上，仅仅提供了顶夸克的质量下限为 $m_{\mathrm{top}} > 89\,\mathrm{GeV}$[21]。如 Veltman[22] 所指出的：在标准模型的框架内，相对于固定的 m_Z，m_W 的值依赖于顶夸克质量的平方，这是根据虚费米圈图引起的电弱辐射修正 (并且在更小的限度内受希格斯玻色子质量的影响) 得到的。如图 27 所示，UA2 给出

$$m_{\mathrm{top}} = 160^{+50}_{-60}\,\mathrm{GeV}$$

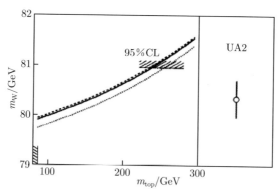

图 27　由 UA2 的 m_W/m_Z 之比值和联合早期 LEP 测量到的精确的 m_Z，获得 m_W 与 m_{top} 的关系以及 m_W 的确定。图中曲线为标准模型对 m_Z(LEP 测得) 和对 Higgs 质量的不同值的预言：50GeV(断续线)、100GeV(实线)、1000GeV(点划线)；对 $m_{\mathrm{top}} < 250$GeV 的质量上限由 m_W 的误差得到为 95% 的置信水平 (CL)；由 CERN 和费米实验室的 $\bar{\mathrm{p}}\mathrm{p}$ 对撞机早期直接寻找的 m_{top} 的质量下限为 $m_{\mathrm{top}} > 89\,\mathrm{GeV}$

　　这个结果明确表明顶夸克的质量很大。这是在费米实验室 1.8TeV 对撞机上测量到 $m_{\mathrm{top}} = 174 \pm 10 \pm 13\,\mathrm{GeV}$[23] 之前给出的 (世界平均测量值另由费米实验室对撞机实验和最近 LHC 得到，为 $m_{\mathrm{top}} = 173.21 \pm 0.51 \pm 0.71\,\mathrm{GeV}$[24])。

6.6　总　　结

　　CERN 的质子–反质子对撞机是最初被确信用以探测 W 和 Z 玻色子的。它不仅美妙地完成了这一任务，而且在一定水平上检验了电弱统一理论，为 QCD 的预

期提供了重要的证据。最后，它表明质子–反质子对撞机是一台能够进行非常丰富的实验的具有通用的一流加速器装置。毋庸置疑，若没有 CERN 的质子–反质子对撞机取得的如此成就，LHC 很可能不会被批准建造。

参 考 文 献

[1] F. J. Hasert *et al. Phys. Lett. B* **46**, 121 (1973); *Phys. Lett. B* **46**, 128 (1973); D. Haidt, *The Discovery of Weak Neutral Currents*, in this book, pp. 165–183.

[2] C. Rubbia, P. McIntyre and D. Cline, in Proc. *International Neutrino Conference*, ed. H. Faissner, H. Reither and P. Zerwas, Vieweg, Braunschweig (1977), 683.

[3] S. van der Meer, *CERN-ISR-PO* 72-31(1972); S. Van der Meer, *Rev. Mod. Phys.* **57**, 689 (1985).

[4] For a review see: L. Jones, F. Mills, A. Sessler, K. Symon and D. Young, *Innovation Is Not Enough: A History of the Midwestern Universities Reasearch Association (MURA)*, (World Scientific, Singapore, 2010).

[5] G. Carron *et al.*, *Phys. Lett. B* **77**, 353 (1978).

[6] A. Astbury *et al.* (UA1 Collaboration), *Phys. Scripta* **23**, 397 (1981).

[7] B. Mansoulié (UA2 Collaboration), in Proc. *Moriond Workshop on Antiproton-Proton Physics and the W Discovery*, La Plagne, Savoie, France, 1983 (Ed. Frontières, 1983), p. 609.

[8] For a review see: P. Darriulat and L. Di Lella, *Revealing Partons in Hadrons: From the ISR to the SPS Collider*, in this book, pp. 313–341.

[9] G. Arnison *et al.* (UA1 Collaboration), *Phys. Lett. B* **122**, 103 (1983).

[10] M. Banner *et al.* (UA2 Collaboration), *Phys. Lett. B* **122**, 476 (1983).

[11] G. Arnison *et al.* (UA1 Collaboration), *Phys. Lett. B* **126**, 398 (1983).

[12] P. Bagnaia *et al.* (UA2 Collaboration), *Phys. Lett. B* **129**, 130 (1983).

[13] C. Albajar *et al.* (UA1 Collaboration), *Z. Phys. C* **44**, 15 (1989).

[14] C. Albajar *et al.* (UA1 Collaboration), *Phys. Lett. B* **185**, 233 (1987); and Addendum, *Phys. Lett. B* **191**, 462 (1987).

[15] R. Ansari *et al.* (UA2 Collaboration), *Phys. Lett. B* **186**, 440 (1987).

[16] G. Altarelli, R. K. Ellis, M. Greco and G. Martinelli, *Nucl. Phys. B* **246**, 12 (1984).

[17] R. Ansari *et al.* (UA2 Collaboration), *Phys. Lett. B* **186**, 452 (1987).

[18] J. Alitti *et al.* (UA2 Collaboration), *Phys. Lett. B* **276**, 354 (1992).

[19] J. Carter, in *Proc. Joint Lepton-Photon Symp. & Europhys. Conf. on High-Energy Physics*, Geneva (Switzerland) 25 July-1 August 1991, (World Scientific, 1992), Vol. 2, p. 3.

[20] F. Abe *et al.* (CDF Collaboration), *Phys. Rev D* **43**, 2070 (1991).

[21]   T. Åkesson *et al.* (UA2 Collaboration), *Z. Phys.* *C* **46**, 179 (1990); C. Albajar *et al.* (UA1 Collaboration), *Z. Phys.* *C* **48**, 1 (1990); F. Abe *et al.* (CDF Collaboration), *Phys. Rev. Lett.* **64**, 142 (1990).

[22]   M. Veltman, *Nucl. Phys. B* **123**, 89 (1977).

[23]   F. Abe *et al.* (CDF Collaboration), *Phys. Rev. D* **50**, 2966 (1994).

[24]   K. A. Olive *et al.* (Particle Data Group), *hin. Phys.* *C* **38**, 090001 (2014), p. 739.

第 7 篇　弱中性流的发现

Dieter Haidt

Deutsches Elektronen-Synchrotron (DESY)

Notkestrass 85, D-22603 Hamburg, Germany

dieter.haidt@desy.de

童国梁　译

中国科学院高能物理研究所

　　文章概述了高能中微子物理在 CERN 的开端, 随后介绍了 Gargamelle 气泡室实验的弱中性流发现。

7.1　引　　言

　　中微子物理在 CERN 历史中起着重要的作用。起始于 20 世纪 60 年代质子同步加速器 (PS) 的第一大项目就是为解决理解弱相互作用的紧迫问题之一的中微子实验。这是一个长期项目的开端。它的亮点是在 Gargamelle 气泡室中发现了弱中性流。从那时起, 40 年过去了, 这个发现对 CERN 以及世界的巨大影响至今仍备受瞩目。

　　本文一开始简单审视了 CERN 的第一个中微子实验, 然后聚焦于 Gargamelle 实验发现弱中性流。CERN 中微子实验开端的证据见诸参考文献 [1] 和 [2]。弱中性流的发现已是专门会议 [3–5] 的主题, 相关的几个评述见参考文献 [6]~[9]。

7.2　CERN 高能中微子物理的开端

7.2.1　20 世纪 50 年代末弱相互作用的研究状态

　　当 Pauli 于 1930 年以超乎想象的天才创造性地发明了中微子 (当时还没有在实验上被发现, 译者注), 这立刻成为研究弱相互作用轻子领域的最卓越工具。Pauli 在刚给他的图宾根 (Tübingen) 的放射界的朋友发出那封著名信件后, 又给他的天文学家朋友 Walter Baade 讲 [10]:"我今天做了一件很糟糕的事情, 那是一件理论家不应做的事情, 而我提出的建议也永远不能在实验上被证明。" 此后不久, Fermi 在泡利的中微子假设以及当时刚发现中子的基础上以公式的形式建立了他的 β 衰变理论[11]。第二年 Bethe 和 Peierls 计算了[12] 中微子引发的过程的截面, 发现从发现它的角度而言此截面实在太小了。很久以后, 1946 年 Pontecorvo 出现了[14], 大功率的核电站到来了, 这时获得大通量的反中微子才有了机会。Cowan 和 Reines 也才得以在萨凡纳河 (Savannah River) 的反应堆发现了第一个反应。他们观察到逆 β 衰变: $\bar{\nu}_e + p \rightarrow e^+ + n$。在中微子的构想经过了 26 年后, 1956 年 6 月 14 日, Cowan 和 Reines 在发给 Pauli 的电报中说: "我们高兴地告诉您, 我们通过逆 β 衰变确实发现了中微子。"Pauli 回应道: "善于等待的人必有所得"。

4-旋量费米子的狄拉克方程容易被写成为一组耦合的 2-旋量外尔方程。这些方程具有很有趣的性质, 即对无质量的费米子, 如被假定的中微子, 具有退耦的性质。在原初 β 衰变的费米理论中的洛伦兹结构并没有被指定, 它可以包括标量、赝标量、矢量、轴矢量或张量。原子核和粒子衰变的实验研究展示这种相互作用是 V, A 型的。1957 年又证明了在弱相互作用中宇称被最大程度破坏, 这件事导致了中微子的二分量理论以及弱相互作用的 V-A 形式。

这立即启发了人们的一种灵感, 类似于电磁相互作用中的光子那样, 也存在一种弱中间矢量玻色子。当时研究的主要衰变过程还仅仅涉及小动量转移, 于是出现了有效 4-费米子相互作用。CERN、Dubna 和 BNL 计划建造的加速器可以获得大动量转移, 大动量转移的实验兴趣提升了, 这些实验可以一般性地研究中间矢量玻色子是否存在以及弱相互作用的性质。

在研究 μ 子衰变 $\mu^+ \rightarrow e^+ + \nu + \tilde{\nu}$ 和 $\mu \rightarrow e + \gamma$ 中产生了另一个基本问题。轻子 μ 衰变是一个 3 体衰变, 包括 1 个电子和 2 个非同一的轻中性粒子, 这一点是知道的。但并没有具有令人信服的理由就说它们就是粒子和反粒子, 也许同时存在 2 种不同的中微子。相同的问题也出现在试图理解为什么不存在 $\mu \rightarrow e + \gamma$ 的衰变。如果假设这种衰变涉及一个中间矢量玻色子, 那么, 这种衰变不应该被压低。Feinberg[16] 认为如果与 2 个顶点关联的中微子是不同的话, 那么这种衰变就会被压低。Pontecorvo 致力于 2-中微子问题的讨论, 并建议了实验上的解决方法[17,18]。

从 π 介子衰变得到高能中微子束流来解答这些突出问题是由 Pontecorvo[19,20]、Markov[21] 与他的年轻的同事 Zheleznykh 和 Fakirov、Schwartz[22] 和 T. D. Lee[23] 深思熟虑的结果。Pontecorvo 在参考文献 [24] 回忆了他是如何提出建议从介子工厂以及非常高能量的加速器获取高能中微子束的。

7.2.2　CERN 的第一个中微子实验

在 20 世纪 60 年代已经意识到在 CERN 和 BNL 的新加速器上可以产生高能中微子束流。CERN 的质子同步加速器第一次运行是在 1959 年末, 而美国 Brookhaven 的 AGS 加速器则在一年后的 1960 年秋天运行。Bernardini[25] 在这决定性的时间恰好担任 CERN 的研究所长，他确认当时中微子实验在开辟前所未有的能量区域揭示弱相互作用性质的一个新的和有希望的研究领域的潜力，他特别强调两个亟待解决的问题，即是不是存在两种中微子以及是不是存在一个中间矢量玻色子。Bernardini[26] 在 1960 年的罗切斯特 (Rochester) 大会上做了 CERN 的中微子实验及其可行性报告。① 在他回到 CERN 的两周后就出现了一份由 Steinberger, Krienen 和 Salmeron[27] 提出的在 CERN "探测中微子诱发的反应" 的建议。在新近的信件中 Steinberger 回忆道 [28]："就个人而言，我感激 Pontecorvo 在 1959 年建议关于实验上验证与 π 介子和 K 介子衰变中的 μ 子相关联的中微子与那些在 β 衰变中产生的中微子是否相同，当时 Brookhaven 和 CERN 的较高能量的加速器正在建造，这使得中微子束流的能量高到足以进行那样的实验 (Pontecorvo, 1959)，而这样的实验使 M Schwartz、L Lederman 和我后来分享了诺贝尔奖 (Danby et al., 1962)。Schwartz 独立地建议中微子束流可以研究高能的弱相互作用，但是他没有考虑 Pontecorvo 建议的两种中微子可能是不同的那个特定的问题 (Schwartz, 1960)。" 三位作者研究了在 CERN 的 PS 上用一个重液泡室探测器投行中微子实验的可行性。基本议题如下：

- 中微子源

PS 的质子在某个直线飞行区域轰击一个簿靶。在 6° 角方向产生了 π 介子，π 介子在飞行中产生中微子束流。一个备选方案把实验推迟一年左右，到那时，一个外部质子束流可供使用。但有人质疑并不存在令人信服的理由来反对安置一个内靶。

- 中微子通量

中微子通量的估计涉及内部 π 介子通量以及 π 介子衰变运动学。为了估计在气泡室中的实际事例数就必须考虑各种效率因素，当然，该过程的理论截面需要测量；并仔细考虑在存在紧邻磁体的边缘磁场下 π 介子轨道的测定。

- 屏蔽大小

在中微子的方向上所有强子和带电轻子都必须被强烈吸收，否则胶片的扫描和事例的理解将变得很困难。再者，我们还必须担心来自宇宙线和中子的本底。为此需要考虑屏蔽问题：650t 铁和 4000t 重混凝土是恰当的。

- 事例率和目标

估计事例率为每天每吨灵敏探测物质 1 个事例，运行 2~3 周将足够解决是不是存在两种中微子的问题。

作者对他们附有推荐信的建议得出的结论是 CERN 应该努力来实现这个实验。

Bernardini 于 1960 年 11 月向科学政策委员会 [29] 提出了中微子项目情况的报告。安装这样规模的实验对这个还年轻的实验室来说是一个真正的挑战，因为它

---

①他感谢 Pontecorvo 和 Schwartz 有这类实验的想法，并被列入参考文献。同时指出 Markov 和 Fakirov 也有那样的想法。

需要几个组的协调。原初的布局后来被调整了，最后三个探测器投入运行，即理工学院 (Ecole Polytechnique) 气泡室，辅以电子设备的云雾室，以及新建的 NPA 气泡室 (Ramm 1.2m 室)。下一次 1961 年 4 月的第 19 届 SPC 会议上中微子实验状况的报告因工程运行而备受鼓舞。但三个月以后，Bernardini 在第 20 届 SPC 会议上宣布 [30]: "可能已经众所周知，在 CERN 我们打算实施的高能中微子物理领域的初步实验方案正经历着一场危机。" 事实上，Guy von Dardel 证明原初通量被高估了一个数量级，所以没有中微子候选者可以期待。此失败被归结为内靶束流光学的限制以及 π 介子简化了的衰变运动学。虽然增加一到两个量级通量的解决方案就是手边的事，但要短期实现是不可能的。因此在与 BNL 组的竞争中输了，竞争对手已在 1962 年发现了两种中微子。[31]

即使这第一个实验没有带来预期的成功，但却是 CERN 的高能中微子物理的开始。到了第二次尝试时，弱点已被克服。在机器方面的一个重要的成就是实现了质子束流的快引出。现在外部质子束流轰击到一个长的簿靶上，而产生的次级 π 介子和 K 介子通过 Van der Meer 磁角被有效地聚焦。中微子通量增加了两个多量级，屏蔽也得到改善，并且 CERN NPA 重液泡室 (Ramm 泡室) 与火花室阵列一起使用 [32]。1963 年锡耶纳 (Siena, 意大利) 大会时已准备了实验结果 [33]。随后 1964 年充氟利昂的 Ramm 泡室持续运行，直到 1967 年改充丙烷。

Bernardini 的倡议开启了一个长期的项目，并最终导致了发现弱中性流的这个十分重大的结果。

7.2.3　弱中性流的早期寻找

在 20 世纪 50 年代末，弱作用过程被描述为两个弱带电流之间的相互作用。被激励的理论家很快就考虑中性流和中性中间场。Feynman 和 Gell-Mann 在他们发表的论文中注意到 [34]: "我们故意忽略了一个包含像 $\bar{e}e, \bar{\mu}e$ 等的中性流以及可能与中性中间场耦合的可能性。没有弱耦合是已知的，需要存在那样一种相互作用。" 其他猜测弱中性流含义的文献，可参考 [35]～[37]。

用 V-A 理论成功描述所有已知低能弱作用过程唤起了大家对更高能量行为的注意。Lee 和 Yang 在 1961 年发表了即将到来的中微子实验基本问题目录 [23]，其中有寻找弱中性流的课题，但在实验方面的情况却令人沮丧。弱中性流存在这件事首先是通过基本粒子的衰变率加以检验的。那些电荷 Q 和奇异数 S 不改变，也就是 $\Delta Q = 0, \Delta S = 0$ 的衰变是不可用的，因为它们由电磁相互作用支配，因而考虑服从 $\Delta Q = 0, \Delta S \neq 0$ 的衰变。可是，K 介子的轻子和强子衰变率都是令人沮丧的小。1963 年在 CERN 的中微子实验寻找弱中性流的新方法成为可能。气泡室组寻找了弹性过程 $\nu p \to \nu p$，也就是一个 $\Delta Q = 0$ 和 $\Delta S = 0$ 过程。结果中子相互作用呈现了危险的本底，于是只能得到一个上限。图 1 为 Bernardini 在 CERN 礼堂对

于准弹性过程 $\nu + n \to \mu + p$ 展示了 5% 的上限 (见图右黑板的第 3 点), 后来被修正为 12±6%。[39] 火花室组不能寻找弱中性流, 因为它们没有用合适的触发进行工作。然后, 这两个组也都寻找了中间矢量玻色子, 但既没有发现共振信号, 也没有得到中微子核子总截面的能量依赖性结果。必须得出这样的结论: 如果 W 存在的话, 它必须重过几个 GeV。利用 NPA 1.2m 气泡室数据专门寻找弱中性流的结果也由于中子本底问题仍不能确定。[38]

图 1　Bernardini 在 CERN 礼堂报告 1963 年锡耶纳大会的结果, ©1964 CERN

7.3　弱中性流的发现

7.3.1　气泡室 Gargamelle

在锡耶纳大会提交的结果展现了对未来弱相互作用研究的巨大潜力。以第一个中微子实验得到的经验, Lagrrigue 和其他人一样认识到下一代实验必须要以大得多的统计为基础。他梦想建造一台满足下列要求的气泡室:

- 高一个数量级的事例:
  需要很大的靶质量和很强的通量 (增强器, 聚焦)。
- 很好的 μ 子和电子的鉴别能力:
  需要把 μ 子从带电 π 介子中识别出来, 这就需要在泡室中有很长的径迹。
- 详细的关于终态的知识:
  必须识别强子, 通过它们衰变成两个光子来识别中性 π 介子, 通过它们的衰变来识别 K 介子, 通过在泡室中的相互作用来识别中子, 通过一个可见的相互作用来识别带电强子。

结果是建造了一个长 5m 和直径 1m 充满重液的气泡室。当 Leprince-Ringguet 看到这个巨大家伙时, 就以法国一个故事中的人物把它命名为 Rabelais Gargamelle。图 2 展示了 Gargamelle 之父 André Lagarrigue。

图 2　Gargamell 之父 André Lagarrigue

André Lagarrigue 于 1964 年成为奥尔赛 (Orsay) 大学教授，在 1969 年担任 LAL Orsay 所长。他组建了包括有七个实验室参加的欧洲合作组，这些实验室是：亚森 (Aachen)RWTH 第三物理研究所，布鲁塞尔 (Bruxelles) 的 ULB，CERN，巴黎理工学院，米兰大学物理研究所，LAL Orsay 以及伦敦的大学学院。1969 年他们在米兰开了两天会议来讨论物理计划。虽然寻找弱相互作用的携带者 W 仍被置于高优先位置，但 SLAC 质子亚结构的发现吸引了大家的注意。中微子实验的弱流是不是像 ep 实验中的电磁流那样也能揭示质子中的部分子结构？新的和更多的信息还应该来自中微子和反中微子可以用与之相关联的轻子的不同电荷来区分的事实。今天，Gargamelle 实验以发现弱中性流而著称，但是在准备这个物理计划时期，这个题目甚至没有被讨论，在 1970 年送交的建议中也被置于较低优先级。[40]

图 3 展示了插入线圈中的气泡室室体，注意到在室体旁堆放了大量的重物质。1971 年开始测量和记录改进的中微子和反中微子宽带束流，实验胶片被七个实验室分享。严格的扫描和测量规则确保了在所有实验室都有相同的标准。基于先

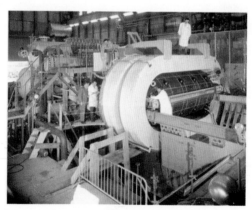

图 3　安置于磁体线圈内的 Gargamelle 气泡室

前在 Ramm 室的中微子实验的经验, 事例被分为以下四类:

(A) 带有一个 μ 子候选者的事例;

(B) 没有 μ 子候选者的多叉事例;

(C) 质子星;

(D) 单电子或单正电子或光子。

那时, 一个中微子核子相互作用被解释为 $\nu_\mu N \rightarrow \mu^- + X$ 事例, X 为一个强子系统, 那样的事例作为 A 类被记录。中微子引发事例的特点是带有一个 μ 子候选者的多叉事例, 这里 μ 子候选者的唯象定义为带负电而不发生相互作用的粒子。当时由于 μ 子没有被明确鉴别, 任何只要没有显示可见相互作用而具有合适电荷的粒子统统都被看作 μ 子。因此, 事例样本 A 不可避免地被掺杂, 这种情况必须被校正。主要的本底来源是泡室中中子引发的事例。这些中子是上游重物质中的中微子相互作用产生的。它们在泡室中产生相互作用且所有终态带电粒子都被鉴定为强子, 这类事例被称为中子星而被归到 B 类; 如果带电 π 介子中有一个带有正确的电荷并且不在泡室的可视部分发生相互作用, 这些事例就被归于 A 类。这种掺杂很容易从来自 B 类中观察到的中子星事例数进行估算。

7.3.2 挑战

研究核子的部分子结构的数据分析进展良好, 那时 Gargamelle 的理论界朋友, 特别是 Jacques Prentki 和 Mary-Kay Gaillard 向合作组指出弱相互作用理论的突破已经实现: 格拉肖–萨拉姆–温伯格模型把电磁和弱现象同时包括在一个局域规范理论中。此模型是可重整化的, 并且除了众所周知的带电流过程 $\nu_\mu N \rightarrow \mu^- + X$ 外, 还预言了弱中性流, 也就是 $\nu_\mu N \rightarrow \nu_\mu + X$ 过程, 这些结论立即让大家激动起来。如果真是那样的话, 我们应该在 Gargamelle 中观察末态不含带电轻子的中微子所引发的事例。尽管还没有准备做那样的搜寻, 但鉴于高度相关的话题, 合作组还是不失时机地接受了挑战。如果存在的话, 那么中性流引发的事例应该已经呈现在 B 类事例之中, 只是等待去识别。不过, 人们从一开始就清楚地认识到中子本底将是个问题。

中性流候选者的专门搜寻开始了。为了减少来自中子的本底, 在强子终态加了很强的 1GeV 的能量截断。为了将来的比较, 从带电流事例样本中构建了一个参考样本, 就中性流候选者而言那里的强子系统要遵守相同的标准。随着工作不断向前推进, 1972 年 12 月 Aachen 组在反中微子胶片中发现了一个令人兴奋的事例。它是由一个完全孤立的单电子组成的, 这被解释为轻子中性流候选者 $\bar{\nu}_\mu e \rightarrow \bar{\nu}_\mu e$, 因为所有常规的解释都被安全地排除了 (见参考文献 [41])。这个极其清晰的事例后来作为教科书上的著名范例, 但在中微子的胶片上并没有发现那样的事例。在格拉肖–萨拉姆–温伯格模型的框架内的这个解释对弱混合角提供了第一个约束。

7.3.3　1973 年 3 月的情况

不到一年内，一个相当大的强子中性流事例样本得到了。Lagarrigue 1973 年 3 月在 CERN 主持了合作组会议。分析的状况总结于表 1 和图 4。

表 1　在中微子 ν 和反中微子 $\bar{\nu}$ 胶片中的中性流(NC)和带电流(CC)事例样本

事例类型	ν 曝光	$\bar{\nu}$ 曝光
#NC	102	64
#CC	428	148

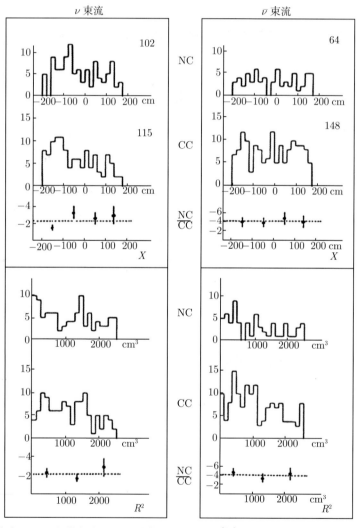

图 4　中性流 (NC) 和带电流 (CC) 样本的各种分布 [43]，R 表示径向而 X 表示纵向位置

图 5 展示了一个中性流候选者，终态中明显没有轻子。顺着径迹可以觉察到一个强相互作用，因此判定它的强子性质。

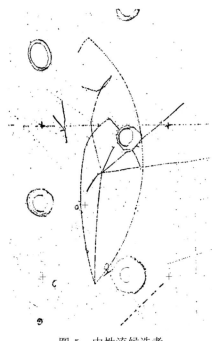

图 5　中性流候选者

有很好的理由值得欣慰。实际上，三个论据似乎暗示出现了一种新现象：

- 中性流候选者的分布看起来好像是类中微子 (neutrino-like) 的。

它们的形状与中微子引发的带电流 (CC) 事例的参考样本可以比较，如果不理会 μ 子的话，则和中性流 (NC) 候选者具有相同的性质。

- 中性流候选者与带电流事例的比率。

此比值不小，沿着束流方向 (X) 和径向 (R) 都是平的。

- 中性流候选者不像是类中子性的。

否则因为中子的相互作用长度比泡室的尺度小，进入的中子数在泡室的前半室会跌落。这一点被 Orsay 组简单假设在泡室入口窗放置一个中子源的蒙特卡罗计算证实。

但欣快情绪也由于以下两条反驳意见而降温：

- 中微子通量具有很宽的径向分布。

来自上游中央的中微子相互作用产生的中子数确实在泡室有效体积中有一个跌落，但中微子通量相当大的一部分沿径向延伸超过泡室的有效体积并产生中子源，这些中子源沿着泡室不可见的部分分布，更远的到达线圈。实际结果是中子的进入同样是横向的，因此沿泡室产生了就像真正的中微子引发的事例那样的一个平的分布。因为外边的物质作为源的贡献为前部物质贡献的倍数，所以潜在的危险是明显的 (见图 6)。

- 高能中子在铁屏蔽体中呈级联增殖。

进入泡室并沉积多于 1GeV 的中子可以产生强子级联，这个级联是由在屏蔽体中的原初的中微子相互作用产生的。这意味中子本底不是正比于相互作用长度，而是正比于级联长度，级联长度更大且具有能量依赖性。

在此次热点会议结束时，大家都清楚了中子本底的定量估计是绝对必要的[②]。只有无疑地显示了中子本底的贡献比观察到的中性流候选者事例小的时候才能声称发现了新效应。

7.3.4 中子本底

图 6 展示了实验装置的侧视和顶视图。中微子从右向左穿过铁屏蔽体进入位于巨大铜线圈内部的泡室室体。泡室充满 $1.5g/cm^3$ 的氟利昂液体，有效体积是一个半径 0.5m、长 4m 的圆柱形，如图 6 上所示。靶质量约为 5t，这与周围的重物质相比是很小的。中子来源于上游的中微子相互作用。因此，这些中子源依据中微子通量的分布确定位置。中微子通量实验上是通过测量屏蔽体 μ 子流通量和探测已知介子通量以及衰变运动学决定的。产生的中子的能量和角分布可以从观察的中微子事例本身得到。

侧视图

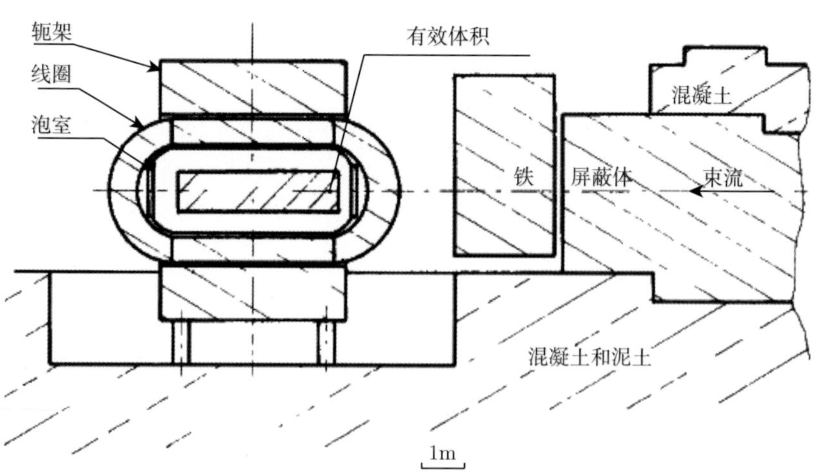

1m

---

②其他的本底源也被研究了，发现没有相关性。

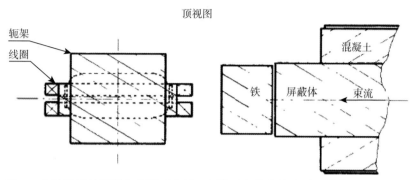

图 6　实验装置的侧视和顶视示意图。中微子束从右边穿过屏蔽体进入安置于磁体线圈和轭铁内部的气泡室 Gargamelle 中，图中勾画了室体内部的有效体积

　　因此，中子源的空间和运动学性质可以稳妥地建立。计算在泡室室体内中子相互作用假冒中性流候选者的关键问题存在于强子在物质中传输的处理。一个上游中微子相互作用的终态强子通常会在屏蔽体中产生一个簇射，这意味着多重性的增加。必须确定哪个离开屏蔽体而进入泡室的粒子将能够假冒一个中性流候选者。这个看似短时间内无法提出可靠的预言，但直到认识到这样的道理[42]，即因为介子不能产生快中子，只与簇射中的核子成分有关，进而认识到了核子级联是线性的。因此，任务就减少为决定快核子在物质中的弹性分布。这些可以从发表的核子-核子相互作用的数据中取得。总之，中子本底的预言摆脱了未知参数。

　　如图 7 所示，在泡室中发生的一个中子相互作用有两类拓扑结构，即分为中子的起点是可见的或者不可见的。两种事例拓扑分别为用 AS 标识的相关事例和本底事例，即用 B 标识的非相关事例。泡室液体的中子相互作用长度大约为 80cm，相当多的 AS 事例样本可以被收集到，这多亏了 Gargamelle 很长的纵向延伸，在中微子胶片中收集到 15 个事例，而在反中微子胶片中收集到 12 个事例。观察到 AS 和 B 事例数意味着关于核子级联性质的一个约束，因为 B 事例代表核子级联的结束，而 AS 事例代表一个核子级联的开始。到 1973 年 7 月初，处理本底的程序已经准备好了。最初假设所有的中性流候选事例都是本底来进行试验，这是最糟的可能假设。当时中微子胶片中 B/AS 比例是 102/15，而本底程序对此比例的预言值为 1±0.3，这与测量到的比例严重不符。反中微子胶片的数据也产生相同的结论。所以这个假设必须排除，观察到的中性流候选者肯定不全是中子本底。相反，中子本底仅仅占一小部分。下一步用在中微子相互作用中发射的中子的角度和能量分布来估计本底，得到的结果 B/AS=0.7±0.3。于是，用计算得到的比例 B/AS 和观察到的 AS 事例数就可预言在 102 个中性流候选者中的中子本底的绝对事例数，对中微子数据产生 10 个本底事例，并且对反中微子数据也有类似的结果。到了这一步，就可把得到的结果声称为发现了一个真正的新效应。

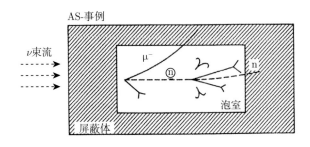

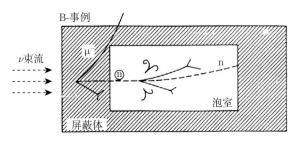

图 7　在泡室中一个中子相互作用的两种拓扑结构示意图

当时, 此结论在合作组内进行了紧张的讨论。本底计算中的所有因素都被严格审查。修改程序的模块结构以便立即回答某些特设的修改建议的后果, 特别是关于级联处理方面的修改建议。到了 1973 年 7 月底合作组确信观察到的没有终态带电轻子的事例构成了真正的新效应, 并把论文投给 *Physics Letters* 发表 [43]。而那个单电子事例 [41] 的论文也已于几星期前投出。

7.3.5　激动人心的秋天

一个月后该发现就在波恩 (Bonn) 的电子光子大会上报告了。哈佛–宾夕法尼亚–威斯康星合作组 (Harvard-Pennsylvania-Wisconsin, HPW) 也在大会上报告了他们刚刚得到的观测结果。在专题分会上, 人们对新结果作了激烈的讨论。作为这次大会的亮点, C. N. Yang 在终场报告中宣布了弱中性流的发现。

尽管如此, 一些著名物理学家还是质疑本底计算的正确性, 认为低估了本底, 特别是关于核子级联的乐观处理。这可能使得所声称的发现成为泡影。尽管 Gargamelle 的回答是安全和合理的, 但怀疑仍然很强烈, 并且当 HPW 合作组在改良后的装置上不能重现该测量结果的谣言传开时怀疑就进一步增加了。针对这些质疑, CERN 的管理层决定做一个判断性实验来证实或证伪中子本底计算的正确性。

7.3.6　质子实验

从质子同步加速器取得固定动量 (4GeV, 7GeV, 12GeV 和 19GeV) 的单质子脉冲送到 Gargamelle，执行了两轮实验。第一轮在 1973 年 11 月底，另一轮在同年的 12 月中旬。入射质子就像中子那样开始了级联，现在这些级联可以被观察和研究。图 8 展示了由 7GeV 质子所引发的级联的例子。使用中子级联程序时，现在只须把初始条件设定为给定动量的质子。几个需要回答的关键问题事先也做了安排，本底程序必须预言所预期的东西。

两个最重要问题，也就是可观测相互作用长度和级联长度的测量，程序的回答展现在图 9 中。预言的可见相互作用长度依赖于所采用的相关截面，这不仅仅是总截面。中子是通过产生一个可见的至少 150MeV 能量沉积的相互作用而被确认的。第一个具有至少 150MeV 能量沉积的可见相互作用的距离即视为可见相互作用长度，而级联长度是指沉积能量至少为 1GeV 的最后一个相互作用的距离。否则就没有资格被认定为是一个中性流候选者。

这些测量和其他测量 (见参考文献 [6] 和 [46]) 以及被中子本底程序预言之间的吻合确认了在有关那个发现的论文中所提到的本底估计的正确性，也驱散了所有的无端的批评。

这两轮实验的分析于 1974 年 3 月底结束，并在 1974 年 4 月华盛顿的 APS 会议上报告 [44]。

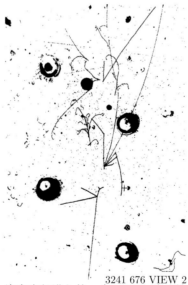

3241 676 VIEW 2

图 8　由 Gargemelle 泡室底部进入的一个 7GeV 质子所引起的多步级联例子。第一次相互作用后发生了一次电荷交换，级联由一个快次级中子继续，转而的相互作用发射一个再一次发生相互作用的快质子，这次相互作用产生一个 π^0 介子和一个中子，而这个中子在接近可见体积的末端的下游进一步发生作用

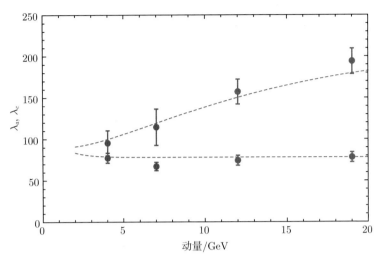

图 9　作为动量函数测量的 (点) 和程序所预言的 (虚线) 可观测相互作用长度 (下) 和各自的级联长度 (上) 的比较

7.3.7　确认

约在 1974 年春天, 涌现了存在弱中性流的充足证据。首先, Gargamelle 合作组都增大了证实他们原初发现弱中性流存在的事例样本 [45]。此外, 还通过质子实验确认了中子本底计算, 以及基于中微子和中子在泡室中引发事例的位置和不同的相互作用长度对本底做了独立确定 [6,45]。图 10 展现了带电流 (CC)、中性流 (NC) 和相关 (AS) 事例可见相互作用长度的似然分析。CC 事例是真正的中微子引发事例, 它们的相互作用长度与无限大相符, 而 NC 事例有较短的可见相互作用长度, 由于有些中子成分的贡献。估计的数值符合先前中子本底的直接测定。

加州理工学院费米实验室 (CalTech-Fermilab) 实验组 [46] 在 45GeV 和 125GeV 两种能量下进行了中微子实验, 他们发现了一个清晰的无 μ 子事例。带电和中性流事例由它们在量能器中的事例长度加以区分。这个新方法后来得到许多的应用。

在 12 英尺 ANL 气泡室中观察到了相当数量的 $\nu n \to \nu p \pi^-$ 和 $\nu p \to \nu p \pi^+$ 事例 [47]。这是一个专有中性流道的首次观察。

最后, HPW 合作组也认识到了为什么他们当时丢失了最初中性流信号, 并给出了清晰的信号 [48]。

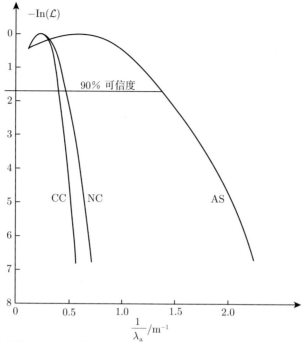

图 10　带电流 (CC)、中性流 (NC) 以及相关 (AS) 事例的对数似然函数分布，水平线表明 90% 置信水平

7.4　总　　结

Gargamelle 合作组于 1973 年公布了他们的发现，并坚决地反对所有批评。一年后，最后一个怀疑者也被说服了。

弱中性流的发现对高能物理开启了一个长期的发展。弱中性流的实验和理论研究导致了在基础科学前沿以及技术和能量前沿的空前进步。这一切在 40 年的回顾中都是显而易见的。弱和电磁现象方面所取得的杰出成就是现在它们已用一个电弱规范理论共同描述了。

致谢

我很高兴，感谢 Luisa Cifarelli 把关于 Pontecorvo 的书作为礼物赠予我，Pontecorvo 在弱相互作用方面具有深刻的洞察力。与 S. Bilenky, A. Bettini, M. Block，G. Fidecaro 和 E. Fiorini 进行了关于历史方面的电子邮件交换，对他们表示感谢。我还想对 P. Zerwas 提出的宝贵意见表示感谢。

参 考 文 献

[1] M. Veltman, *Facts and Mysteries in Elementary Particle Physics* (World Scientific Publishing, 2003) Chapter 7.

[2] D. H. Perkins, An early neutrino experiment, *EPJH* **38**, 713 (2013).

[3] U. Nguyen-Khac and A. M. Lutz, (eds.) *Neutral Currents Twenty Years Later*, Proceedings of the International Conference at Paris 1993, Paris, France July 6-9, 1993 (World Scientific, 1994).

[4] A. K. Mann and D. B. Cline, (eds.) *Discovery of Weak Neutral Currents: The Weak Interaction Before and After*, AIP Conference Proceedings 300, Santa Monica CA February, 1993.

[5] R. Cashmore, L. Maiani and J. P. Revol, Prestigious Discoveries at CERN, *EPJC* **34**(1) (2004).

[6] D. Haidt and A. Pullia, The Weak Neutral Current-Discovery and Impact, *Rivista del Nuovo Cimento*, **36**(8) (2013).

[7] D. H. Perkins, Gargamelle and the Discovery of Neutral Currents, in *Proc. of the Third International Symposium on the History of Particle Physics*, SLAC 24–27 June, 1992.

[8] D. B. Cline, *Weak Neutral Currents: The Discovery of the Weak Force* (Westview Press, 1997).

[9] D. Haidt and H. Pietschmann, *Electroweak Interactions*, Landolt-Börnstein New Series I/10 (Springer, 1988).

[10] H. Pietschmann, *Geschichten zur Teilchenphysik* (Ibera Verlag, 2007), pp. 30, 41, 42.

[11] E. Fermi, *Z. Phys.* **88** 161 (1934).

[12] H. Bethe and R. Peierls, *Nature* **133** 689 (1934).

[13] S. M. Bilenky, T. D. Blokhintseva, L. Cifarelli, V. A. Matveev, I. G. Pokrovskaya and M. G. Sapozhnikov (eds.), *Bruno Pontecorvo Selected Scientific Works and Recollections on Bruno Pontecorvo*, 2nd edn. (Società Italiana di Fisica, 2013).

[14] B. M. Pontecorvo, see Ref. 13, p. 402.

[15] J. Steinberger, A *personal debt to Bruno Pontecorvo*, in Ref. 13 p. 455.

[16] G. Feinberg, *Phys. Rev.* **110** 1482 (1958).

[17] B. M. Pontecorvo, Electron and Muon Neutrinos *Zh. Exp. Teor. Fiz* **37** 1751 (1959); *JETP* **10**, 1236 (1960); Ref. 13, p. 167.

[18] B. M. Pontecorvo, Experiments with neutrinos emitted by mesons, *Zh. Exp. Teor. Fiz* **39** 1166 (1060); see also Ref. 13, p. 181.

[19] B. M. Pontecorvo, Una nota autobiographica in Ref. 13, p. 424.

[20] G. Fidecaro, Bruno Pontecorvo: From Rome to Dubna, see Ref. 13, p. 480.

[21] M. A. Markov, in *Proc.Int.Conference on Neutrino Physics and Neutrino Astrophysics* (neutrino'77), Baksan Valley 18-24 June, 1977; *On high energy neutrino physics*, 10th Annual Int. Conf. on High Energy Physics at Rochester, August 25-September 1, 1960.

[22] M. Schwartz, Feasibility of using High-energy neutrinos to study the weak interactions, *Phys. Rev. Lett.* **4**, 306 (1960).

[23] T. D. Lee and C. N. Yang, Theoretical discussions on possible high-energy neutrino experiments, *Phys. Rev. Lett.* **4**, 307 (1960).

[24] B. M. Pontecorvo, see Ref. 13, p. 405.

[25] The 40th anniversary of EPS–Gilberto Bernardini's contributions to the physics of the XX century, prometeo.sif.it:8080/papers/online/sag/024/05-06/pdf/08.pdf

[26] G. Bernardini, The program of Neutrino Eperiments at CERN, 10th Annual Int. Conf. on High Energy Physics at Rochester, August 25.September 1, 1960, p. 581.

[27] F. Krienen, R. Salmeron and J. Steinberger, Proposal for an experiment to detect neutrino induced reactions, PS/Int. EA 60-10 (September 12, 1960).

[28] J. Steinberger, Pontecorvo and neutrino physics, CERN Courier Letters February 24, 2014, cerncourier.com/cws/article/cern/56229.

[29] G. Bernardini, Report to the Scientific Policy Committee, CERN/SPC/121, cds.cern.ch/record/39801/files/CM-P00094942-e.pdf

[30] G. Bernardini, The Neutrino Experiment, CERN/SPC/138 (July 21, 1961).

[31] G. Danby *et al.*, *Phys. Rev. Lett.* **9**, 36 (1962).

[32] C. Franzinetti (eds.), The 1963 NPA Seminars: The Neutrino Experiment, CERN 63-37, Februry 1963.

[33] J. S. Bell, J. Lovseth and M. Veltman, Conclusions at the Siena 1963 conference: The CERN experiment, dspace.library.uu.nl/bitstream/handle/1874/4793/13782.pdf.

[34] R. Feynman and M. Gell-Mann, *Phys. Rev.* **109**, 193 (1958).

[35] B. M. Pontecorvo, see Ref. 13, p. 196.

[36] S. B. Treiman, Weak Global Symmetry, *Il Nuovo Cimento* 15, 916 (1960).

[37] T. D. Lee, Intermediate Boson Hypothesis of Weak Interactions, 10th Annual Int.Conf. on High Energy Physics at Rochester, August 25.September 1, 1960, p. 567.

[38] E. Young, PhD thesis, CERN Yellow Report 67.12 (1967).

[39] D. C. Cundy *et al.*, *Phys. Lett.* **77B**, 478 (1070).

[40] Gargamelle Collaboration, ν-proposal, CERN TCC/70.12 (1970).

[41] F. J. Hasert *et al.*, *Phys. Lett.* **46B**, 121 (1973).

[42] W. F. Fry and D. Haidt, CERN Yellow Report 75.1 19751; see also Ref. 3.

[43] F. J. Hasert *et al.*, *Phys. Lett.* **46B**, 138 (1973);

[44] D. Haidt, Contribution to the *APS* Meeting at Washington, April 1974.

[45] F. J. Hasert *et al.*, *Nucl. Phys. B* **73**, 1 (1974).

[46]　B. Barish, Contribution to the London Conference, June 1974; *Phys. Rev. Lett.* 33, 538 (1975).

[47]　S. J. Barish *et al.*, Contribution to the APS Meeting at Washington, April 1974; *Phys. Rev. Lett* 33, 1454 (1974).

[48]　A. Benvenuti *et al., Phys. Rev. Lett.* **32**, 800 (1974).

第8篇　CERN 高能中微子实验的重要成果

W.-D. Schlatter

CERN, CH-1211 Geneva, Switzerland

dieter.schlatter@cern.ch

何景棠　译

中国科学院高能物理研究所

在 CERN 用高能中微子束进行的实验为标准模型提供了早期的定量检验。本文描述了核子的夸克结构和弱流的研究成果，以及弱混合角精确的测量结果。这些结果确定了弱电模型新的定量检验。此外，中微子深度非弹性散射中对核子结构函数的测量首次对 QCD 做了定量检验。

8.1　引　　言

在 20 世纪七八十年代，高能中微子被成功地用来研究弱相互作用，同时，由于没有强相互作用的干扰，深度非弹性散射可以探测核子 [1]。在 1973 年，利用 Gargamelle 重液泡室的实验，发现了中性流，是 CERN 的 PS 加速器的一个亮点。70 年代后期，中微子束流较高的能量达到 200GeV，为利用中微子–核子深度非弹性散射检验 10 年前就已被系统阐述过的标准模型基础开辟了新的机会。本文回顾了这段时间 CERN 中微子实验的重要成果①。D. H. Perkins 和 J. Steinberger 在文献 [3] 和文献 [4] 分别对早期中微子实验作了历史评论。

中微子–核子深度非弹性散射通常由四个运动学变量 Q^2，v，x 和 y 来描述。为方便下面的叙述，图 1 中给出了它们的定义。

中微子和反中微子的截面用三个核子结构函数：$2xF_1(x, Q^2)$，$F_2(x, Q^2)$ 和 $xF_3(x, Q^2)$ 来描述。在部分子模型中，自旋为 1/2 的部分子，有 $2xF_1(x) = F_2(x)$，而 $q(x)$ 和 $\bar{q}(x)$ 是所有夸克和反夸克结构函数之和。所以，截面只依赖于两个结构函数 $F_2(x) = q(x) + \bar{q}(x)$ 和 $xF_3(x) = q(x) - \bar{q}(x)$。

---

① 由 Gargamelle 发现中性流的故事在本书中由另外的文章来回忆 [2]。

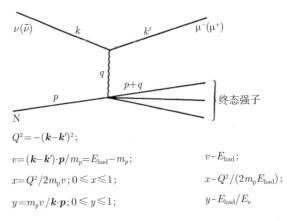

$$Q^2 = -(\boldsymbol{k} - \boldsymbol{k}')^2;$$

$$v = (\boldsymbol{k} - \boldsymbol{k}') \cdot \boldsymbol{p} / m_p = E_{\text{had}} - m_p; \qquad\qquad v \sim E_{\text{had}};$$

$$x = Q^2 / 2m_p v; \, 0 \leqslant x \leqslant 1; \qquad\qquad x \sim Q^2 / (2m_p E_{\text{had}});$$

$$y = m_p v / \boldsymbol{k} \cdot \boldsymbol{p}; \, 0 \leqslant y \leqslant 1; \qquad\qquad y \sim E_{\text{had}} / E_{\nu}$$

图 1   中微子–核子深度非弹性散射运动学变量的定义

8.2   早期 Gargamelle 关于夸克–部分子模型的结果

在 20 世纪 60 年代后期 [5]，SLAC 的新的电子–核子散射实验，推动了 R. Fernman 提出部分子模型①。观察到的标度性行为可以用被称为部分子的核子内的点状成分来解释。部分子模型的重要元素之一是这样的思想，即轻子–核子深度非弹性散射的标度性行为可以理解为轻子与核子内的自由部分子弹性散射之和。将 x 固定，对非常高的 Q^2 和 ν 核子标度性的结构函数的结果是 $F_i(x, Q^2) \to F_i(x)$。

1970 年早期，用 Gargamelle 重液泡室在 CERN 的 PS 做的中微子–核子深度非弹性散射实验可以把一些有疑问的问题弄清楚。其完成了两个重要的观测：第一，中微子和反中微子深度非弹性散射的截面随能量线性上升 [7]，证实了核子类点结构 (图 2)②。

第二，由 Gargamelle 中微子数据 [8] 获得的结构函数 F_2 与在 SLAC 的 ep 散射获得的 F_2 相一致 [9]，只要除以由夸克模型预言的核子中带分数电荷的 u 夸克和 d 夸克的电荷的均方 5/18，$F_2^{\nu N} = F_2^{\text{eN}} \left[\dfrac{1}{2} ((2/3)^2 + (1/3)^2) \right]^{-1}$。类点的部分子实际上是夸克。图 3 表示由 Gargamelle 中微子的数据获得的 F_2 作为标度变量 x 的函数与 SLAC/MIT 电子–质子的参数化数据的比较。

此外，由 Gargamelle 实验推导出夸克部分子的两个重要的求和公式。动量求和公式，$\dfrac{1}{2} \displaystyle\int (F_2^{\nu p}(x) + F_2^{\nu n}(x)) \, \mathrm{d}x = 0.49 \pm 0.07$，与早期电子散射结果一致，这表示在核子中，由夸克所带的动量只是核子动量的一半，意味着存在新的部分子，即

---

① 在 J. I. Friedman 的个人收藏中，可以找到这些实验 [6]。

② 实际上，中微子散射截面的线性增加，在 CERN 重液泡室实验之前，已经被发现 [10]，但当时没有认识它的意义 [11]。

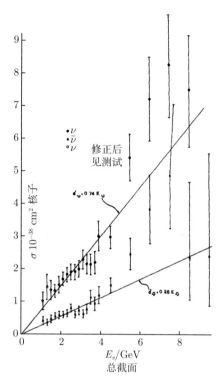

图 2　中微子和反中微子散射的总截面作为能量的函数 [7]，线性上升是核子的类点相互作用的结果

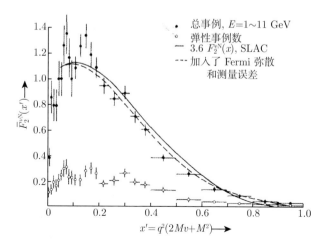

图 3　Gargamelle 中微子散射结构函数 $F_2(x)$[7]，曲线表示电子散射乘以 18/5 的夸克动量分布的经验拟合 [9]

胶子。此外，测量的核子中的价夸克数为 $\frac{1}{2}\int(F_3^{\nu p}(x)+F_3^{\nu n}(x))\mathrm{d}x$，等于 3.2 ± 0.6，与由夸克模型预言的期望值为 3 相一致。

8.3　中微子束流和实验

中微子深度非弹性散射的成功得益于高能中微子束和大型强有力的探测器。在 CERN 由于 1976 年 SPS 的建成，才有高能中微子束流。最初的中微子束流是这一年的 12 月投入运行的。

在 SPS 有两种中微子束流：选择带电强子 π 或 K 动量的窄带束 (NBB) 以及利用范德瓦尔聚焦磁号获得的宽带束 (WBB)。图 4 表示中微子区的平面图。图 5 表示中微子和反中微子的能谱。带正电的强子产生中微子，带负电的强子产生反中微子。利用窄带束允许确定事例的能量，对中性流事例，由事例在探测器的径向位置来定。图 6 表示带电流事例。

经过 300m 的衰变坑道之后，有 400m 长的铁屏蔽，后面跟着四个电子学探测器：可以充满氢、氘或氖的大型欧洲气泡室 (BEBC)，以及两个新的电子学探测器 CDHS 和 CHARM，第四个探测器是 1977 年从安置在 PS 中微子束上的移动到 SPS 中微子束上的 Gargamelle。然而，一年之后，由于泡室本体破裂，而不得不停止实验。

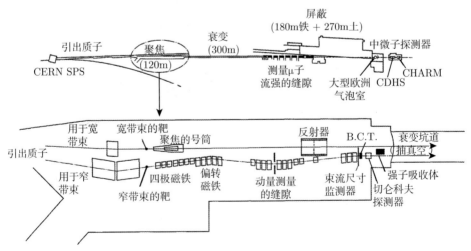

图 4　SPS 中微子束流的平面图。下半部表示放大的聚焦部分 [12]

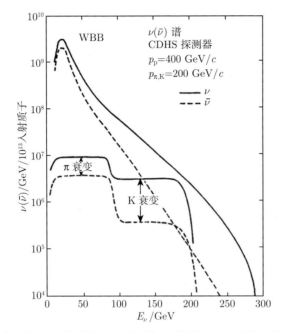

图 5 中微子和反中微子宽带束的能谱 (下降谱) 和窄带束的能谱 (平谱)

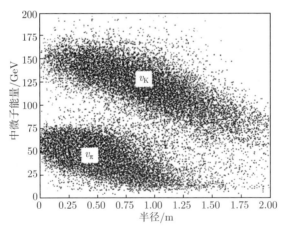

图 6 中微子窄带束流能量与事例在探测器中的位置关系, 上部是 K 的衰变, 下部是 π 的衰变

CDHS 探测器 [13] 由 19 个相似的模块组成, 结合了靶、强子量能器和 μ 子谱仪的功能。它是由环形的磁铁板作为吸收体, 夹着闪烁体做量能器, 在模块之间插入漂移室做径迹重建。它的总重量为 1200t; 探测器从 1977 年春天开始取数。图 7 是 CDHS 的示意图。第二个电子学探测器是 CHARM[14], 它由以下几部分组成: 精细分粒的量能器, 周围有磁铁框架, 后面跟着 μ 子谱仪。量能器由闪烁体、漂移

室和流光管组成，漂移室之间插入大理石作吸收体。它的总重量为 100t。图 8 是
CHARM 的示意图。

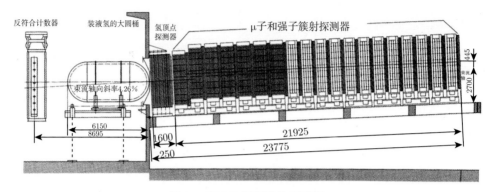

图 7　CDHS 探测器的示意图

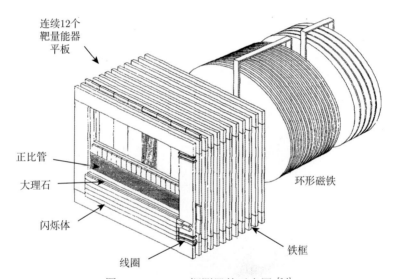

图 8　CHARM 探测器的示意图 [14]

图 9 表示在这些探测器中典型的带电流 (CC) 事例和中性流 (CN) 事例。

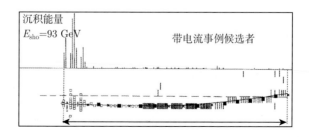

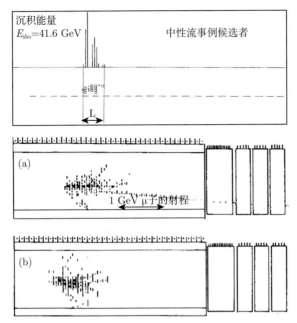

图 9 上部分是 CDHS 探测器的 CC 事例和 CN 事例, 下部分是 CHARM 探测器的带电流事例和中性流事例

8.4 核结构和夸克部分子模型

1977 年后期, 在 CERN 的 SPS 使用中微子窄带束收集了高能中微子的数据, 通过该中微子窄带束可以更可靠地测量中微子流。由 BEBC[17] 和 CDHS[18] 报告了截面的测量结果。更精确的数据来自 1200t 的 CDHS 量能器。图 10 是 BEBC 的

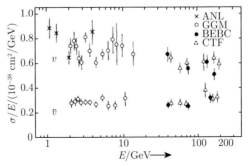

图 10 来自 BEBC[17] 和 Gargamell[15,16] 的中微子和反中微子的总截面的结果, 图上还有加州理工学院–费米实验室 (Caltech-Fermilab) 以及 BNL12 吨的泡室的结果

结果；图 11 是 CDHS 的结果。σ/E 的高能行为表明了部分子模型预言的标度性。在这个能区，由 QCD 预言的标度性破坏是如此之小 (<5%)，所以未能看到。

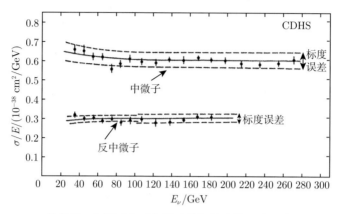

图 11   CDHS 的结果。中微子和反中微子 [18] 的总截面除以中微子的能量，表明有部分子模型的标度性行为

y 近似等于有关强子的能量，y 的分布是另一个可以方便地比较部分子模型预言的方法。图 12 表明与夸克部分子模型所假设的核子的类点结构出奇地一致。

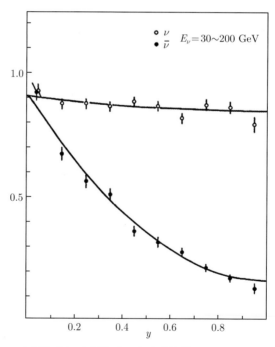

图 12   CDHS 对中微子和反中微子深度非弹性散射得到的 y 分布的结果 [21]，实线是夸克部分子模型的预言

由 CDHS[18] 中微子得到的高统计量的数据对 $F_2(x)$ 结构函数的测量结果与 SLAC-MIT[20] 用 eN 散射除以电荷因子 18/5 以及由 EMC[19] 用 μN 散射的结果除以电荷因子 9/5 作了比较。图 13 表明，夸克是类点的部分子的概念得到进一步的加强。

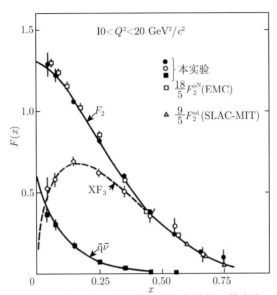

图 13 对结构函数 $F_2(x)$，$xF_3(x)$ 和所有反夸克结构函数之和 $\bar{q}(x)$ 的 CDHS 的结果 [18]。叠加在 $F_2(x)$ 的是 μN 和 ed 散射乘以相应的电子因子的结果。实线是夸克部分子模型的预言

8.5 弱电测量

8.5.1 弱混合角

由 Gargamelle 实验 [1] 发现了中性流相互作用之后，兴趣开始集中于测量其强度和结构。利用中微子的中性流与带电流单举事例截面之比 R_ν 及反中微子的 $R_{\bar{\nu}}$，可以从电弱理论抽取出被称之为温伯格角的弱混合角。从 1974 年到 1977 年，Gargamelle 最先估计的温伯格角为 $\sin^2\theta_W = 0.3 \sim 0.4$。1977 年，CDHS 在 SPS 上利用 NBB 收集到的高统计量的数据，测到的 R_ν 和 $R_{\bar{\nu}}$，第一次精确地抽出温伯格角的值为 $\sin^2\theta_W = 0.24 \pm 0.02$，如图 14 所示。

若干年之后，CDHS 的测量结果由 CHARM 很好地证实了 (图 15)。表 1 列出这两个实验的结果。图 16 是与 Gargamelle 早期结果的比较。它表明，相对于早期泡室的结果，大型的电子学探测器有了巨大的进步。

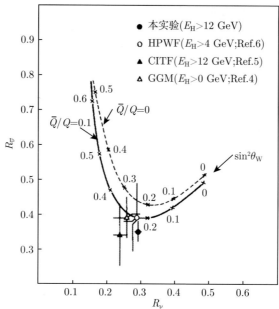

图 14　CDHS 的截面比 [22] R_ν 和 $R_{\bar\nu}$ 与温伯格–萨拉姆模型的比较，假设反夸克的贡献为 $\bar{q}/q = 0.1$(实线)，作为比较，虚线为 $\bar{q}/q = 0$

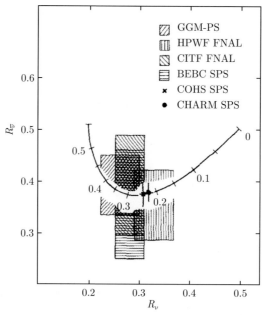

图 15　CHARM[23] 截面比 R_ν 和 $R_{\bar\nu}$，与温伯格–萨拉姆模型的比较

表 1   CDHS 和 CHARM 实验不同时期测量的混合角的值

	$\sin^2\theta_{\mathrm{W}}$
CDHS 1977[22]	0.24 ± 0.02
CHARM 1981[23]	0.230 ± 0.023
CDHS 1986[24]	$0.225 \pm 0.006 \pm 0.013(m_{\mathrm{c}} - 1.5\mathrm{GeV})$
CHARM 1986[25]	$0.236 \pm 0.006 \pm 0.012(m_{\mathrm{c}} - 1.5\mathrm{GeV})$

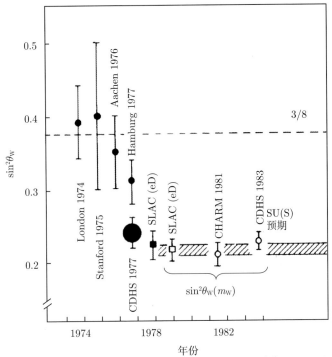

图 16   温伯格混合角作为时间的函数的不同测量结果 [26]，1977 年之前是 Gargamelle 的结果

由于统计量增大，同时，在分析中引入 QED 辐射修正 [27]，因此分析精度得到了改善。中微子散射测量温伯格角的主要不确定性就变成了对粲夸克的质量 m_{c} 的了解过少。因此，表 1 温伯格角是作为 m_{c} 的函数表示的。

8.5.2   粲夸克的产生和 GIM 机制

正如由 GIM 机制所预言的 [28]，带相反电荷的双 μ 事例中有开放的粲产生，以及粲粒子的半轻子衰变。双 μ 事例的 x 分布与普通的 CC 事例的 x 分布是不同的 (参见图 17)，与夸克和反夸克的特殊混合相一致。正如所期望的那样，重的粲夸克 [30] 的碎裂平均相对动量结果是比较硬的，$\langle z \rangle \approx 0.7$。

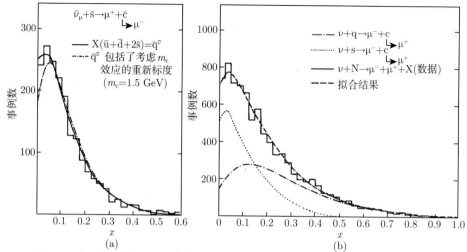

图 17　双 μ 事例的 x 分布 [29]。(a) 对反中微子，实线是由单 μ 事例获得 "海"
夸克 $\bar{q}(x)$ 的分布；(b) 对中微子，曲线表示从 (a) 的数据中，48% 构成奇异夸
克 (点线)，而 52% 为夸克贡献 (点短划线)，虚线是两者之和

8.6　QCD 和结构函数

　　1972~1973 年提出了夸克和胶子的强相互作用理论 QCD，并描述了 "渐近自
由" 的概念。中微子与核子的深度非弹性散射提供了一个绝好的机会定量地检验
它。结构函数的分析被用来细致地检验 QCD，决定其标度参数 λ_{QCD} 和胶子在核
子中的动量分布 $g(x)$。

　　1977~1978 年，BEBC 和 CDHS 实验表明，原始的夸克部分子模型所表示的
标度性，在较高的 Q^2 时被破坏。在 QCD 中，从夸克辐射的硬胶子导致标度性的
对数破坏。而核子的结构函数 F_2 的形状依赖于中微子的能量 (参见图 18)，对较高
的能量，在小 x 处上升，而对较低的能量下降。类似，在小 x 和大 x 处对 Q^2 的依
赖，可以由 Gargamelle/BEBC 的数据 [17](图 19) 和 CDHS 的数据 [31](图 20) 清楚
地看到。

　　结构函数 F_3 是 QCD 少数几个可以在实验上早期做出检验而做出绝对预言的
情况之一。xF_3 的矩 $\left(\text{定义为} M_n\left(Q^2\right) = \int \mathrm{d}x\ x^{n-2} xF_3(x, Q^2)\right)$ 的 x 分布在 QCD
中对 Q^2 的依赖比分布本身更为简单，它们被预言为当 $\log Q^2$ 达到被称为反常维
度的特定指数时发生变化。在二维的 log-log 表象中，矩的不同对，对不同的 Q^2 作
图，应该位于由反常维度的比所给出斜率的一条直线上。尽管 Q^2 较低，观察到的
斜率仍与 QCD 的预言出奇地一致，这由图 21 表示。

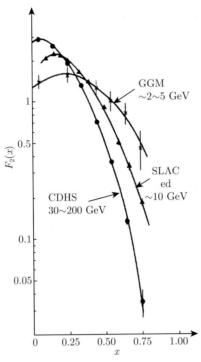

图 18　结构函数 F_2 对不同轻子能量区的比较 [31]

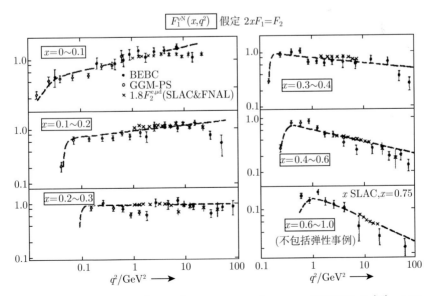

图 19　对不同的 x 和 Q^2，F_2^ν 的 Gargamelle 和 BEBC 的不同结果 [17]，十字
叉表示从 SLAC 电子散射和 μ 子散射，乘以对应的电荷因子 9/5 的结果

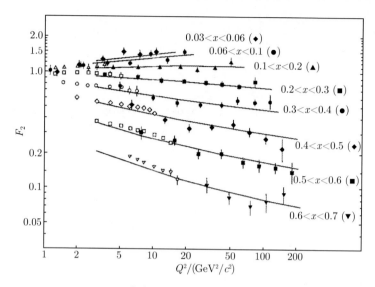

图 20　CDHS 对 $F_2(x, Q^2)$ [31] 的初步结果 (实心符号)，叠加上用 DGLAP 演化方程的拟合结果，空心符号是 ed 散射的结果

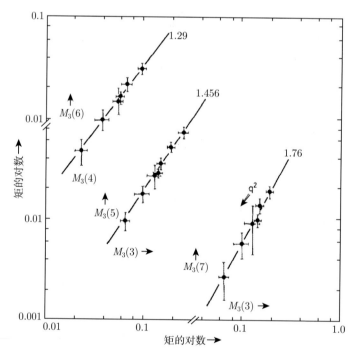

图 21　xF_3 对不同矩的 log-log 的图 [17]。图中的实线是 QCD 预言的线性关系。一个矩的对数对另一个矩的对数作图，Q^2 的变化范围是 $5{\sim}50$ GeV$^2/c^2$。注意任何一对矩的误差都是深度相关

由高能中微子和反中微子的 F_2 和 xF_3 更精确的数据,有可能更严格地定量检验微扰 QCD。图 22 表示,CDHS 数据的 $F_2(x, Q^2)$ 和 $xF_3(x, Q^2)$ 对标度参数 $\lambda_{\mathrm{QCD}} = 250\mathrm{MeV}$ 拟合的 DGLAP 演化方程,很好地描述了所观察到的 Q^2 的行为。标度参数的对数与 QCD 的跑动耦合常数有关[③]。对典型的 Q^2 的数据范围,从 $3\mathrm{GeV}^2/c^2$ 到 $200\mathrm{GeV}^2/c^2$,而且 $\lambda_{\mathrm{QCD}} = 250\mathrm{MeV}$,对应的跑动耦合常数从 0.3 下降到 0.2。

胶子不直接参与中微子-核子的深度非弹性散射过程。QCD 预言,它们在核子中,与夸克的相互作用,导致结构函数的标度性破坏。联合分析 $F_2(x)$ 与大 y 的反中微子数据中抽出的反夸克 $\bar{q}(x)$ 的分布,通过拟合 QCD 的演化方程,可以同时抽出胶子函数的 x 分布和 λ_{QCD}。

图 23 表示 CDHS 分析 $Q^2 = 4.5\mathrm{GeV}^2/c^2$ 的结果[34]。图 24 是 CHARM 对若干 Q^2 的分析结果。这些是第一次确定胶子函数的 x 依赖。

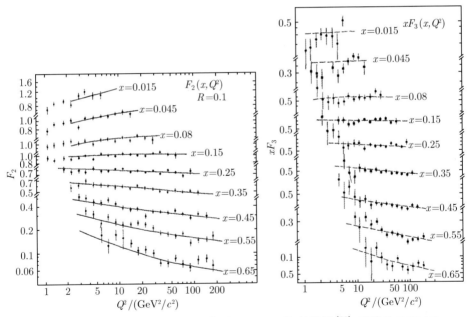

图 22 CDHS 的结构函数 $F_2(x, Q^2)$ 和 $xF_3(x, Q^2)$ 的结果[32],直线是 DGLAP 演化方程对 $\lambda_{\mathrm{QCD}} = 250\mathrm{MeV}$ 的拟合结果

③ $\alpha_s(Q^2) = \dfrac{12\pi}{33 - 2N_{\mathrm{f}}} \Big/ \ln(Q^2/\lambda_{\mathrm{QCD}}^2)$,$N_{\mathrm{f}}$ 是夸克的味道数。

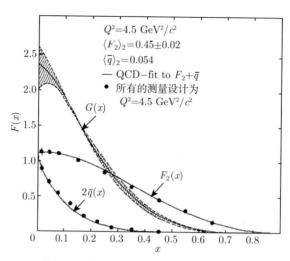

图 23　CDHS 的 QCD 拟合 F_2 和 $\bar{q}$ 得到的胶子函数 $g(x)$ 的结果 [34]

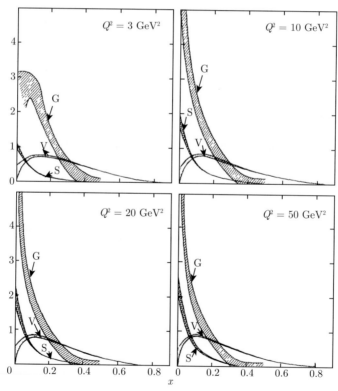

图 24　CHARM 的不同的 Q^2 值，拟合 F_2 和 xF_3 和 $\bar{q}$ 得到的 $g(x)$ 的结果 [35]

8.7 总 结

在 SPS 上做的中微子散射实验的第一个周期延续了约 10 年。由精确测量核子的结构函数，定量地检验了 QCD。在费米实验室[36]的 CCFR 中微子实验，用能量达到 600GeV 的中微子束流，继续了这种测量。他们的探测器利用中微子和反中微子混合的宽带束。由于截面随能量而上升，结构函数 F_2 和 xF_3 的测量在统计上更有效。类似地，在 SPS 上 μ 子核子散射 BCDMS 实验对 F_2 的测量，处于领先的地位。

在成功地检验了标准模型之后，中微子实验的兴趣转到寻找中微子振荡。在 CERN 建了两个新型的实验。它们是 CERN 混合振荡磁研究设备 (CHORUS) (1993/1997)，以及中微子振荡磁探测器 (NOMAD)(1995/1998)。不幸的是，它们的灵敏度不够高，不足以观察到中微子振荡。最终，第一个大气中微子振荡的有力实验证据是 1998 年来自日本的超级神冈实验[37]。这是第一个观察到表明中微子具有非零质量的实验。现在，处于领先地位的是中国大亚湾核反应堆的中微子振荡实验，最近，其以 5σ 的置信度，测得第一代中微子到第三代中微子的混合角 $\sin^2(2\theta_{13})$。[38]

在 CERN 进行的高能中微子实验的遗产包括精确地证实了夸克部分子模型，精确地测量了温伯格角，观察到核子结构函数的 Q^2 演化的标度性破坏，第一次定量地检验了 QCD，同时确定了 QCD 的相互作用强度。

从那时以后，对标准模型的严格检验转到 CERN 的大型正负电子对撞机 (LEP) 和 DESY 的 HERA 的电子质子对撞机上。最近，在 2012 年，在 LHC 上发现了希格斯玻色子。

参 考 文 献

[1] F. J. Hasert *et al.* (Gargamelle), *Phys. Lett. B* **46**, 121 (1973); **46**, 138 (1973).

[2] D. Haidt, *The Discovery of Weak Neutral Currents*, in this book, pp. 165–183.

[3] D. H. Perkins, *PoS* **HEP2001**, 305 (2001).

[4] J. Steinberger, *Annals of Physics* **327**, 3182 (2012).

[5] J. D. Bjorken and E. A. Paschos, *Phys. Rev.* **185**, 1975 (1969); R. P. Feynman, *Photon Hadron Interactions* (Benjamin, New York, 1972).

[6] J. I. Friedman, *Eur. Phys. J. H* **36**, 469 (2011).

[7] T. Eichten *et al.* (Gargamelle), *Phys. Lett. B* **46**, 274 (1973).

[8] H. Deden *et al.* (Gargamelle), *Nucl. Phys. B* **85**, 269 (1975).

[9] G. Miller *et al.* (SLAC-MIT), *Phys. Rev. D* **5**, 528 (1972).

[10]　I. Budagov *et al.* *Phys. Lett. B* **30**, 364 (1969).

[11]　J. H. Mulvey, *Nucl. Phys. B* (*Proc. Suppl*). **36**, 427 (1994).

[12]　D. Haidt, and H. Pietschmann, *Electroweak Interactions. Experimental Facts and The-oretical Foundation*, Landolt-Börnstein Elementary Particles, Nuclei and Atoms, Vol. 10, 146 (Springer, Berlin, 1988).

[13]　M. Holder *et al.* (CDHS), *Nucl. Instrum. Meth.* **148**, 235 (1978).

[14]　A. N. Diddens *et al.* (CHARM), *Nucl. Instrum. Meth.* **178**, 27 (1980); C. Bosio *et al.*, *Nucl. Instrum. Meth.* **157**, 35 (1978).

[15]　T. Eichten *et al.* *Phys. Lett. B* **46**, 281 (1973).

[16]　P. C. Bosetti *et al.* *Phys. Lett. B* **70**, 273 (1977).

[17]　P. C. Bosetti *et al.* (BEBC), *Nucl. Phys. B* **142**, 1 (1978).

[18]　H. Abramowicz *et al.* *Z. Phys. C* **17**, 283 (1983).

[19]　J. J. Aubert *et al.* (EMC), *Phys. Lett. B* **105**, 322 (1981).

[20]　A. Bodek *et al.* *Phys. Rev. D* **20**, 1471 (1979).

[21]　J. G. H. de Groot *et al.* (CDHS), *Z. Phys. C* **1**, 143 (1979).

[22]　M. Holder *et al.* (CDHS), *Phys. Lett. B* **71**, 222 (1977).

[23]　M. Jonker *et al.* (CHARM), *Phys. Lett. B* **99**, 265 (1981).

[24]　H. Abramowicz *et al.* (CDHS), *Phys. Rev. Lett.* **57**, 298 (1986).

[25]　J. V. Allaby (CHARM), *Phys. Lett. B* **177**, 446 (1986).

[26]　F. Eisele, *Rep. Prog. Phys.* **49**, 233 (1986).

[27]　J. F. Wheater and C. H. Llewellyn Smith, *Nucl. Phys. B* **208**, 27 (1982); D. Yu. Bardin and O. M. Fedorenko, *Sov. J. Nucl. Phys.* **30**, 418 (1979); D. Yu. Bardin, P. Ch. Christova and O. M. Fedorenko, *Nucl. Phys. B* **197**, 1 (1982); A. Sirlin and W. J. Marchiano, *Nucl. Phys. B* **189**, 442 (1981).

[28]　S. L. Glashow, J. Iliopoulos, L. Maiani, *Phys. Rev. D* **2**, 1285 (1970).

[29]　H. Abramowicz *et al.* (CDHS), *Z. Phys. C* **15**, 19 (1982).

[30]　J. D. Bjorken, *Phys. Rev. D* **17**, 171 (1978); M. Suzuki, *Phys. Lett. B* **71**, 189 (1977).

[31]　J. G. H. de Groot *et al.* (CDHS), *Z. Phys. C* **1**, 143 (1979).

[32]　H. Abramowicz *et al.* (CDHS), *Z. Phys. C* **17**, 283 (1983).

[33]　Y. L. Dokshitzer, *Sov. Phys. JETP* **46**, 641 (1977); V. N. Gribov, L. N. Lipatov, *Sov. J. Nucl. Phys.* **15**, 675 (1972); V. N. Gribov, L .N. Lipatov, *Sov. J. Nucl. Phys.* **15**, 438 (1972); G. Altarelli, G. Parisi, *Nucl. Phys. B* **126**, 298 (1979).

[34]　H. Abramowicz *et al.* (CDHS), *Z. Phys. C* **12**, 289 (1982).

[35]　F. Bergsma *et al.* (CHARM), *Phys. Lett. B* **123**, 269 (1983).

[36]　E. Oltman *et al.* (CCFR), *Z. Phys. C* **53**, 51 (1992).

[37]　Y. Fukuda *et al.* (Super-Kamiokande), *Phys. Rev. Lett.* **81**, 1562 (1998).

[38]　F. P. An *et al.* (Daya Bay), *Phys. Rev. Lett.* **112**, 061801 (2014).

第 9 篇   直接 CP 破坏的发现

L. Iconomidou-Fayard[1]   D. Fournier[2]

LAL, Univ Paris-Sud, CNRS/IN2P3, Orsay 91400, France

1 lyfayard@in2p3.fr

2 daniel.fournier@cern.ch

童国梁   译

中国科学院高能物理研究所

1964 年在中性 K 介子系统发现 CP 不守恒以后不久, 开展了寻找源于混合主导效应之外的直接 CP 破坏的成分的实验。直到 NA31 实验报道发现第一个证据, 此举已用了差不多 20 年的时间, 接着又用了 10 年时间使此发现建立起 5 倍标准偏差的显著性水平。本文介绍两个 CERN 实验 (NA31 和 NA48) 所使用的束流、探测器和分析方法, 这两个组对这些结果做出了关键贡献并对精密测量建立了新的标准。

9.1   引   言

9.1.1   CP 破坏研究的早期阶段

在一个 CP 守恒的世界里, 质子束流轰击靶的相互作用中产生 K^0, 在产生时为 K_1^0 和 K_2^0 以同等比例相干叠加方式的演变, 这里 $K_1^0 = (K^0 + \overline{K}^0)/\sqrt{2}$ 是 CP 为正的本征态, 而 $K_2^0 = (K^0 - \overline{K}^0)/\sqrt{2}$ 是 CP 为负的本征态。CP 为正的 K_1^0 迅速衰变为 ππ 终态。相反, K_2^0 有长得多的寿命, 并且主要衰变为于相空间不利的 3π 或半轻子终态 $\pi l \upsilon$。两者的寿命也大不相同, 前者 $c\tau_S = 2.68\text{cm}$, 而后者 $c\tau_L = 15.34\text{m}$。因此很容易把这两个本征态分开: 只需离靶足够远, 如 20 个或者更多一点 τ_S, 我们就不认为有任何两 π 的衰变发生了。

1964 年 Christenson, Cronin, Fitch 和 Turlay[1] 在 BNL 首次观察到在经过足够多的 $c\tau_S$ 以后, 还是有相当数量的两 π 衰变, 这显示了 CP 是不守恒的。1967 年确认观察到 [2] 在中性 K 介子的 $\pi^+ l^- \overline{\upsilon}$ 和 $\pi^- l^+ \upsilon$ 的衰变率是不对称的, 对此现象的最简单的解释是认为长寿命和短寿命的质量本征态 K_L^0 和 K_S^0 并不是纯的 CP

本征态, 而是包含了小的相反的 CP 种类的混合, 可以用一个复参数 ϵ 表示

$$K_{\mathrm{L}}^0 = \frac{\left(K_2^0 + \epsilon K_1^0\right)}{\sqrt{(1+\epsilon^2)}} \tag{1}$$

$$K_{\mathrm{S}}^0 = \frac{\left(K_1^0 + \epsilon K_2^0\right)}{\sqrt{(1+\epsilon^2)}} \tag{2}$$

这被称为 "混合中的 CP 破坏" 或称为 "间接 CP 破坏"。不久这个 CP 破坏参数就以很高的精度被测量了。今天, 此参数测量值为 $|\epsilon| = (2.228 \pm 0.011) \times 10^{-3}$ 和 $\phi_\epsilon = (43.52 \pm 0.02)^\circ$。

9.1.2 基本现象

1964 年 L. Wolfenstein[3] 假设存在一种 "超弱相互作用", K^0 和 $\overline{\mathrm{K}}^0$ 之间的混合只有在奇异数改变 $\Delta S = 2$ 时才显露, 而在 $\Delta S = 1$ 时中性 K 介子衰变的转变不会发生。

这样假定的直接结果便是 $\eta^{00} = \eta^{+-}$, 这里

$$\eta^{00} = \frac{A(\mathrm{K_L} \to \pi^0\pi^0)}{A(\mathrm{K_S} \to \pi^0\pi^0)} \tag{3}$$

$$\eta^{+-} = \frac{A(\mathrm{K_L} \to \pi^+\pi^-)}{A(\mathrm{K_S} \to \pi^+\pi^-)} \tag{4}$$

和超弱作用那样的假设相反, 在一般的理论下, 预期 CP 破坏可以在任何弱衰变中存在, 这就导致一个粒子 X 衰变到终态 f 的振幅 $A(X \to f)$ 和它 CP 共轭态 $\bar{X}$ 衰变到 $\bar{f}$ 的幅度 $A(\bar{X} \to \bar{f})$ 是不同的。联系到中性 K 介子系统的情况, 这就意味 CP 为奇的组态 K_2^0 衰变到 $\pi\pi$ 终态的衰变幅度可能不为零, 这就对应了所谓 "直接 CP 破坏"。

倘如 CPT 守恒, 直接 CP 破坏可能不会导致明显的效应。通常, 到某一末态的直接 CP 破坏过程是可以发生的, 假如至少有两个振幅导致到该相同的终态, 且每个幅度的相位不同。在一个 K 介子通过两个衰变幅度衰变到 2π 介子的情况下, 一个处在 $I=0$ 的同位旋态, 另一个处在 $I=2$ 的同位旋态。由于将 $I=0$ 和 $I=2$ 的态映射到 $\pi^+\pi^-$ 和 $2\pi^0$ 终态的 Clebsch-Gordan 系数不同, 在存在直接 CP 破坏的情况下, η^{00} 和 η^{+-} 就不再相等。

更精确地,

$$\eta^{+-} = \epsilon + \epsilon', \quad \eta^{00} = \epsilon - 2\epsilon' \tag{5}$$

$$\epsilon' = \frac{\mathrm{i}}{\sqrt{2}} \operatorname{Im}\left(\frac{A_2}{A_0}\right) \mathrm{e}^{\mathrm{i}(\delta_2 - \delta_0)} \tag{6}$$

这里，$A_{0,2}$ 和 $\delta_{0,2}$ 分别为两 π 介子 $I=0$ 和 $I=2$ 同位旋终态的振幅和强相位。反过来也可表示为

$$\text{Re}\left(\frac{\epsilon'}{\epsilon}\right) = \frac{\left(1 - \left|\frac{\eta^{00}}{\eta^{+-}}\right|^2\right)}{6} = \frac{(1-\text{RR})}{6} \tag{7}$$

式中的 RR 就是所谓的 "双比"，定义为

$$\text{RR} = \frac{\Gamma\left(\text{K}_\text{L}^0 \to \pi^0\pi^0\right)}{\Gamma\left(\text{K}_\text{S}^0 \to \pi^0\pi^0\right)} \bigg/ \frac{\Gamma\left(\text{K}_\text{L}^0 \to \pi^+\pi^-\right)}{\Gamma\left(\text{K}_\text{S}^0 \to \pi^+\pi^-\right)} \tag{8}$$

$\pi\pi$ 相移的测量 [4] 显示 ϵ' 的相位与 ϵ 的相位近似相等。

正如 Kobayashi 和 Maskawa 所指出的，在标准模型中出现了三代弱相互作用夸克二重态，CP 破坏是可能的 [5]。夸克质量本征态和夸克味本征态通过这个 3×3 复幺正 CKM 矩阵 V_{ij} 联系起来，该矩阵参数化为三个旋转角和一个相位 δ。CP 破坏由 Jarlskog 不变量 [6] 决定

$$J_{\text{CP}} = \sin\phi_{12} \times \sin\phi_{13} \times \sin\phi_{23} \times \cos\phi_{12} \times \cos\phi_{13}^2 \times \cos\phi_{23} \times \sin\delta \tag{9}$$

表示由幺正性条件 $V_{ij}^* V^{ik} = 0$(当 $j \neq k$ 时) 构成的三角形的公共面积。指数 $i(j,k)$ 在三个上型 (下型) 夸克上运行。关键的参数是相位 δ，它是 CP 破坏的根源。

20 世纪 70 年代后期和 80 年代前期，ϵ 和 ϵ' 的计算结果得到了，但对于后者，还不是太精密，主要是因为 "长程" 效应。在这个阶段最有代表性的 ϵ'/ϵ 的计算结果 [7-9] 在 $0.002\sim0.02$ 的范围。

后来在 90 年代早期，新的理论发展把各组的工作引入这个领域 [10,11] 并朝较小的通常低于 5×10^{-4} 的中心值收敛。这是由于在两个 $\Delta S=1$ 图之间，也即所谓的电磁和 QCD"企鹅图" 之间 [12]，振幅的大量相消以及增加了的顶夸克质量的下限 [13]。不管怎样，理论给出的不确定性的预言还是很重要的。

9.1.3　80~90 年代 ϵ'/ϵ 实验测量的状况

总的来说，实验精度统计上受到 η^{00} 测量的限制，因为需要探测两个 π^0 衰变的四个光子。20 世纪 80 年代早期得到的最精确的结果是 $|\eta^{00}/\eta^{+-}| = 1.00 \pm 0.06$，这是在 CERN 的 PS 以重建 45 个 $\text{K}_\text{L}^0 \to \pi^0\pi^0$ 衰变得出的 [14]，在美国 BNL 的 AGS 上以重建约 120 个 $\text{K}_\text{L}^0 \to \pi^0\pi^0$ 事例得到的 $|\eta^{00}/\eta^{+-}| = 1.03 \pm 0.07$[15] 以及在 BNL 的 AGS[16] 上在 K_S^0-K_L^0 相干区域容许同时测量 η^{00} 的数值和相位得到的 $|\eta^{00}/\eta^{+-}| = 1.00 \pm 0.09$(见 9.3.3 节)。

基于相当大的理论预期，这在 80 年代早期是很奏效的，美国的 BNL[17] 和费米实验室 [18,19] 提出了几个实验建议。CERN 在 80 年代初也倡议开展了 NA31 实

验，该实验于 1982 年正式批准。NA31 实验使用了比以前更强的束流以及采用部分消去测量的系统不确定性的方法把实验目标定于 ϵ'/ϵ 测量的总精度在千分之一左右。

此回合以后，在 90 年代初，由理论和实验现状清楚地认识到精度为 10^{-4} 的测量是需要的，这就导致新一代实验，也即美国费米实验室的 KTeV 和 CERN 的 NA48 的出现。

NA31 和 NA48 分别被安装在 450GeV 的超级质子同步加速器 (SPS) 束线上的 EHN1 和 EHN2 区。

9.1.4　ϵ'/ϵ 测量的主要挑战

一个精密测量需要对所有四个衰变道，特别要对被压最低的 $K_L^0 \to 2\pi^0$ 衰变模式，具有很高的积累统计，同时还要求有小的并可控制的系统不确定性。

统计精度可以通过用很强的质子束流轰击固定靶产生 K_S^0 和 K_L^0 束流得以改进。这在 CERN 因可利用 450GeV 的 SPS 而变得可能。由质子与靶的相互作用所产生的中性束流中包含了等量的短寿命和长寿命的 K 介子。由于寿命的巨大差别，与 K_L^0 不同，K_S^0 分量迅速衰变。这需要分别在两个不同的距离上产生 K_S^0 和 K_L^0 束流，一种在紧挨探测器处产生，另一种则在远离探测器的地方产生。为了产生 K_S^0 束，CERN 的两个实验更喜欢采用质子轰击第二个靶的解决方法，而不采用那些先驱实验组 [1,14,15] 以及在美国费米实验室的实验组 [19,20] 传统上所采用的从 K_L^0 再生 $K_S^0$①分量的方法。CERN 的选择是为了避免再生技术的缺点：K_L^0 非弹性相互作用以及发生于原初 CP 破坏 K_L^0 分量和再生的 K_S^0 分量之间的相干，而这需要对几个再生参数进行附加测量。

第二个挑战涉及对有兴趣事例的收集。为了构建定义在式 (8) 的双比，ϵ'/ϵ 的测量在于记录 K_S^0 和 K_L^0 衰变到 $2\pi^0$ 和 $\pi^+\pi^-$ 四种模式的事例计数。在 K_S^0 中，衰变中充塞了两 π 道，而在 K_L^0 中，这类终态的计数小于总衰变率的 0.3%。因此在 K_L^0 衰变中的 CP 破坏的衰变道必须要在具有大量三体终态中被有效地选定，这些三体衰变必须通过一种有效的触发和准确的测量加以压低。

第三，虽然有严格的准直，但强束流常常伴随可以影响好事例丢失的粒子。尽管较小，但如果它们对四个衰变模式影响不同，就会冲击双比的测量。为了研究这些影响开发了一系列细致的分析方法，特别是所谓的覆盖方法，这是精密测量的挑战之一。这个方法通过特定的软件把所谓 "随机的" 触发与束流强度成比例地叠加到数据的每个事例中，这样给出了环境影响的一个准确描绘。

最后，还需要特别注意减少系统的影响，例如 (在任何可能时) 同时记录四

---

① 当一个纯 K_L^0 束穿过一个足够厚的物质时，一种 K_S^0 成分就出现在出射的束流中。这情况的发生是因为 $\overline{K}^0$(负奇异数) 的截面比 K^0 大。这个 "再生" 的 K_S^0 成分受控于 K 介子对靶的相干散射。

种有兴趣模式导致系统影响的相消以及通过精心设计实验把修正的需要减至最低程度。

9.2 第一代: NA31 束流和探测器

该项目是由四个研究所提出的, 从 1982~1993 年聚合到来自七个欧洲研究所的 60 名物理学家。在 1986 年该实验执行了第一次重要的数据采集。另一次数据采集在 1988 年和 1989 年, 这次是在为了改善统计和系统不确定性而进行的束流和探测器升级以后开展的。

9.2.1 K_L^0 和 K_S^0 束流

NA31 合作组 [21] 选择了 K_S^0 和 K_L^0 同轴束流交替的数据采集, 典型的周期为 30h。实验同时记录带电和中性衰变, 这样部分系统不确定性便可相消。

K_L^0 束流是通过 SPS 加速器提取的质子束轰击一个放置在衰变体积上游约 120m 的远靶产生的。构建高强度的 K_L^0 束需要清除带电次级产物, 而对中性成分则经过仔细的多级准直以精确界定其束流孔径, 并去除全部孔环的散射粒子。K_S^0 束则是把已减弱的质子束引至离衰变区很近的第二个靶上产生。束流参数列于表 1, 而实验布局草图如图 1 所示。在 K_S^0 束流中, 防止在准直器中较早衰变而精确决定衰变体积的起点是非常重要的。为此, 紧挨 K_S^0 准直器后配置了一个闪烁计数器用作否决探测器。为了使此计数器同样能高效率地对中性衰变实行否决, 在它前面放置了 7mm 厚的铅片。这个 "反 KS 计数器"(AKS) 在能量大小决定和控制中同样起到了相当重要的作用。

表 1 K_L^0 和 K_S^0 束流参数 (括号内是 1986 年实验运行后所用的修改值)

束流类型	K_L^0	K_S^0
束流能量/GeV	450	450(360)
从靶到		
确定准直器的束流长度/m	48.0	
最后准直器的出口/m	120.0	7.1
最后准直器至液氩量能器的距离/m	123.8	76.7~124.7
铍靶直径/长度/mm	2/400	2/400
产生角/mrad	3.6(2.5)	3.6(4.5)
束流接收度/mrad	± 0.2	± 0.5
每脉冲击靶的质子数	1×10^{11}	3×10^7
每个脉冲产生的束流接收度内的 K^0 数	1.8×10^6	3.3×10^3
每个脉冲在束流接收度内的中子数	1.5×10^7	3×10^4

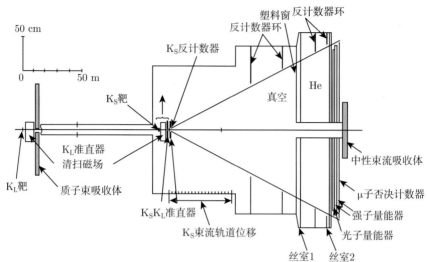

图 1 NA31 实验布局，从左到右为 K_L^0 束、K_S^0 束、抽真空的配置反计数器的衰变体积、簿窗、两个丝室、液氩量能器、强子量能器和 μ 子否决探测器

在 K_S^0 模式下，沿束流轴衰变顶点的分布在 100GeV 时斜率约为 5m 的指数型。这与 K_L^0 的分布有很大的不同。为了减轻这个影响，K_S^0 束流部件安置在轨道上移动的支架上，即 "XTGV"，在沿着 50m 衰变区在每隔 1.2m 的固定站上停留必要的运行时间。汇总各站点的数据后，K_S^0 事例全部的顶点分布很大程度上类似于 K_L^0 的分布。

尽管用了这个手法，但两个束流的能谱还是不同的，因为 K_S^0 的准直长度优先选择了更高能量的 K 介子。此差别把由一个可能的带电和中性事例能量大小的不同而造成的结果的灵敏度放大了约 3 倍。为了减少这个影响，一些束流参数在 1988 年做了修正：轰击 K_S^0 靶的质子束能量以及质子轰击 K_S^0 和 K_L^0 靶的入射角都进行了调整，以使得在衰变体积中测量的两个能谱变得更相似，以一个显著的方式减少结果对它们差别的灵敏性。

9.2.2 NA31 实验布局

K_S^0 的 XTGV 被一个长 130m、直径 2.4m 的圆柱体围了起来[21]，此圆柱体包含了衰变体积。为了防止 K_L^0 到 K_S^0 的再生以及带电衰变 π 介子的多次散射，此圆柱体的前面 100m 内抽真空，并把真空度降到 3×10^{-3} Torr。用一个 Kevlar 簿窗把抽空部分与安装了两个丝室的充氦箱体隔开。箱体的末端放置一个铝盖，承受在偶尔情况下 Kevlar 簿窗击穿所产生的力。它的下游是一个闪烁体描迹仪、液氩电磁量能器 (LAC)、强子量能器 (HAC) 和 μ 子否决计数器 (veto)。所有探测器都被抽空的束流管道穿过，而终结于束流收集器。

四个反计数器环用来否决三体衰变, 闪烁计数器描迹仪放置在 LAC 的前面, 启动带电衰变的触发。一个有效的带电触发要求在相对的象限有两个击中。在 LAC 中间深度处插入第二个描迹仪, 用于中性候选者的触发获取。一个有效的中性触发要求左-右发生符合。

跟随强子量能器第一个 (第二个)80cm 厚铁板的 μ 子过滤器后的是一个水平 (垂直) 闪烁体板组成的描迹仪, 每块闪烁板覆盖了 2.7m 的宽度并均在两端读出, 此探测器用作 μ 子否决器。

两种衰变模式的测量都基于量能器 (电磁型和强子型) 并用丝室来重建带电粒子的衰变顶点和轨迹。

9.2.3 中性衰变的测量: 液氩量能器

为了达到所需要的在 $2\pi^0$ 信号和大许多倍的 $3\pi^0$ 本底之间的区别能力, 需要量能器具有高水平的能量和空间分辨。液氩电离量能器正是适用于这一目的。它的室体由一堆铝包的铅转换板, 以及与转换板交替插入的用于信号读出的印刷电路板组成。加上液氩, 它的总厚度约 24 辐射长度 (X_0)。量能器在物理上分为左部和右部, 左、右部又各分为前部和后部, 中性描迹仪安装于其间。液氩量能器的重要参数由表 2 给出。读出板在每个象限由蚀刻形成 96 平行条, 相邻读出板的平行条按垂直和水平交替放置。对应的条在深度上分成 20 组形成读出单元。用这个体系分别在每个象限的水平和垂直投影上对簇射进行测量。

为了使信噪比最佳化, 每个读出单元通过一个低阻抗电缆和变压器耦合到它的前置放大器。此电路的特点是有一级 1.6μs 的微分电路和两级 50ns 的积分电路。电路成形的电荷信号有一个持续约 500ns 的抛物线上升, 后跟一个缓慢的下降, 该信号反馈给一个 12-bit ADC。第二个输出被送到 "测峰仪" 系统, 用来测量在量能器触发水平下的光子数目。图 2 展示了一个 $3\pi^0$ 候选者的事例显示。

150MeV 阈 (约为每道典型噪声 16MeV 的 9 倍) 加上一个邻域逻辑的去零系统用来限制读出带宽。

表 2   液氩量能器的主要参数

Pb/Al(铅/铝) 夹心板尺寸/mm	1204×2408×2.3
读出板尺寸/mm	1200×2400×0.8
一个单元的尺寸 (mm/辐射长度)	7.3/0.3
在深度方向 (前部 + 后部) 单元数	40+40
条宽/mm	12.5
每个象限 $(X\text{-}Y)$ 单元数	96-96
电子学道数	1536

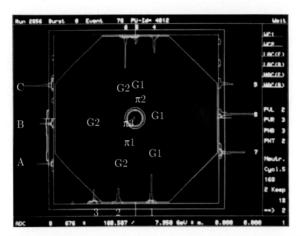

图 2   一个 $3\pi^0$ 候选事例的展示图。在代表 LAC 表面的方形区域的边界上画出的几个峰代表了在水平和垂直量能器条中沉积的能量，重建的光子位置用字母 G_i 表示，三个 π^0 的位置用 π_i 表示，不同的颜色代表每个 π^0 以及它们的衰变产物

在整个量能器的正面对着一个电子束，通过几次曝光实验用来测量量能器面上网格点的就地响应。从这些测量中，发现在 12~120GeV 能量之间取样的能量分辨为 $7.5\%/\sqrt{(E\,(\mathrm{GeV}))}$，均匀性在 $\pm0.5\%$ 内，而线性在 $\pm0.3\%$ 之内。电子学噪声对分辨率的影响约为 100MeV。

电子学的校准定时进行，实验中发现台阶 (pedestal) 和每道的增益有较小的漂移，而后者的变化是与实验大厅的温度变化有关的 (典型为 0.15%/度)。依据每小时温度测量进行修正来抵偿这个效应。

对 1989 年的实验运行，决定通过基于 "零交叉"TDCs(ZTDC) 的精密时间测量对电荷读出再增加一个时间记录。量能器在粒子通过前的 0.9μs 到粒子通过后的 3.0μs 的时间间隔内的任何活动都被记录下来，光子的平均时间分辨为 10ns。此测量的启用使得有可能对中性衰变测量中的偶发活动进行交叉检查，不然就需要通过覆盖方法估计。

9.2.4   带电模式的测量

带电粒子的方向用两个丝室测量。每根径迹的能量是结合了 LAC 和 HAC 测得的能量计算得到。每个丝室 (丝间距为 6mm) 由四个平面室组成，各平面分别按垂直，水平，U(与水平成 53°) 和 V(垂直于 U) 方向布丝，这样的布置是为了把空间点重建的模糊减到最小。每个平面的效率为 99.3%，空间点精度为 750μm。衰变顶点重建的纵向精度为 80cm，在处理的最近距离上的均方根为 5mm。

HAC 是一个取样设备，25mm 的铁板交替地插入 4.5mm 厚的 1.3m×0.12m 的闪烁体板形成一个象限结构。在前 (后) 模块共有 24(25) 个水平和垂直交替的平面,总共有 176 道。

在最初阶段的采集数据分析之后,合作组建造了一个穿越辐射探测器,于 1988 年安装在第二个丝室和大管道的铝盖板之间,用于对 Ke3($K_L^0 \to \pi e \nu$) 本底估计的独立交叉检查。该探测器由四个全同的组件组成,辐射体由聚丙烯膜制成,后面跟一个 Xe-He-CH$_4$ 混合气体的丝室。探测器提供了一个额外的电子–π 介子区分,在对电子排斥力达到 10 时仍保持对 π 介子 98% 的效率。[22]

9.2.5　触发、在线本底排除和数据获取

触发和数据获取是应对探测器的记忆时间设计的 (2.1μs,由 LAC 决定),探测器的单一速率约为 100kHz,容许 1Mbyte/s 的流量,这对应在 K_L^0 模式下在每次爆发接受 2000 个事例,尽管采用了高拒绝率的三级触发,但接受事例的大部分仍是三体衰变本底。

第一级触发执行事例的快选择,或者符合两个带电粒子事例,或者符合由描迹仪,LAC 和 HAC 判定的至少有两个电磁簇射事例。此外,对于中性触发,要求在 LAC 通过 "峰值发现者" 系统对前部的水平和垂直条发现的峰的数目都小于 5。

在第二级触发中,一个定制的硬线处理器 (AFBI) 用 150ns 周期在两个平行数据流中处理中性和带电的条件。中性数据流使用所有读出条的数据计算总能量、在横向平面中的重心位置和纵向衰变顶点位置 Z_V。后者是从第二力矩计算得到的,在这计算中假设簇团对应了一个具有 K 介子质量物体的衰变。具有丢失簇团的 $3\pi^0$ 衰变以一个比实际衰变位置更接近量能器的顶点进行重建,这样由 K_S^0 准直器计算得到的 $Z_V < 50m$ 事例将被优先排除。带电数据流需要在 LAC 和 HAC 间隔中能量沉积的条件。约有 50%(30%) 的中性 (带电) 触发被 AFBI 拒绝,而好的 2π 衰变事例的损失小于 0.1%。同时满足中性和带电触发的事例全部被接受。

最后,在第三级触发,被 AFBI 接受的事例数据加载到一个双 168E 处理器的输入内存,对带电触发做一些离线跟踪计算,在 K 介子质量的假设下,考虑对 Z_V 截断、非共面角以及能量的截断。在 K_L^0 模式下,168E 接受了 50% 的带电触发,其中的 15% 是在 1ms 容许时间难以处理的,而 10% 的降级事例则用于效率计算。被接受的事例记录在磁带上以供离线分析。

9.3　NA31 的分析和结果

下面的描述和数值结果主要是针对初期数据采集阶段 (1986) 的。下文表列便于对不同时期的运行进行比较。

9.3.1　分析

　　$K^0 \to 2\pi^0 \to 4\gamma$ 衰变是由量能器测得的光子的能量和位置重建的。一个光子的能量是由在一个固定大小的窗口内的两个投影上的簇团能量求和得到的，并对能量外漏进行修正。位置的结果由每个投影最多用 15 个读出条的重心得出。拥有能量大于 2.5GeV 第五个光子的事例被拒绝。有效光子必须有高于 5GeV 的能量，并且彼此相距需大于 5cm。K^0 介子的能量由四个光子能量求和得到，精度约为 1%。假设为 K 介子质量，衰变顶点到量能器的距离将以类似的相对精度计算得到。为了排除剩下的主要是 K_L^0 束流 $K^0 \to 3\pi^0 \to 6\gamma$ 的衰变本底，在三个双光子对的组合加上 π^0 质量约束[②]。最佳的双光子配对应该有最小的 χ^2，见图 3 所示。信号区的 $\chi^2 < 9$。剩余本底的估计通过从大 χ^2 区向信号区外推得到，得到本底为 (4.0±0.2)%，这里所标的误差包括了统计和系统误差。在 K_S^0 和 K_L^0 束流中可以得到的中性事例数见表 3 所列。

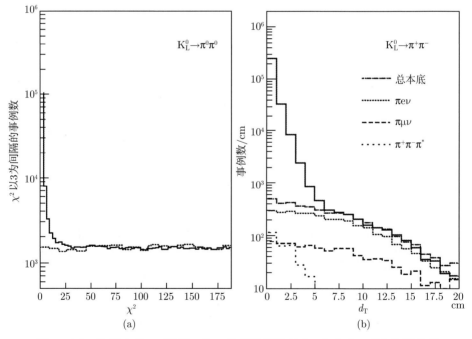

图 3　(a) K_L^0 样本的 4γ 事例，在 $2\pi^0$ 假设下的最小 χ^2 分布，虚方块图是对 $3\pi^0$ 本底的蒙特卡罗研究得出的；(b) K_L^0 束流的 $\pi^+\pi^-$ 样本，对 K_L^0 靶的横向距离分布，Ke3 和 Kμ3 本底的蒙特卡罗模拟研究得出的分布也展示在图上，而 $\pi^+\pi^-\pi^0$ 本底是由带一个额外光子的子数据样本估计得出的

---

②　分辨率约为 2MeV。

表 3   在 NA31 数据获取时期四个模式的积累统计，以及估计的本底比例

衰变模式	1986 年数据		1988 年和 1989 年数据	
	事例 (×1000)	本底/%	事例 (×1000)	本底/%
$K_L^0 \to \pi^0\pi^0$	109	4.0	319	2.67
$K_L^0 \to \pi^+\pi^-$	295	0.6	847	0.63
$K_S^0 \to \pi^0\pi^0$	932	<0.1	1322	0.07
$K_S^0 \to \pi^+\pi^-$	2300	<0.1	3241	0.03

$K^0 \to \pi^+\pi^-$ 衰变由丝室的空间点进行重建。在第一个丝室有多于 2 个空间点的事例被拒绝[③]。$\pi^+\pi^-$ 不变质量由两条径迹的夹角以及与它们在量能器中测得的能量计算得到。计算得到的不变质量与中性 K 介子质量之差要求在 $2.1\sigma(\sigma \sim 20\text{MeV})$ 之内。K^0 的能量在假设 K 介子质量下由两条径迹夹角以及它们在量能器能量比 R 算得

$$E = \frac{1}{\theta}\sqrt{\left(2 + R + \frac{1}{R}\right)\left(m_K^2 - m_\pi^2\left(2 + R + \frac{1}{R}\right)\right)} \tag{10}$$

为了达到 1%的分辨并把 Λ 衰变减少到可忽略的水平，R 被限制到 2.5。具有额外光子的事例也被拒绝。要求两条径迹没有一条能通过 "类电子" 簇射状的标准用以压低 Ke3 衰变。约有一半的 $\pi^+\pi^-$ 衰变被此要求 (cut) 拒绝。以正常步调给所有的光电倍增管发送激光脉冲监控的 HAC 的响应被估计在 ±0.5% 内保持不变，这也确保了 $K_L \to \pi^+\pi^-$ 对 $K_S \to \pi^+\pi^-$ 接受比的稳定性好于 0.1%。剩余那些来自 K_L^0 三体衰变的本底则利用从靶至衰变平面的距离分布 (见图 3) 估计得到。从控制区 $7 < d_T < 12\text{cm}$ 外推到信号区以下 (定义为 $d_T < 5\text{cm}$)，本底率估计为 $(0.65\pm0.2)\%$，并被减去。在 K_S^0 和 K_L^0 样本中得到的带电事例数见表 3 所列。

通过 K_S^0 在带电或中性模式衰变的衰变顶点谱与由置于不同纵向位置的 AKS 形成的模拟分布做拟合，可以固定带电模式和中性的相对能量标度的不确定性至 ±0.1%。图 4(a) 给出了 70~170GeV 拟合的插图。

9.3.2   NA31 的结果

一旦能标固定后，事例在 70~170GeV 能量划分的 10 个区间计数，在 10.5~48.9cm 顶点位置的划分的 32 个单元格计数。所选的衰变范围是为了使 K 介子衰变和在最后的准直器上的散射和再生的污染最小，并限制随 Z_V 增加的 $3\pi^0$ 本底。双比的加权平均值在扣除本底以及做完接受度和分辨率的修正后为：RR=0.977。K 介子衰变和在束流中某些活动之间的偶然符合效应可以通过用覆盖随机事例的数据进行估计。在双比上的净效应 (失去的收益) 为 $-0.34\pm0.10\%$。其他小的修正还包括四种模式之间接收度和散射的不同，触发和 AKS 反计数器的无效，最终导致总修

---

③ 为保持一致性，在第一丝室中有一个或更多空间点的中性事例也被排除。

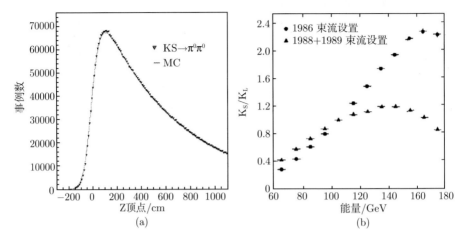

图 4　(a) 在 K_S^0 束流中中性模式重建的衰变顶点位置, 拟合曲线对应一个经过
分辨率修正后的指数分布; (b) K_S^0/K_L^0 随能谱的变化, 能谱分别由 1986 年和
1988 年改进过后的束流得到

正为 0.003。最后 RR 的结果是 RR= 0.980±0.004(统计)±0.005(系统), 得到

$$\mathrm{Re}(\epsilon'/\epsilon) = (3.3 \pm 1.1) \times 10^{-3} \tag{11}$$

这是第一次观察到的达到 3 倍标准偏差的结果。此结果于 1988 年以一个比较保守
的标题 "直接 CP 破坏的第一个证据" 发表 [23]。

系统不确定性的主要来源是与偶然损失、在带电模式和中性模式之间能量标
度的差别, 以及本底估计有关。

在第一次实验成功运行后, 合作组决定进一步改良束流和探测器, 同时减少
主要的系统不确定性和统计不确定性, 改进后的两个新数据采集阶段于 1988 年和
1989 年。

实际上, 用较低质子能量产生 K_S^0 束流以及调优两束流的产生角 (见表 1) 导
致平坦得多的 K_S^0/K_L^0 的能谱, 见图 4(b)。这个变化把因能量标度原因造成的系统
不定性从 0.3% 减小到 0.12%。

在带电衰变模式中, 由新的穿越辐射探测器提供的信息可以对本底, 主要也就
Ke3 衰变, 做独立估计。用了这个附加的手段, 在信号区减去本底方面的系统不确
定性减小到 0.1%(见表 4)。

1989 年安装的 ZTDC 系统提供了对量能器簇团的时间测量。利用这个信息,
发现偶发效应与重叠法符合得很好。与偶发活动相关的系统不确定性被减小到
0.14%。

实验不同运行阶段的系统不确定性的改进详见表 4。

表 4 NA31 两个数据采集阶段双比 (以%为单位) 测量的系统不确定性

不确定性来源	1986 年数据	1988 年和 1989 年数据
$K_L^0 \to \pi^0\pi^0$ 本底	0.2	0.13
$K_L^0 \to \pi^+\pi^-$ 本底	0.2	0.10
能量标度	0.3	0.13
偶发损失	0.2	0.14
蒙特卡罗接收度	0.1	0.10
触发和 AKS 效率	0.2	0.09
总系统不确定性	0.5	0.3

最终, 在用了升级的探测器和束流后的 1988 年和 1989 年采集的数据得到的双比结果是 RR=0.9878±0.0026(统计)±0.0030(系统)。这个 RR 值转换到 $\mathrm{Re}(\epsilon'/\epsilon) = (2.0 \pm 0.7) \times 10^{-3}$。考虑到两个数据采集阶段系统不确定性是共有的, 则平均结果为

$$\mathrm{Re}(\epsilon'/\epsilon) = (2.30 \pm 0.65) \times 10^{-3} \tag{12}$$

这个最终结果, 即为 3~5 倍的标准偏差下的非零结果已于 1993 年 11 月发表[24]。

在此前几个月费米实验室的 E731 合作组也发表了具有类似精度的结果[20], 中心值却要低得多, 也即 $\epsilon'/\epsilon = (0.74 \pm 0.61) \times 10^{-3}$。但此 E731 的结果既可与零值又可与 NA31 的结果比较, 所以是不确定性的。但总的来说, 观察到的效应还是太小, 开展另一轮实验也就事出有因了。

9.3.3 相位测量

在 1987 年, NA31 实验组开展了一轮专门测量相位 ϕ^{00} 和 ϕ^{+-} 的实验。早在 1965 年, Bell 和 Steinberger[25] 通过用幺正性和 CPT 守恒证明了 ϵ 的相位 ϕ_ϵ 应该有下式所示的 "自然值"

$$\phi_\epsilon = \tan^{-1}(2\Delta M/\Gamma_S) \tag{13}$$

当 CPT 守恒时, 可以忽略 $\mathrm{Im}(\epsilon'/\epsilon)$ 的小贡献, η^{00} 和 η^{+-} 的相位都应该等于 ϕ_ϵ④。在 1987 年, ϕ^{+-} 已经被很好测定, 但 ϕ^{00} 并不精确可知, 导致了它们之间有一差值 $\phi^{00} - \phi^{+-} = 12° \pm 6°$。

在 K^0 束中, 约经过 $12\tau_S$ 之后, 来自 K_S^0 成分的 $\pi\pi$ 事例率和来自 CP 破坏的 K_L^0 成分的衰变变得可以比较, 并且可以相干。在此相干区, 两 π 衰变率在 K 介子静止系中作为时间的函数可以写为

$$I(t) = S(p) \left[\mathrm{e}^{-t/\tau_S} + |\eta^2| \mathrm{e}^{-t/\tau_L} + 2D(p)|\eta| \mathrm{e}^{-t/2(1/\tau_S+1/\tau_L)} \cos(\Delta Mt - \phi) \right] \tag{14}$$

④ $\Delta M = M_L - M_S = 3.48 \times 10^{-12}\mathrm{MeV} = 0.53 \times 10^{10}\mathrm{s}^{-1}$ 和 $\Gamma_S = 1.11 \times 10\mathrm{s}^{-1}$, 我们有 $\Delta M/\Gamma_S = 0.477$, 结果就有 $\phi_\epsilon = 43.5°$。

这里 $S(p)$ 是 $(K^0 + \overline{K}^0)$ 的动量谱，而 $D(p) = (K^0 - \overline{K}^0)/(K^0 + \overline{K}^0)$ 是稀释因子。

为了在对相干项最灵敏的 $10\tau_S$ 和 $15\tau_S$ 之间有一个最优化的接受度，NA31 用了改进的束流设计，在 K_L^0 净化准直器上游 48m 和 33.6m 处分别装置了"远"和"近"两个靶站。此束流设计用了两级准直，改良了屏蔽，容许使用直到每脉冲 2×10^{10} 的质子流强。采用了与展示于表 1 中的 1986 年时期相同的靶尺寸、能量以及入射角。

数据采集使用了与测量 ϵ'/ϵ 时期相同的仪器和触发，但是缩减了具有较早的衰变顶点 ($< 7\tau_S$) 的所有事例，以达到在相干区的最大事例数 (比例)。事例样本由写在磁带上约有 1.4 亿的触发组成，也按时采集了在最上游位置安置 XTGV 的附加数据，用于决定中性样本的能量标度。能量标度上 0.1% 的误差会引入大约 1° 的相位差。测得的 K 介子在带电和中性模式的衰变率展示于图 5。

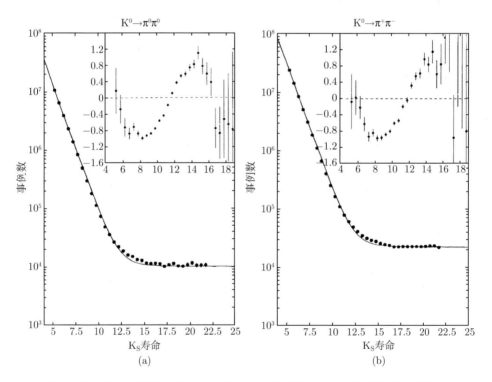

图 5　作为寿命函数的中性 (a) 和带电 (b) 模式的衰变率，叠映在图上的是没有相干项的拟合寿命分布，插图展现了数据中提取的相干项

相位差的结果是通过把作为在两靶之间中点算起的寿命函数事例率之比的一个联合拟合 (带电的和中性的) 得到的。

1990 年发表的结果 [26] $\phi^{00}-\phi^{+-}=(0.20\pm2.6(统计)+1.3(系统))^\circ=(0.20\pm2.9)^\circ$，这里主要的系统不确定性来自能量标度⑤。结合 ΔM 与 M_K 相比极小的事实，相位差的测量提供了 CPT 守恒在 $\pm4\times10^{-19}$ 的水平上的一个强有力的检验 [26]。

CP 破坏与 CPT 守恒联系起来，则意味着 T 是破坏的。这种破坏已经以 6 倍标准偏差的置信度在 CERN 的 CPLear 实验 [28] 上观察到了，该效应在 $\bar{\mathrm{p}}\mathrm{p}$ 湮灭中标记的 $\overline{K}^0 \to \pi^-\mathrm{e}^+\nu$ 和 $K^0 \to \pi^+\mathrm{e}^-\bar{\nu}$ 事例率的比较中得出。这一观察意味了 $K^0 \to \overline{K}^0$ 和 $\overline{K}^0 \to K^0$ 的转变幅度不是完全一样的，显示了 T 对称性的破坏。

9.4　第二代：NA48 束流和探测器

NA48 实验的目标是把 ϵ'/ϵ 的测量精度定在万分之几。10 个新的欧洲研究所效力于这个新合作组，其中的 6 个来自 NA31 团体 [29]。ϵ'/ϵ 测量数据是在 1997 年，1998~1999 年以及 2001 年的三个时间段记录的。在 2000 年，该实验还安排了一期专门运行来研究如何改良对特殊系统性影响的控制。合作组把注意力集中在比 NA31 更好的系统不确定性相消的方法，为此，他们决定在相同时间、相同衰变体积收集全部四种衰变模式事例。为了做到这一点，衰变体积从 K^0_S 确定准直器的末端算起缩短至 $3.5\tau_S$。

K^0_L 和 K^0_S 衰变之间接收度的差别通过对每个 K^0_L 事例用它的本征时间的一个函数加权而减到最小，所以 K^0_S 和 K^0_L 衰变谱变得几乎完全相同。与 NA31 不同，NA48 用了磁谱仪以更高的精度来测量带电衰变。一个高粒度的准均匀液氮量能器对中性衰变提供了精确的位置、能量和时间信息。图 6 给出了 NA48 的束流线和探测器 [30] 的示意图。

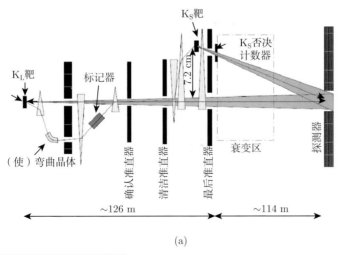

(a)

---

⑤ 此结果现在已被 KTeV 所取代 [27]，$\phi^{00} - \phi^{+-} = (0.29 \pm 0.31)^\circ$。

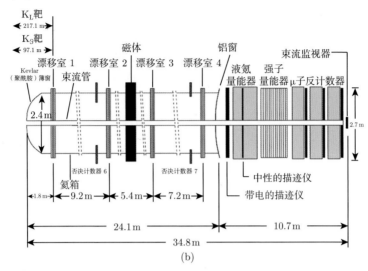

图 6　NA48 的束流 (a) 和探测器 (b)

9.4.1　NA48 束流

NA48 的 K_L^0 束流是用一个比 NA31 强度大 10 倍的 450GeV 质子流以低于 2.4mrad 角轰击铍靶产生。那些在 K_L^0 靶没有发生相互作用的质子轰击一个硅单晶 (silicon mono-crystal)[31]，该晶体平行于 (110) 晶面，其尺寸为 $(60, 18, 1.5)$mm^3，K_S^0 束流就来自这些质子。晶体是弯曲的并被安在一个机动测角器上，可以准确定位，沿晶面选择、偏转和操纵 3×10^7ppp(ppp: 每脉冲原始质子数) 的质子束流 (图 7 左)。弯曲晶体的传播特性以便确定的发射度产生干净束流，并在 6cm 短长度上用相当于 14.4T·m 的弯曲力把该束流偏转到所希望的方向上去，并且不需要用一个很重的准直器系统就能把原质子数降到 2×10^{-5} 一小部分。被传输的质子束穿过精确记录每个质子通过时间的标记系统，然后经过一系列的偏转磁体被送到放置在离有效衰变区起端 6m 并比 K_L^0 束流轴高出 72mm 的 K_S^0 靶。K_S^0 束在最终准直器孔穿过一个用来精确决定有效区起端的反–计数器，这和 NA31 实验是一样的。K_S^0 束流的方向被调节，在下游 120m 主探测器的入口处与 K_L^0 束流重叠。K_S^0 束和 K_L^0 束在一个很大的真空箱内的真空区传输，真空箱的末端通过一个 Kevlar 薄窗与探测器分隔。

9.4.2　标记器

放置在被弯曲晶体所选的质子束流路径上的标记探测器由 24 个闪烁体组成，安装在一个碳纤维结构上，这些闪烁体在水平和垂直方向上交替并错列放置[32]，不同的计数器之间记录了束流轮廓。对进来的质子，闪烁体在接连的探测器之间在每个方向上提供了 50μm 的重叠以减小可能的小的几何错位问题 (图 7(b))。尽管物质的耐辐射性，10^{13} 个质子在 100 天中对探测器的轰击仍会使发射光减少 50%。在通过一个 8bit 1GHz 的 flash-ADC(闪电式–模拟数字转换器，以后称 FADC，译者注) 数字化后，数据被送到一个环形缓冲区，触发时被提取出来。此标记器展现出极好的性能，它能提供 140ps 的重建时间分辨，并把两个靠近脉冲的分离时间间隔降低至 5ns。

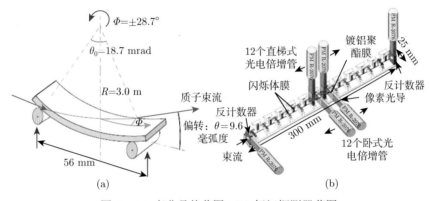

图 7 (a) 弯曲晶体草图；(b) 标记探测器草图

9.4.3 液氩量能器

液氩量能器约由 40μm×18mm×125cm 的铜–铍–钴条界定的 13000 个 2cm×2cm 截面的单元组成，这些单元形成了指向衰变区中心的纵向投影塔并浸在一个灌满约 10m^3 的液氩缸内 [33]。每个单元是由两个阴极和一个中心阳极组成。液氩被用作工作介质是因为它的辐射长度 (4.7cm) 短到容许做成一个仍然支付得起的紧凑的各向同性量能器。电离信号固有的稳定性以及较小的 Moliere 半径保证了有紧凑的横向簇射大小，这也是个有利品质。应用 3kV 的高压产生漂移场。前置放大器和校准系统直接安置在低温体积的阳极末端，以求把噪声减到最小并且准许快的电荷转移。电离信号在低温恒温器外成形，并被一个 10bit 40MHz 的 flash ADC 异步数字化。由信号脉冲高度驱动的一个四种增益的开关设计覆盖了从 3MeV 直至 50GeV 的整个动态范围。采用了专用算法执行零压缩，使组成簇团的激活单元的读出受到抑制。

能量和时间用数字过滤方法重建 [34]，运用最大值附近的三个取样。簇团由环绕最大能量的 3×3 单元形成。能量沉积的重心用来估计簇团的位置，而最大能量单元的时间被考虑为该簇团的时间。使用 Ke3 衰变的单元内部校准后，E/p 研究得到的能量分辨为 $3.2\%/\sqrt{E(\text{GeV})}$，其余来自电子学噪声 90MeV 以及 0.42% 的常数项。能量响应在 5GeV 和 100GeV 范围测得的线性在 0.1% 之内。位置分辨在两个方向上都好于 1mm，时间分辨是 500ps。

9.4.4   谱仪

带电衰变通过一个闪烁体描迹仪触发。径迹从四个八角状的丝室 (DCH) 测得的击中重建，两个丝室安装在二极磁体前，另外两个丝室安装在二极磁体后。每个丝室包含彼此倾斜 45° 且灵敏丝接地的八个平面，这样的安排绰绰有余地保证了高的探测效率 [35]。所有阳极丝都配以放大器和 TDC 线路。在第二和第三个丝室之间磁体的积分场为 0.883T·m，在水平方向产生 265MeV/c 的横向动量冲击。对电子束径迹动量的重建测得的分辨为 $\sigma(p)/p = 0.48\% \oplus 0.009 \times p\%$ (p 用 GeV/c 单位)，式中的第一项源于 DCH 室和周围氦气中的多次散射，第二项源自丝室击中的位置测量精度。重建的 K 介子的质量分辨为 2.5MeV/c^2。对双径迹事例，衰变顶点是由上游两个丝室测得的击中计算得到，纵向 (横向) 分辨为 50cm(2mm)，以及在接近的最短距离上有 7mm 的散开。

在 1999 年实验运行后，束流管道的向心压挤对漂移室产生了严重损害。为了 2001 年的数据采集，还安装了新的丝室。

9.4.5   NA48 触发和数据获取系统

NA48 触发的目标是把粒子对探测器的 500kHz 击中率减少到几个 kHz 的可接收的事例率，并要求具有最小失效和死时间。第一级流水线带电触发就是基于描迹仪的信号，丝室的击中多重性以及电磁量能器的能量阈。第二级触发计算了径迹坐标，本征衰变时间，以及用第一、第二和第四个丝室击中位置计算到的不变质量。

一个流水线型设计也用于中性触发。每 25ns 利用同时在水平和垂直两个投影、水平投影以及垂直投影的 2×8 量能器单元的模拟和，来估算 K 介子能量、光子数、它们到达的时间以及本征衰变时间。此触发要求在每个投影小于六个峰值以排除 $K_L^0 \to 3\pi^0$ 衰变，也要求总能量大于 50GeV 以及重建的衰变顶点离最终准直器小于 5τ_S。

来自各子探测器的触发决定由触发管理系统进行整合。该系统确定事例相对于与所有探测器都同步的 40MHz 时钟的时间标记。事例碎片在就地的 PC 工场建立成完整的事例，通过一个千兆比特的光缆以 10MB/s 的速度被传输到 CERN 的计算中心。在那里，原始数据被储存到光盘上，并且平行地在一个离线 PC 工场上被监控、重建和进一步选择 [36]。

9.4.6   NA48 分析

这一节描述了 1998~1999 年，统计上最正规的数据期间的分析，连同所有取数阶段的最终结果将在本文的结尾部分给出。

9.4.6.1　中性衰变

选择彼此能很好分开且在 3∼100GeV 能量范围的簇团。4-簇团时间是用在每个簇团的两个最大能量单元的能量加权平均计算得到。每个簇团时间必须与平均时间在 5ns 范围内相容。纵向顶点位置利用假设为一个 K 介子衰变的四簇团的能量和位置算得。$m_{\gamma\gamma}$ 值由光子的两两组合并结合 χ^2 鉴别器计算得到。利用三个可能的配对，把具有最小 χ^2 的那个配对留下。在 $2\pi^0$ 衰变道的主要本底来自没有被识别的 $K_L^0 \to 3\pi^0$，当未探测到的光子或者光子合并，结果使得 $K_L^0 \to 3\pi^0$ 仅有四个簇团造成本底。本底在定义 $36 < \chi^2 < 135$ 的控制区进行了研究，并在定义为 $\chi^2 < 13.5$ 的信号区的每个能量区间把本底去除 (见图 8(a))。减去本底对双比测量的影响为 $(-5.9 \pm 2.0) \times 10^{-4}$。这相对于 NA31 已经是大大降低了，而此降低则是由于更好的 $m_{\gamma\gamma}$ 分辨以及在明显缩短的衰变体积有更低的总本底接收度。

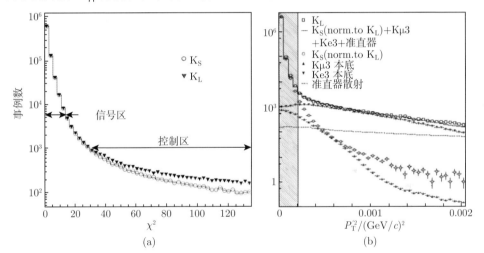

图 8　(a) 衰变到 $2\pi^0$ 的 K_L^0 和 K_S^0 事例的 χ^2 分布，信号和控制区已在图中标明；(b) 带电衰变以及所有各种贡献的 $P_T'^2$ 分布

能量标度通过重建 $K_S^0 \to 2\pi^0$ 候选者的顶点分布的上游边缘与 AKS 计数器位置比较而被校正。附加的检查则用 π^0 和 η 衰变到两光子的事例进行，合作组安排了专门的实验用 π^- 束流轰击放置在不同但已知位置的靶以产生 π^0 和 η 介子。重建得到的和名义靶的位置在 1cm 范围内一致。比较用两个或更多远距离靶得到的能量标度对能量非线性给出了约束。

9.4.6.2　带电衰变

利用击中以及漂移时间信息来重建径迹。要求这些径迹必须来自一个公共的顶点，动量必须大于 10GeV，并且必须与每个 DCH 的中心相距至少 12cm。这些径迹必须在 LKr 和 μ 子否决器的接受度之内容许进行正常的粒子识别。重建的 K 介子能量是由两条径迹的动量比以及它们的相对张角 θ 计算得到, 这里假设这是一个 $K \to \pi^+\pi^-$ 衰变 (见式 (10))。顶点重建受到与 AKS 计数器名义位置与 $K_S^0 \to \pi^+\pi^-$ 重建谱上游边缘比较的约束。

三体衰变是 K_L^0 样本的主要本底。Ke3 衰变通过对两条径迹都采用 E/p 的检验加以排除。把在合理时间击中 μ 子否决器的事例去除以压低 Kμ3 本底, 进一步压低这两个模式可以用两条径迹的不变质量与 K 介子质量的比较而实现。最终的识别则采用了与顶点分辨独立重建的丢失横动量 P_T^2。信号区被定义为 $P_T^2 < 0.0002(\text{GeV}/c)^2$。尾巴是由剩余的 Ke3 和 Kμ3 事例填充的, 这已分别被丰富的 Ke3 和 Kμ3 样本证实。在信号区对应 Ke3 的本底占 10.1×10^{-4}, 而对应于 Kμ3 的本底占 6.2×10^{-4}。这是在 20 个能量单元格的每一个单元格都做了评估。K_S^0 样本同时也掺杂了 $\Lambda \to \pi^- p$, 这可以利用这两条径迹的特征不对称动量而进行压低。

所有防止本底的要求都同时适用于 K_S^0 和 K_L^0 样本, 使得影响真正的 2π 衰变的损失变得对称。

9.4.6.3　修正: 标记失效和稀释

K_S^0 和 K_L^0 数据的分选基于标记器与 LKr(对中性衰变) 和带电描迹仪 (对带电衰变) 的时间符合。

当标记器信号同时用于带电和中性衰变时, 与它的时间测量有关的不确定性是对称的。两个弄错的结果仍然是:

• 第一类弄错发生于重建探测器时间落在符合窗口外, 则把一个 K_S^0 事例标记为 K_L^0。这类失效在带电模式中可以被独立测量, 通过从重建的衰变顶点的垂直位置选择 K_S^0 衰变。失效 α_{SL} 是事例落在符合窗 $\pm2\text{ns}$ 之外 (图 9(a)) 的部分。为了在中性模式中测量这种失效, 伴随有转化为一个电子正电子对的光子的中性衰变 (K_S^0 和 K_L^0 衰变到 $2\pi^0$ 和 $3\pi^0$) 被考虑了。从电子和正电子在描迹仪中的击中逐个计算充电时间并与作为光子的平均时间的重建的中立时间比较。

研究发现总的失效几率 α_{SL} 对带电和中性衰变是相同的, 不确定性为 $\pm0.5 \times 10^{-4}$。

• 第二类用 α_{LS} 表示, 是把 K_L^0 事例赋于 K_S^0 样本的情况, 这是由于与标记器发生了一个偶然符合。这个所谓 "稀释" 的效应, 是通过对一个 K_L^0 事例伴随一个在 $\pm2\text{ns}$ 窗口内标记质子测量的几率评定的, 而这个窗口处于事例时间前后的边带上。这个几率可大至 10%。在合理时间窗口和边带窗口之间的小的强度差别又加了一个修正, 此修正用独立确认的 K_L^0 样本进行估计: K_L^0 的带电衰变是由它们的顶点选定, 而中性衰变则选自 $3\pi^0$ 中性事例。测得的值为 $\Delta\alpha_{\text{LS}} = \alpha_{\text{LS}}^{00} - \alpha_{\text{LS}}^{+-} = (4.3 \pm 1.4(\text{统计}) \pm 1.0(\text{系统})) \times 10^{-4}$。带电和中性稀释之间的差别根源在于带电模式无论在触发和重建方面对偶发效应更灵敏。这个结果也已被重叠方法以及在 SPS 引出期内随瞬时强度变化 (图 9(b)) 所确认。

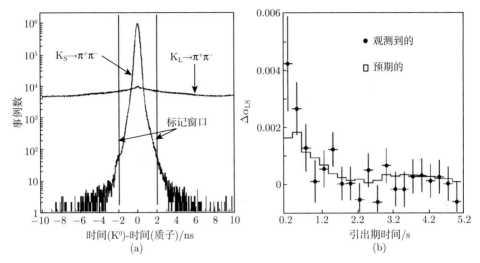

图 9 (a) 具有 K_S^0 和 K_L^0 带电衰变标记的时间符合,这些事例是通过重建顶点的垂直位置被识别确认的,± 2ns 的标记窗也被画出了;(b) 2001 年取数阶段在持续的时间中 $\Delta\alpha_{LS}$ 随时间的变化,测得的形状与由重叠方法得出的预期吻合良好。在爆发开始时,瞬时强度就会很高,观察到的影响就很大

9.4.6.4 修正: 束流活动、散射和接收度

大多数的偶然活动都起源于高强度的 K_L^0 束。同时收集四种模式可把此效应对结果的灵敏性降到最小。把与强度正比的由束流监视器记录的专门触发叠加到数据上,可以来估计剩余的影响。净 (收益损失) 测得的效应,带电模式比中性模式的大 (1.4 ± 0.7)%(图 10(a))。因为强度变化在两种束流中是相似的,均在 ± 1%,在双比中相消了。偶发效应对双比的影响是 $\Delta RR= \pm 4.2 \times 10^{-4}$。

散射 K 介子作为对带电事例和中性事例重心半径分布的尾巴出现。对 K_L^0 这些尾巴是被遭受双散射事例所支配,对于两种衰变模式由损失不同而引起的修正为 $-(9.6 \pm 2.0) \times 10^{-4}$。

尽管两种束流朝着 LKr 中心会聚,并且为测量采用了较短的公共衰变区,K_L^0 和 K_S^0 寿命的不同隐含在双比上一个大的接收度修正,这正如图 10(b) 所示。为了抵消此修正的大部分,一个作为 K_L^0 本征时间函数 (非常类似于两种束流的衰变谱) 的加权因子加给每个 K_L^0 事例。把蒙特卡罗的修正减少到 $(26.7\pm4.1(统计)\pm4.0(系统))\times10^{-4}$,而这是以增加统计不确定性为代价的。

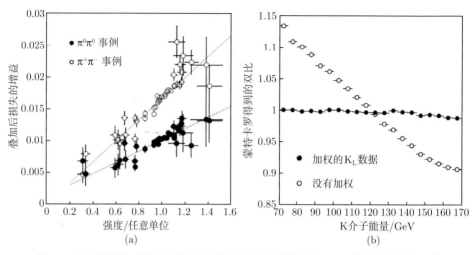

图 10　(a) 估算的对带电衰变和中性衰变净的偶发效应；(b) 蒙特卡罗在为 K_L^0 事例加权和未加权两种情况下的接收度修正

9.4.7　NA48 结果

结果是由 K 介子在 70~170GeV 能量区域 20 个单元格中进行计算得到。在每个单元格中双比值用 K_S^0 以及本征时间加权的 K_L^0 带电和中性衰变数，并把对每个单元格估计的各种修正加上后被估算得到。表 5 展示了在 1998~1999 年期间的实验结果 [37] 中的各种修正对原初双比测量的影响及其不确定性。

表 5　1998~1999 年数据样本在双比测量结果的修正及其系统不确定性

	10^{-4}(单位)
$\pi^+\pi^-$ 触发失效	-3.6 ± 5.2
AKS 失效	$+1.1 \pm 0.4$
重建 $\pi^0\pi^0$	0 ± 5.8
重建 $\pi^+\pi^-$	$+2.0 \pm 2.8$
本底 $\pi^0\pi^0$	-5.9 ± 2.0
本底 $\pi^+\pi^-$	$+16.9 \pm 3.0$
束流散射	-9.6 ± 2.0
偶发标记	$+8.3 \pm 3.4$
标记失效	0 ± 3.0
接收度	$+26.6 \pm 4.1 \pm 4.0$
偶发活动	0 ± 4.4
K_S^0/K_L^0 的长期变化	0 ± 0.6
总计	35.9 ± 12.6

最终的双比是用一种对数估计方法对 20 个数值的平均得出的。

三个实验阶段的全部 NA48 数据统计以及结果由表 6 给出。实验组合的最终结果是 $(14.7\pm2.2)\times10^{-4}$ [38]，确认了直接 CP 破坏的观察已经达到 6.6 标准偏差的置信度。

表 6　三个数据采集阶段本底扣除以及对误标修正后所选事例数，所给的 K_L^0 统计没有做寿命加权，所给的相应的 ϵ'/ϵ 结果同时标出了它们的不确定性

	1997	1998+1999	2001	组合
$K_L \to \pi^0\pi^0$ 数 (×1000)	489	3290	1546	5325
$K_S \to \pi^0\pi^0$ 数 (×1000)	975	5209	2159	8343
$K_L \to \pi^+\pi^-$ 数 (×1000)	1071	14453	7136	22660
$K_S \to \pi^+\pi^-$ 数 (×1000)	2087	22221	9605	33913
$\epsilon'/\epsilon(\times10^{-4})$	18.5	15.0	13.7	14.7
统计误差 (×10^{-4})	4.5	1.7	2.5	1.4
系统误差 (×10^{-4})	5.8	2.1	1.9	1.7
总误差 (×10^{-4})	7.3	2.7	3.1	2.2

Fermilab 的 KTeV 实验 2011 年发表了他们的结果，给出组合结果 $\epsilon'/\epsilon = (19.2\pm2.1)\times10^{-4}$ [39]，与 NA31 和 NA48 两者的结果都符合得较好。

9.5 总 结

9.5.1 ϵ'/ϵ 的世界平均值

CERN 和费米实验室实验结果的比较如图 11 所示。被粒子数据组计算的世界平均值为 $(16.8\pm2.0)\times10^{-4}$，这里引用的误差放大了 1.4 倍，这是考虑到结果的离散性。在 K 介子系统中 CP 破坏幅度中一个直接分量的存在已在实验上以 8.4 倍标准偏差的置信水平确立了 [40]。

用式 (3)~(8)，这个基本值也可表示为

$$\frac{\Gamma\left(K^0 \to \pi^+\pi^-\right) - \Gamma\left(\overline{K^0} \to \pi^+\pi^-\right)}{\Gamma\left(K^0 \to \pi^+\pi^-\right) + \Gamma\left(\overline{K^0} \to \pi^+\pi^-\right)} = 2\mathrm{Re}\,\epsilon' = (5.3 \pm 0.6) \times 10^{-6}$$

$$\frac{\Gamma\left(K^0 \to \pi^0\pi^0\right) - \Gamma\left(\overline{K^0} \to \pi^0\pi^0\right)}{\Gamma\left(K^0 \to \pi^0\pi^0\right) + \Gamma\left(\overline{K^0} \to \pi^0\pi^0\right)} = -4\mathrm{Re}\,\epsilon' = (-10.6 \pm 1.2) \times 10^{-6}$$

说明了直接 CP 破坏的发生。

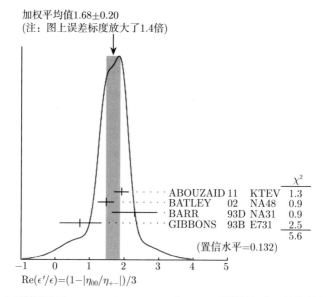

图 11　由最精密实验 E731,NA31,KTeV 和 NA48 测得的 ϵ'/ϵ 最终结果以及平均值, 此图取自 2014 年粒子数据组 [40]。图文的说明: 第一个词是实验组名单中的第一个组员的名字 (往往按姓氏英文字母顺序排列), 第二个数字是所引文献发表的时间, 第三个词是实验组的名称, 第四个数在图中表示 χ^2 值。例如, 第二行表示此结果参考了 KTEV 在 ABOUZAID 在 2011 年发表的结果, 在 PDG 上可以追踪这些文献

9.5.2　K 介子中的 CP 破坏: 重介子系统的入口

自从 1964 年的一个意想不到的发现, CP 破坏在实验方面开启了一个新的领域并且已在更重的介子系统被寻找。$D^0\overline{D}^0$ 和 $B^0\overline{B}^0$ 提供了丰富的现象, 过去 20 年中已在 e^+e^- 对撞机 (CESR, LEP, PEP-2, KEK-B) 以及 $p\overline{p}$ 对撞机 (Tevatron, LHC) 专用实验开展研究。由于这些介子质量更高, 许多终态是容许的, 所以这些 "重的" 和 "轻的" 质量本征态的衰变宽度与在 K 介子系统相比要接近得多。

在 D 介子系统中, 由于混合的振荡近来被观察到了 [41], 得到 $x = (0.41 \pm 0.14)\%$ 和 $y = (0.67 \pm 0.07)\%$, 这里 $x = \dfrac{\Delta M}{\overline{\Gamma}}$ 和 $y = \dfrac{\Delta \Gamma}{\overline{\Gamma}}$, ΔM 和 $\Delta \Gamma$ 为两个质量本征态的质量和衰变宽度差, 而 $\overline{\Gamma}$ 为平均衰变宽度。没有 CP 破坏被发现, 与标准模型的预期相一致。

$B^0\overline{B}^0$ 系统的现象学要丰富得多。对于 B_d^0, $x = 0.774 \pm 0.006$, 而 y 被标准模型预期是非常小的, 实验上与零相容。CP 破坏最早是被 Babar 和 Belle[42,43] 在混合和衰变幅度之间发生相干的 ψK_S 终态观察到的。直接 CP 破坏已在几个终态中观察到了。例如, 在 $B^0 \to K^+\pi^-$ 和 $\overline{B}^0 \to K^-\pi^+$ 之间的不对称性首先被 LHCb 实

验 [44] 测量到, 测得的不对称性值为 -0.082 ± 0.013, 与在 K 介子系统的直接 CP 破坏悬殊很大。

对 B_s^0 则花了很长时间才观察到振荡现象, 因为 ΔM_s 比 Γ_s 大, 结果以非常短的波长振荡, 而这已经超越了早期顶点探测器的能力。最早的观察是由 CDF 做出的 [45]。今天此现象已经被很好地确定了, 测得 $x_s = 26.85 \pm 0.13$, $y_s = 0.137 \pm 0.012$。在 $B_s^0 \bar{B}_s^0$ 系统的 CP 破坏也已经被很好地建立了 [46]。

在稀有衰变方面, $B_s \to \mu\mu$ 不久以前也被观察到了, 这算是向前进了一步, 最近测得衰变率为 $(2.9 \pm 0.7) \times 10^{-9}$ [47], 这可以与精确的标准模型预言相比较 [48]。随着数据的增加, 这个衰变将对新物理变得灵敏。

9.5.3 K 介子的 CP 破坏: 理论的入口

CP 破坏的观察激起了理论的宏大想法。CKM 机制和标准模型主要也是受到了此发现的启迪。此对称性的不守恒现象如今已在强子的弱衰变中被确立, 可以通过 CKM 矩阵元的参数化来描述。1967 年 Sakharov 证明 [49] 了 CP 破坏是重子产生过程的三个必要条件之一。把观察 CP 破坏与 Sakharov 的条件联系起来是件很吸引人的事, 但与此同时, 通常认为这个破坏量相对于应起的那个作用而言是太小了。但是 CP 破坏的来源可能不限于 CKM 矩阵, 这也是可能的。如果存在希格斯玻色子多重态, 以它们为媒介的过程可能会出现 CP 破坏; 在 K 介子系统中的 ϵ 值不管怎样已对这种可能性给了很强的限制 [50]。最后, 在中微子领域 CP 破坏同样是可能的, 特别值得强调的是, $\sin^2 2\theta_{13}$ 如今已成为已知量, 精度很高 [51] (其值 $\simeq 0.09$)。

9.5.4 CERN K介子实验的遗产

CERN 实验在发现直接 CP 破坏成分的过程中扮演了主要角色, 尽管与费米实验室的竞争是必不可少的。NA31 和 NA48 两者都不断地改良束流、探测器和分析方法以更好地控制系统不确定性。在寻求精确测量的过程中, 这两个组拓展了最初的工具和方法, 这些新的工具和方法目前仍在广泛使用, 如计算偶然效应的覆盖程序, 快的量能器信号和精确读出的多重取样, 使用在线和离线计算机工厂, 远程数据控制, 把晶体通道效应用于束流选择和传输等。

与 ϵ'/ϵ 数据的采集同时, NA31 和 NA48 两者都开展了广泛的稀有 K 介子衰变的研究, 完成了最初的测量并首先观察到了几个稀有衰变道 [52-54]。

这些实验对世界物理宝库的贡献已被授予著名的奖项, 尤其授予了 NA31, 他们第一次观察到直接 CP 破坏成分, 并在 1988 年发表了论文 [23]。

今天, ϵ'/ϵ 理论预言仍然是不满意的, 不能有效地与这些测量相比较。希望更精确的预言能够来自基于正在进行的格点 QCD 计算 [55]。

在此期间，其他的 K 介子衰变道正被用来进一步推动标准模型的极限。NA48/2 合作组在 2003~2004 年期间已经积累了 $\simeq 4 \times 10^9$ 的 $K^{\pm} \to \pi^{\pm}\pi^{+}\pi^{-}$ 和 $\simeq 10^8$ 的 $K^{\pm} \to \pi^{\pm}\pi^0\pi^0$ 衰变，用来研究这些终态的达利兹图，在这些终态中，直接 CP 破坏可能引发一种不对称。由该实验得到的零结果是与标准模型预期一致的。[56]

甚至更有趣的将是研究非常稀有的衰变 $K^0 \to \pi^0\nu\bar{\nu}$，此衰变尚未被观察到，计算得到的分支比值为 $(2.4 \pm 0.1) \times 10^{-11}$，加之难以捉摸的终态提升了极端的实验挑战。不管怎样，标准模型预言的精确性对一个专用实验而言是一个强烈的诱因。在过去曾提过几个建议，但仅存活的一个是在 JPARC 的 E14 建议。同样理论上也非常清楚的，但不在 CP 破坏过程中占主要地位的，即衰变率约为 10^{-10} 的 $K^{+} \to \pi^{+}\nu\bar{\nu}$ 模式。同样实验上有挑战，这一衰变道容许精确测量 CKM 参量 $|V_{\text{td}}|$。一个安装在 SPS 的 EHN2 区的专用实验 NA62[57] 已在 2014 年进行了第一轮实验并预期在两年中收集 80 个 $K^{+} \to \pi^{+}\nu\bar{\nu}$ 衰变。这两个非常稀有的衰变道的结果可能对幺正三角形 [58] 做独立和精确的测定，同时探测超越标准模型的物理图像。

致谢

作者感谢 Ivan Mikulec 和 Arthur Schaffer 的仔细阅读并对本文给出建议。Catherine Bourge 和 Bruno Mazoyer 在技术方面的帮助提高了本文的准备工作的效率。

参 考 文 献

[1] J. H. Christenson, J. W. Cronin, V. L. Fitch, R. Turlay, Evidence for the 2π decay of the K_2^0 meson, *Phys. Rev. Lett.* **13**, 138 (1964).

[2] S. Bennet, *et al.*, Semileptonic asymmetry, *Phys. Rev. Lett.* **19**, 993 (1967).

[3] L. Wolfenstein, Violation of CP invariance and the possibility of very weak interactions, *Phys. Rev. Lett.* **13**, 562 (1964).

[4] W. Ochs, *πN Newsletter* **3**, 25 (1991).

[5] M. Kobayashi and K. Maskawa, CP violation in the renormalizable theory of weak interactions, *Prog. Theor. Phys.* **49**, 652 (1973).

[6] C. Jarlskog, Commutator of the Quark mass matrices in the Standard Electroweak model and a measure of maximal CP nonconservation, *Phys. Rev. Lett.* **55**, 1039 (1985).

[7] J. Ellis, M. K. Gaillard and D. V. Nanopoulos, Left-handed currents and CP violation, *Nucl. Phys. B* **109**, 213 (1976).

[8] F. J. Gilman and M. B. Wise, The $\Delta = 1/2$ rule and violation of CP in the six-quark model, *Phys. Lett. B* **83**, 83 (1979).

[9] B. Guberina and R. Peccei, Quantum Chromodynamics effects and CP violation in the Kobayashi-Maskawa model, *Nucl. Phys. B* **163**, 289 (1980).

[10] M. Ciuchini, E. Franco, G. Martinelli, L. Reina and L. Silvestrini, An upgraded analysis of epsilon prime over epsilon at the next to leading order, *Z. Phys. C* **68**, 239 (1995).

[11] A. J. Buras, M. Jamin and M. E. Lautenbacher, A 1996 analysis of the CP violating ratio ϵ'/ϵ, arXiv: hep-ph/9608365 (1996).

[12] J. M. Flynn and L. Randall, The electromagnetic penguin contribution to epsilon prime over epsilon for large top quark mass, *Phys. Lett. B* **224**, 221 (1989).

[13] G. Buchalla, A. J. Buras and M. K. Harlander, The anatomy of epsilon prime over epsilon in the Standard Model, *Nucl. Phys. B* **337**, 313 (1990).

[14] M. Holder *et al.*, On the decay $K_L \to \pi^0\pi^0$, *Phys. Lett. B* **40**, 141 (1972).

[15] M. Banner *et al.*, Measurement of $|\eta^{00}/\eta^{+-}|$, *Phys. Rev. Lett.* **28**, 1597 (1972).

[16] J. H. Christenson *et al.*, Measurement of the phase and amplitude of η^{00}, *Phys. Rev. Lett.* **43**, 1209 (1979).

[17] J. K. Black *et al.*, Measurement of the CP-Nonconservation parameter ϵ'/ϵ, *Phys. Rev. Lett.* **54**, 1628 (1985).

[18] R. H. Bernstein *et al.*, Measurement of ϵ'/ϵ in the neutral kaon system, *Phys. Rev. Lett.* **54**, 1631 (1985).

[19] M. Woods *et al.*, First results on a new measurement of ϵ'/ϵ in the neutral kaon system, *Phys. Lett. B* **206**, 169 (1988).

[20] K. L. Gibbons *et al.*, Measurement of the CP-violation parameter $Re(\epsilon'/\epsilon)$, *Phys. Lett.* **70**, 1203 (1993).

[21] G. Barr *et al.*, The beam and detector for a high precision measurement of the CP violation in neutral-Kaon decays , *Nucl. Instr. Meth. A* **268**, 116 (1988).

[22] G. D. Barr *et al.*, A large area transition radiation detector, *Nucl. Inst. Meth. A* **294**, 465 (1990).

[23] H. Burkhardt *et al.*, First Evidence for direct CP violation, *Phys. Lett. B* **206**, 169 (1988).

[24] G. D. Barr *et al.*, A new measurement of direct CP violation in the neutral kaon system, *Phys. Lett. B* **317**, 233 (1993).

[25] J. S. Bell and J. Steinberger, in *Proceedings of the Oxford Int. Conf. on Elementary Particles*, 1965, (Oxford University Press, 1966), pp. 195–222.

[26] R. Carosi *et al.*, A measurement of the phases of the CP-violating amplitudes in $K \to \pi\pi$ decays and a test of CPT invariance, *Phys. Lett. B* **237**, 303 (1990).

[27] E. Abouzaid *et al.*, Precise measurement of direct CP-violation, CPT symmetry, and other Parameters in the neutral kaon system, *Phys. Rev. D* **83**, 092001 (2011).

[28] A. Angelopoulos *et al.*, First direct observation of time-reversal non-invariance in the neutral-kaon system, *Phys. Lett. B* **444**, 43 (1998).

[29] G. D. Barr *et al.*, Proposal for a precision Measurement of ϵ'/ϵ in CP Violating $K^0 \to 2\pi$ decays, CERN/SPSC/90-22 (1990).

[30] V. Fanti *et al.*, The beam and detector for the NA48 neutral kaon CP violation experiment at CERN, *Nucl. Instr. Meth. Phys. Res. A* **574**, 433–471 (2007).

[31] N. Doble *et al.*, A novel application of bent crystal channeling to the production of simultaneous particle beams, *Nucl. Instr. Meth. Phys. Res. B* **119**, 181–191 (1996).

[32] P. Grafstrom *et al.*, A proton tagging detector for the NA48 experiment, *Nucl. Instr. Meth. Phys. Res. A* **344**, 487–491 (1994).

[33] G. D. Barr, *et al.*, Performance of an Electromagnetic Liquid Krypton Calorimeter based on a Ribbon Electrode Tower Structure, *Nucl. Instr. Meth. A* **370**, 507 (1994).

[34] W. E. Cleland and E. G. Stern, Signal processing considerations for liquid ionisation calorimeters in a high rate environment , *Nucl. Instr. Meth. A* **338**, 467 (1994).

[35] D. Bederede *et al.*, High resolution drift chambers for the NA48 experiment at CERN, *Nucl. Instr. Meth. Phys. Res. A* **367**, 88–91 (1995).

[36] A. Peters *et al.*, The NA48 online and offline PC farms, *CHEP 2000* (2000).

[37] A. Lai *et al.*, A precise measurement of the direct CP violation parameter $\mathrm{Re}(\epsilon'/\epsilon)$, *Eur. Phys. J. C* **22**, 231–254 (2001).

[38] J. R. Batley *et al.*, A precision measurement of direct CP violation in the decay of neutral kaons into two pions, *Phys. Lett. B* **544**, 97–112 (2002).

[39] E. Abouzaid *et al.*, Precise measurements of direct CP violation, CPT symmetry and other parameters of the neutral Kaon system, *Phys. Rev. D* **83**, 092001 (2011).

[40] Particle Data Group, CP Violation in the quark sector, *Chin. Phys. C* **38**, 945 (2014).

[41] HFAG: Charm Physics Parameters, http://www.slac.stanford.edu/xorg/hfag/charm/FPCP14 (2014).

[42] B. Aubert *et al.*, Observation of large CP violation in the neutral B-meson system, *Phys. Rev. Lett.* **87**, 091801 (2001).

[43] K. Abe *et al.*, Observation of CP violation in the B^0-meson system, *Phys. Rev. Lett.* **87**, 091801 (2001).

[44] R. Aaij *et al.*, First evidence of Direct CP violation in charmless two-body decays of B_s^0 mesons, *Phys. Rev. Lett.* **108**, 201601 (2012).

[45] A. Abulencia *et al.*, Measurement of the $B_s - \bar{B}_s$ Oscillation Frequency, *Phys. Rev. Lett.* **97**, 062003 (2006).

[46] R. Aaij *et al.*, First observation of CP violation in the decays of B_s mesons, *Phys. Rev. Lett.* **110**, 221601 (2013).

[47] V. Khachatryan *et al.*, Observation of the rare $B_S^0 \to \mu^+\mu^-$ decay from the combined analysis of CMS and LHCb data, submitted to *Nature*, arXiv:1411.4413 (2014).

[48] C. Bobeth *et al.*, $B_{s,d}^0 \to l^+;^-$ in the Standard Model with reduced theoretical uncertainty, *Phys. Rev. Lett.* **112**, 101801 (2014).

[49] A. D. Sakharov, Violation of CP invariance, C asymmetry and baryon asymmetry of the Universe, *JETP Lett.* **6**, 24 (1967).

[50] I. I. Bigi and A. I. Sanda, Possible corrections to the KMansatz: Right-handed currents and non-minimal Higgs dynamics, *CP-Violation, Cambridge Monographs on Particle Physics* **28**, 362 (2009).

[51] A. B. Balantekin *et al.*, Spectral measurement of electron antineutrino oscillation amplitude and frequency at Daya Bay, *Phys. Rev. Lett.* **112**, 061801 (2013).

[52] K. Kleinknecht *et al.*, Results on rare decays of neutral kaons from NA31 experiment at CERN, *Frascati Phys. Ser.* **3**, 377–398 (1994).

[53] M. Lenti *et al.*, Kaon and Hyperon rare decays by the NA48 experiment at CERN, hep-exp/0411088 (2004).

[54] E. Mazzucato *et al.*, Recent results on CP Violation and rare decays by the NA48 experiment at CERN, *HEP-MAD-2007*, 210 (2007).

[55] T. Blum *et al.*, The K $\rightarrow (\pi\pi)_{I=2}$ decay amplitude from Lattice QCD, arXiv: 1111.1699 (2011).

[56] R. Batley *et al.*, Search for direct CP violating charge asymmetries in the $K^{\pm} \rightarrow \pi^{+}\pi^{+}\pi^{-}$ and $K^{\pm} \rightarrow \pi^{0}\pi^{+}\pi^{0}$ decays, *Eur. Phys. J. C* **52**, 875–891 (2007).

[57] E. Cortina Gil *et al.*, NA62 Technical Design Document, NA62-10-07 (2010).

[58] K. A. Olive *et al.* (Particle Data Group), The CKM quark-mixing matrix, *Chin. Phys. C* **38**, 090001 (2014), p. 214.

第10篇　CPLEAR(PS195) 上中性 K 介子离散对称性的测量

Thomas Ruf

CERN, CH-1211, Geneva 23, Switzerland

thomas.ruf@cern.ch

董海荣，江亚欧，房双世　译

中国科学院高能物理研究所

反质子储存环为研究物质反物质对称性提供了一个独一无二的机会。与同在该装置上的其他实验不同，CPLEAR 是致力于研究中性 K 介子系统中 T,CPT,CP 对称性的专门实验。实验通过对初始奇异性 K^0 和 $\overline{K}^0$ 粒子随时间的演化进行精确测量，全面确定 T,CPT,CP 等对称性的破坏尺度。同时，该实验还对量子力学预测 (EPR 佯谬，波函数关联) 或广义相对论等价原理给出了一些限制。本文首先简单介绍一下独特的低能反质子储存环 (LEAR)，随后对 CPLEAR 实验进行说明，包括用于理解中性 K 介子随时间演化的基本公式，以及在中性 K 介子系统中测量离散对称性的主要实验结果。关于 CPLEAR 实验的详细介绍及其测量结果可参考文献 [1]。

10.1　低能反质子环

低能反质子储存环 (LEAR)[2,3] 用于减速及存储反质子以便为最终在南厅运行的实验输送反质子。该设备建成于 1982 年并一直运行到 1996 年，直到它被改造为低能离子环 (LEIR)，为大型强子对撞机 (LHC) 提供铅离子注入。在 LEAR 项目中，四台机器 —— 质子同步加速器 (PS)、反质子收集器 (AC)、反质子积累器 (AA) 以及 LEAR—— 共同运行用于收集、冷却及减速实验中用到的反质子。PS 将质子加速到 $26\text{GeV}/c$ 轰击固定靶产生反质子。磁谱仪筛选出能量为 $3.6\text{GeV}/c$ 的反质子并注入 AC 中。粒子在 AC 中停留 4.8s，通过随机冷却减少动量散度，以便在 AA 中可以长时间储存。一旦 LEAR 准备好接收质子 ($\approx 5\times10^9$)，AA 首先输送一部分反质子到 PS, 在其中被减速到 609MeV/c 之后, 被注入 LEAR, 并被再次随机冷却 5min 使动量散度降至 $\sigma_p/p = 10^{-3}$。紧接着再进行电子冷却, 使最终的相对动量散度减小到 5×10^{-4}。LEAR 装备了快速和超慢反质子输出系统, 后者在 CPLEAR 实验中被用于在 1h 内提供 1MHz 的反质子。输出系统的最后一部分是由两个水平和两个垂直的偏转磁铁组成, 后面接有一个四极聚焦磁铁用于对束流进行准直及聚焦, 使其轰击位于探测器中心的固定靶。靶上束斑的 FWHM(束斑半高宽) 约为 3mm。

10.2　CPLEAR 实验方法

　　CPLEAR 实验主要利用在 p̄p 湮灭过程中产生的具有相反奇异数的电荷共轭粒子 K^0 和 $\overline{K}^0$:

$$\bar{p}p \rightarrow \begin{matrix} K^-\pi^+K^0 \\ K^+\pi^-\overline{K}^0 \end{matrix} \tag{1}$$

奇异数守恒意味着在强相互作用中, K^0 的产生必然伴随着 K^-, 同样 $\overline{K}^0$ 的产生必然伴随着 K^+。因此, 每个事例中中性 K 介子的奇异数可以通过测量伴随带电 K 介子的电荷得到。如果中性 K 介子随后衰变到 $e\pi\nu$, 它的奇异数也可以通过衰变末态中电子的电荷得到。事实上, 考虑到只有满足 $\Delta S = \Delta Q$ 的衰变过程发生, 奇异数为正时, 中性 K 介子衰变末态包含正电子, 奇异性为负时, 则衰变末态包含电子。实验对不同奇异数的初始中性 K 介子衰变粒子数随衰变时间 t 的函数进行了测量。$N_f(\tau)$ 和 $\overline{N}_f(\tau)$ 代表不含轻子末态的衰变粒子数, 而 $N_{\pm}(\tau)$ 和 $\overline{N}_{\mp}(\tau)$ 则代表 $e\pi\nu$ 末态的衰变粒子数, 通过这些数值就可以得到不对称性, 计算主要围绕这些测量结果之间的比例关系。但是, 测量的事例数转换到衰变率还需要考虑探测器接受度的修正。在下列一些情况中 (a) 不对称性, (b) 剩余本底, (c) 再生效应, 这些影响必须加以考虑。

　　(a) 不对称性效应主要来自于标定中性 K 介子奇异数时, 对产生顶点的伴随 $K^{\mp}\pi^{\pm}$ 粒子对以及衰变顶点的 $e^{\mp}\pi^{\pm}$ 粒子对进行探测和鉴别产生的。探测器微小的偏差将导致重建正负带电粒子动量依赖效应的差别。这种影响可以通过每天调整几次螺线管磁铁的极性予以降低。另一种电荷依赖效应是由粒子和反粒子与探测器不同物质材料发生相互作用的几率不同引起的。在运动学区间内, 这些差异既可以通过短时间内衰变为 $K^0 \rightarrow \pi^+\pi^-$ 和与其伴随产生的 $K^{\mp}\pi^{\pm}$ 的高统计量带电径迹数据样本确定, 也可以通过在保罗谢尔研究所 (Paul-Scherrer-Institute, PSI) 回旋加速器中得到的 $e^{\mp}\pi^{\pm}$ 刻度数据确定。

　　(b) 本底事例主要是由中性 K 介子衰变到信号事例之外的其他衰变造成的。在相当高的精度下, 初始 K^0 和 $\overline{K}^0$ 事例中的本底几乎是一致的, 因此它们的贡献在分子上相互抵消, 但是在不对称性分母上仍然保留, 这将导致不对称性降低。通过蒙特卡罗模拟能够得到来自于本底事例的贡献, 并通过对不对称性进行拟合而加以考虑。

(c)K^0 和 $\overline{K}^0$ 通过探测器物质的再生几率并不一致, 导致在 t 时刻测量的初始 $\overline{K}^0$ 和 K^0 衰变事例比与真空期望值并不相同。这个效应被称之为 "再生效应", 因为当 K_L 粒子束通过物质时该效应会导致 K_S 粒子的产生, 而这种现象在真空中不会发生。在 CPLEAR 实验动量范围内, 我们可以通过一套专业的实验设备加深对再生振幅、大小及相位的了解 [4]。这种效应可以通过对每个 $K^0(\overline{K}^0)$ 事例按照初始 $K^0(\overline{K}^0)$ 粒子在真空中传播与穿过探测器的衰变概率比进行权重来加以修正。

10.3　CPLEAR 探测器

探测器规格主要基于以下几点基本实验要求:

* 高效的带电 K 粒子鉴别能力, 用以从大量的多 π 湮灭道中分离信号。

* 区分不同的中性 K 介子衰变道。

* 测量 0~20 倍 K_S 平均寿命的衰变本征时间。在该实验可测的 K^0 最高动量为 750MeV/c 时, K_S 的平均衰变长度是 4cm, 这就要求对该衰变的测量范围为一个半径为 60 cm 的圆柱体。

* 通过减少物质量降低再生效应, 例如, 用增压氢靶代替液态氢靶。

* 通过高精密率的触发系统和数据采集系统 (1MHz 湮灭率) 以及大的几何覆盖获得大量事例数。

由于反质子在静止中湮灭, 粒子是各向同性产生的, 因此探测器具有将近 4π 的立体角。整个探测器被嵌入一个 (长 3.6m, 直径 2m) 能产生 0.44T 均匀磁场的螺线管磁铁内。图 1 给出了 CPLEAR 实验的总示意图, 关于探测器的综合介绍可以参考文献 [5]。入射反质子在高压氢气靶内被捕获。数据采集在 1994 年年中之前, 是利用一个具有 16bar 压强的 7cm 半径球形靶, 在此之后, 被替换为一个具有 27bar 压强的 1.1cm 半径圆柱形靶。一组轻型圆柱状径迹探测器用来探测带电粒子的轨迹从而确定它们的电荷符号、动量及位置。设备上装配有两个多丝正比室 (半径分别为 9.5cm 和 12.7cm, 用于测量 $r\Phi$), 六个漂移室 (半径从 25 到 60cm, 用于测量 $r\Phi, z$) 以及两层流光管 (用于在 600ns 以内快速确定 z)。靶和径迹室的物质总量相当于大约百分之一的辐射长度 (X_0)。通过径迹拟合, r 和 $r\Phi$ 的空间分辨率可以达到 350μm, z 可以达到 2mm, 同时具有很高的动量分辨率 ($\Delta p/p$ 在 5% 和 10% 之间)。

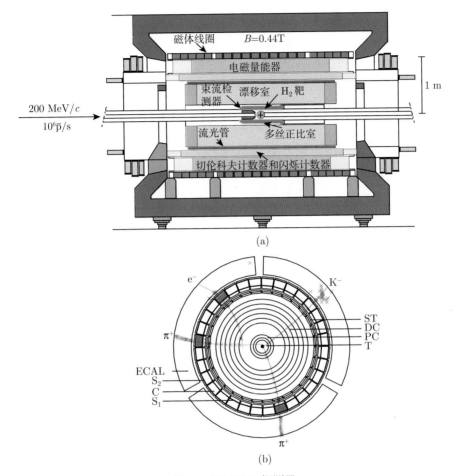

图 1 CPLEAR 探测器

(a) 纵截面；(b) 横截面以及 p$\bar{\text{p}}$(未显示)→ K$^-$π$^+$K^0 随中性 K 介子衰变为 e$^-$π$^+\bar{\nu}$ 过程的事例演示。(b) 图相对 (a) 图放大了两倍，且没有显示磁线圈和外部探测部件。两图中中心区域都是指不含 PC0 的早期数据采集区

径迹探测器之外紧接粒子鉴别探测器 (PID)，该探测器可以对带电 K 介子进行鉴别。PID 主要包括一个阈值切伦科夫探测器 (主要用于鉴别动量在 350MeV/c 以上的 K/π 粒子) 和用于测量带电粒子能量损失 (dE/dx) 与飞行时间的闪烁体计数器。PID 能够在 60ns 内从本底为信号 250 倍的事例中鉴别出带电 K 介子。π 介子的切伦科夫阈值是 300MeV/c，K 介子的切伦科夫阈值是 700MeV/c。PID 也被用于从 350MeV/c 以下的 π 介子中鉴别电子。

探测器最外层是铅/气取样型量能器 (ECAL) 用于探测 π^0 衰变中的光子产生。它是由 18 层 1.5mm 厚的铅转换器和高增益管组成，后者夹在两层压力传感器 (相

对于高增益管有正负 30° 夹角) 之间，共有 64000 个读出通道。量能器的设计宗旨是为了获得高精度的 $K^0 \to 2\pi^0$ 或 $3\pi^0$ 衰变顶点重建。量能器作为 PID 的补充，可以对高动量的 $(p > 300 \text{ MeV}/c)$ e/π 进行区分。

高湮灭率和信号事例的小分支比 $(\approx 2 \times 10^{-3})$ 要求设备必须具有精密的触发系统和数据采集系统，用以限制记录数据总量以及减小实验死时间。一组特殊设计的硬线处理器 (HWP) 可以在几微秒内通过事例全重建快速而有效地排除多余事例。通过带电 K 介子的快速识别 (利用 PID 撞击分布)、带电径迹的拓扑和数量、粒子鉴别 (利用能量损失，飞行时间以及 Cherenkov 光反应) 和运动学限制，以及 ECAL 中簇射的数量决定是否排除该事例。总触发排除因子大约为 10^3，考虑到 800kHz 的平均束率，读出率大概为每秒 450 个事例。

为了控制由触发筛选引起的偏差，确定通过触发条件的 Kπ 粒子对能够被离线重建出来至关重要。这个匹配过程是通过对所筛选事例进行触发模拟实现的，那些通过触发标准的事例被接收，同时那些触发和离线重建与初级径迹不一致的事例被排除。此外，通过每天收集三次以上的最小偏差数据 (即入射反质子与信号在同一个闪烁体上计数相符合)，可以提供整个数据样本的刻度和触发研究。

1992~1996 年，CPLEAR 探测器全面运行期间，共收集到了 1.1×10^{13} 个反质子数据。已采集的 12Tbytes 的数据主要包括将近 2×10^8 个奇异数标定的中性 K 介子，其中 7×10^7 个在大于 $1\tau_S$ 时间内衰变到 $\pi^+\pi^-$ 粒子，1.3×10^6 个衰变到 $e\pi\nu$，2×10^6 个衰变到 $\pi^0\pi^0$，5×10^5 个衰变到 $\pi^+\pi^-\pi^0$，以及 1.7×10^4 个衰变到 $\pi^0\pi^0\pi^0$。利用这些数据，CPLEAR 实验取得一系列关于中性 K 介子系统离散对称性的研究结果 [6-12] 并对其他相关量进行测量 [4,13-15]。对衰变到 $\pi^+\pi^-$ 粒子过程的高统计量数据进行研究可以检验广义相对论等价原理 [16]，具体是通过观测由天体势扰动引起的 CP 破坏参数 η_{+-} 的年度、月度及昼夜调制实现的。通过对最初用于测量中性 K 介子在碳中前向散射截面的设备进行少许改装 [17]，CPLEAR 也能够开展 Einstein-Podolski-Rosen 型 (验证 EPR 佯谬) 实验 [18]。利用 CPLEAR 实验的测量结果，可以检验量子力学 [19]，进一步限定纯态演化到混合态的参数，确定对超高能区物理的灵敏度，以及利用幺正关系对 K^0 和它的反粒子 $\overline{K}^0$ 的质量和寿命差进行精确测量 [20,21]。下面我们将简要地介绍中性 K 介子随时间演化的公式，随后对上述测量结果进行详细讨论。

10.4　中性 K 介子唯象理论

10.4.1　时间演化

在不含奇异数破坏的过程中，K^0 和 $\overline{K}^0$ 介子的基态 $|K^0\rangle$ 和 $|\overline{K}^0\rangle$ 是强相互作

用、电磁相互作用和奇异数 S 的质量本征态：

$$(\mathcal{H}_{\mathrm{st}} + \mathcal{H}_{\mathrm{em}})|\mathrm{K}^0\rangle = m_0|\mathrm{K}^0\rangle, \quad (\mathcal{H}_{\mathrm{st}} + \mathcal{H}_{\mathrm{em}})|\overline{\mathrm{K}}^0\rangle = m_0|\overline{\mathrm{K}}^0\rangle \tag{2}$$

$$S|\mathrm{K}^0\rangle = +|\mathrm{K}^0\rangle, \quad S|\overline{\mathrm{K}}^0\rangle = -|\overline{\mathrm{K}}^0\rangle \tag{3}$$

考虑到奇异数破坏相互作用项 H_{wk} 要比强相互作用和电磁相互作用项小很多，可以利用微扰论进行相关理论计算 (Wigner-Weisskopf 方法)[22,23]。中性 K 介子随时间演化的波函数可以表示为如下微分方程 [24,25]：

$$\mathrm{i}\frac{\mathrm{d}}{\mathrm{d}\tau}\begin{pmatrix} \mathrm{K}^0(\tau) \\ \overline{\mathrm{K}}^0(\tau) \end{pmatrix} = \Lambda\begin{pmatrix} \mathrm{K}^0(\tau) \\ \overline{\mathrm{K}}^0(\tau) \end{pmatrix} = \left(M - \frac{\mathrm{i}}{2}\Gamma\right)\begin{pmatrix} \mathrm{K}^0(\tau) \\ \overline{\mathrm{K}}^0(\tau) \end{pmatrix} \tag{4}$$

其中，Λ 可以分成两个厄米矩阵 M 和 Γ，分别称为质量矩阵和衰变矩阵。Λ 的矩阵元如下：

$$\Lambda_{ij} = m_0\delta_{ij} + \langle i|\mathcal{H}_{\mathrm{wk}}|j\rangle + \sum_f \mathcal{P}\left(\frac{\langle i|\mathcal{H}_{\mathrm{wk}}|f\rangle\langle f|\mathcal{H}_{\mathrm{wk}}|j\rangle}{m_0 - E_f}\right)$$
$$- \mathrm{i}\pi\sum_f \langle i|\mathcal{H}_{\mathrm{wk}}|f\rangle\langle f|\mathcal{H}_{\mathrm{wk}}|j\rangle\delta(m_0 - E_f) \tag{5}$$

其中，$\mathcal{P}$ 代表主值部分，指标 $i, j = 1$ 和 $i, j = 2$ 分别对应于 K^0 和 $\overline{\mathrm{K}}^0$。尽管非微扰效应使计算具有很大的不确定性，但仍然可以在标准模型的框架内进行计算。该公式也可以应用于两个中性 B 介子 ($\mathrm{B_d}$ 和 $\mathrm{B_s}$)，因为 b 夸克的质量远大于 s 夸克的质量，此时 Λ 矩阵元的计算更为可信。由于在标准模型中没有直接的 K^0-$\overline{\mathrm{K}}^0$ 变换，式 (5) 的第二项消失。我们取 8 个正实数对 Λ 进行如下参数化：

$$\Lambda = \begin{pmatrix} m_{\mathrm{K}^0} & M_{12}\mathrm{e}^{\mathrm{i}\varphi_{\mathrm{M}}} \\ M_{12}\mathrm{e}^{-\mathrm{i}\varphi_{\mathrm{M}}} & m_{\overline{\mathrm{K}}^0} \end{pmatrix} - \frac{\mathrm{i}}{2}\begin{pmatrix} \Gamma_{\mathrm{K}^0} & \Gamma_{12}\mathrm{e}^{\mathrm{i}\varphi_{\Gamma}} \\ \Gamma_{12}\mathrm{e}^{-\mathrm{i}\varphi_{\Gamma}} & \Gamma_{\overline{\mathrm{K}}^0} \end{pmatrix} \tag{6}$$

其中，m_{K^0} 和 $m_{\overline{\mathrm{K}}^0}$ 分别代表 K^0 和 $\overline{\mathrm{K}}^0$ 的质量，$1/\Gamma_{\mathrm{K}^0}$ 和 $1/\Gamma_{\overline{\mathrm{K}}^0}$ 分别代表它们相应的寿命。

初始 K^0 和 $\overline{\mathrm{K}}^0$ 态随时间演化的方程如下：

$$\begin{pmatrix} \mathrm{K}^0(\tau) \\ \overline{\mathrm{K}}^0(\tau) \end{pmatrix} = T(\tau)\begin{pmatrix} \mathrm{K}^0(0) \\ \overline{\mathrm{K}}^0(0) \end{pmatrix} \tag{7}$$

其中

$$T(\tau) = \begin{pmatrix} f_+(\tau) + \dfrac{\Lambda_{22} - \Lambda_{11}}{\Delta\lambda}f_-(\tau) & -2\dfrac{\Lambda_{21}}{\Delta\lambda}f_-(\tau) \\ f_+(\tau) - \dfrac{\Lambda_{22} - \Lambda_{11}}{\Delta\lambda}f_-(\tau) & -2\dfrac{\Lambda_{12}}{\Delta\lambda}f_-(\tau) \end{pmatrix} \tag{8}$$

$$f_{\pm}(\tau) = \frac{\mathrm{e}^{-\mathrm{i}\lambda_{S}\tau} \pm \mathrm{e}^{-\mathrm{i}\lambda_{L}\tau}}{2}$$

$$\lambda_{L,S} = m_{L,S} - \frac{\mathrm{i}}{2}\Gamma_{L,S} = \frac{\Lambda_{11} + \Lambda_{22}}{2} \pm \sqrt{\frac{(\Lambda_{22} - \Lambda_{11})^2}{4} + \Lambda_{12}\Lambda_{21}}$$

$$\Delta\lambda = \lambda_{L} - \lambda_{S} = \sqrt{(\Lambda_{22} - \Lambda_{11})^2 + 4\Lambda_{12}\Lambda_{21}}$$

其中，λ_{S} 和 λ_{L} 是矩阵 Λ 的本征值。相应的本征矢量如下：

$$|K_{S}\rangle = \frac{\mathrm{e}^{\mathrm{i}\varphi_{S}}}{\sqrt{1 + |r_{S}|^2}} \left(r_{S}|K^{0}\rangle + |\overline{K}^{0}\rangle\right)$$

$$|K_{L}\rangle = \frac{\mathrm{e}^{\mathrm{i}\varphi_{L}}}{\sqrt{1 + |r_{L}|^2}} \left(r_{L}|K^{0}\rangle + |\overline{K}^{0}\rangle\right) \tag{9}$$

上式取特定相空间 φ_{S} 和 φ_{L}，且

$$r_{S} = \frac{2M_{12}}{\Lambda_{22} - \Lambda_{11} - \Delta\lambda}$$

$$r_{L} = \frac{2M_{12}}{\Lambda_{22} - \Lambda_{11} - \Delta\lambda} \tag{10}$$

10.4.2　离散对称性

CP 和 CPT 变换可以将基态 K^{0} 转换为 $\overline{K}^{0}$，反之亦然，但是 T 变换却不能实现这种转换，除非采用特定的相位：

$$CP|K^{0}\rangle = \mathrm{e}^{\mathrm{i}\phi_{CP}}|\overline{K}^{0}\rangle, \qquad CP|\overline{K}^{0}\rangle = \mathrm{e}^{-\mathrm{i}\phi_{CP}}|K^{0}\rangle$$

$$T|K^{0}\rangle = \mathrm{e}^{\mathrm{i}\phi_{T}}|K^{0}\rangle, \qquad T|\overline{K}^{0}\rangle = \mathrm{e}^{\mathrm{i}\bar{\phi}_{T}}|\overline{K}^{0}\rangle \tag{11}$$

$$CPT|K^{0}\rangle = \mathrm{e}^{\mathrm{i}(\phi_{CP}+\phi_{T})}|\overline{K}^{0}\rangle, \qquad CPT|\overline{K}^{0}\rangle = \mathrm{e}^{\mathrm{i}(-\phi_{CP}+\bar{\phi}_{T})}|K^{0}\rangle$$

要使 $CPT|K^{0}\rangle = TCP|K^{0}\rangle$，则相位须满足

$$2\phi_{CP} = \bar{\phi}_{T} - \phi_{T} \tag{12}$$

要保持 Λ 在 T,CPT 和 CP 变换下不变，则必须满足如下的条件：

$$T : |\Lambda_{12}| = |\Lambda_{21}|$$

$$CPT : \Lambda_{11} = \Lambda_{22} \tag{13}$$

$$CP : |\Lambda_{12}| = |\Lambda_{21}|, \quad \Lambda_{11} = \Lambda_{22}$$

可以适当引入如下 T 和 CPT 的破坏参数：

$$\varepsilon_{T} \equiv \sin(\varphi_{SW}) \frac{|\Lambda_{12}|^2 - |\Lambda_{21}|^2}{\Delta\Gamma\Delta m} \mathrm{e}^{\mathrm{i}\varphi_{SW}} \tag{14}$$

$$\delta \equiv \cos(\varphi_{\mathrm{SW}})\frac{\Lambda_{22} - \Lambda_{11}}{\Delta\Gamma}\mathrm{e}^{\mathrm{i}(\varphi_{\mathrm{SW}}+\pi/2)} \tag{15}$$

其中，$\varphi_{\mathrm{SW}} = \mathrm{atan}(2\Delta m/\Delta\Gamma)$。由于寿命差大约是质量差 $\Delta m \equiv m_{\mathrm{L}} - m_{\mathrm{S}}$ 的两倍，因此 $\varphi_{\mathrm{SW}} \approx 45°$。假设 T 和 CPT 破坏很小，那么初始纯奇异态随时间的演化方程可以被改写为

$$|\mathrm{K}^0(\tau)\rangle = [f_+(\tau) - 2\delta f_-(\tau)]|\mathrm{K}^0\rangle + (1 - 2\varepsilon_{\mathrm{T}})\mathrm{e}^{-\mathrm{i}\varphi_{\mathrm{\Gamma}}}f_-(\tau)|\overline{\mathrm{K}}^0\rangle \tag{16}$$

$$|\overline{\mathrm{K}}^0(\tau)\rangle = [f_+(\tau) + 2\delta f_-(\tau)]|\overline{\mathrm{K}}^0\rangle + (1 + 2\varepsilon_{\mathrm{T}})\mathrm{e}^{\mathrm{i}\varphi_{\mathrm{\Gamma}}}f_-(\tau)|\mathrm{K}^0\rangle \tag{17}$$

衰变过程中也可能出现其他的离散对称性破坏：

(1) 衰变振幅与振荡振幅发生干涉，即衰变振幅相位不等于 $\varphi_{\mathrm{\Gamma}}$；

(2) 两个具有不同弱相位的衰变振幅发生干涉；

(3) 衰变中存在直接 CPT 破坏。

中性 K 介子系统相比于其他中性介子系统 (D^0, B_{d}^0 和 B_{s}^0) 具有一定的特殊性，主要是因为 K 介子的质量轻，限制了衰变末态的数量。这一特性使得对中性 K 介子系统的 CP 对称性可以进行系统完整的研究。此外，K^0 衰变到 $\pi\pi$ 道 ($I = 0$) 的振幅远大于其他衰变振幅，因此上述 (1) 和 (2) 的效应在 K 介子系统中的影响非常小，而这些效应对 B 介子系统的影响则非常明显。

K^0 和 $\overline{\mathrm{K}}^0$ 瞬时衰变到末态 f 和 $\bar{f}$ 的振幅可以分别表示为如下的 $\mathcal{A}_f$ 和 $\bar{\mathcal{A}}_{\bar{f}}$：

$$\mathcal{A}_f = \langle f|\mathcal{H}_{\mathrm{wk}}|\mathrm{K}^0\rangle = (A_f + B_f)\mathrm{e}^{\mathrm{i}\delta_f}, \quad \bar{\mathcal{A}}_{\bar{f}} = \langle \bar{f}|\mathcal{H}_{\mathrm{wk}}|\overline{\mathrm{K}}^0\rangle = (A_f^* - B_f^*)\mathrm{e}^{\mathrm{i}\delta_f} \tag{18}$$

振幅 A_f 和 B_f 分别是 CPT 对称和反对称的。δ_f 是强相互作用相因子，描述可能的末态相互作用。当 f 是 CP 本征态时，通常采用 K_{S} 和 K_{L} 计算衰变振幅

$$\mathcal{A}_{f\mathrm{S}} = \langle f|\mathcal{H}_{\mathrm{wk}}|\mathrm{K}_{\mathrm{S}}\rangle, \quad \mathcal{A}_{f\mathrm{L}} = \langle f|\mathcal{H}_{\mathrm{wk}}|\mathrm{K}_{\mathrm{L}}\rangle \tag{19}$$

接下来就可以对随时间演化的衰变分支比 (例如，衰变到末态 $\pi\pi$) 进行计算了：

$$R_{\mathrm{K}^0\to\pi\pi}(\tau) = B\left[\mathrm{e}^{-\tau/\tau_{\mathrm{S}}} + |\eta_{+-}|^2\mathrm{e}^{-\tau/\tau_{\mathrm{L}}} + 2|\eta_{+-}|\mathrm{e}^{-\bar{\Gamma}\tau}\cos(\Delta m\tau - \phi_{+-})\right]$$

$$R_{\overline{\mathrm{K}}^0\to\pi\pi}(\tau) = \bar{B}\left[\mathrm{e}^{-\tau/\tau_{\mathrm{S}}} + |\eta_{+-}|^2\mathrm{e}^{-\tau/\tau_{\mathrm{L}}} - 2|\eta_{+-}|\mathrm{e}^{-\bar{\Gamma}\tau}\cos(\Delta m\tau - \phi_{+-})\right] \tag{20}$$

其中

$$\eta_{+-} = \frac{\langle f|\mathcal{H}_{\mathrm{wk}}|\mathrm{K}_{\mathrm{L}}\rangle}{\langle f|\mathcal{H}_{\mathrm{wk}}|\mathrm{K}_{\mathrm{S}}\rangle}, \quad \bar{B}/B = [1 + 4\Re(\varepsilon_{\mathrm{T}} + \delta)] \tag{21}$$

$\pi^+\pi^-$ 和 $\pi^0\pi^0$ 末态同位旋为 $I = 0$ 和 $I = 2$，且 $|A_2/A_0| \approx 0.045$ [26]，因此 η_{+-} 和 η_{00} 的贡献如下：

$$\eta_{+-} = \varepsilon + \varepsilon', \quad \eta_{00} = \varepsilon - 2\varepsilon' \tag{22}$$

其中

$$\varepsilon = \varepsilon_{\mathrm{T}} + \delta + \mathrm{i}\Delta\phi + \Delta A$$

这里，$\varepsilon_{\mathrm{T}} + \delta$ 分别代表混合中的 T 和 CPT 破坏，ε' 是 $I = 0$ 和 $I = 2$ 干涉振幅引起的 CP 破坏，$\Delta\phi$ 是混合振幅和 $I = 0$ 振幅干涉引起的 CP 破坏，ΔA 代表 $I = 0$ 振幅中的 CPT 破坏。

10.4.3　$\pi^+\pi^-$ 衰变中 CP 破坏的测量

CPLEAR 实验测量了 K^0 和 $\overline{\mathrm{K}}^0$ 衰变到 $\pi^+\pi^-$ 的衰变不对称，图 2 显示在 8 至 16 倍 K_{S} 寿命区间内，尽管 $|\eta_{+-}|$ 只有 2.3×10^{-3} 左右，K^0 和 $\overline{\mathrm{K}}^0$ 衰变事例数还是显示出明显差异。考虑到 $\mathrm{K}^\pm\pi^\mp$ 粒子对的带电粒子不对称性探测效率，测量的衰变率还需要进一步修正。利用高统计量 $\pi^+\pi^-$ 数据样本，可以对该效应进行探测效率修正。其中 η_{+-} 代表精确测量的 CP 破坏贡献。但是，这仅能确定 $\omega = [1 + 4R(\varepsilon_{\mathrm{T}} + \delta)]\xi$，其中 ξ 代表探测器效率。实验测量的不对称性可以表述为如下形式：

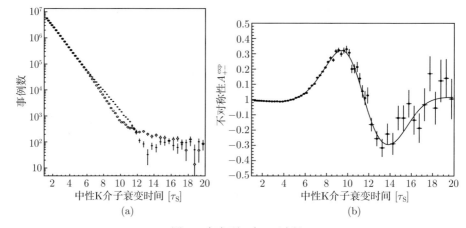

(a)　　　　　　　　　　　　(b)

图 2　衰变到 $\pi^+\pi^-$ 过程

(a) 衰变率随衰变时间变化的函数 (考虑接受度修正和本底扣除)，K^0 (开放圆圈) 和 $\overline{\mathrm{K}}^0$(黑色圆圈)；(b) 随时间变化的衰变率不对称性 $A_{+-}(\tau)$ (黑色圆圈)，曲线代表最佳拟合 (式 (23))

$$A^{+-}(\tau) = \frac{R(\overline{\mathrm{K}}^0 \to \pi^+\pi^-) - k*w\,R(\mathrm{K}^0 \to \pi^+\pi^-)}{R(\overline{\mathrm{K}}^0 \to \pi^+\pi^-) + k*w\,R(\mathrm{K}^0 \to \pi^+\pi^-)}$$

$$= -2\frac{|\eta_{+-}|\mathrm{e}^{\frac{1}{2}(1/\tau_{\mathrm{S}}-1/\tau_{\mathrm{L}})\tau}\cos(\Delta m \times \tau - \phi_{+-})}{1 + [|\eta_{+-}|^2 + \mathrm{Bck}(\tau)]\,\mathrm{e}^{(1/\tau_{\mathrm{S}}-1/\tau_{\mathrm{L}})\tau}} \tag{23}$$

其中，$\mathrm{Bck}(\tau)$ 代表主要来自于半轻衰变的剩余本底事例，k 是自由拟合参数，用以描述归一化因子的统计误差以及因子大小与拟合得到的 CP 破坏参数之间的关联。$\Delta m, \tau_{\mathrm{S}}$ 和 τ_{L} 取 1998 年 PDG 中的平均值，CPLEAR 实验最后的结果是：

$$|\eta_{+-}| = (2.264 \pm 0.023_{\mathrm{stat}} \pm 0.026_{\mathrm{syst}} \pm 0.007_{\tau_{\mathrm{S}}}) \times 10^{-3}$$

$$\phi_{+-} = 43.19^{\circ} \pm 0.53^{\circ}_{\mathrm{stat}} \pm 0.28^{\circ}_{\mathrm{syst}} \pm 0.42^{\circ}_{\Delta m} \tag{24}$$

相因子 ϕ_{+-} 测量精度的提高已成为对可能的 CPT 破坏 K^0-$\overline{\mathrm{K}}^0$ 质量差设限的重要因素，参见 10.4.5 节。

10.4.4 T 和 CPT 破坏参数的直接测量

中性 K 介子半轻衰变具有显著的特征，即轻子的电荷在衰变过程 ($\mathrm{K}^0 \to \pi^- l^+ \nu$ 和 $\overline{\mathrm{K}}^0 \to \pi^0 l^- \overline{\nu}$) 中标定了奇异数。在标准模型框架内，$\Delta S = \Delta Q$ 破坏过程 ($\mathrm{K}^0 \to \pi^0 l^- \overline{\nu}$ 和 $\overline{\mathrm{K}}^0 \to \pi^- l^+ \nu$) 被严重压低 ($10^{-7}$，参考文献 [28])，到目前为止没有观测到此类衰变，仅对其上限进行了测量。可以对初态 K^0 粒子变换到 $\overline{\mathrm{K}}^0$ 粒子的振荡频率进行精确测量 [13]，进而通过测量 K^0 衰变为 $\overline{\mathrm{K}}^0$ 和它的 T-共轭过程 $\overline{\mathrm{K}}^0$ 衰变为 K^0 之间的衰变不对称性直接对 T 破坏进行观测 [10]。

在不含 $\Delta S = \Delta Q$ 破坏的过程中，随时间演化的衰变不对称性 A_{T} 可以通过 Λ 中非对角矩阵元之差进行测量，而不须假设 CP 破坏和 $\Delta \Gamma$ 都很小：

$$A_{\mathrm{T}}(\tau) = \frac{R(\overline{\mathrm{K}}^0 \to \mathrm{K}^0)(\tau) - R(\mathrm{K}^0 \to \overline{\mathrm{K}}^0)(\tau)}{R(\overline{\mathrm{K}}^0 \to \mathrm{K}^0)(\tau) + R(\mathrm{K}^0 \to \overline{\mathrm{K}}^0)(\tau)} = \frac{|\Lambda_{12}|^2 - |\Lambda_{21}|^2}{|\Lambda_{12}|^2 + |\Lambda_{21}|^2} = 4\Re(\varepsilon_{\mathrm{T}}) \tag{25}$$

在 $\Delta S = \Delta Q$ 破坏过程中，半轻衰变不对称性公式中会出现三个额外的与半轻衰变振幅相关的参数：$\Re(y)$ 代表在 $\Delta S = \Delta Q$ 允许衰变道中的直接 CPT 破坏，(x_+) 代表 $\Delta S = \Delta Q$ 破坏过程中 CP 破坏和 CPT 守恒，(x_-) 代表 $\Delta S = \Delta Q$ 破坏过程中 CPT 破坏。详细的定义请参考文献 [1] 中 2.2 节。那么 A_{T} 就可以表示为

$$\begin{aligned} A_{\mathrm{T}}(\tau) &= 4\Re(\varepsilon_{\mathrm{T}}) - 2\Re(x_- + y) \\ &\quad + 2\frac{\Re(x_-)\left(\mathrm{e}^{-(1/2)\Delta\Gamma\tau} - \cos(\Delta m\tau)\right) + \Im(x_+)\sin(\Delta m\tau)}{\cosh(\frac{1}{2}\Delta\Gamma\tau) - \cos(\Delta m\tau)} \\ &\to 4\Re(\varepsilon_{\mathrm{T}}) - 2\Re(x_- + y), \quad \tau \gg \tau_{\mathrm{S}} \end{aligned} \tag{26}$$

此外，利用 $\pi^+\pi^-$ 数据进行电荷依赖的探测器不对称性效应修正时，也会影响初级伴随粒子 $\mathrm{K}^{\pm}\pi^{\mp}$ 的探测，在不对称性 $2\Re(\varepsilon_{\mathrm{T}} + \delta)$ 的测量中产生一项额外贡献。利用对半轻衰变不对称性的精确测量，$\delta_l = 2\Re(\varepsilon_{\mathrm{T}} + \delta - y - x_-) = (3.27 \pm 0.12) \times 10^{-3}$，结果如下：

$$A_{\mathrm{T}}{}^{\exp}(\tau) = 4\Re(\varepsilon_{\mathrm{T}}) - \Re(x_- + y)$$

$$+2\frac{\Re(x_-)\left(\mathrm{e}^{-(1/2)\Delta\Gamma_\tau}-\cos(\Delta m\tau)\right)+\Im(x_+)\sin(\Delta m\tau)}{\cosh(\frac{1}{2}\Delta\Gamma\tau)-\cos(\Delta m\tau)} \tag{27}$$

在最初发表的不对称性 A_T 结果中, 基于半轻衰变过程中 CPT 守恒的假设, 对实验数据 (图 3) 拟合得到

$$4\Re(\varepsilon_T)=(6.2\pm1.4_{\mathrm{stat}}\pm1.0_{\mathrm{syst}})\times10^{-3}$$
$$\Im(x_+)=(1.2\pm1.9_{\mathrm{stat}}\pm0.9_{\mathrm{syst}})\times10^{-3} \tag{28}$$

这是第一次直接观测到 T 破坏。结合 CPLEAR 的实验数据与世界上其他中性 K 介子参数的平均值, 利用 Bell-Steinberger(或者幺正) 关系, 可以将 $R(x_-+y)$ 限制在 $(-0.2\pm0.3)\times10^{-3}$, 进一步证实了 A_T^{exp} 中来自 CPT 破坏衰变振幅的贡献可以忽略。到目前为止 (2014), 这是对中性介子混合中 T 破坏的唯一直接观测。

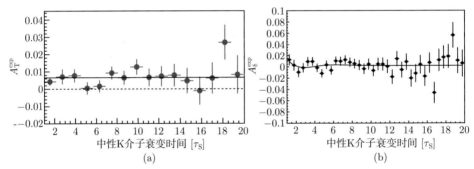

图 3　(a)T 破坏的实验测量结果: 不对称性 A_T^{exp} 随中性 K 介子衰变时间变化的关系图 (单位 τ_S)。正值代表 $\overline{\mathrm{K}}^0$ 变换到 K^0 的概率大于 K^0 变换到 $\overline{\mathrm{K}}^0$, 实线代表拟合平均值 $\langle A_T^{\mathrm{exp}}\rangle=(6.6\pm1.3)\times10^{-3}$；(b) 实验测量的 CPT 破坏不对称性 A_δ, 实线代表拟合结果

对于 CPT 也可以构造一个类似的不对称性如下, 为了简化, 这里没有考虑 $\Delta S=\Delta Q$ 破坏过程:

$$A_{\mathrm{CPT}}(\tau)=\frac{R(\overline{\mathrm{K}}^0\to\overline{\mathrm{K}}^0)(\tau)-R(\mathrm{K}^0\to\mathrm{K}^0)(\tau)}{R(\overline{\mathrm{K}}^0\to\overline{\mathrm{K}}^0)(\tau)+R(\mathrm{K}^0\to\mathrm{K}^0)(\tau)}$$
$$=2\Re(y)+4\frac{\Re(\delta)\sinh(\frac{1}{2}\Delta\Gamma\tau)+\Im(\delta)\sin(\Delta m\tau)}{\cosh(\frac{1}{2}\Delta\Gamma\tau)+\cos(\Delta m\tau)} \tag{29}$$

考虑 $\Delta S=\Delta Q$ 破坏过程的贡献以及之前利用 2π 数据得到的带电粒子不对称性修正, 结合两个不对称性式 (26) 和式 (29) 可以得到 CPT 的直接测量结果:

$$A_\delta(\tau)=A_{\mathrm{CPT}}^{\mathrm{exp}}(\tau)+{A_T}^{\mathrm{exp}}(\tau)$$

$$= 4\Re(\delta) + 4\frac{\Re(\delta)\sinh(\frac{1}{2}\Delta\Gamma\tau) + \Im(\delta)\sin(\Delta m\tau)}{\cosh(\frac{1}{2}\Delta\Gamma\tau) + \cos(\Delta m\tau)}$$

$$-4\frac{\Re(x_-)\cos(\Delta m\tau)\sinh\frac{1}{2}\Delta\Gamma\tau - \Im(x_+)\sin(\Delta m\tau)\cosh\frac{1}{2}\Delta\Gamma\tau}{\left[\cosh(\frac{1}{2}\Delta\Gamma\tau)\right]^2 - [\cos(\Delta m\tau)]^2}$$

$$\rightarrow 8\Re(\delta), \quad r \gg \tau_S \tag{30}$$

最终的拟合结果为

$$\Re(\delta) = (3.0 \pm 3.3_{\text{stat}} \pm 0.6_{\text{sys}}) \times 10^{-4}$$

$$\Im(\delta) = (-1.5 \pm 2.3_{\text{stat}} \pm 0.3_{\text{sys}}) \times 10^{-2}$$

$$\Re(x_-) = (0.2 \pm 1.3_{\text{stat}} \pm 0.3_{\text{sys}}) \times 10^{-2}$$

$$\Im(x_+) = (1.2 \pm 2.2_{\text{stat}} \pm 0.3_{\text{sys}}) \times 10^{-2}$$

10.4.5 幺正关系对 T 和 CPT 参数的限制

如前所言, 中性 K 介子系统的特殊之处在于其衰变末态粒子的个数非常有限, 因此可以对式 (5) 中全部末态求和, 从而得到一组约束条件。通过提高 3π 衰变分支比的精度 [8,9] 和精确测量半轻衰变率 [12], CPLEAR 实验以前所未有的精度确定了中性 K 介子系统中的众多参数。将式 (5) 改写为 K_S-K_L 基的形式, 可以得到著名的 Bell-Steinberger[29,30] 关系, 这一关系将所有的中性 K 介子衰变道与中性 K 介子混合中的 T 和 CPT 破坏参数联系起来:

$$\Re(\varepsilon_T) - i\Im(\delta) = \frac{1}{2(i\Delta m + \bar{\Gamma})} \times \sum \langle f|\mathcal{H}_{\text{wk}}|K_L\rangle^* \langle f|\mathcal{H}_{\text{wk}}|K_S\rangle \tag{31}$$

上式中右边求和部分可写为

$$\sum \langle f|\mathcal{H}_{\text{wk}}|K_L\rangle^* \langle f|\mathcal{H}_{\text{wk}}|K_S\rangle = \sum \left(\text{BR}^S{}_{\pi\pi}\Gamma_S\eta_{\pi\pi}\right) + \sum \left(\text{BR}^L{}_{\pi\pi\pi}\Gamma_L\eta^*{}_{\pi\pi\pi}\right)$$
$$+ 2\left[\Re(\varepsilon_T) - \Re(y) - i(\Im(x_+) + \Im(\delta))\right]\text{BR}^L{}_{l\pi\nu}\Gamma_L$$

其中, BR 代表衰变分支比, 上指标代表衰变粒子, 下指标代表末态, l 代表电子和 μ 子。类似于 $\pi^+\pi^-\gamma$ 的辐射过程一般包含在其相应的上级过程中。在 CPLEAR 实验测量精度内, 式 (31) 中分支比 BR^S_f(或者 $\text{BR}^L_f \times \Gamma_L/\Gamma_S$) 小于 10^{-5} 的衰变道的贡献可以忽略。结合 CPLEAR 的实验数据和最新的 (1998) 一些中性 K 介子参数世界平均值, 可以得到如下结果 [20]:

$$\Re(\varepsilon_T) = (164.9 \pm 2.52_{\text{stat}} \pm 0.1_{\text{sys}}) \times 10^{-5}$$

$$\Im(\delta) = (2.4 \pm 5.02_{\text{stat}} \pm 0.1_{\text{sys}}) \times 10^{-5}$$

$$\Re(\delta) = (2.4 \pm 2.72_{\text{stat}} \pm 0.6_{\text{sys}}) \times 10^{-4}$$

上式在 65 倍标准偏差内明确证实了 T 宇称的破坏, 而且在 K^0-$\overline{K}^0$ 混合和其他衰变振幅中对 CPT 破坏提供了更严格的限制, 更多的结果请参考文献 [20]。利用 K^0-$\overline{K}^0$ 的幺正关系可以限定 Γ_{12} 和 $\pi\pi$ 衰变模式中 $I = 0$ 衰变振幅的相位差。在中性 B 介子系统中, 对应于混合和衰变振幅干涉的相位差是 CP 破坏的主要来源。在 K 介子系统中, 相位差很小, $\Delta\Phi = \dfrac{1}{2}\left[\varphi_\gamma - \arg(A_0^*\overline{A}_0)\right] = (-1.2 \pm 8.5) \times 10^{-6}$ [31]。

基于相对论量子场论基本原理的 CPT 定理 [32-34] 表明离散对称性 C, P, T 的任意次序的三重积都具有严格对称性。该定理预言了包括粒子反粒子具有相同的质量和寿命等一系列现象。利用上面得到的 $R(\delta)$ 和 $T(\delta)$, 并结合式 (15), 可直接得到

$$\Gamma_{K^0K^0} - \Gamma_{\overline{K}^0\,\overline{K}^0} = (3.9 \pm 4.2) \times 10^{-18}\text{GeV}$$

$$M_{K^0K^0} - M_{\overline{K}^0\,\overline{K}^0} = (-1.5 \pm 2.0) \times 10^{-18}\text{GeV} \tag{32}$$

其中, 两者的关联系数为 -0.95。与早期的汇总结果不同 (参考文献 [27]), CPLEAR 的结果不再倾向于衰变振幅中的 CPT 守恒。假定 CPT 在所有衰变过程中守恒, 则质量差 $(-0.7 \pm 2.8) \times 10^{-19}\text{GeV}$ 的精度被提高了将近一个量级。得益于 $\Delta m = 3.484 \times 10^{-12}\text{MeV}$ 这样一个如此小的质量差的放大效应, 这些结果仍是目前为止对粒子和反粒子质量差最强的限制。在中性 B 介子系统中, B_d 和 B_s 的质量差分别是 K 介子的 100 多倍和 300 多倍, 因此 B 介子系统对 CPT 效应的敏感性较低。

10.4.6　基本原理的相关测量

在最后一节中, 主要讨论 CPLEAR 实验的三个与量子力学 (QM) 基本原理和广义相对论相关的测量结果 [16,18,19]。

10.4.6.1　探索 QM 相干的可能缺失

目前为止所有的讨论都是在封闭系统的 QM 框架之内, 方程 (4) 的解是一个随时间演化的纯态。量子引力的一些研究 [35] 表明拓扑非平凡时空涨落 (时空泡沫, 虚黑洞) 会引起内部基本信息丢失, 由此产生纯态到混合态的转换 [36], 从而可以定义时间的方向。在 K^0-$\overline{K}^0$ 系统中, 这种现象可以用一个 2×2 的密度矩阵 ρ 进行唯象假设, 该矩阵满足

$$\dot{\rho} = -\mathrm{i}\left[\Lambda_\rho - \rho\Lambda^\dagger\right] + \delta/\Lambda\rho \tag{33}$$

其中, Λ 是式 (6) 中的 2×2 矩阵, $\delta/\Lambda\rho$ 项可以引发观测系统中量子相干的缺失。在中性 K 介子系统中, 假设能量和奇异数守恒, 则等式 (33) 中会出现三个表征 CPT

破坏的参数 α, β 和 γ[36]。在 CPLEAR 实验之前，混合中性 K 介子的 CP 破坏通常由这些 CPT 破坏参数解释。CPLEAR 实验对 $\pi^+\pi^-$ 和 e$\pi\nu$ 两个衰变模式长时间范围内 ($\sim 20\tau_S$) 的衰变不对称性进行了测量，结合对 $|\eta_{+-}|$ 和 δ_l 的限制，可以得到 90% 置信度下的这些参数的上限：$\alpha < 4.0 \times 10^{-17}$GeV，$\beta < 2.3 \times 10^{-19}$GeV 以及 $\gamma < 3.7 \times 10^{-21}$GeV。如果 CPT 破坏等效应与宇宙相关，作为参照，这些结果可以和 CPT 破坏的一个可能量级 $O(m_K^2/m_{Plank}) = 2 \times 10^{-20}$GeV 相比较。

10.4.6.2 检验 $K^0\overline{K}^0$ 波函数的不可分离性

为了检验 $K^0\overline{K}^0$ 波函数的不可分离性，对 $K^0\overline{K}^0$ 粒子对同时产生的过程进行了研究

$$\bar{p}p \to K^0\overline{K}^0 \tag{34}$$

在 $K^0 \leftrightarrow \overline{K}^0$ 转换过程中，用于描述两个纠缠态随时间演化的波函数 (依赖于 K^0 和 $\overline{K}^0$ 之间的角动量) 可以是对称或者反对称的。实际上 93% 的波函数都是反对称，并且 $J^{PC} = 1^{--}$ [37]:

$$\langle \Psi(0,0)| = \frac{1}{\sqrt{2}}[\langle K^0|_a\langle \overline{K}^0|_b - \langle \overline{K}^0|_a\langle K^0|_b] \tag{35}$$

回到中性 K 介子随时间演化的公式 (8)，将其分为 t_a 和 t_b 时刻的相同奇异数和不同奇异数部分就得到：

$$\langle \Psi(t_a,t_b)|_{K^0\overline{K}^0} \propto T_{11}(t_a)T_{22}(t_b) - T_{12}(t_a)T_{21}(t_b)$$

$$\langle \Psi(t_a,t_b)|_{\overline{K}^0\overline{K}^0} \propto T_{21}(t_a)T_{22}(t_b) - T_{22}(t_a)T_{21}(t_b)$$

根据 QM 预言，从上式可以得到与中性 K 介子混合中 CP 破坏无关的结论：在相同的时间内，观测到两个态具有相同奇异数的概率为零。

该测量的特殊之处在于，奇异数可以利用近靶区两个吸收器中发生的强相互作用进行监测，如图 4 所示，通过在不同时间观测同一事例，Λ 粒子和 K^+ 粒子 (不同奇异数) 或者 Λ 粒子和 K^- 粒子或者两个 Λ 粒子 (相同奇异数)。通过强相互作用进行标定可以有效地避开由中性介子衰变中 $\Delta S = \Delta Q$ 破坏过程带来的复杂性。相同和不同奇异数事例数不对称性的测量是通过两个实验装置 C(0) 和 C(5) 实现的，参见图 4(a)，相应于两个测量之间大约 0 和 $1.2\tau_S$ 的时间差，或者大约 0 和 5cm 的路径差。如图 4(b) 所示，不对称性的测量结果与 QM 预言值相符，从而证实了 $K^0\overline{K}^0$ 波函数的不可分离性。另一方面，$\Lambda\Lambda$ 事例数也有力地支持了 $K^0\overline{K}^0$ 波函数的不可分离性。

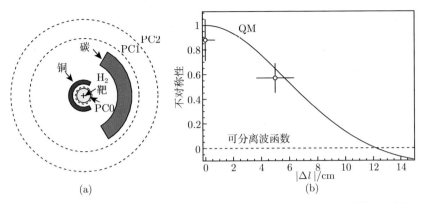

(a)　　　　　　　(b)

图 4　(a) 实验的概念图 (见文中);(b) 扣除本底后的 $\Lambda K^\pm$ 不对称性,两点代表纠缠 K 介子的长距离相关,符合量子力学预言

10.4.6.3　检验粒子反粒子等价原理

利用高统计量的 $\pi^+\pi^-$ 衰变数据,CPLEAR 实验可以探测天体势扰动相关的 $|\eta_{+-}|$ 和 ϕ_{+-} 可能存在的年度、月度及昼夜调制。目前在 CPLEAR 的精度范围内还没有发现它们之间的任何关联[16]。通过对有效标量、矢量和张量相互作用数据进行研究,可以推知在远超地球–太阳距离的范围内,太阳的标量、矢量和张量势的粒子反粒子等价原理分别在 $(6.5, 4.3, 1.8) \times 10^{-9}$ 的水平上成立。图 5 显示了 $|g - \bar{g}|_J$ 的上限,以及 K^0 和 $\bar{K}^0$ 之间的引力耦合差随相互作用范围 r_J 变化的函数,其中 $J = 0,1,2$ 分别代表标量、矢量和张量势。

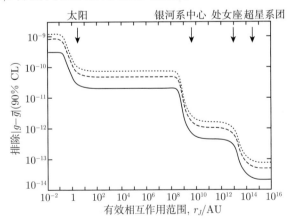

图 5　通过测量 K^0-$\bar{K}^0$ 质量差随有效作用范围 r_J 变化的关系,得到的 K^0 和 $\bar{K}^0$ 引力耦合差 $|g - \bar{g}|_J$ 上限,其中 $J = 0,1,2$ 分别代表标量、矢量和张量势;上部的箭头分别代表几个天体在宇宙单位 (AU) 中的位置 (银河系:MW;超星系团:SC);曲线分别代表张量 (实线)、矢量 (虚线) 和标量 (点线) 相互作用的上限

10.5 总 结

总之，CPLEAR 实验是一个非常成功的小规模实验，它以前所未有的精度研究了中性 K 介子系统的离散对称性 (T,CPT 和 CP) 破坏，同时也对一些基本物理问题，从波函数量子相干的可能缺失到广义相对论的等价原理等都进行了研究。这一切成果都要归功于利用味标定中性 K 介子 "束流" 这一巧妙的想法。

参 考 文 献

[1] A. Angelopoulos *et al.*, Physics at CPLEAR, *Physics Reports* **374**, 165–270 (2003).

[2] S. Baird *et al.*, in *Proc of the 1997 Particle Accelerator Conference*, Vancouver, M. Comyn *et al.* (ed.) (IEEE, Piscataway, 1998), p. 982.

[3] CERN, (2014). https://home.web.cern.ch/about/accelerators/low-energy-antiprotonring.

[4] A. Angelopoulos *et al.*, Measurement of the neutral kaon regeneration amplitude in carbon at momenta below 1-GeV/c, *Phys. Lett. B* **413**, 422 (1997).

[5] R. Adler *et al.*, *Nucl. Instrum. Methods A* **379**, 76 (1996).

[6] A. Apostolakis *et al.*, A detailed description of the analysis of the decay of neutral kaons to $\pi^+\pi^-$ in the cplear experiment, *Eur. Phys. J. C* **18**, 41 (2000).

[7] A. Angelopoulos *et al.*, Measurement of the CP violation parameter n_{00} using tagged $\overline{K}^0$ and K^0, *Phys. Lett. B* **420**, 191 (1998).

[8] A. Angelopoulos *et al.*, The neutral kaons decays to $\pi^+\pi^-\pi^0$: a detailed analysis of the CPLEAR data, *Eur. Phys. J. C* **5**, 389 (1998).

[9] A. Angelopoulos *et al.*, Search for CP violation in the decay of tagged $\overline{K}^0$ and K^0 to $\pi^0\pi^0\pi^0$, *Phys. Lett. B* **425**, 391 (1998).

[10] A. Angelopoulos *et al.*, First direct observation of time-reversal non-invariance in the neutral-kaon system, *Phys. Lett.* **444**, 43 (1998).

[11] A. Angelopoulos *et al.*, A determination of the CPT violation parameter $Re(\delta)$ from the semileptonic decay of strangeness-tagged neutral kaons, *Phys. Lett.* **444**, 52 (1998).

[12] A. Angelopoulos *et al.*, T-violation and CPT-invariance measurements in the CPLEAR experiment: a detailed description of the analysis of neutral-kaon decays to $e\pi\nu$, *Eur. Phys. J. C* **22**, 55 (2001).

[13] A. Angelopoulos *et al.*, Measurement of the K_L-K_S mass difference using semileptonic decays of tagged neutral kaons, *Phys. Lett.* **444**, 38 (1998).

[14] A. Apostolakis *et al.*, Measurement of the energy dependence of the form factor f_+ in K^0_{e3} decay, *Phys. Lett.* **473**, 186 (2000).

[15] A. Apostolakis *et al.*, Measurement of the energy dependence of the form factor f_+ in K_{e3}^0 decay, *Phys. Lett.* **473**, 186 (2000).

[16] A. Apostolakis *et al.*, Tests of the equivalence principle with neutral kaons, *Phys. Lett.* **452**, 425 (1999).

[17] W. Fetscher *et al.*, Regeneration of arbitrary coherent neutral kaon states: A new method for measuring the K^0-$\overline{K}^0$ forward scattering amplitude, *Z. Phys. C* **72**, 543 (1996).

[18] A. Apostolakis *et al.*, An epr experiment testing the non-separability of the $\overline{K}^0 K^0$ wave function, *Phys. Lett. B.* **422**, 339 (1998).

[19] A. Angelopoulos *et al.*, Test of CPT symmetry and quantum mechanics with experimental data from CPLEAR, *Phys. Lett.* **364**, 239 (1995).

[20] A. Apostolakis *et al.*, Determination of the T and CPT violation parameters in the neutral kaon system using the Bell-Steinberger relation and data from CPLEAR, *Phys. Lett. B* **456**, 297–303 (1999). doi: 10.1016/S0370-2693(99)00483-9.

[21] A. Angelopoulos *et al.*, K^0-$\overline{K}^0$ mass and decay-width differences: CPLEAR evaluation, *Phys. Lett.* **471**, 332 (1999).

[22] V. Weisskopf and E. Wigner, Over the natural line width in the radiation of the harmonius oscillator, *Z. Phys.* **65**, 18–29 (1930). doi: 10.1007/BF01397406.

[23] V. Weisskopf and E. P. Wigner, Calculation of the natural brightness of spectral lines on the basis of Dirac's theory, *Z. Phys.* **63**, 54–73 (1930). doi: 10.1007/BF01336768.

[24] S. Treiman and R. Sachs, Alternate modes of decay of neutral K mesons, *Phys. Rev.* **103**, 1545–1549 (1956). doi: 10.1103/PhysRev.103.1545.

[25] T. Lee, R. Oehme, and C.-N. Yang, Remarks on possible noninvariance under time reversal and charge conjugation, *Phys. Rev.* **106**, 340–345 (1957). doi: 10.1103/PhysRev.106.340.

[26] T. J. Devlin and J. O. Dickey, Weak hadronic decays: $K \to 2\pi$ and $K \to 3\pi$, *Rev. Mod. Phys.* **51**, 237 (1979). doi: 10.1103/RevModPhys.51.237.

[27] C. Caso *et al.*, Review of particle physics, *Phys. J. C* **3**, 1 (1998).

[28] C. Dib and B. Guberina, Almost forbidden $\Delta Q = -\Delta S$ processes, *Phys. Lett. B* **255**, 113–116 (1991). doi: 10.1016/0370-2693(91)91149-P.

[29] J. S. Bell and J. Steinberger, Weak interactions of kaons, in *Proc. of the Oxford International Conference on Elementary Particles*, R. G. Moorhouse *et al.* (eds.), (Oxford University Press, 1966), p. 195.

[30] K. R. Schubert, B. Wolff, J. Chollet, J. Gaillard, M. Jane, *et al.*, The phase of η_{00} and the invariances CPT and T, *Phys. Lett. B* **31**, 662–665 (1970). doi: 10.1016/0370-2693(70)90029-8.

[31] T. Ruf, Status of CP and CPT violation in the neutral kaon system, in *Proc of the 16th International Conference on Physics in Collision*, Mexico City, Mexico, 19–21 June 1996

(1996).

[32] R. S. B. House, ed. *Time Reversal in Field Theory*, Vol. 231, (1955). doi: 10.1098/rspa.1955.0189.

[33] R. Jost, A remark on the C.T.P. theorem, *Helv. Phys. Acta.* **30**, 409–416 (1957).

[34] G. Luders, Proof of the TCP theorem, *Annals of Physics* **2**, 1–15 (1957). doi: 10.1016/0003-4916(57)90032-5.

[35] S. Hawking, The unpredictability of quantum gravity, *Commun. Math. Phys.* **87**, 395–415 (1982). doi: 10.1007/BF01206031.

[36] J. R. Ellis, J. Hagelin, D. V. Nanopoulos, and M. Srednicki, Search for violations of quantum mechanics, *Nucl. Phys.* B **241**, 381 (1984). doi: 10.1016/0550-3213(84)90053-1.

[37] R. Adler *et al.*, Experimental measurement of the $K_S K_S/K_S K_L$ ratio in antiproton annihilations at rest in gaseous hydrogen at 15 and 27 bar, *Phys. Lett.* B **403**, 383–389 (1997). doi: 10.1016/S0370-2693(97)00489-9.

第11篇　ISR 的一个发现：质子-质子截面升高

Ugo Amaldi

Technische Universität München, Arcisstr αβe 21, D-80333 Munich, Germany

TERA Foundation, Via Puccini 11, 28100 Novara, Italy

ugo.amaldi@cern.ch

谢一冈　译

中国科学院高能物理研究所

　　交叉储存环 (ISR) 是迄今第一个强子对撞机，提供质子对撞的质心系能量高到 60GeV，几乎比当时的任何一台加速器的能量都高 5 倍。当 1971 年 ISR 开始运行时，关于雷杰极点的议论成为主导话题，而此时质子-质子对撞总截面已经达到对撞所期望的最终渐近值。然而，ISR 实验发现，在 22~60GeV 范围内，当相互作用半径增加 5% 时，总截面升高 10%。这个继续升高的趋势在对撞能量高于其百倍的大型强子对撞机 (LHC) 上同样适用。为了精确地测量总截面和弹性截面，一种新的测量方法——只适用于强子对撞机的环境——被研发出来，并在本文中描述，本文最后要介绍 LHC 的数据，以便从扩大视野方面回顾老的 ISR 的结果。

11.1　1970 年初期的强子-强子截面

　　在交叉储存环上第一个没有预料到的结果是 1973 年发现在所开辟的能量领域质子-质子总截面升高。现在很难描述或是解释当时 "总截面升高" 的新闻却被知识渊博的物理学家们知悉后所表现出的惊讶与怀疑。在许多话题中，我兴奋地回忆起 1973 年在一次讨论会后走出 CERN 大报告厅时 Daniel Amaldi 对我说的话："Ugo，你肯定是错了，否则坡密子 (pomeron) 的轨迹在高于 1 时就会切断轴"(雷杰图的纵坐标轴上的截距，译者注)。在这个讨论会上我作了报告，描述 CERN-Roma, Pisa-Stony Brook 合作组的独立工作结果 (坡密子是苏联 Pomeronchuk 发展的理论内提出的粒子，译者注)。

　　现在，所有那些还在关心坡密子的人们所知道的这个现象被认为是正确的，并由物理学家对这一事实进行了解释。然而，那时对全部小角度下的强子现象的雷杰

子 (Reggeon，雷杰理论内提出的粒子，译者注) 的描述只不过是个被接受的教条而已，因为这些现象都可以用强相互作用物理中的主要实验结果来解释：

(i) 如图 1 所示，全部强子强子碰撞的总截面都与能量无关 [1]。

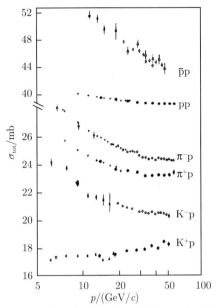

图 1　总截面 σ_{tot} 与质子实验室系动量 p 的关系 [1](早在 20 世纪 70 年代 Serpkhov 的 70GeV 同步加速器与其他低能加速器上的测量结果)

(ii) 前向微分截面随能量增加而向前收缩 [2]。这意味着质子–质子前向弹性截面在小的质心系角 θ_{cm}(即在小动量转移 $q = cp_{\mathrm{cm}}\sin\theta_{\mathrm{cm}}$ 的条件下，经常用 GeV 单位测量) 正比于 $\exp(-Bq^2)$，其中的斜率参数 B 随质心系能量增加而增加。根据测不准原理质子–质子相互作用的半径随 $\sqrt{B}$ 而变。

全部总截面会变为与能量无关的区域被称为 "渐近区域"，并且理论家和实验家都愿意相信 ISR 会表现出质子–质子截面在 Serpkhov 的能量范围内随能量增高而稍微降低 (图 1)，并且将趋于一个常数，约为 $40 \times 10^{-27} \mathrm{cm}^2$(40mb)，由此就确定了所有的强子现象的主要流行的解释遵守雷杰模型。

11.2　理论框架

1960 年前后，前向微分截面普遍被接受的是用全部粒子交换的集体效应来解释的，那就是在质量–自旋平面中全部粒子都落在雷杰轨迹上。现在可以了解 ρ 就在图 2 中的轨迹上 [3]。

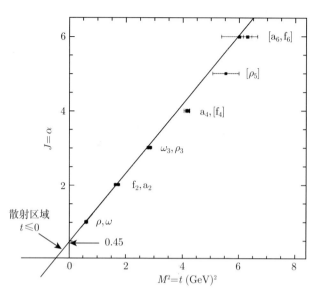

图 2　Chew-Frautschi 图的当前情况指出雷杰投影实际上包括 ρ 介子 (质量为 770MeV) 在内一直延伸到达很大的质量

　　轨迹的交换主导了图 3(a) 中的电荷交换截面。借助于常用的参数 $s = E_{cm}^2$，s 为质心系能量平方。结果是用雷杰模型的处理方法可以得到截面 σ 随 $s^{\alpha(t=0)-1}$ 的变化 (图 3)。

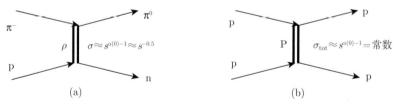

图 3　(a) 对电荷交换现象的主要贡献是 ρ 介子投影交换，图的当前情况指出实际上包括 ρ 介子；(b) 在雷杰模型中，坡密子的投影交换是全部高能弹性碰撞中的主导现象

　　因为在图 2 中 $\alpha(0) \approx 0.45$，则图 3(a) 中的电荷交换截面预计按 $s^{-0.5} = 1/E_{cm}$ 变化。

　　1960 年前后，实验肯定了这个预期—例如参考文献 [4] 给出—双强子散射强有力地支持了雷杰理论描述。这种描述至今还在应用，因为这些现象不可能用量子色动力学计算出来。

　　图 3(b) 描述质子–质子弹性散射过程，它也可以用雷杰理论的轨迹，即 "坡密子" 交换过程来描述，其中给出总截面 σ_{tot} 正比于 $s^{\alpha(t=0)-1}$，这里必然存在一个

"截距", 即 $\alpha_{\mathrm{P}}(t=0)=1$, 这恰同总截面与能量无关是一致的。正因为如此, 在 1970 年时, 经常听到 "渐近区域" 和 "坡密子截距等于 1", 这两种说法实际上说的是一件事。

因为有些粒子不在坡密子轨迹上, 这个轨迹的斜率只可以用前向质子-质子弹性截面与 t 的依赖关系测定, 即有指数关系 $\exp(-B|t|)$, 且 "斜率" B 随质心系能量增加而增加。可取的坡密子轨迹斜率为 $\alpha_{\mathrm{P}}'(0) \approx 0.25\mathrm{GeV}^{-2}$。

同 "t 通道" 平行的另外一些理论家的工作选用 "s 通道" 描述。从 S-矩阵的基本性质出发导出了严格的数学结论, 由此可以描写散射过程的幺正性、解析性和交互性。

用幺正性可以计算前向散射振幅的虚部 $\mathrm{Im}f(t)$。这个虚部可以利用散射振幅与其共轭的乘积并对其全部可能的中间态求和而推导出来, 如图 4 所示。

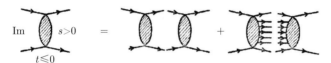

$$4\pi\mathrm{Im}f(t)/k=G_{\mathrm{el}}(t)+G_{\mathrm{in}}(t)$$
$$\text{For } t=0: 4\pi\mathrm{Im}f(0)/k=\sigma_{\mathrm{el}}(s)+\sigma_{\mathrm{inel}}(s)=\sigma_{\mathrm{tot}}(s)$$

图 4 在给定的 s 与 t 条件下的幺正性关系解释了 $k=p/\hbar$ 条件下的弹性与非弹性叠加积分 $G_{\mathrm{el}}(t)$ 与 $G_{\mathrm{in}}(t)$

这个求和的值由两方面贡献, 即 "弹性与非弹性叠加积分" $G_{\mathrm{el}}(t)$ 与 $G_{\mathrm{in}}(t)$。在朝前方向, 即 $t=0$ 的情况, 叠加积分可简化成弹性与非弹性截面, 且幺正关系给出 "光学理论", 它表征前向散射振幅的虚部 (不包括因子 $k/4\pi$) 等于总截面 σ_{tot}, 它根据被选择振幅本身的定义所确定。

图 4 和图中公式指示出强子-强子前向散射 ($t=0$) 是由弹性与非弹性反应所确定的。当碰撞能量很大时, 就会有许多非弹性开放道出现, 这时入射波被吸收。弹性散射振幅主要由其虚部所确定, 这相当于弹性与非弹性过程的 "阴影"。在这种衍射现象中, 弹性振幅的实部与虚部的比值 $\rho=\mathrm{Re}(f)/\mathrm{Im}(f)$ 很小, 所以, 由光学定理导出的前向弹性截面的表达式如下

$$\left(\frac{\mathrm{d}\sigma_{\mathrm{el}}}{\mathrm{d}|t|}\right)_{t=0}=\frac{(1+\rho^2)\sigma_{\mathrm{tot}}^2}{16\pi}, \quad \rho=\frac{\mathrm{Re}f(0)}{\mathrm{Im}f(0)}$$

其中, ρ^2 的值只有百分之几。

用变量 $q=(-t)^{1/2}$ 表示的幺正方程也可以写成其互补变量的函数和垂直于碰撞粒子平面内的冲击参数 α 的函数。利用图 5 中对散射振幅 $f(q)$ 的变换, 可以导出以 α 为变量的所谓 "轮廓函数" $\Gamma(\alpha)$。

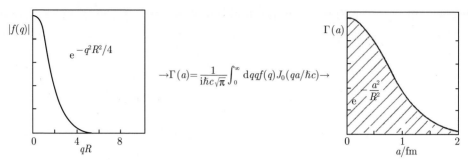

图 5　一个高斯型实轮廓函数与弹性散射振幅的虚部一致, 并以指数形式按 $q^2 = |t|$ 的关系下降 (在积分中 J_0 是零阶贝塞尔函数)

利用图 5 中的散射振幅 $f(q)$ 的变换对图 4 中的 3 项作变换, 可得 (下式中 $\gamma(a)$ 似应为 $\Gamma(a)$, 译者注):

$$2\mathrm{Re}\gamma(a) = |\Gamma(\alpha)|^2 + G_{\mathrm{in}}(\alpha)$$

其中

$$0 \leqslant \Gamma(a) \leqslant 1, \quad 0 \leqslant G(\alpha) \leqslant 1$$

这个方程表示出在衍射极限内, 亦即当散射振幅基本上是虚部时, 因为 ρ 很小, 这样 "轮廓函数" 就是实数, 由此就可以从 "非弹性叠加积分" $G_{\mathrm{in}}(a)$ 确定 "轮廓函数", 即 $\Gamma(a) = 1 - \sqrt{[1 - G_{\mathrm{in}}(a)]}$, 反之亦然。两者若不相等表明幺正性的有限性起了作用。

若 $a \leqslant R$, 则吸收是完全的, 即 $G_{\mathrm{in}}(a \leqslant R)] = 1$, $\Gamma(a \leqslant R) = 1 - \sigma_{\mathrm{el}} = \sigma_{\mathrm{in}} = \pi R^2$ 和 $\sigma_{\mathrm{tot}} = \sigma_{\mathrm{el}} + \sigma_{\mathrm{in}} = 2\pi R^2$, 由此有 $\sigma_{\mathrm{el}}/\sigma_{\mathrm{tot}} = 0.50$, 这恰好表明了一个事实的清晰标记, 即 "黑盘" 模型被接受了。

在 1960 年前后已经出现将幺正性、解析性和交互性这三种重要理论联合在一起的事实。

• Pomeranchuk 定理 [5] 叙述当 $s \to \infty$ 时, 强子–强子截面–和反强子–强子截面变为相等。

• 按照 Froissart Martin 定理 [6,7], 总截面必须满足以下约束条件:

$$\sigma_{\mathrm{tot}} \leqslant C\ln^2\left(\frac{s}{s_0}\right) \approx 60\mathrm{mb}\ln^2\left(\frac{s}{s_0}\right)$$

其中, $C = \pi(\hbar/m_\pi)^2$, 其值由 π 的质量确定, π 是两个强子对撞中最轻的粒子, 并且 s_0 常取等于 $1\mathrm{GeV}^2$。

• 最后在 Kuhri-Kinoshita 定理 [8] 中, ρ 和总截面与能量的依赖关系有关, 也就是当总截面随能量增加而增加时, ρ 则由很小的负值逐渐变为正值。这正是 "色散关系" 的结论, 说明前向弹性振幅的实部和总截面相应的能量积分有联系。Kuhri 和 Kinoshita 指出假若总截面 σ_{tot} 遵循 Froisart Martin 约束并且按 $\ln^2 s$ 关系正比性地增加, 当 $s \to \infty$ 时, ρ 为正值并从高于 $(\ln s)^{-1}$ 开始逐渐趋向 0。

11.3 三个 ISR 的建议书

1969 年 3 月 ISR 委员会收到与本文中讨论的主题相关的三个建议书。

Pisa 组 (由 G. Bellettini, P. L. Braccini, R. R. Castaldi, C. Cerri, T. Del Prete, L. Foà, A. Menzione 和 G. Sangninetti 签名) 提出的标题为 "测量 P-P 的总截面"[9] 的建议由 Giorgio Bellettini 向 ISR 委员会陈述。

图 6 是该建议的两个示意图, 用一台巨大的闪烁描迹仪探测散发出来的粒子以及事例的总数。另外, 由于小角度散射的质子会丢失在 ISR 的真空室外, 因而再采用小角度的粒子望远镜探测前向事例, 以便估算这些未被记录的弹性事例数。

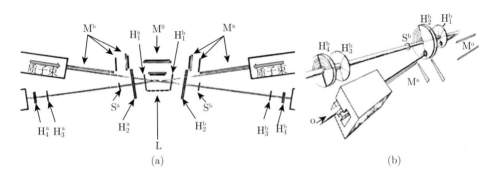

图 6　Pisa 组测量 P-P 总截面的原始建议

在对撞机实验中, 为了测量任何截面, 必须确定它的 "亮度" L。对于平行的粒子束, 在任意角 ϕ 的截面中, 唯一重要的空间可变量是垂直方向 y。给出在垂直方向偏离 y_0 的两个束流在垂直方向的归一化分布 $\rho_1(y-y_0)$ 和 $\rho_2(y)$, 亮度 L 与两个电流成正比, 与束流横向穿越角有关, 有下列关系式:

$$L(y_0) = \underbrace{\frac{I_1 I_2}{ce^2 \tan(\phi/2)} \int \rho_1(y-y_0)\rho_2(y)\,dy}$$

$$R(y_0) = K \times \sigma \times (\text{交叠积分})$$

为获取亮度, Pisa 组建议用图 6 中所示的 M^{o} 以及两套火花室 M^{a} 和 M^{b} 分别测量 ρ_1 和 ρ_2, 然后用数值计算得出束流的叠加积分。

1968 年, 测量 ISR 亮度的问题曾被充分讨论过。Darriulat 和 Rubbia[10], Rubbia[11], Schnell[12], Steinberger[13] 和 Onuchin[14] 曾提出各种建议分别测量

束流的垂直分布。而 Cocconi [15]，di Lella [16] 和 Rubbia 以及 Darriulat [17] 提出了另外不同形式的方法，该种方法基于探测两个散射角小于 1mrad 的散射质子，而在此区间占主要地位的库仑弹性散射的截面是已知的。

所有要求分别测量两个束流垂直分布的建议都被 Simon Van der Meer [18] 所做的一个非常简单的观测所取代。他指出，特定事例 (被围绕对撞区的一系列监测计数器探测到) 的截面 σ_{M} 可由测量监测计数器的事例率 $R_{\mathrm{M}}(y_0)$ 与两束流中心间距 y_0 的函数关系得到，而两束流中心间距可以微小精准地移动。

由于积分 $I_{\mathrm{VdM}} = \int R_{\mathrm{M}}(y_0)\mathrm{d}y_0$ 是对 $\mathrm{d}y_0$ 和 $\mathrm{d}y$ 的二重积分——隐含于 $R_{\mathrm{M}}(y_0)$ 中——等于 1，这是因为 ρ_1 和 ρ_2 是归一化的，监测计数器的截面 $\sigma_{\mathrm{M}} = I_{\mathrm{VdM}}/K$，由此推出对于任何其他对应事例率 R 的截面 σ 为

$$\sigma = \frac{R}{R_{\mathrm{M}}}\sigma_{\mathrm{M}} = \frac{I_{\mathrm{VdM}}}{K}\frac{R}{R_{\mathrm{M}}}$$

能够在垂直方向精细移动两条束流的所需要的磁铁在 ISR 上已经安装了。从此以后，在对撞机实验中全都采用 Van der Meer 的方法测量质子–质子的亮度。

图 7 所示设备是在 Pisa 组联合了 Stony Brook 组后，由 Guido Finocchiaro 和 Panl Gannis 领导的 Pisa-Stony Brook 合作组建造的。

在 Giorgio Matthiae 代表 Rome-Sanita 组发表的 "在 ISR 上测量在库仑散射角度区域内质子–质子微分截面" [19] 的建议中，库仑散射和它受到原子核散射的干涉是它的关键性问题。该建议由 U. Amaldi, R. Biancastelli, C. Bosio, G. Matthiae 以及 P. Strolin 提出，Strolin 那时是 ISR 的一名工程师。图 8 的设备中每个束流有新的磁铁装入，这就要求对 ISR 的真空管道做些改动。几个月后，在建议书附件中另外写道："经与机器专家 (R. Calder 和 E. Fischer) 讨论后，我们找到一个简单的方法可将探测器移近束流，而无须更改真空室的标准部件。"

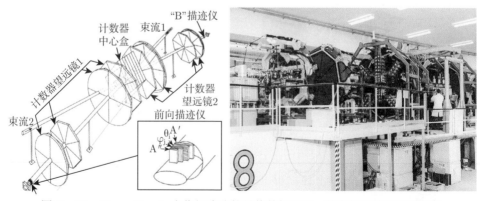

图 7　Pisa-Stony Brook 合作组建造的最终的探测器，前向望远镜用于测量小角度弹性散射事例

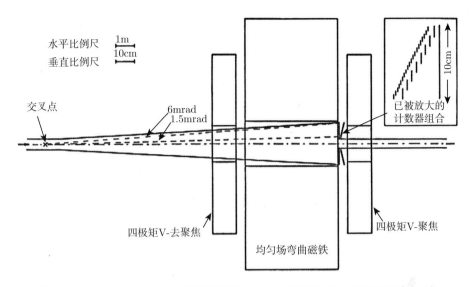

图 8　在最初的建议中，两个四极磁铁和一个均匀磁场聚焦并偏转质子束，以便能测量小到 1.5mrad 区间的散射质子

建议 (图 9) 预见到可利用多年前 Larry Jones 曾描述过的可移动部分的底部，以便尽量靠近束流至 10mm 处 [20]。这是一次大胆的动作，很多人都很担心。在一次 ISR 的会上，Carlo Rubbia 曾说道：“你们的闪烁体将发出像灯泡一样的光!”

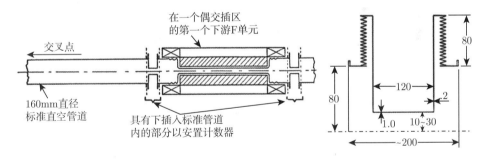

图 9　在 1969 年的建议中，每个束流上有四个可移动的部分 (部件)，而向前散射的质子由位于 ISR 第一个磁铁的上游和下游的计数器产生的符合信号来探测

为排除各种非议，1970 年在 CERN 的 PS 加速器上做了测试，检验是否可将闪烁计数器放置在离环形运行的质子束流非常近的地方 (图 10)。Eifion Jones 参加了此计划和测试，在测试中，PS 束流移向闪烁体。先前，Hyams 和 Agoritsas 也曾做过相似的测量 [21]。

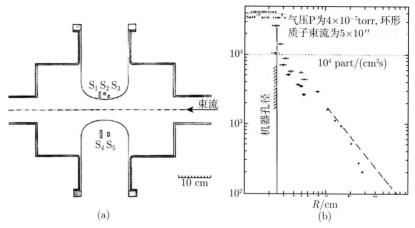

(a)　　　　　　　　　　　(b)

图 10　PS 的特殊部分的截面, 它允许用放置在非常靠近循环束流处的闪烁体
测量事例 (a) 和 $5\times10''$ 质子束流部分地通过与半径 R 的关系 (b)

一份备忘录提交给了 ISR 委员会 [22], 它的结论是离开束流小到几毫米时, 在
ISR 上就会使所得到的计数率充分低到能够做库仑实验了 (图 11)。

图 11　Paolo Strolin 对 Sacha Skrinsky(新西伯利亚) 描述的 ACHGT 实验,
该实验用磁限火花室测量在 $30\sim100$mrad 角度范围内的质子

可移动的真空室立即以罗马釜 (罐)(Roman Pots) 闻名, 它的含义是 "les pots
de Rome", 这个名字是法国起草人发明的。我们定期从罗马到日内瓦访问他, 他在
Franco Bonaudi 的指导下将我们的粗略示意图转换为建造图纸。

1970 年 10 月 ISR 委员会对悬而未决的实验做出若干决定。紧接着, Ginseppe
Cocconi, Alan Wetherell, Bert Diddens 和 Jim Allaby 的 CERN 合作组写给委员

会一份备忘录，其中写道："10 月 14 日，在 ISRC 的会议上给出以下结论，即现在 ISR 的实验方案无法满足所建议的深度弹性散射实验。结果我们决定，应邀与 Rome 组 (U. Amaldi 等) 合作做小角度弹性散射实验"。

关于最后的实验，新组成的 CERN-Rome 合作组决定仅仅保留在 ISR 第一个磁铁前面的四个可移动的部分，这一决定简化了实验以及它与加速器的相互影响或干扰。

在同一次 ISR 委员会上，Pisa 和 Rome 提交了实验，Carlo Rubbia 叙述了 CERN-Genoa-Torino 组 (P. Darriulat，C. Rubbia，P. Strolin，K. Tittel，G. Diambrini，I. Giannini，P. Ottonello，A. Santroni，G. Sette，V. Bisi，A. Germak，C. Grosso) 的 "在 ISR 上测量弹性散射截面"[23] 的第三个建议。图 12 中的装置由两部分组成，覆盖从 1mrad 到约 100mrad 的全部范围。非常小角度事例 (在库仑区) 由双臂谱仪探测，该谱仪与储存环系统第一组共四个磁铁共用。另外，对较大角度的事例进行动量分析采用一对磁场，这并不干扰环形束流。

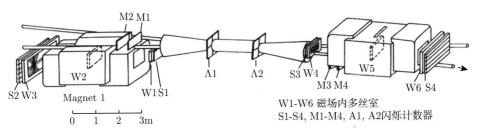

图 12 ACHGT 合作组的由两部分磁铁组成的探测系统已经用来测量前向弹性截面

在多次讨论后，ISR 委员会决定只批准由两组磁铁组成的探测器系统安装在对撞 (相互作用) 区内，而将对库仑区的弹性散射测量转移到用安装在罗马釜 (罐) 中的闪烁体进行探测。从此，Carlor Rubbia 就描述 ISR 的这个实验方案为 "锁孔物理"。

在建议批准后，Rubbia 合作组联合 Aachen 和 Harvard 组成 Aachen-CERN-Harvard-Genoa-Torino(ACHGT) 合作组。

这两个弹性散射实验安装在 ISR 的 I6 相互作用区 (图 12)，I8 区分配给总截面实验。

11.4 弹性散射与总截面的第一次结果

前向弹性散射与截面的斜率是最容易进行测量的。图 13 为 1971 年的结果 [24,25]，确认了在 PS 加速器和 Serpukhov(俄罗斯高能物理研究所所在地名，译者

注) 的第一次发现的特性, 即在 $30\mathrm{GeV}^2 \leqslant s \leqslant 3000\mathrm{GeV}^2$ 能区, 弹性斜率 B 与 $\ln s$ 有线性关系, 这与坡密了交换理论的描述是一致的。在 ISR 的能量范围为 $23\mathrm{GeV} \leqslant \sqrt{s} \leqslant 62\mathrm{GeV}$, 即 $550\mathrm{GeV}^2 \leqslant s \leqslant 3800\mathrm{GeV}^2$, B 增加 10%, 这和质子质子相互作用半径增加 5% 是一致的。

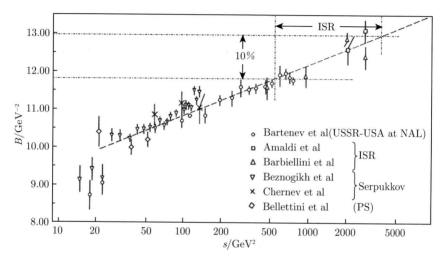

图 13　Polo 1971 年对 $-t \leqslant 0.12\mathrm{GeV}^2$ 的数据和 1972 年在 NAL(费米国家实验室) 进行的测量结果 [26], 长划线表示在很大的能量范围内前向弹性峰的 t-宽度 $(=1/B)$ 按 $(a+b\ln s)$ 的倒数关系减小

在雷杰描述中,

$$B = B_0 + 2\alpha_{\mathrm{P}}{}'(0) \ln\left(\frac{s}{s_0}\right)$$

并且在图 14 中的长划线遵循 $\alpha'(0) = 0.28\mathrm{GeV}^{-2}$, 这一关系已经被低能数据所肯定, 即坡密斜率在 $t=0$ 时, 确切的是小于 ρ 轨迹的斜率 $\alpha_{\rho}{}'(0) \approx 1\mathrm{GeV}^{-2}$(图 2)。

在 1972 年, ACHGT 合作组报道了实验结果, 见图 14, 给出

(i) 前向弹性散射截面按斜率 $|t| \approx 0.16\mathrm{GeV}^2$ 变化 [27];

(ii) 深度衍射的最小值位于 $|t| \approx 1.4\mathrm{GeV}^2$, 并依赖于能量, 可以在较低能量的条件下被观察到 [28]。

然而实在令人惊奇的是来自于由 Pisa-Stony Brook 组用图 7 中的设备做的总截面的测量, 另外还有 ACHGT 合作组与 CERN-Rome 合作组利用光学定理做的前向弹性截面测量。

据我所知, 这种测量方法在 ISR 开始运行以前还没有考虑过。在最前的是 ACHGT 合作组 1971 年提出的 [29], 即强子–强子前向弹性散射 (用 Van de Meer

方法在库仑峰外进行测量) 外插到 0 角度，即 $(\mathrm{d}\sigma/\mathrm{d}t)_0$，并应用光学定理可以得到

$$\sigma_{\mathrm{tot}}=\frac{\sqrt{16\pi(\mathrm{d}\sigma/\mathrm{d}t)_0}}{(1+\rho^2)}$$

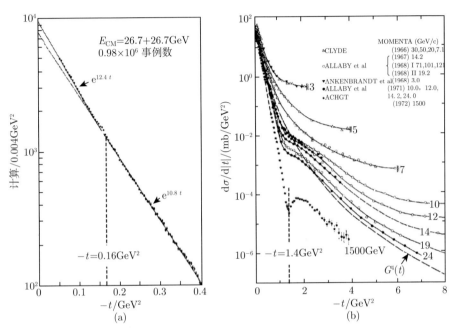

图 14   第一次由 ACHGT 合作组做的质子–质子弹性散射的测量结果

(a) 在前向区域 [28]；(b) 处于大动量转移 [29]

1972 年秋天，这三个合作组争论谁是第一个测量质子–质子总截面的，我非常真切地回忆起那时的情形，因为我是 CERN-Rome 合作数据分析的成员之一。

这个关于测量的混乱状态可以见图 15 中的 1972 年 10 月的测量结果，那是为我被邀请在 1973 年 9 月在第二次 Provence Aix 国际基本粒子会议上报告做准备的 [30] (Provence Aix 是法国普罗旺斯区地名，译者注)。

1973 年 9 月 12 日我在大会上做了截面上升的报告，这是一篇有生以来最重要的报告。Daniele Amati 第一个做的报告，题为 "强相互作用理论"。他在投影仪上开始的透明片是一幅手制的智利国旗，因为在那天之前匹诺切特 (Pinochet) 一举推翻了阿兰德 (Allende) 政府。接着，Alan Mueller 做了 "高多重数反应" 报告。我做了 "弹性散射与低多重数" 报告，Steven Weinberg 做了 "弱电与强相互作用的近期进展" 报告。最后，Paul Musset 做了 "中微子相互作用" 报告，其中介绍了在 CERN 中性流被 Gargamelle 发现 (为法国童话中精灵的母亲的名字，用作 CERN 大型气

泡室的名称, 译者注)。报告后掌声一直不停。Abdus Salam 在他的诺贝尔奖演讲中说过: "在 Aix-en-Provence 国际基本粒子会议上伟大的和谦虚的人物, Lagarrigue 也出席了, 并且气氛就简直像一次狂欢节—至少对于我来说是这样的。"

图 15 给出 Pisa-Stony Brook 与 CERN-Rome 两个合作组在 1972 年秋的结果, 指出了截面上升, 而 AGHGT 却发现并没有能量依赖。这个负面结果在许多报告会上都公开过, 并且在此前多个月中, 双方都激烈地辩论过。

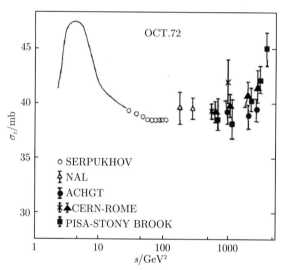

图 15　1972 年 1 月总截面测量结果 [31], 测量点用到的 ISR 亮度由 CERN-Rome 合作组用 Van der Meer 方法和库仑散射振幅方法得到

在 1972 年 2 月, CERN-Rome 合作组第一次发表了前向散射振幅测量的实部与虚部的比值 ρ 和用库仑散射归一化的总截面 [31]。这个测量只可能在 ISR 的两个最低能量下运行, 测量利用了图 16 所示的设备, 其最小角度大约为 2.5mrad, 这是由与束流孔径相应的本底计数率所确定的。由此, 在最高的 ISR 能量条件下, 当完成了 ISR 的双环安装过程后, 罗马釜 (罐) 就不再可能安装到足够靠近束流线了。因为靠近束流线能够达到 t-范围, 在这个范围内库仑散射振幅就有可能达到与核振幅一样大了。

测量到的微分截面如图 17(a) 和 17(b) 所示。

库仑散射振幅依赖于 t 是众所周知的, 这是因为两个点粒子的大碰撞参数基本上随 t 成正比地减小。在图 17(a) 中, 用长划线指示的椭圆的 t 范围内, 核振幅变化很小, 且它的很小的实部可能是由电磁现象会干涉众所周知的库仑振幅所引起的。这样, 比值 ρ 就可以从精确的拟合数据得到。

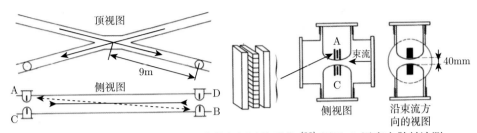

图 16　1972 年，CERN-Rome 合作组望远镜系统 [32] 用于 i) 用库仑散射法测量 ISR 亮度，ii) 测量 ρ

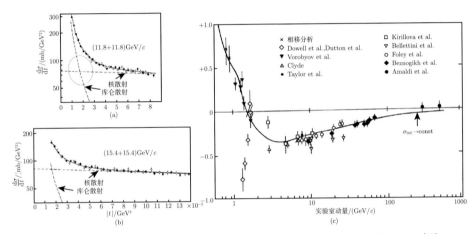

图 17　在 ISR 最低的两个能量下的前向散射振幅实部的第一次测量结果 [32]

第一个实验结果用图 17(c) 中的实点线表示。其中有两个数据点表示在 ISR 能区 ρ 变成了正值，这是因为根据 Khuri-Kinoshita 定理，可以证明这正是一个信号，它表示总质子–质子截面是随能量上升的，并且误差是大的。但是在合作组内我们知道在报告中所给出的比实验出现的还要大，因为经过多次讨论，出于安全考虑，因而在第一篇文章中的实验误差是加倍的。报告确实是精细的实验结果。

1973 年在 CERN 的讨论会上我报告了 CERN-Rome 与 Pisa-Stony Brook 的数据，此后不久发表了文章 [32,33]，确切地表述了以下几点：

(i) 质子–质子总截面在 ISR 能量范围随能量上升约 10%。

(ii) 弹性截面 (用测量的微分截面积分得到) 随能量按同样的量增加。因此，在全部 ISR 能量范围内，比值 ≈ 0.17(即弹性截面与总截面之比，译者注) 且这个比值在较低能区单调下降。

因为我们最后的文章其实是在 Pisa-Stony Brook 合作组的文章之前，我们等了两个星期是为了能够在 *Physics Letter* 杂志的同一期上依次刊出。

比值 $\sigma_{\rm el}/\sigma_{\rm tot} \approx 0.17$ 和质子–质子前向斜率增加 10%，很容易同能量有关的"非

弹性叠加积分" $G_{\rm in}(0)$ 和 "轮廓函数" $\Gamma(0)=1-\sqrt{[1-G_{\rm in}(0)]}$ 联系起来，并且相互作用半径在 ISR 能量范围也有 5% 的增加。在这个称为 "几何标度" 的简单的模型中 $G_{\rm in}(\alpha)$ 在这个对撞能区内是不变的。

在 ISR 能量范围内，非弹性截面比弹性截面大 4 倍，并且在 50MeV/c 到 ISR 能量范围按 $s^{0.04}$ 关系随能量而增加 (图 18(b))。从该图中的 3 条曲线可以看到质子–质子总截面 $\sigma_{\rm tot}=\sigma_{\rm in}+\sigma_{\rm el}$ 在 ISR 能量范围内的 $s=100{\rm GeV}^2$ 处 $\sigma_{\rm tot}$ 的最浅的区域 (即出现一个最低值区域，译者注) 开始是同非弹性截面随能量连续上升，这是因为它通过幺正性似乎也促使弹性截面增加。

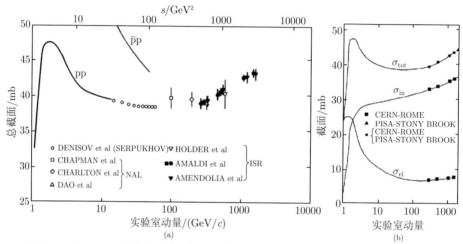

图 18　(a) ISR 能区质子–质子总截面在实验室动量大于 300GeV/c($s>$500GeV^2)；(b) 非弹性截面由两截面相减得到 $\sigma_{\rm in}=\sigma_{\rm tot}-\sigma_{\rm el}$

假若高能总截面的依赖关系是用 Froissart-Martin 约束的公式所拟合出来的，这就可以得出

$$\sigma_{\rm tot}\cong\left[38.4+0.5{\rm ln}\left(\frac{s}{s_0}\right)^2\right]{\rm mb}$$

其中，$\sqrt{s_0}=140{\rm GeV}$[32]。因为该式中系数 0.5 远远小于由 Froissart-Martin 约束所限制的值，按 ${\rm ln}(s/s_0)^2$ 进行拟合就有很好的结果，这就是说，很可能与约束本身没有关联。

正如我所说过的，那时绝大多数专家都相信在高能区的截面是不随能量改变的。但其中只有两个重要的例外，Werner Heisenberg 在 1952 年发表的一篇文章中描述了 π 介子在质子–质子碰撞中产生，这是由一个非线性方程控制的振荡波和由截面的 ${\rm ln}^2 s$ 依赖关系推导出来的 [34]。这个由 H. Chen 和 T. T. Wu 提出的模型 [35] 是非常复杂的，这是因为模型基于量子场论，特别是 "有质量" 量子电动力

学 (一般量子电动力学是研究无质量的光子，这里是指研究有质量的粒子的规律，译者注)。当 ISR 公布了结果以后，该模型被重新考虑，并且由 Cheng、Walker 和 Wu 进行了与实验的模拟比较 [36]。

CERN 在 1973 年 3 月的讨论会和很快发表的两篇文章也对物理学界以外的社会产生了印象，因此我被邀请在 *Scientific American* 杂志上写一篇文章。在 1973 年的春季和夏季，杂志编辑催促我撰写文本和提供图片，为此我用了很多时间，在大量地删去了包括 ISR 对撞的冲击参数部分后，该文于 1973 年 8 月刊出 [37]。作为删去内容的替代，我引入了 "平均暗度"，$O = 2\sigma_{el}/\sigma_{tot}$。在波动力学中，这个参数表示黑盘，应该为 $O = 1$。另外在文章的图形中用了一个曲线显示 O 是如何在低能范围内逐渐降低和最后在全部 ISR 能量范围内达到大约为常数 ($O \approx 0.35$)。

我在附加的信件和电报中表明需要增加和变更文本内容，并相信编辑会在作者名单中增加 29 位 CERN-Rome 与 Pisa-stony Brook 合作组员，但是后来 *Scientific American* 拒绝了我的请求，通知我称 "成员太多，读者对此并不会感兴趣"。在那个时期，像分子生物学方面的文章只有 2~3 位签名者，我们合作组有 20 个成员已经被认为太大了。

11.5 第二代实验

1974~1978 年间，三个实验获得了更精确的数据。首先，Annecy-CERN-Hamburg-Heidelberg-Vienna 合作组用分裂磁体 (split field magnet) (实际上是一台以分裂磁体为基础的大型磁谱仪，译者注) 精确地测量了弹性截面到 $-t = 12(\text{GeV}/c)^2$[38]。他们在 $E_{CM} =30\text{GeV}$ 附近，观测到极小值为 $-t= 1.4(\text{GeV}/c)^2$，而且较高的能量也是如此 (图 19(a))。人们感兴趣地注意到：发生最深极小值能量的地方，前向实数部分几乎为零 (图 21(b))，这可能表明，在较高能量区域也都有这样的最小值是由大角散射振幅的非零实部形成的。

1973 年，CERN-Rome 和 Pisa-Stony Brook 合作组向 ISR 委员会建议一个联合实验，用安装在相互交叉区 I8 的新罗马釜 (罐)—采用精密描迹仪—来完成。Pisa-Stony Brook 的装置就设在该处，全部装置如图 20 所示。

如图 20 插入的附图所示，一旦束流部件组装进程完成，四个罗马釜 (罐) 就可以安装了，每边两个，都有非常薄而平坦的窗，它使得这些釜—和新装入的 "手指" 闪烁体—能够比先前的实验更加接近环型质子束流。这一装置能够更加精确地测定分别装在上下两个描迹仪 (参见图 20 右附图的两个黑方体，译者注) 边缘的距离。我清楚地记得，Giuseppe Cocconi 和 NIKHEF 的博士生 Jheroen Dorenbosch 花费了很长时间去增加—通过精确的位置测量—对动量转移 q 的了解。(此处要提到，1977 年，华盛顿国家历史技术博物馆要求拿一个 CERN-Rome 组的闪烁描迹仪去公开展览。）

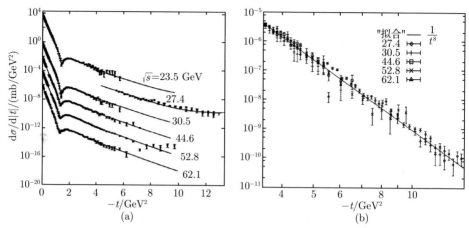

图 19　(a) 大动量转移的弹性微分截面在纵坐标有不同的垂直标度下描绘 [38]；
(b) 弹性截面按 $1/t^8$ 下降，与能量无关 [39]

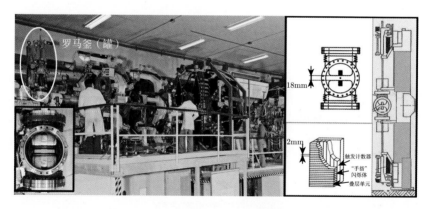

图 20　CERN-Rome-Pisa-Stony Brook 装置及其罗马釜 (罐)

两个探测器的组合开启了应用新方法测量总截面的途径。这是基于下列测量：
(i) 在给定的一轮运行中，用 Pisa-Stony Brook 探测器测量非弹性事例总数 N_{in}，
经过对不可避免丢失的微小修正后得到 N_{in} 与 σ_{tot} 成正比的结果。(ii) 由 CERN-
Rome 描迹仪测量外推出前向事例率 $(dN/dt)_0$，它与 σ_{tot}^2 成正比。由于光学定
理，σ_{tot} 正比于比值 $(dN_{el}/dt)_0/N_{tot}$，此处 $(dN/dt)_0$ 是外推的前向事例率，而
$N_{tot} = N_{in} + N_{el}$ 为非弹性和弹性事例总数。其中，弹性事例数由微分率 dN_{el}/dt
积分得到

$$\sigma_{tot} = \frac{16\pi}{(1+\rho^2)} \frac{(dN_{el}/dt)_0}{N_{el} + N_{in}}$$

三种方法联合的结果描绘于图 21(a) 中 [40]。(值得注意的是比例 ρ 很小,对 σ_{tot} 误差的贡献可忽略。)

CERN-Rome 组用如图 20 中改进后的罗马釜 (罐) 测量得到前向振幅的实部 ρ[41,42],描绘在图 21(b) 上。计入了色散关系后就得到了图 21 中的两条曲线,这个色散关系将前向实部与总截面的能量积分联系在一起,其复杂数学中的物理内容理解如下:在高能区,ρ 粗略地与总截面的对数的导数 $\mathrm{d}\sigma_{\mathrm{tot}}/\mathrm{d}(\ln s)$ 成比例。这符合 Khuri-Kinoshita 定理,该定理阐明:$\rho \to \pi \ln s$,截面正比于 $\ln^2 s$ 增长,这也解释了为什么在 $\sqrt{s} \approx 50\mathrm{GeV}$ 处,用精确测量的 ρ 可决定高达 500GeV 的总截面。(有关这个粗略论点的讨论,见参考资料 [43]。)

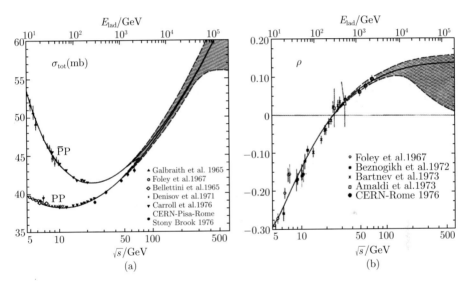

图 21 基于散射矩阵的解析特性,这些曲线按照能量拟合得到

(a) 总截面;(b) 前向实部 [45,46]

这是第一个实验,用它所测量的比值 ρ 来获得总截面的能量依赖关系达到远高于已经使用的能量范围。

CERN-Rome 拟合 [41] 给出总截面按 $\ln(s/s_0)^\gamma$ 递增,$\gamma = 2.1 \pm 0.1$,$s_0 = 1\mathrm{GeV}$。在第一代实验中,指数与 Froissart-Martin 约束的限制值相吻合,并具有较小的误差。这个事实被 ISR 让位前才刚完成的第二个实验所证实,当时,在 CERN 反质子储存环上已经许可测量反质子–质子前向散射振幅的实部了 [44]。CERN-Louvain-la-Neuve-Northwestern-Utrecht 合作组利用 CERN-Rome 合作组的设备并且继承了他们的技术:我记得 Jheroen Dorenbosch 和我本人将我们曾开发了多年的编码 (软件程序等,译者注) 传送给 Martin Bloch。

11.6　ISR 能量范围内的重叠积分

为了理解这些结果的重要性, 让我们回顾一下轮廓函数 $\Gamma(a)$ 和非弹性重叠积分 $G_{\rm in}(a)$。在 1980 年, Klaus Schubert 和我在全部测量弹性微分截面方面已经计算出这些物理量, 并已经在许多的文章中引用过 [45]。

图 22(a) 给出轮廓函数为类高斯型, 并且完全不同于图 22(b) 的结果 [43]。其中表述为半径正比于 $\ln(s/s_0)^2$ 并有一个恒定宽度的灰色边缘的 "黑盘"。这是按照要求满足 Froissart-Martin 约束所确定的。(值得提醒的是, 这是根据 Cheng 和 Wu 的 "有质量" 量子电动力学模型所预期的 [35,36]。)

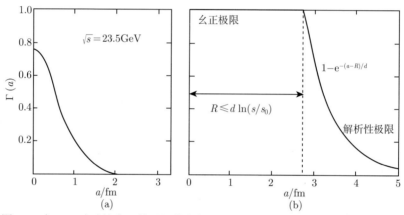

图 22　在 ISR 上, 轮廓函数远没使定义 Froisart-Martin 约束对幺正性和解析性的限制达到饱和。由 π 的质量确定的长度 d 使常数 C 有固定值, 该值乘以 $\ln(s/s_0)^2$ 体现在 Froisart-Martin 约束中

在已经引述的 1960 年的原初工作中 [6,7], 常数 C 被证明等同于 $\pi(\hbar/m_\pi)^2 \approx$ 60mb, 但是在 2009 年的文章中 [46], Andre Martin 用于导出的非弹性微分截面所用的新的极限 $C = \pi(\hbar/2m_\pi)^2$, 其值比前者小 4 倍, 并与 $d = \hbar/[(2\sqrt{2})m_\pi] \approx 0.5$fm 一致。其后与实验拟合的结果比较, 最新的这个常数要大 30 倍。

我现在考虑, 非弹性重叠积分 $\Delta G_{\rm in}(a)$ 在 ISR 能量范围内是增加的。1973 年在 Aix en Provence 的会议上我曾经做了这个分析, 结论是质子–质子截面的增加是一种外围效应 [30], 这个结论同时也被其他作者得到 [47,48]。

这一结果被 Klaus Schubert [45] 分析所肯定, 并表示在图 23(a) 中。由这个分析引出的新意是对 ISR 能量 $(23 \leqslant \sqrt{s} \leqslant 62\text{GeV})$ 范围内的实验结果进行 "直接计算" $G_{\rm in}(a)$, 并且仔细估算了统计误差和系统误差。

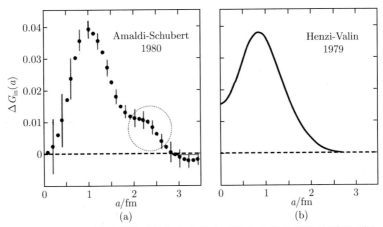

图 23   在 ISR 能区的非弹性重叠积分变化值对冲击参数的依赖关系是了解 p-p 截面上升重要性的最好途径

值得一提的是,第一次在参考文献 [45] 中提出并引起注意的是对 $\Delta G_{\rm in}(a)$ 在 $a = 2.3{\rm fm}$ 处出现凸起的物理根源还未认识清楚。

图 23(b) 给出由 Henzi 和 Valin [49] 作的分析结果,他们先用解析函数拟合微分截面,然后计算 $G_{\rm in}(a)$。

我们可以看到非弹性通道的阴影部分在 1fm 处增加的 $\Delta G_{\rm in} = 0.04$,这样就确定了这个现象的边缘特性。对 $a = 0$,当误差被计入后两种分析是兼容的,并且 $\Delta G_{\rm in}(0)$ 的值比 $\Delta G_{\rm in}(a = 1{\rm fm})$ 的值要小 3 倍,甚至可能为 0。这是因为小的碰撞参数包含大的动量转移,并且在这个区域内,用解析函数拟合截面 [49] 是不完美的。如在参考文章 [45] 中所作的那样,只要是直接使用实验数据,这个问题就不会遇到。

如上所述,按拟合得到的 $\sigma_{\rm tot}$ 按对数方式增长的指数为 2,并有很小的误差。现在我们可以回答这个问题了,即这一事实可以同 Froissart-Martin 约束所预期的指数为 2 相联系吗?答案必然是否定的,这是因为图 22(a) 中的重叠积分完全不同于图 22(b) 中的,但是这个偶然性令人迷惑不解,那就是 "Froissart-Martin 约束的定性饱和" 的表述还没有被理解就被引入和已经被用得很多了。

综合起来,ISR 对弹性散射和总截面的测量,这件事使人们注意到一个出乎意料的情况:正如 "经典的" 坡密子交换模型所预期的,随着对撞能量增加,零冲击参数相应的质子–质子碰撞暗度并不减小而是大致等于常数。

11.7   ISR 从更高能量看 "小角度物理"

在 40 年中,强子–强子对撞机的能量已经从 ISR 的最小值 $\sqrt{s} = 30{\rm GeV}$ 发展到 2012 年的大型强子对撞机 (LHC)，可达到 $\sqrt{s} = 8000\text{GeV}$。回顾在高能前沿获得的结果已超出本文的范围；然而，在结束前，强调本文前面一些章节中讨论过的随能量增加而变化的主要现象可能会有益处。

图 24 是重新产生的数据，它们在 CERN 反质子–质子对撞机，Tevatron，以及最近在 LHC 上由 TOTEM 合作组获取 [50,51]。ATLAS 和 CMS 已经发表了相似的数据 [52,53]。可以看到，从低能数据继续延续到宇宙射线高能区粗略的实验数据的变化趋势都是与 LHC 上获得的结果精确一致的 (例如，见参考资料 [54])。

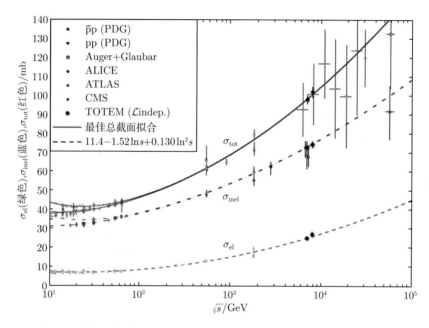

图 24　总的、非弹性和弹性截面可用数据总结，TOTEM 的为黑色点

为探测非常小角度的质子散射，TOTEM 合作组已经将它的罗马釜 (罐) 安置在距离相互作用点几百米远处，即在高 β 相互作用区内运行—如同 Darriulat 和 Rubbia 在参考资料 [17] 中曾经建议过在 ISR 上安置的—正像一个放大透镜。

前向弹性散射截面的斜率直到 2000GeV 连续地增长 (图 25(a))。

然而，TOTEM 的数据出人意料地大于拟合低能数据所预期的值。剔除不必要的数据进行拟合后所得到的坡密子的 "坡密子轨迹斜率"，与在低能处得到的数值 $\alpha_{\text{P}'}(0) = 0.25\text{GeV}^{-2}$ 一致。

对图 24 的总截面和图 25(b) 的参数 ρ 进行全能区的拟合，给出 $\ln(s)$ 的指数 $\gamma = 2.23 \pm 0.15$ [55]，与参考资料 [45] 中得到的 $\gamma = 2.1 \pm 0.1$ 一致。这是 ISR 的数值与 Froissart-Martin 约束无关的证据。

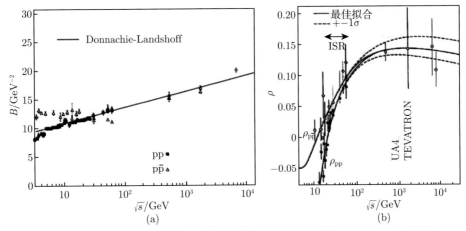

图 25 前向弹性截面的斜率 B 收缩限制在 $30\text{GeV} \leqslant \sqrt{s} \leqslant 7000\text{GeV}$ 很宽的范围内，并且前向振幅虚部与实部之比值在 1000GeV 附近有一个缓慢变化的极大值，红色是 TOTEM 的结果

　　借助于比较图 25(b) 中数据的误差范围 (bar，误差棒) 为 1σ——取拟合低能数据的结果误差范围 σ 为定义——可以得到如下结论: 即对于比 LHC 所用的能量还要高很多的能量，为推导出关于总截面特性有用的限定值，那就要求测量精确度至少要提高 3 倍才行。这和 1970 年 ISR 所做的情况是一样的 (图 21)。(从图 21 也可看出，此句是强调，低能 ISR 的拟合误差范围还可行，但随能量很高到 LHC 的 TOTOM 实验误差棒已经很大，能量更高，则至少要提高 3 倍才能精确限定全截面的值，译者注。)

　　如图 26 所示，常数 $\sigma_{\text{el}}/\sigma_{\text{tot}} \approx 0.175$——附带指出，所谓的 "几何标度" 仅仅在 ISR 的能量范围内正确。

　　近似的几何标度意味着: 在这个能量区域，中心非弹性重叠积分 $G_{\text{in}}(0)$ 几乎是常数，而与此同时有效的质子-质子相互作用半径增加，结果使得总截面增加。1973 年前，在坡密子模型的图形中的截距为 1，而多数理论家另外预计使 $G_{\text{in}}(0)$ 降低后，结果恰好可以补偿质子质子的半径，从而产生与能量无关的总截面。这是 ISR 上获得的出人意料的结果的物理内容。

　　由于比值 $\sigma_{\text{el}}/\sigma_{\text{tot}}$ 在 100GeV 以上增长，这一点并不会令人惊奇，因为，从 ISR 到 CERN 质子-反质子对撞机的能量区，中心重叠积分 $G_{\text{in}}(0)$ 一直是增长的，这正如 Henzi 和 Valin [56] 所指出的与 (图 27) 中 ISR 能区所发生的变化一样。

　　综上所述，s-通道的描述基于非弹性叠加积分是 "纯粹次要" 的增加，这可能只是在 ISR 能量范围内是成立的，但是在更高的能量肯定不对。从更广泛的观点看，1970 年大量讨论的 "几何标度" 是在有限能量区域的一个过渡方式，在此区域总的质子–质子截面开始上升。

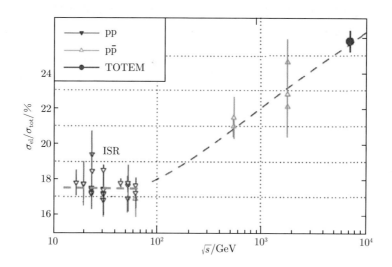

图 26　ISR 能区以上，σ_{el}/σ_{tot} 与质心系能量呈线性关系

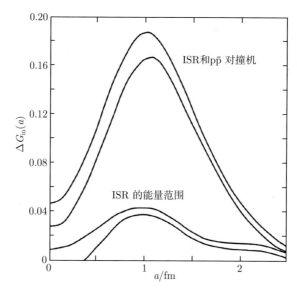

图 27　$G_{in}(0)$ 在能量 $\sqrt{s} = 53 \sim 550\text{GeV}$ 区间增加 [55]，而从 23GeV 到 62GeV，$G_{in}(0)$ 在误差范围内为零 [45,49]。图中宽带显示估计的误差范围

　　作为关于 s-通道描述高能散射的讨论的结束，我们回顾 Henzi 和 Valin 给他们 1983 年发表的文章 [56] 一个描述性的标题："即将到来的更黑、轮廓更明显和更大的质子"。此外，2015 年，Martin Block 等总结了对所有有效数据的全部拟合，在

参考资料 [57] 中写道："截面近似一个无特殊限制的圆盘。然而，趋近极限非常慢：一个半径按对数增长的 '黑盘'，它增添软的 '边缘'，它的特性不随能量变化。"这个想象与用 t-通道描述强子–强子截面与能量的关系相反。

1992 年 Donnachie 和 Landshoff 将强子–强子全截面写成 $\sigma_{\text{tot}} = X s^{\varepsilon} + Y s^{-\eta}$ 二指数项之和。第一项属于坡密子交换，第二项属于图 2[3] 中轨迹的交换。图 28 显示对 4 个最好测量通道的实验点和它们的拟合曲线。他们是这样阐述他们的结论的："事实上全截面随能量按相同比率 s^{ε} 增长，使得它对有关的强子的一些固有的特性使截面异常地增长。这对于采纳几何性说法以及当能量增加时，强子变大、变黑的说法都是无助的。相反，上升是一些坡密子交换的特性，而这就是为什么上升是普适的。我们的结论与近期 CERN 对撞机的 UA8 的结果一致，它指出坡密子确实是存在的：它能强烈撞击强子、击碎它们，并敲击大部分碎片促使碎片急剧地向前冲。"

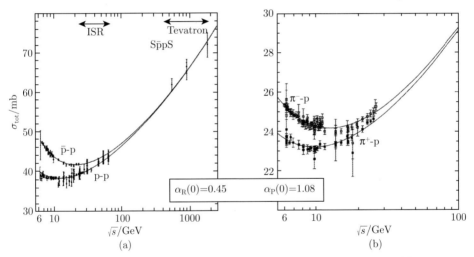

图 28 图中显示 A. Donnachie 和 P. Landshoff 获得的最佳测量总截面[3] 的拟合，雷杰轨迹的截距 ($\alpha_{\text{R}}(0) = 0.45$) 与从这些粒子对应质量推出的数值很好地一致

图 28 中对标准坡密子截距为 $\alpha(0) = 1.08$，但是作者告诫读者，指数 $\varepsilon = 0.08$(出现在能量与纵截面的相关的 s^{ε} 项中)，由于坡密子交换，有略小于 $\alpha(0) - 1$。这表明过去 20 年，遵从 s-通道与 t-通道理论之间的争论仍在继续，并且现在依然存在。正如 2011 年——在 ISR 第一次物理运行后 40 年——Donnachie 和 Landshoff 在他们文章 [58] 中指出的，他们分析了 TOTEM 合作组 LHC 的数据，得出它们的图仍然正确的结论，但是需要再加上 "硬坡密子" 一项，该项是 HERA 上 ZEUS 和 H1[59] 观测到的。

在 1973 年 Daniele 和 Amati 不可能接受 1 以上的坡密子截距，即使在他的 Aix en Provence 会议讲话中开始说过 (参见第 6 章 ISR 能量范围内的重叠积分，译者注)："尽管这次会议没有强相互作用的理论。我们的强子世界是复杂的，我们缺少允许我们去理解和计算它特性的动力学理论"[60]。40 年以后，分析全部强子–强子截面导出了 "软坡密子"，其截距是 1.0926±0.0016，[61] 这一非常精确的数值，至今我们还不能从量子色动力学计算它。而量子色动力学是根据强相互作用基本理论令人满意地建立的。

11.8　总　　结

通常说 ISR 没有为了发现基本现象所需的探测器，这些探测器都要求是大型的且适用于高能量范围的，这对于 "高动量转移物理" 来说当然是真切的。事实确实如此，自从 20 世纪 60 年代末，它已经成为研究的焦点，但是，它没有应用到本文的主题——弹性和总截面，和衍射解离。关于这些课题，感兴趣的读者可参考资料 [62]。

事实上，回顾测量总截面和小角散射以及粒子产生的实验，人们完全可以说这些探测器很适合完成这些任务，并且运行得远比预期的好。

至于谈到强子物理这个特定分支已经获得了非常精细的测量结果，新的现象被发现，未曾期待的标度定律也被找到，以及首次详细研究了一直被排除的称为 "坡密子" 的概念又被运用起来了。

此外，一些精密的技术和方法已有持续的影响，所有对撞机都有它们的罗马釜 (罐)，而且在 ISR 上测量亮度的不同方法还在试用。

今天，"小角物理" 已经不是很时兴，但是它让那些对它孜孜以求、辛勤付出的人们感到心满意足。另外，它还有一大好处：它需要加速器物理学家和实验工作者之间非常紧密地合作。作为实验工作者，一个非常宝贵的礼物是我们在第一时间，享受了一台精彩的对撞机，交叉储存环。

参 考 文 献

[1] S. P. Denisov *et al.*, Total cross-sections of π^+, K^+ and p on protons and deuterons in the momentum range 15 GeV/c to 60GeV/c, *Phys. Lett.* B **36**, 415–421 (1971).

[2] A. N. Diddens *et al.*, High-energy proton scattering, *Phys. Rev. Lett.* **9**, 108–111 (1962).

[3] A. Donnachie and P. V. Landshoff, Total cross-sections, *Phys. Lett.* B **296**, 227–232 (1992).

[4] V. N. Bolotov *et al.*, Negative pion charge exchange scattering on protons in the momentum range 20–50 GeV/c, *Nucl. Phys.* B **73**, 365–386 (1974).

[5] I. Ya. Pomeranchuk, Equality of the nucleon and antinucleon total interaction crosssection at high energies, *Sov. Phys. JETP* **7**, 499–501 (1958).

[6] M. Froissart, Asymptotic behavior and subtractions in the Mandelstam representation, *Phys. Rev.* **123**, 1053–1057 (1961).

[7] A. Martin, Unitarity and high-energy behaviour of scattering amplitudes, *Phys. Rev.* **129**, 1432–1436 (1963).

[8] N. N. Khuri and T. Kinoshita, Real part of the scattering amplitude and the behavior of the total cross-section at high energies, *Phys. Rev. B* **137**, 720–729 (1965).

[9] G. Bellettini *et al.*, Measurement of the p-p total cross-section, CERN/ISRC/69-12, 14 March 1969.

[10] P. Darriulat and C. Rubbia, On beam monitoring for ISR experiments, ISR User's Meeting, CERN Internal Report, 10–11 June 1968.

[11] C. Rubbia, Report to the ISR user's meeting, ISR User's Meeting, CERN Internal Report, 10–11 June 1968.

[12] W. Schnell, A mechanical beam profile monitor for the ISR, CERN Internal Report, ISR User's Meeting, CERN Int. Rep., ISR-RF/68-19, 22 April 1968.

[13] J. Steinberger, Suggestions for the luminosity measurement of the ISR, ISR User's Meeting, CERN Internal Report, 10–11 June 1968.

[14] A. P. Onuchin, Suggestions for the luminosity measurements at the ISR, CERN Internal Report, NP/68/26.

[15] G. Cocconi, An absolute calibration of the ISR luminosity, CERN Internal Report, NP/67/436, 1967.

[16] L. di Lella, Elastic proton–proton scattering with the ISR, CERN ISR User's Meeting, CERN Internal Report, 10–11 June 1968.

[17] C. Rubbia and P. Darriulat, High beta interaction region: A magnifying lens for very small angle proton–proton scattering, CERN Internal Report, 1968.

[18] S. Van der Meer, Calibration of the effective beam height in the ISR, CERN Internal Report, ISR-PO/68-31, 18 June 1968.

[19] U. Amaldi *et al.*, The measurement of proton-proton differential cross-section in the angular region of Coulomb scattering at the ISR, CERN/ISRC/69–20, 24 March 1969.

[20] L. W. Jones, Recent U.S. work on colliding beams, in *Proc. 4th Int. Conf. on High Energy Accelerators*, 21–27 Aug 1963, Dubna, eds. A. A. Kolomensky, A. B. Kusnetsov and A. N. Lebedev (JINR, 1964), pp. 379–390.

[21] B. D. Hyams and V. Agoritsas, Background in the ISR, CERN Internal Report, AR/Int. SG/65-29.

[22] U. Amaldi, R. Biancastelli, C. Bosio, G. Matthiae, E. Jones and P. Strolin, Report on background measurements at the PS in preparation of the small angle ISR elastic scattering experiment, ISRC 70–25.

[23] P. Darriulat *et al.*, Measurement of the elastic scattering cross-section at the ISR, CERN/ISRC/69–19, 16 March 1969.

[24] M. Holder *et al.* (ACHGT Collaboration), Observation of small angle proton-proton elastic scattering at 30 GeV and 45 GeV center-of mass energy, Phys. Lett. B **35**, 355–360 (1971).

[25] U. Amaldi *et al.* (CERN–Rome Collaboration), Measurements of small angle proton–proton elastic scattering at the CERN Intersecting Storage Rings, *Phys. Lett. B* **36**, 504–508 (1971).

[26] V. Bartenev *et al.*, Measurement of the slope of the diffraction peak in elastic pp scattering from 50 GeV to 400 GeV, *Phys. Rev. Lett.* **31**, 1088–1091, 1367–1370 (1973).

[27] G. Barbiellini *et al.* (ACHGT Collaboration), Small angle proton-proton elastic scattering at very high energies ($460\mathrm{GeV}^2 < s < 2900\mathrm{GeV}^2$), *Phys. Lett. B* **39**, 663–667 (1972).

[28] A. Boehm *et al.* (ACHGT Collaboration), Observation of a diffraction minimum in proton-proton elastic scattering at the ISR, *Phys. Lett. B* **49**, 491–495 (1974).

[29] M. Holder *et al.* (ACHGT Collaboration), Further results on small angle elastic proton-proton scattering at very high energies, *Phys. Lett. B* **36**, 400–402 (1971).

[30] U. Amaldi, Elastic scattering and low multiplicities, in *Proc. Aix en Provence Int. Conf. on Elementary Particles, 6–12 September 1973, J. Phys. (Paris), Suppl. 10,* **C1, 34,** 241–260 (1973).

[31] U. Amaldi *et al.* (CERN-Rome Collaboration), Measurements of the proton-proton total cross-section by means of Coulomb scattering at the Intersecting Storage Rings, *Phys. Lett. B* **43**, 231–236 (1973).

[32] U. Amaldi *et al.* (CERN-Rome Collaboration), The energy dependence of the proton-proton total cros-section for center-of-mass energies between 23 and 53GeV, *Phys. Lett. B* **44**, 112–118 (1973).

[33] R. Amendolia *et al.* (Pisa-Stony Brook Collaboration), Measurements of the total proton-proton cross-section at the ISR, *Phys. Lett. B* **44**, 119–124 (1973).

[34] W. Heisenberg, Production of mesons as a shock wave problem, *Z. Phys.* **133**, 65–79 (1952).

[35] H. Cheng and T. T. Wu, Limit of cross-sections at infinite energy, *Phys. Rev. Lett.* **24**, 1456–1460 (1970).

[36] H. Cheng, J. K. Walker and T. T. Wu, Impact picture of proton-proton, antiproton-proton, pion-proton and kaon-proton elastic scattering from 20 to 5000 GeV, *Phys. Lett. B* **44**, 97–101 (1973).

[37] U. Amaldi, Proton interactions at high energies, *Sci. Am.* **299**, 36–44 (1973).

[38] E. Nagy *et al.* (Annecy-CERN-Hamburg-Heidelberg-Wien Collaboration), Measurements of elastic proton-proton scattering at large momentum transfer at the CERN

Intersecting Storage Rings, *Nucl. Phys. B* **150**, 221–267 (1979).

[39] A. Donnachie and P.V. Landshoff, The interest of large-t elastic scattering, *Phys. Lett. B* **387**, 637–641 (1996).

[40] U. Amaldi *et al.* (CERN-Rome-Pisa-Stony Brook Collaboration), New measurements of proton-proton total cross-sections at the CERN Intersecting Storage Rings, *Phys. Lett. B* **62**, 460–464 (1976).

[41] U. Amaldi *et al.* (CERN-Rome Collaboration), The real part of the forward proton-proton scattering amplitude measured at the CERN Intersecting Storage Rings, *Phys. Lett. B* **66**, 390–394 (1977).

[42] J. Dorenbosch, The real part of the forward proton-proton scattering amplitude measured at the CERN Intersecting Storage Rings, PhD thesis, University of Amsterdam, The Netherlands (1977).

[43] U. Amaldi, Elastic processes at the Intersecting Storage Rings and their impact parameter description, in *Laws of hadronic matter, Proc. Erice School 1973*, ed. A. Zichichi (Academic Press, New York, 1975), pp. 672–741.

[44] N. Amos *et al.* (CERN-Louvain-la-Neuve-Northwestern-Utrecht Collaboration), Measurements of small-angle proton-antiproton and proton-proton elastic scattering at the CERN Intersecting Storage Rings, *Nucl. Phys. B* **262**, 689–714 (1985).

[45] U. Amaldi and K. Schubert, Impact parameter interpretation of proton-proton scattering from a critical review of all ISR data, *Nucl. Phys. B* **166**, 301–320 (1980).

[46] A. Martin, Froissart bound for inelastic cross-sections, *Phys. Rev. D* **80**, (2009) 065013.

[47] H. I. Miettinen, s-channel phenomenology of diffraction scattering, in *Proc. Aix en Provence Int. Conf. on Elementary Particles, 6–12 September 1973, J. Phys. (Paris), Suppl. 10, C1*, **34**, (1973), 263–267.

[48] R. Henzi, B. Margolis and P. Valin, Energy dependence of factorizable models of elastic scattering, *Phys. Rev. Lett.* **32**, 1077–1080 (1974).

[49] R. Henzi, and P. Valin, On elastic proton-proton diffraction scattering and its energy dependence, *Nucl. Phys. B* **148**, 513–573 (1979).

[50] C. Augier *et al.*, Predictions on the total cross-section and real part at LHC and SSC, *Phys. Lett. B* **315**, 503–506 (1993).

[51] G. Antchev *et al.* (TOTEM Collaboration), Luminosity-independent measurement of the proton-proton total cross-section at $\sqrt{s} = 8\text{TeV}$, *Phys. Rev. Lett.* **111**, 012001 (2013).

[52] ATLAS Collaboration, Measurement of the total cross-section from elastic scattering in pp collisions at $\sqrt{s} = 7\text{TeV}$ with the ATLAS detector, *Nucl. Phys. B* **889**, 486–548 (2014).

[53] CMS Collaboration, Measurements of the inelastic proton-proton cross-section at $\sqrt{s} = 7\text{TeV}$, *Phys. Lett. B* **722**, 5–27 (2013).

[54] P. Abreu *et al.*, Pierre Auger Collaboration, Measurement of the proton-air crosssection at $\sqrt{s} = 57$TeV with the Pierre Auger Observatory, *Phys. Rev. Lett.* **109**, 062002 (2012).

[55] M. J. Menon and P. V. R. G. Silva, An updated analysis of the rise of the hadronic total cross-sections at the LHC energy region, *Int. J. Mod. Phys. A* **28**, 1350099 (2013).

[56] R. Henzi and P. Valin, Towards a blacker, edgier and larger proton, *Phys. Lett. B* **132**, 443–448 (1983).

[57] A. Donnachie and P. V. Landshoff, Elastic scattering at the LHC, arXiv:1112.2485 [hep-ph], 12 December 2011.

[58] A. Donnachie and P. V. Landshoff, New data on the hard pomeron, *Phys. Lett. B* **518**, 63–71 (2001).

[59] D. Amati, Strong interaction theory, in *Proc. Aix en Provence Int. Conf. on Elementary Particles, 6–12 September 1973, J. Phys. (Paris), Suppl. 10, C1*, **34**, 129–140 (1973).

[60] M. J. Menon, P. V. R. G. Silva, A study on analytic parameterization for proton-proton cross-sections and asymptotia, *J. Phys. G: Nucl. Part. Phys. G* **40**, 125001 (2013).

[61] U. Amaldi, M. Jacob and G. Matthiae, Diffraction of hadronic waves, *Ann. Rev. Nucl. Sci.* **26**, 385–456 (1976).

第12篇 SPS 上 μ 子深度非弹性散射研究

Gerhard K. Mallot[1] Rüdiger Voss[2]

CERN, CH-1211 Geneva23, Switzerland

1 gerhard.mallot@cern.ch

2 ruediger.voss@cern.ch

董海荣 译

中国科学院高能物理研究所

1987 年开始, SPS 上开展了对 μ 子深度非弹性散射的深入研究, 并持续至今。本文回顾了实验的一些主要结果, 包括标度破坏以及强耦合常数的精细测量、自旋相关结构函数、质子和中子内部自旋相关结构的研究等。通过这些实验可以了解到夸克胶子层面核子内部结构的大量细节。

12.1 引 言

1968 年在 Vienna(维也纳) 召开的第 14 届国际高能物理会议上, SLAC 首次报道了在深度非弹性过程中发现的电子核子散射截面的 "标度" 特性, W. K. H. Panofsky 对此的评述是 "······ 理论研究主要关注这些实验数据能否证明核子内部存在点样带电结构。"[1] 不久以后, 由最初的电子核子深度非弹性散射实验中发现的部分子结构明确证实了由 Gell-Mann [2] 和 Zweig [3] 提出的夸克模型。

SLAC 早期关于核子夸克部分子结构的研究, 对 CERN 超级质子同步加速器 (SPS) 的第一期实验项目——尤其是 μ 子和中微子散射实验——产生了深远影响。研究组认识到这一新实验装置的巨大潜能, 即通过产生高密度、高能量的 μ 子束流可以将 SLAC 的实验界限拓展到更 "深" 的非弹性领域。SPS 试运行后不久, 1978 年, CERN 最多产的固定靶实验之一正式开始运行, 这一项目直到今天仍在积极地开展着。

我们将从当前的视角简短回顾该项目中具有深远意义的两个重要组成部分: (a) 用于检验微扰 QCD 标度破坏的精细测量以及对强耦合常数的测量, (b) 自旋相关的结构函数的测量、"自旋危机" 的发现, 以及核子自旋结构的深入研究。同时, 我们也不能忽略在过去的几年中, CERN 的 μ 子实验还产生了许多其他重要结果,有些甚至是意想不到的结果。例如，发现深度非弹性散射中的核效应 [4]，首次观测到 μ 子散射过程的弱电干涉效应，以及对粲夸克产生过程的测量。

12.2　束流和探测器

SPS 上的 M2[5]μ 子束流于 1978 年首次试运行，期间仅经过微小调试一直运行至今。考虑到该束流同时具有最高 300GeV 的大动量范围以及极高的强度和极低的束晕本底等优点，所以它可能是已有设计中最好的通用型高能 μ 子束流；同时，该束流本身具有纵向极化，该极化可以通过改变 π 介子与 μ 子的动量比进行调节，上限值可以达到 80%。而这种高束流极化率是测量自旋相关结构函数的必要条件。

12.2.1　早期探测器

第一期的实验项目装配了两个大型探测器，分别是欧洲 μ 子实验组 (EMC)[6−8] 的 NA2 和 Bologna-CERN-Dubna-Munich-Saclay(BCDMS) 实验组 [9,10] 的 NA4。在实验方法上，这两个组采用了两种完全不同却又互补的方案。EMC 探测器采用传统的开放式几何光谱仪环绕大型气隙偶极磁铁建成，其上安装了多丝正比室和用于粒子寻迹的漂移室。这种设计的主要好处是具有极高的动量分辨率、大的运动学范围以及在一定程度上分辨深度非弹性过程中强子末态的能力。同时该方案的缺点在于谱仪设计允许的最大靶长度在 1m 量级，这个长度限制了很多测量的统计精度。

BCDMS 谱仪的方案则正好相反，它是专为高动量末态 μ 子的单举测量设计的，主要组成部分是一块 50m 长的大型模块环流型磁铁，其上安置了多丝正比室。在仪器中心位置，环流型磁铁内部安装了一个长度几乎相同的模块靶，其内部可以用液态氢或液态氘填充，或者由固态靶材料代替。这种设计的主要优点是其具有超高的亮度和极高的 μ 子鉴别能力，这种鉴别能力是通过对探测器不能分辨的强子簇射进行直接吸收得到的。同时该方案的一个明显缺陷是，磁铁内的多重散射，造成在大部分动量范围内动量分辨率限制在 $\Delta p/p \approx 10\%$ 这样一个相对偏低的水平。

从 1978 年到 1985 年间，EMC 和 BCDMS 实验组全部采用液态氢、液态氘以及固态核靶作为靶材料进行取数。此外，EMC 还采用了极化固态氨靶进行了第一次测量。鉴于 BCDMS 谱仪相继被拆除，EMC 谱仪为了适应更多实验—尤其是 NMC (NA37, 1986∼1989) 和 SMC (NA47, 1992∼1996) 实验—的需要，经历了几次升级改造。NMC 实验组 (N 代表 "NEW") 改进并提高了 EMC 对非极化结构函数的测量，将重点放在了对不同重靶核效应的研究上 [11]。而 SMC 实验组 (S 代表

"SPIN") 则专注于利用固态丁醇、氘化丁醇和氨靶研究极化 μ 子–核子散射。

12.2.2 COMPASS 探测器

COMPASS (NA58) 实验组对 EMC/NMC/SMC 谱仪进行了最为全面的重建改造，直至今日，沿用了部分 EMC 原始部件的 COMPASS 探测器仍在对 CERN 的传统优势项目 μ 子散射过程进行探测。COMPASS 实验[12] 自 2002 年开始采集数据。

与一段式的 EMC[6] 和 SMC 谱仪不同，COMPASS 探测器 (图 1) 是具有 SM1 和 SM2 双极的二段式磁谱仪。这种设计可以使探测器具有一个非常大的接收度，对于部分–单举深度非弹性散射 (SIDIS) 实验来说这种大接收度是非常重要的。其他一些必要的扩增和改进主要集中在以下几个方面：粒子鉴别探测器、大接收度超导靶磁体以及很重要的高事例率和数据采集能力 (从 100Hz 到 25kHz)。

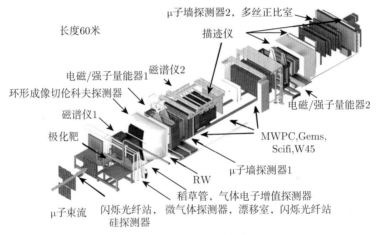

图 1 COMPASS 示意图 (详细描述见正文)

MWPC 多丝正比室；Gems 气体电子增值探测器；Scifi 闪烁光纤站；W45 漂移室

COMPASS 谱仪被安置在传输能量为 $160 \sim 200\mathrm{GeV}$，极化率约 80% 的 M2 μ 子束流线上。在 9.6s 的束流引出持续期间内，有效束流强度为 $2 \times 10^7\mathrm{s}^{-1}$。重复率不固定，通常为 1/40s。束流动量站对每个 μ 子的动量进行测量。

束流区内的带电粒子主要是通过闪烁光纤站 (SciFi) 和硅探测器进行寻迹。在束流区附近，安置了高效能的微气体探测器 (micromega) 和气体电子增值 (GEM) 探测器。在中间区，寻迹的主要部分由多丝正比室 (MWPCs) 组成。而大范围的寻迹则是由漂移室 (DC, W45) 和漂移管 (Straws, RW, MW) 实现的。

带电粒子速度的测量是在环形成像切伦科夫探测器 (RICH) 中完成的，RICH 可以对能量从 9GeV 到 50GeV 的 π 和 K 进行筛选。光子探测器由多极光电倍增管和装备了光敏 Csl 阴极的外围多丝正比室组成。带电粒子能量的测量是在取样

强子量能器 (HCAL) 中进行的, 而中性粒子能量的测量, 如高能光子, 则是由电磁量能器 (ECAL) 进行探测。

　　散射 μ 子可以触发事例记录, μ 子之所以能够被 "鉴别" 出来, 是因为它们能够穿过位于 μ 墙探测器 (MW) 前方的厚厚的强子吸收器, 并被各种不同的闪烁计数扫描仪探测到。同样的谱仪也被用于那些利用 π, K 和质子束流对强子谱进行研究的项目上[13]。

12.2.3　COMPASS 极化靶

　　实验的核心是超导极化靶系统。它是由一个 2.5T 螺线管磁体, 一个 0.6T 的双极磁体, 以及一个来自于 SMC 的 ^{3}He/^{4}He 稀释冷却系统, 外加一个 70GHz 的动态核极化 (DNP) 微波系统和用于测量靶极化的 NMR 系统共同组成。靶材料在冷冻自旋模式下被冷却到大约 60mK。辐照氨 (NH$_3$) 和氘化锂 -6(^{6}LiD) 分别被用作质子靶和氘靶。质子的典型极化率可达到 85%, 氘核的典型极化率可达到 50%。靶的总长度为 1.3m, 由两到三个相反极化的单元组成。通过转动磁场矢量, 可以对靶的自旋方向进行每天一次的常规调整, 将转动在横向位置暂停就可以用于靶横向极化的测量。对于这些测量, DNP 系统通常将极化方向每周翻转一次。

12.3　非极化核子结构函数

　　深度非弹性轻子–核子散射被宽泛地定义为转移能量远大于核内部分子结合能的散射过程, 如此高的转移能量使得相互作用可以发生在部分子层面, 从而可以对靶核子内部的夸克–部分子结构进行探究。带电轻子散射过程可以通过中性粒子 γ, Z 或者带电粒子 W$^\pm$ 交换进行。在特征能量为几百 GeV 的 SPS 固定靶实验中, 散射过程主要是通过交换单光子进行的 (图 2)。因此, CERN 的 μ 子散射实验主要集中在这个道。利用 BCDMS 谱仪的超高亮度可以对 γ-Z 干涉效应[14,15] 进行测量, 但是目前该测量结果已经被来自 HERA 的数据所取代, 因此在这里不做讨论。

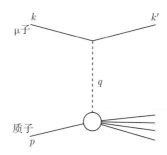

图 2　领头阶深度非弹性散射

12.3.1 散射截面和结构函数

在单举散射过程中，散射振幅需要对所有可能的强子末态求和，非极化散射截面可以表示为两个独立运动学变量的函数。通常的情况下，我们选择如下的两个洛伦兹不变量。

- 四维转移动量平方

$$Q^2 = -q^2 = -(k - k')^2 = 4EE' \sin^2 \theta \tag{1}$$

- 强子系统转移能量

$$\nu = \frac{p \cdot q}{M} = E' - E \tag{2}$$

- Bjorken 标度变量

$$x = \frac{Q^2}{2p \cdot q} = \frac{Q^2}{2M\nu} \tag{3}$$

- 标度变量

$$y = \frac{p \cdot q}{p \cdot k} = \frac{\nu}{E} \tag{4}$$

在上述等式中，k, k', p 和 q 分别是初、末态轻子、靶核子和中间玻色子的四维动量。M 是靶核子的质量，轻子的质量被忽略。E, E' 和 θ 分别是入射和出射轻子能量以及实验室系下的轻子散射角。

在玻恩近似下，带电轻子深度非弹性过程的非极化微分散射截面可以写为 [16,17]

$$\frac{\mathrm{d}^2\sigma}{\mathrm{d}Q^2\mathrm{d}x} = \frac{4\pi\alpha^2}{Q^4} \frac{1}{x} \left[xy^2 F_1(x, Q^2) + \left(1 - y - \frac{Mxy}{2E} \right) F_2(x, Q^2) \right] \tag{5}$$

其中，α 是电磁耦合常数，$F_1(x, Q^2)$ 和 $F_2(x, Q^2)$ 是核子的非极化结构函数。

$$F_1(x, Q^2) = \frac{1}{2x} \sum_i e_i^2 x q_i(x, Q^2) \tag{6}$$

$$F_2(x, Q^2) = 2x F_1(x, Q^2) = \sum_i e_i^2 x q_i(x, Q^2) \tag{7}$$

在上述表达式中，$q_i(x, Q^2)$ 是以运动学变量 x 和 Q^2 为自变量，味道为 i 的部分子的概率分布函数，i 要取遍核子内所有部分子的味数 (flavour)。SLAC 研究发现，至少在近似的情况下，结构函数仅依赖于无量纲标度变量 x [18,19]。

$$q_i(x, Q^2) \approx q_i(x) \tag{8}$$

这种现象通常被称为 "标度"。在夸克部分子模型 (QPM) 中被解释为无维的弹性散射，即集中在核子内部的点样散射。在 Bjorken 极限下 ($Q^2, \nu \to \infty$，x 为常数)[20]，标度严格成立，因此在这种情况下，部分子的横向动量在质子无限动量参考系下可以被忽略。

12.3.2　标度破坏

1978 年 SPS 上的 μ 子实验开始采集数据时, 标度和夸克部分子模型就已经在实验和唯象上被明确证实。因此实验学家的主要兴趣很快转移到对严格标度行为的微小偏离 (即标度破坏) 的测量上来。例如, 图 3 给出了最具代表性的对质子结构函数 $F_2^p(x, Q^2)$ 的固定靶测量结果。[①] 结果显示, 在小 x 值区间结构函数随 Q^2 增加有一个明显的上升, 在大 x 值区间则降低, 而 "明显的标度行为" 出现在 $x \approx 0.15$ 处。

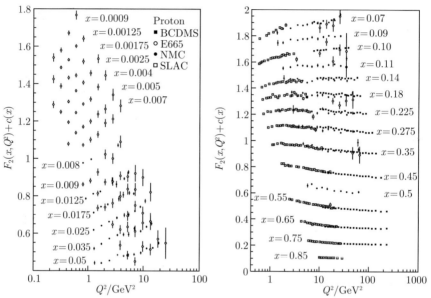

图 3　BCDMS [21] 和 NMC [22] 在深度非弹性 μ 子散射实验中测量的质子结构函数 F_2^p, 当 x 取不同值时, F_2^p 是 Q^2 的函数。SLAC 电子散射实验数据 [23] 填补了 CERN 在小 Q^2 区域的空白, 而费米实验室 E665 的 μ 子散射实验 [24] 则完善了其在小 x 值的数据。图中仅显示了统计误差。考虑绘图需要, 在每个 F_2^p 值上加入了一个常数 $c(x) = 0.1 i_x$, 其中 i_x 是 x 依次取不同值的序号, 左图从 1 ($x = 0.05$) 到 14 ($x = 0.0009$), 右图从 1 ($x = 0.85$) 到 15 ($x = 0.007$)

12.3.3　微扰 QCD 检验

量子色动力学 (QCD) 中出现标度破坏是必然的: 随着 Q^2 增加, 在大 x(部分子动量) 区域, 结构函数以夸克辐射出的硬胶子为主; 在小 x 区域, 结构函数则以胶子转变为低动量的正反夸克对为主。SPS μ 子实验的最初几年正是 QCD 作为强

---

①　SPS 上第一代 μ 子散射数据一直受到 EMC 和 BCDMS 对 F_2 测量结果不一致的困扰。不久之后, NMC 合作组利用升级的 EMC 探测器重新测量了该结构函数并最终确定了 BCDMS 的结果。

相互作用基本理论被逐渐接受的阶段，这也是一个实验物理和唯象理论交相辉映共同繁荣的活跃时期。标度破坏的精细测量已被证实是检验新理论微扰特性的有力工具，同时也是早期对强耦合常数的最好测量之一。

强相互作用耦合常数 α_s 随 Q^2 的演化是由 QCD 重整化群方程决定的。重整化群方程式是 "正统" 但并不唯一的用于分析深度非弹性散射的常用方法，α_s 在次领头阶 (NLO) 为

$$\alpha_s(Q^2) = \frac{4\pi}{\beta_0 \ln(Q^2/\Lambda^2)} \left[1 - \frac{\beta_1}{\beta_0^2} \frac{\ln\ln(Q^2/\Lambda^2)}{\ln(Q^2/\Lambda^2)} \right] \tag{9}$$

其中，β 函数的定义如下

$$\beta_0 = 11 - \frac{2}{3}N_f, \quad \beta_1 = 102 - \frac{38}{3}N_f$$

式中，N_f 是参与散射过程的有效夸克味数。参数 Λ 被称为 QCD"质量标度"，它的物理意义是在此能量处跑动耦合常数 (式 (9)) 变大从而微扰展开不再适用。Λ 的值不能通过 QCD 预测只能由实验测量。由于 α_s 是物理可观测的，因此 Λ 的值依赖于 N_f，并且在领头阶以上还依赖于微扰 QCD 展开中所用到的重整化方案。

Altarelli-Parisi 方程 [25] 给出了有效夸克和胶子分布函数随 Q^2 的演化关系:

$$\frac{\mathrm{d}q^{\mathrm{NS}}(x,Q^2)}{\mathrm{d}\ln Q^2} = \frac{\alpha_s(Q^2)}{2\pi} \int_x^1 q^{\mathrm{NS}}(t,Q^2) P^{\mathrm{NS}} \left(\frac{x}{t}\right) \frac{\mathrm{d}t}{t} \tag{10}$$

$$\frac{\mathrm{d}q^{\mathrm{SI}}(x,Q^2)}{\mathrm{d}\ln Q^2} = \frac{\alpha_s(Q^2)}{2\pi} \int_x^1 \left[q^{\mathrm{SI}}(t,Q^2) P_{qq} \left(\frac{x}{t}\right) + C_q g(t,Q^2) P_{qg} \left(\frac{x}{t}\right) \right] \frac{\mathrm{d}t}{t} \tag{11}$$

$$\frac{\mathrm{d}(x,Q^2)}{\mathrm{d}\ln Q^2} = \frac{\alpha_s(Q^2)}{2\pi} \int_x^1 \left[g(t,Q^2) P^{gg} \left(\frac{x}{t}\right) + C_q q^{\mathrm{SI}}(t,Q^2) P_{gq} \left(\frac{x}{t}\right) \right] \frac{\mathrm{d}t}{t} \tag{12}$$

其中，SI 和 NS 分别代表夸克分布函数的味单态和味混合态，g 是胶子分布函数，C_i 是一组系数。P^{NS}, P_{qq} 等被称为劈裂函数用于描述按 α_s 幂次展开进行微扰计算的 QCD 图。

12.3.4 强耦合常数的测量

BCDMS 采用碳、氢和氘靶在大 x 和大 Q^2 区域对 F_2 函数的测量首次在高统计量数据下确定了 Λ_{QCD} 的值 [26-28]。随后，Virchaux 和 Milsztajn 对 SLAC 和 BCDMS 氢、氘靶综合数据的精确分析取代了早先 BCDMS 上氢、氘靶的数据拟合结果 [29]。考虑到 SLAC 的数据已经拓展到 $Q^2 = 1\mathrm{GeV}^2$ 这样低的转移动量，因此研究人员对已观测到的小 Q^2 区域的标度破坏做了非微扰的 "高扭度" 修正。这些高扭度效应主要来自于长距离末态相互作用，而这种相互作用很难利用微扰 QCD

进行计算, 而且除了知道它们可以按 $1/Q^2$ 的幂次展开外理论上几乎没有它们的运动学依赖关系 [30]。因此可以假设

$$F_2(x, Q^2) = F_2^{\mathrm{LT}}(x, Q^2) \left[1 + \frac{C_{\mathrm{HT}}(x)}{Q^2} \right] \tag{13}$$

其中, 领头阶扭度结构函数 F_2^{LT} 来自于 Altarelli-Parisi 方程, 该函数确实得到了令人满意的数值拟合 (图 4)。为了达到最好的演示效果, 拟合采用了 "对数斜率", 通

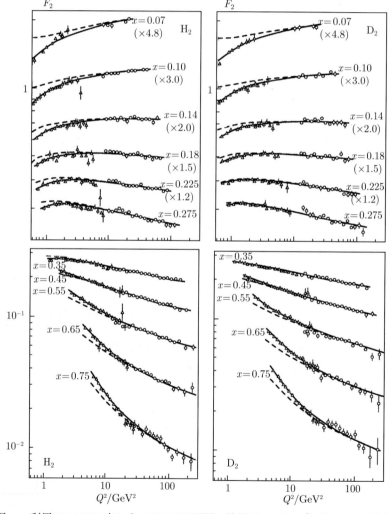

图 4　利用 SLAC(三角) 和 BCDMS(圆圈) 数据对 $F_2(x, Q^2)$ 作 QCD 拟合。虚线代表领头阶扭度结构函数 $F_2^{\mathrm{LT}}(x, Q^2)$ 的纯微扰拟合, 实线代表包含了文中提到的高扭度修正的拟合结果

过对每个 x 值对应的 Q^2 求平均, 结构函数对 $\ln Q^2$ 的导数符合 Altarelli-Parisi 方程的预测 (图 5)。在此可知, 高扭度项即式 (13) 中的 $C_{\mathrm{HT}}(x)$ 是由对每个区间内 x 取不同数值拟合而来。当 $x < 0.4$ 时, 这些系数可以认为等于 0, 即 Q^2 小于 $1\mathrm{GeV}^2$ 时, 标度破坏现象可以由微扰 QCD 描述。

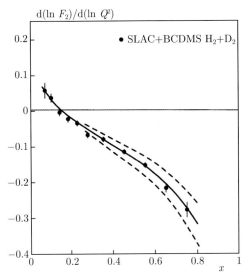

图 5　结合 SLAC/BCDMS 氢、氘靶数据得到的 $\mathrm{d}\ln F_2/\mathrm{d}\ln Q^2$ 标度破坏, 仅考虑统计误差。实线是 $\alpha_s(M_z^2)$ 取 0.113 时的 QCD 拟合, 虚线是 $\alpha_s(M_z^2)$ 上下浮动 0.01 时的拟合结果

利用同样的方法, Virchaux 和 Milsztajn 也估算了由忽略高阶 QCD 微扰展开带来的 "理论" 不确定性。他们预测在 $Q^2 = M_Z^2$ 处, α_s 的值如下:

$$\alpha_s(M_Z^2) = 0.113 \pm 0.003(\mathrm{exp.}) \pm 0.004(\mathrm{theor.})$$

随后, Alekhin [31] 综合分析了 SLAC, BCDMS 和 NMC 的数据得到 $\alpha_s(M_Z^2) = 0.1183 \pm 0.0021(\mathrm{exp.}) \pm 0.004(\mathrm{theor.})$。这些数据对于确定当前来自于深度非弹性散射过程的平均值 α_s 具有重要意义, 同时也与来自 LEP 的最终结果完美符合 [32]。

除此之外, 通过这些 QCD 拟合还可以估算核子内部的胶子分布 (式 (11))。在小 x 区间胶子分布有一个明显的峰值, 但是目前越来越多的实验 (尤其是 HEAR) 表明, 通过对该区间更加全面的近期数据作拟合, 之前预测的峰值将被压低。

12.4　核子自旋和极化深度非弹性散射

1985 年在纵向极化 μ 子和纵向极化质子的单举深度非弹性散射中, 对双自旋散射截面不对称性的测量是 EMC 最后运行的实验之一。早先 SLAC 已经在有限的范围内对低能非极化过程进行了最初的测量。SLAC 的测量结果与 QPM 的预测相符，而 EMC 的结果则显示在之前没有测量的小 x 区间 $(x < 0.1)$ 与预测有明显的差异，这个差异可能会导致非常严重的后果 [33,34]。QPM 认为核子自旋全部来自于夸克自旋，而相对论夸克模型预言只有 60% 来自于夸克自旋。但是 EMC 的结果表明来自夸克自旋的贡献是 0。对此 Leader 和 Anselmino 在 1988 年的一篇题为："部分子模型暗藏的危机 [35]：质子的自旋来自于哪里？" 的文章中总结到：

(a) 轨道角动量可能很重要。这一点与已知的对夸克本征动量 k_T(横向动量) 的了解是完全一致的。

(b) 看似不可动摇的 Bjorken 求和规则可能被打破。对于 (中子的)g_1^n 的测量现在看来至关重要。

(c) 实验有可能是错误的。考虑到该实验的重要性，很显然应该重新测量，特别是对小 x 区间重点测量。

这些让人意想不到的结果，即所谓的自旋危机，催生了许多新的实验，包括 CERN 的 μ 子自旋实验 (SMC) 和 COMPASS 实验。理论和实验卓有成效的互动为当前整个研究领域开辟出一个新的方向，包括横向极化、横向动量依赖 (TMD) 以及广义部分子分布 (GPD) 等。参考文献 [36] 是介绍除 CERN 以外的其他一些工作的综合性评述，包括本文没有提及的 DESY 的 HERMES，Jefferson 实验室以及 Brookhaven 国家实验室。

12.4.1　纵向自旋

核子的自旋 1/2(单位 $\hbar$) 可以认为来自于以下几部分的贡献：夸克 q 和胶子 g 的自旋 Δ 和轨道角动量 L

$$\frac{1}{2} = \frac{1}{2}\Delta\Sigma + \Delta g + L_g + L_q \tag{14}$$

其中

$$\Delta\Sigma = \Delta u + \Delta d + \Delta s + \text{aq.} \tag{15}$$

其中，"aq" 代表反夸克的贡献。核子自旋中来自于上、下和奇夸克各自的贡献分别由相应螺旋度分布函数 $\Delta q_i(x)$ 的一阶矩 $\Delta u, \Delta d, \Delta s$ 给出。

$$\Delta i = \int_0^1 \Delta q_i(x)\mathrm{d}x, i = u, d, s, \text{和反夸克} \tag{16}$$

其中

$$\Delta q_i(x) = q_i^+(x) - q_i^-(x) \tag{17}$$

式中，上标 + 和 − 代表夸克的螺旋度；胶子螺旋度分布函数 $g(x)$ 也可以相应定义。在非极化情况下，要用到夸克的数密度之和 $q_i(x) = q_i^+(x) + q_i^-(x)$，而在极化情况下，则要用到它们的差。

在核子中的夸克螺旋度分布 $\Delta q_i(x, Q^2)$ 可以通过出现在 DIS 截面中自旋相关的结构函数 $g_1(x, Q^2)$ 得到。在 QPM 中，结构函数 g_1 的表达式如下：

$$g_1(x) = \frac{1}{2}\sum_i e_i^2 \Delta q_i(x) \tag{18}$$

其中，e_i 代表靶夸克的电荷 (对比式 (6))。与 F_1 相同，g_1 也依赖于 Bjorken 标度 x 并与 Q^2 对数相关。

求和规则

对质子来说，g_1 的一阶矩 Γ_1 可以分解为三个轴荷：同位旋矢量荷 a_3，八重态荷 a_8 以及味单态荷 a_0。

$$\Gamma_1^{\mathrm{p}}(Q^2) = \int_0^1 g_1^{\mathrm{p}}(x, Q^2)\mathrm{d}x = \frac{1}{12}\left(a_3 + \frac{1}{3}a_8\right) + \frac{1}{9}a_0 \tag{19}$$

按照味贡献表示的话可以按下式展开

$$a_3 = \Delta u - \Delta d + \mathrm{aq.}, \quad a_8 = \Delta u + \Delta d - 2\Delta s + \mathrm{aq.}, \quad a_0 = \Delta u + \Delta d + \Delta s + \mathrm{aq.} \tag{20}$$

同位旋矢量荷和同位旋标量荷来自于 Q^2 相关的 Wilson 系数，该系数可以由微扰 QCD 计算，在此忽略。对于 Q^2 相关的味单态轴荷 a_0，在 $Q^2 \to \infty$ 时，通常采用它的重整化方案无关值。在最小重整化方案中，a_0 等于所有夸克自旋的和 $\Delta\Sigma$(式 (15))。虽然 a_0 是可以测量的，但 $\Delta\Sigma$ 本身却是不可观测的。同位旋轴荷 a_3 等于弱耦合常数 $|g_A/g_V|$，$|g_A/g_V|$ 可以通过中子衰变独立测量，a_8 可以由具有 SU(3) 味对称性的重核衰变得到。它们都是 Q^2 不相关的。

式 (19) 中的质子的一阶矩 Γ_1^{p} 与相应的中子一阶矩 Γ_1^{n} 相减就得到最基本的 Bjorken 求和规则 [37,38]，当 $Q^2 \to \infty$ 时，可以写为

$$\Gamma_1^{\mathrm{p}} - \Gamma_1^{\mathrm{n}} = \frac{1}{6}\left|\frac{g_A}{g_V}\right| \tag{21}$$

在上式中，质子部分和中子部分相减时，即 Δu 和 Δd 相互替换时，a_0 和 a_8 轴荷的贡献相互抵消。这个著名的求和规则将结构函数 g_1 $(Q^2 \to \infty)$ 的一阶矩与中子衰变常数联系起来，并且早在 1966 年就已经通过流代数的方法推导出来。可是，Bjorken 最初却认为它是一个 "无用" 的公式而摒弃了它，因为在当时看来对极化中子进行测量根本是不可能的。仅仅三年后，"得益于当前的实验和理论形势" 他对这个公式重新进行了评价。直到 1992 年才第一次对中子 (氘核和氦 -3) 进行了测量。早期将中子测量作为 SLAC E130 实验一部分的提议最终并没有实施。这时，因为质子测量的结果与预期一致使得对中子测量的压力减小了很多。

1973 年，Ellis 和 Jaffe 利用式 (19) 对 Γ_1 做出了预测 [39]，他们假定在一个非极化奇异夸克中单态轴荷和八重态轴荷相等 (式 (20))。利用从重核子衰变常数得到的 a_8，可以计算得到质子和中子分别为 $\Gamma_1^p = 0.185$ 和 $\Gamma_1^n = -0.023$。与 Bjorken 求和规则不同，Ellis-Jaffe 求和规则依赖于几个基本的假设，尤其是假设在核子中奇异夸克的极化消失。

12.4.2　CERN 实验方法

CERN 的三组实验，EMC(1985)，SMC(1992~1996) 和 COMPASS(2002) 采用相同的原理，全部是利用 M2 束流线提供最高能量为 200GeV 的纵向极化正 μ 子。SMC [40,41] 使用两个专用束流偏转仪使测量的极化率达到 80%。固态极化靶是由两三个相反极化材料单元组成，并且定期翻转自旋方向。开放式前向谱仪和极化靶已在 12.2.2 节和 12.2.3 节中详细介绍。

实验对 μ 子和核子自旋平行和反平行的 DIS 散射截面不对称性进行了测量，其中用到了不对称性中几个重要量的抵消：主要非极化散射截面、束流熔断、靶核子数和谱仪接收度。从测量的 DIS 散射截面不对称性可以得到虚光子不对称性如下：

$$A_1 = \frac{\sigma_{\frac{1}{2}} - \sigma_{\frac{3}{2}}}{\sigma_{\frac{1}{2}} + \sigma_{\frac{3}{2}}} = \frac{g_1 - \frac{Q^2}{\nu^2} g_2}{F_1} \to \frac{g_1}{F_1} \tag{22}$$

式中，考虑了束流和靶的极化、靶材料中可极化的核子比例以及虚光子相对于入射 μ 子的退极化等因素。其中 $\sigma_{\frac{1}{2}}$ 和 $\sigma_{\frac{3}{2}}$ 是吸收一个自旋反平行和平行于纵向极化核子自旋的横向极化光子的吸收截面。因为来自结构函数 g_2 的贡献被系数 Q^2/ν^2 压低，所以 A_1 大致上等于自旋相关的结构函数 g_1 与自旋平均的结构函数 F_1 的比值。

12.4.3　实验结果

12.4.3.1　求和规则

EMC 上对质子测量的结果 $\Gamma_1^p = 0.126 \pm 0.010 \pm 0.015$ 与 Ellis-Jaffe 预测的结果 0.185 ± 0.005 存在明显差异。由此 EMC 推断：考虑对质子自旋的贡献，轴单态荷的贡献很小 $a_0 = 0.098 \pm 0.076 \pm 0.113$，奇异夸克的贡献为负 $\Delta s + \Delta \bar{s} = -0.095 \pm 0.016 \pm 0.023$[34]。最近，COMPASS 的结果显示，轴单态荷的贡献比 EMC 稍大 $a_0 = 0.33 \pm 0.03 \pm 0.05$，而奇异夸克的贡献与 EMC 相似 $\Delta s + \Delta \bar{s} = -0.08 \pm 0.01 \pm 0.02$[43]。这样就证实了 EMC 最初的推论：质子的大部分自旋并不是来自于夸克的贡献。

1992 年 SMC 对中子结构函数 g_1 进行了首次测量 [44]，实验采用极化氘靶并利用 EMC 对质子测量的结果。实验结果显示中子结构函数违反 Ellis-Jaffe 求和规则, 同时确认了由质子和中子的一阶矩差给出 Bjorken 求和规则 (式 (21))。与氘核测量相同, 对质子的测量范围随后也扩大到 $x = 0.004(Q^2 > 1\mathrm{GeV}^2)$, 这样就从根本上证实了 EMC 结果的正确性[45]。

同样在 1992 年, SLAC 的 ^{3}He 实验 E142 报道了一个完全相反的发现: Ellis-Jaffe 求和规则对中子的预测正确, 而 Bjorken 求和规则失效[46]。但是因为 E142 的束流能量较低, 所以它在使用 Bjorken 求和规则时必须考虑来自于 $\alpha_s(Q^2)/\pi$ 阶的 QCD 辐射修正。利用 Q^2 的演化关系, Ellis-Jaffe 在 1994 年计算了 $(\alpha_s/\pi)^4$ 阶修正的 $\alpha_s(M_Z^2) = 0.122^{+0.005}_{-0.009}$[47]。加入这个修正, E142 的测量就与 Bjorken 求和规则的预测相符了。

图 6 给出了最近 COMPASS 在 $Q^2 = 3\mathrm{GeV}^2$ 处测量的 Bjorken 积分和自旋单态 "Ellis-Jaffe" 积分 $\int_{x_{\min}}^{1} (g_1^p + g_1^n)\mathrm{d}x$ 随积分下限 $x_{\min}$ 变化的函数。注意到尽管对于 Bjorken 求和, 主要的贡献来自于 $x < 0.1$ 的区域, 但是对于 Ellis-Jaffe 求和, 这部分的贡献则可以忽略。利用 $a_3 = 1.28 \pm 0.07 \pm 0.010$ 与 $|g_A/g_V| = 1.2723 \pm 0.0023$ 的 PDG 值相比较, 可知 Bjorken 求和规则在 10% 的置信度下被证实[42]。

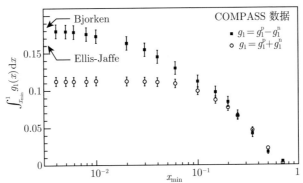

图 6 从 COMPASS 的质子和氘核实验得到的一阶矩 $g_1^p \mp g_1^n$ 的作为积分下限 $x_{\min}$ 的函数的收敛行为[42], 箭头代表理论预言, 仅考虑统计误差

12.4.3.2 结构函数和夸克螺旋度分布

利用 (式 (22)) 的不对称性测量, 可得到图 7 所示质子的自旋相关结构函数随 x 和 Q^2 变化的关系。实验数据来自 COMPASS[42,43], SMC[48], EMC[34], SLAC[49−53], HERMES[54] 以及 Jefferson[55,56] 等多个实验室。小 x 区间的数据来自于 CERN 实验, 对于氘核也有类似的测量。HERMES, SLAC 和 Jefferson 实验室还测量了一些中子 (^{3}He) 的数据。

通过对半单举深度非弹性散射 (SIDIS, 图 8) 进行研究可以对单个夸克和胶子螺旋度分布函数有一个深入的理解。味道为 i 的夸克 q 碎裂成能量为 $z = E_h/\nu$ 的强子的概率可以用碎裂函数 $D_i^h(z, Q^2)$ 来表示。由因子化定理可知，不对称性对 x 和 z 的依赖体现为夸克分布函数和碎裂函数的乘积。与单举不对称性类似，可以得到强子 h 产生过程中的双自旋散射截面不对称性。

$$A_1^h(x, Q^2, z) \approx \frac{\sum_i e_i^2 \Delta q_i(x, Q^2) D_i^h(z, Q^2)}{\sum_i e_i^2 q_i(x, Q^2) D_i^h(z, Q^2)} \tag{23}$$

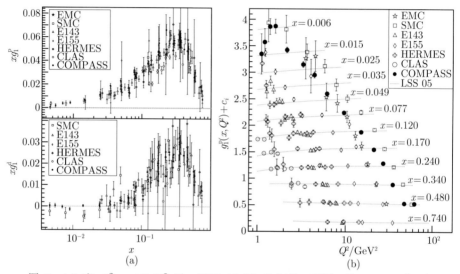

图 7　(a) 当 $Q^2 > 1\mathrm{GeV}^2$ 时，质子 (上图) 和氘核 (下图) 的 $xg_1(x, Q^2)$ 随自变量 x 变化的函数；(b) 当 $W > 2.5\mathrm{GeV}$ 时，质子结构函数 $g_1(x, Q^2)$ 作为 x 和 Q^2 的函数。为了演示清楚，第 $i(i$ 从零开始) 组 x 数据中的 g_1 偏移 $c_i = 0.28(11.6 - i)$，仅考虑统计误差

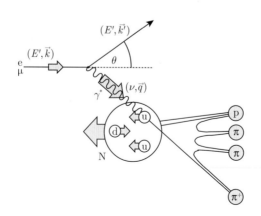

图 8　半单举深度非弹性散射

通常情况下，上夸克碎裂为 π^+，而下夸克碎裂为 π^-。利用这种碎裂倾向上的差异可以从味道上对夸克螺旋度分布进行区分。SMC 利用这种方法首次确定了价夸克和非奇异海夸克极化的领头阶 (LO)[57]。图 9 给出了 COMPASS 最新的测量结果：上夸克极化为正，其中一个下夸克极化为负。奇异夸克极化有一部分为正，这与 g_1 一阶矩的 x 积分有些矛盾。这个问题仍在讨论中，可能与奇异夸克碎裂函数的不确定性相关。

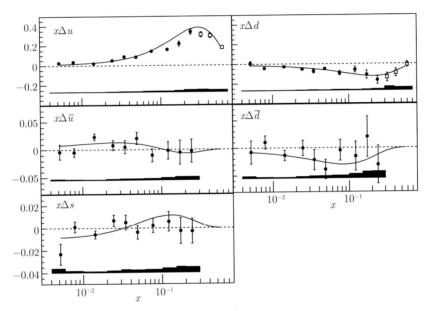

图 9　领头阶夸克螺旋度分布 [58]，带状区域表示系统不确定性

12.4.3.3　胶子螺旋度分布

1988 年，已知胶子极化通过轴反常对单态轴荷的贡献如下：

$$a_0 = \sum_q \Delta q - 3\frac{\alpha_s}{2\pi}\Delta g \tag{24}$$

其中，$\alpha_s \Delta g$ 是常量，即 Q^2 无关 [61,62]。上式表明大的正胶子极化可能掩盖了一部分夸克自旋对核子自旋的贡献。为了使 $\Delta\Sigma$ 的值回到 0.6，Δg 值需要取 $2\hbar \sim 3\hbar$。为验证以上理论，COMPASS 成立研究组计划对胶子极化进行测量。

胶子极化可以通过 SIDIS 的胶子–光子聚变过程 (PGF) $\gamma g \to q\bar{q}$ 进行探测。因为缺少小 x 区间核子中的粲夸克数据，所以人们对开放粲夸克 (例如 D 介子)的产生过程尤为感兴趣。同时高 p_T 强子对和单态强子也可以被用来测量胶子极化。2005 年，来自 COMPASS[63] 低 Q^2 能区的高 p_T 强子对事例首次表明，胶子极化比反常现象所要求的值要小得多。稍后对于开放粲夸克 [64] 和 $Q^2 > 1\text{GeV}^2$ 能区 [65] 高-p_T 强子对事例也进行了测量。图 10 总结了这些测量的领头阶结果。来自 RHIC 的数据证实了小的胶子极化，但是近来也有迹象表明胶子对核子自旋的贡献可能还是非常显著的 [66]。

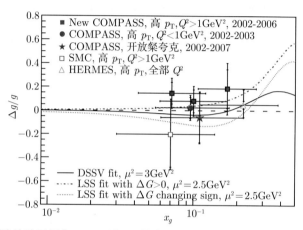

图 10　领头阶胶子极化 $\Delta g/g$ 随 x_g 的变化，水平误差代表测量的 x 范围，同时给出了世界数据的次领头阶 QCD 分析的结果 [59,60]

12.4.3.4　QCD 全局分析

正如 3.3 节描述的，在自旋平均的情况下，g_1 结构函数随 Q^2 的演化是由 DGLAP 方程 [25] 描述的。考虑 QCD 次领头阶 (NLO) 修正可以得到夸克、反夸克和胶子各自的螺旋度分布函数 $\Delta q(x, Q^2)$ 和 $\Delta g(x, Q^2)$。现代全局 QCD 理论 [59,60,66] 综合考虑了来自 DIS、SIDS 和 RHIC 极化 pp 碰撞的数据。尽管夸克分布函数已经被很好地测定了，但是由于对特定 x 值，数据的 Q^2 范围很小，胶子分布函数仍然具有很大的不确定性。正如 HERA 对非极化过程的测量一样，极化电子-离子碰撞的测量将极大地改变这种状况。

12.4.4　横向自旋

12.4.4.1　横向性

在横向极化核子中，除了自旋平均结构函数 (F_1) 和自旋相关结构函数 (g_1) 之外，在领头阶扭度还存在第三个手征性为奇的结构函数 h_1 用来描述横向夸克自旋分布：

$$h_1(x) = \frac{1}{2} \sum_i e_i^2 \delta q_i(x), \quad \delta q_i(x) = q_i^\uparrow(x) - q_i^\downarrow(x) \tag{25}$$

其中, $q^\uparrow$ 和 $q^\downarrow$ 分别代表与横向核子自旋平行和反平行的夸克数密度。在非相对论情况下, $h_1(x)$ 等于 $g_1(x)$。在单举散射过程中该结构函数没有贡献, 因为在此类过程中包含夸克自旋的翻转, 而对无质量夸克来说自旋是守恒的。但是在 SIDIS 中, h_1 可以耦合到手征性为奇的 Collins 碎裂函数 $\Delta_T D_i^h(z, p_T)$, 并得到一个正弦形式的散射截面不对称性, 用 Collins 角[①] $\phi_{\text{Coll}} = \phi_h + \phi_S + \pi$ 表示的不对称性如下:

$$A_{\text{Coll}}(x, z) \sim \frac{\sum_i e_i^2 \delta q_i(x) \Delta_T D_i^h(z, p_T^h)}{\sum_q e_i^2 q_i(x) D_i^h(z, p_T^h)} \tag{26}$$

其中, p_T^h 代表强子相对于虚光子的横向动量; ϕ_h 和 ϕ_S 分别是强子和核子自旋的方位角。图 11(上图) 显示了正负强子 (主要是 π) 测量中的质子的 Collins 不对称性 [67]。在 HERMES 中也用到类似的测量来鉴别 π 介子和 K 介子。氘核相应的不对称性为零, 因为氘核内部上、下夸克的贡献相互抵消。

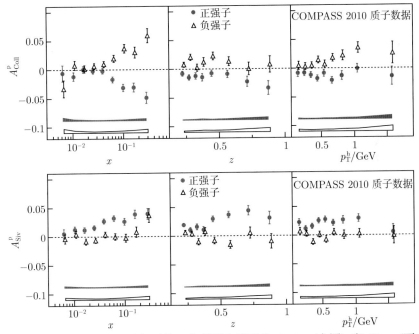

图 11　COMPASS 实验得到的正负强子中质子的 Collins(上图) 和 Sivers(下图) 不对称性 [68,69] 随 x, z 和 p_T 的变化, 带状区域代表系统的不确定性

除了 Collins 函数, 横向性也可以耦合到另一个手征性为奇的碎裂函数——相干碎裂函数 (IFF), 此函数代表产生一对具有相反电荷的强子。Collins 不对称性

---

① 注意在一些实验中, 例如, HERMES, ϕ_{Coll} 的定义不含 π。

(正强子) 和两强子不对称性的相似性表明这两种情况具有相同的机制 (图 12)。

COMPASS, HERMES 和 Belle 已经对横向结构函数进行了唯象学上的测定 [71]。
Belle 也已经通过正负电子碰撞过程对 Collins 和 IFF 碎裂函数进行了测量。这些
研究表明在横向极化核子中，上夸克的横向极化为正，下夸克的横向极化为负。

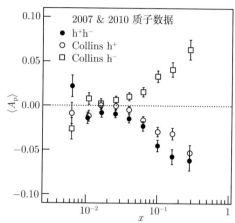

图 12　以 x 为自变量的正强子 Collins 不对称性 (下部开放环), 负强子 Collins
不对称性 (上部开放环) 以及两强子不对称性 [68,70]

12.4.4.2　横向动量依赖部分子分布函数

迄今为止，关于 PDF 的讨论并没有解释在强子和 DIS 过程中观测到的大横
向单自旋不对称性，这种不对称性意味着存在非常显著的与夸克横向动量 k_T 相关
的核子内自旋–轨道耦合。横向动量依赖 (TMD) 分布函数同时依赖于 x (部分子携
带的纵向动量比) 和 k_T。在 QCD 中存在如下 8 个领头阶扭度的横向动量依赖部
分子分布函数：

N ＼ q	U	L	T
U	f_1		$h_1^\perp$
L		g_1	$h_{1L}^\perp$
T	$f_{1T}^\perp$	$g_{1T}^\perp$	$h_1 h_{1T}^\perp$

其中，U, L 和 T 分别代表非极化、纵向极化和横向极化的核子 (行) 和夸克 (列) 分
布函数。对 k_T 积分，则对角线上的 TMD PDF(黑体) 回到通常的结构函数 $F_1(x)$,
$g_1(x)$ 和 $h_1(x)$, 而非对角线上的 TMD PDF 则消失。

最知名的 TMD PDF 是 Sivers 方程 $f_{1T}^\perp$，该方程描述了横向极化核子中非极
化夸克的分布函数。$f_{1T}^\perp$ 耦合到标准非极化碎裂函数 D_i^h 并产生一个 $\sin\phi_{Siv}$ 形式

的方位角不对称性,其中 Sivers 角定义为 $\phi_{Siv} = \phi_h - \phi_S$。图 11(下图) 显示了正负强子中质子的 Sivers 不对称性。对于正强子来说可以看到一个明显的正不对称性,尤其是在大 x, z 区域。Boer-Mulders 方程 $h_1^\perp$ 描述了横向极化夸克在非极化核子中的分布函数,其可以耦合到 Collins 碎裂函数。与 Sivers 方程一样,Boer-Mulders 方程的时间反演对称性为奇,而且只有存在初末态相互作用时才不消失。理论预言这些函数之间只存在有限的普适关系,SIDIS 过程和 Drell-Yan(DY) 过程的分布函数相差一个负号。

$$f_{1T}^\perp|_{SIDIS} = -f_{1T}^\perp|_{DY}, \quad h_1^\perp|_{SIDIS} = -h_1^\perp|_{DY} \tag{27}$$

在自旋物理领域,下一步的工作最重要的就是从实验上检验上述预言。COMPASS 是唯一一个有可能使用同样的谱仪对 T-odd Sivers 和 Boer-Mulders PDFs 之间的符号变换进行测量的实验组,这个测量将在不久的为 2015 设计的第一个 π 介子束流极化 Drell-Yan 实验中进行。

12.4.4.3　广义部分子的分布函数

轨道角动量在核子中所扮演的角色还不清楚,目前对于这个量的了解只能通过广义部分子分布函数 (GPD)[72],它把纵向动量和横向空间自由度联系起来。在深度虚康普顿散射和硬遍举介子产生过程都会出现该函数。COMPASS 已经开始着手研究这些过程,并将在 2016/2017 年通过一个 2.5m 长的液态氢靶对 GPD 进行测量。

12.5　总　　结

SPS 的 μ 子深度非弹性散射在过去的 35 年里已经取得了独一无二的辉煌成就,并且成为 CERN 中历时最久的实验项目。它对于我们今天对强子最内部结构的理解有着深远的影响,同时也是对夸克部分子模型和量子色动力学的重要的富有成效的检验场地,并帮助其确立了作为夸克和胶子强相互作用基本理论的地位。它比 DESY 中 HERA 的电子–质子碰撞试验更为长久,后者的一些主要部分来自于 CERN 的 μ 子试验。

今天我们并不能回答在 COMPASS 和 HERA 之后深度非弹性轻子散射是否还有未来,但仅是为了研究夸克或轻子的下一级结构,就完全值得投入一个新的重大项目;通过 LHC 的质子碰撞,或者将来更高能量的强子碰撞,利用新的高能电子束流,全副武装的 CERN 将在新的能量领域继续它曾在深度非弹性散射实验中创造的辉煌。

参 考 文 献

[1] W. Panofsky, Electromagnetic Interactions: Low q^2 Electrodynamics: Elastic and In-elastic Electron (and Muon) Scattering, in *Proc. 14th Int. Conf. on High-Energy Physics, Vienna* (1968).

[2] M. Gell-Mann, A Schematic Model of Baryons and Mesons, *Phys. Lett.* **8**, 214–215 (1964). doi: 10.1016/S0031-9163(64)92001-3.

[3] G. Zweig, An SU(3) model for strong interaction symmetry and its breaking (Version 2), CERN-TH-412 (1964).

[4] J. Aubert *et al.*, The ratio of the nucleon structure functions F_2 for iron and deuterium, *Phys. Lett. B* **123**, 275 (1983). doi: 10.1016/0370-2693(83)90437-9.

[5] R. Clifft and N. Doble, Proposed Design of a High-Energy, High Intensity Muon Beam for the SPS North Experimental Area (1974), CERN/LAB. II/EA/74-2, CERN/SPSC/74-12.

[6] J. Aubert *et al.*, A Large Magnetic Spectrometer System for High-Energy Muon Physics, *Nucl. Instrum. Meth.* **179**, 445–466 (1981). doi: 10.1016/0029- 554X(81)90169-5.

[7] J. Aubert *et al.*, A Detailed Study of the Proton Structure Functions in Deep Inelas-tic Muon-Proton Scattering, *Nucl. Phys. B* **259**, 189 (1985). doi: 10.1016/0550-3213(85)90635-2.

[8] J. Albanese *et al.*, The Vertex and Large Angle Detectors of a Spectrometer System for High-energy Muon Physics, *Nucl. Instrum. Meth.* **212**, 111 (1983). doi: 10.1016/0167-5087(83)90682-8.

[9] D. Bollini *et al.*, A High Luminosity Spectrometer for Deep Inelastic Muon Scattering Experiments, *Nucl. Instrum. Meth.* **204**, 333 (1983). doi: 10.1016/0167-5087(83)90063-7.

[10] A. Benvenuti *et al.*, An Upgraded Configuration of a High Luminosity Spectrometer for Deep Inelastic Muon Scattering Experiments, *Nucl. Instrum. Meth. A* **226**, 330 (1984). doi: 10.1016/0168-9002(84)90045-7.

[11] P. Amaudruz *et al.*, Precision measurement of the structure function ratios $F_2(\mathrm{He})/F_2(\mathrm{D})$, $F_2(\mathrm{C})/F_2(\mathrm{D})$ and $F_2(\mathrm{Ca})/F_2(\mathrm{D})$, *Z. Phys. C* **51**, 387–394 (1991). doi: 10.1007/BF01548560.

[12] P. Abbon *et al.*, The COMPASS experiment at CERN, *Nucl. Instrum. Meth. A* **577**, 455–518 (2007). doi: 10.1016/j.nima.2007.03.026.

[13] P. Abbon *et al.*, The COMPASS Setup for Physics with Hadron Beams, hepex/ 1410.1797 (2014).

[14] A. Argento *et al.*, Electroweak Asymmetry in Deep Inelastic Muon-Nucleon Scattering, *Phys. Lett. B* **120**, 245 (1983). doi: 10.1016/0370-2693(83)90665-2.

[15] A. Argento *et al.*, Measurement of the Interference Structure Function $xg_3(x)$ in Muon–Nucleon Scattering, *Phys. Lett. B* **140**, 142, (1984). doi: 10.1016/0370–2693 (84) 91065–7.

[16] F. Halzen and A. D. Martin, *Quarks and Leptons* (Wiley, 1984). ISBN 9780471887416.

[17] R. Roberts, *The Structure of the Proton: Deep Inelastic Scattering* (Cambridge Monographs on Mathematical Physics), (Cambridge University Press, 1990).

[18] E. D. Bloom *et al.*, High-Energy Inelastic e-p Scattering at 6 Degrees and 10 Degrees, *Phys. Rev. Lett.* **23**, 930–934 (1969). doi: 10.1103/PhysRevLett.23.930.

[19] M. Breidenbach *et al.*, Observed Behavior of Highly Inelastic Electron-Proton Scattering, *Phys. Rev. Lett.* **23**, 935–939 (1969). doi: 10.1103/PhysRevLett.23.935.

[20] J. Bjorken, Asymptotic Sum Rules at Infinite Momentum, *Phys. Rev.* **179**, 1547–1553 (1969). doi: 10.1103/PhysRev.179.1547.

[21] A. Benvenuti *et al.*, A High Statistics Measurement of the Proton Structure Functions $F_2(x, Q^2)$ and R from Deep Inelastic Muon Scattering at High Q^2, *Phys. Lett. B* **223**, 485 (1989). doi: 10.1016/0370-2693(89)91637-7.

[22] M. Arneodo *et al.*, Measurement of the proton and the deuteron structure functions F_2^p and F_2^d, *Phys. Lett. B* **364**, 107–115 (1995). doi: 10.1016/0370-2693(95)01318-9.

[23] L. Whitlow, E. Riordan, S. Dasu, S. Rock, and A. Bodek, Precise measurements of the proton and deuteron structure functions from a global analysis of the SLAC deep inelastic electron scattering cross-sections, *Phys. Lett. B* **282**, 475–482 (1992). doi: 10.1016/0370-2693(92)90672-Q.

[24] M. Adams *et al.*, Proton and deuteron structure functions in muon scattering at 470 GeV, *Phys. Rev. D* **54**, 3006–3056 (1996). doi: 10.1103/PhysRevD.54.3006.

[25] G. Altarelli and G. Parisi, Asymptotic Freedom in Parton Language, *Nucl. Phys. B* **126**, 298 (1977). doi: 10.1016/0550-3213(77)90384-4.

[26] A. Benvenuti *et al.*, Test of QCD and a Measurement of Λ From Scaling Violations in the Nucleon Structure Function $F_2(x, Q_2)$ at High Q^2, *Phys. Lett. B* **195**, 97 (1987). doi: 10.1016/0370-2693(87)90892-6.

[27] A. Benvenuti *et al.*, Test of QCD and a Measurement of Λ From Scaling Violations in the Proton Structure Function $F_2(x, Q^2)$ at High Q_2, *Phys. Lett. B* **223**, 490 (1989). doi: 10.1016/0370-2693(89)91638-9.

[28] A. Benvenuti *et al.*, A High Statistics Measurement of the Deuteron Structure Functions $F_2(x, Q_2)$ and R From Deep Inelastic Muon Scattering at High Q^2, *Phys. Lett. B*, **237**, 592 (1990). doi: 10.1016/0370-2693(90)91231-Y.

[29] M. Virchaux and A. Milsztajn, A Measurement of α_s and higher twists from a QCD analysis of high statistics F_2 data on hydrogen and deuterium targets, *Phys. Lett. B* **274**, 221–229 (1992). doi: 10.1016/0370-2693(92)90527-B.

[30] R. K. Ellis, W. Furmanski, and R. Petronzio, Unraveling Higher Twists, *Nucl. Phys. B*, **212**, 29 (1983). doi: 10.1016/0550-3213(83)90597-7.

[31] S. I. Alekhin, Combined analysis of SLAC-BCDMS-NMC data at high x: α_s and high twists, hep-ph/9907350 (1999).

[32] K. Olive *et al.* (Review of Particle Physics), *Chin. Phys. C* **38**, 090001 (2014). doi: 10.1088/1674-1137/38/9/090001.

[33] J. Ashman *et al.*, A Measurement of the Spin Asymmetry and Determination of the Structure Function g_1 in Deep Inelastic Muon-Proton Scattering, *Phys. Lett. B*, **206**, 364 (1988). doi: 10.1016/0370-2693(88)91523-7.

[34] J. Ashman *et al.*, An Investigation of the Spin Structure of the Proton in Deep Inelastic Scattering of Polarized Muons on Polarized Protons, *Nucl. Phys. B* **328**, 1 (1989). doi: 10.1016/0550-3213(89)90089-8.

[35] E. Leader and M. Anselmino, A Crisis in the Parton Model: Where, Oh Where Is the Proton's Spin?, *Z. Phys. C* **41**, 239 (1988). doi: 10.1007/BF01566922.

[36] C. A. Aidala *et al.*, The Spin Structure of the Nucleon, *Rev. Mod. Phys.* **85**, 655–691 (2013). doi: 10.1103/RevModPhys.85.655.

[37] J. Bjorken, Applications of the Chiral U(6)×(6) Algebra of Current Densities, *Phys. Rev.* **148**, 1467–1478 (1966). doi: 10.1103/PhysRev.148.1467.

[38] J. Bjorken, Inelastic Scattering of Polarized Leptons from Polarized Nucleons, *Phys. Rev. D* **1**, 1376–1379 (1970). doi: 10.1103/PhysRevD.1.1376.

[39] J. R. Ellis and R. L. Jaffe, A Sum Rule for Deep Inelastic Electroproduction from Polarized Protons, *Phys. Rev. D* **9**, 1444 (1974). doi: 10.1103/PhysRevD.10.1669.2, 10.1103/PhysRevD.9.1444.

[40] B. Adeva *et al.*, Measurement of the polarization of a high-energy muon beam, *Nucl. Instrum. Meth. A* **343**, 363–373 (1994). doi: 10.1016/0168-9002(94)90213-5.

[41] D. Adams *et al.*, Measurement of the SMC muon beam polarization using the asymmetry in the elastic scattering off polarized electrons, *Nucl. Instrum. Meth. A* **443**, 1–19 (2000). doi: 10.1016/S0168-9002(99)01017-7.

[42] M. Alekseev *et al.*, The Spin-dependent Structure Function of the Proton g_1^p and a Test of the Bjorken Sum Rule, *Phys. Lett. B* **690**, 466–472 (2010). doi: 10.1016/j.physletb.2010.05.069.

[43] V. Y. Alexakhin *et al.*, The Deuteron Spin-dependent Structure Function g_1^d and its First Moment, *Phys. Lett. B* **647**, 8–17, (2007). doi: 10.1016/j.physletb.2006.12.076.

[44] B. Adeva *et al.*, Measurement of the spin dependent structure function $g_1(x)$ of the deuteron, *Phys. Lett. B* **302**, 533–539 (1993). doi: 10.1016/0370-2693(93)90438-N.

[45] D. Adams *et al.*, Measurement of the spin dependent structure function $g_1(x)$ of the proton, *Phys. Lett. B* **329**, 399–406 (1994). doi: 10.1016/0370-2693(94)90793-5.

[46] P. Anthony *et al.*, Determination of the neutron spin structure function, *Phys. Rev. Lett.* **71**, 959–962 (1993). doi: 10.1103/PhysRevLett.71.959.

[47] J. R. Ellis and M. Karliner, Determination of α_s and the nucleon spin decomposition using recent polarized structure function data, *Phys. Lett. B* **341**, 397–406 (1995). doi: 10.1016/0370-2693(95)80021-O.

[48] B. Adeva *et al.*, Spin asymmetries A_1 and structure functions g_1 of the proton and the deuteron from polarized high-energy muon scattering, *Phys. Rev. D* **58**, 112001 (1998). doi: 10.1103/PhysRevD.58.112001.

[49] P. Anthony *et al.*, Deep inelastic scattering of polarized electrons by polarized He-3 and the study of the neutron spin structure, *Phys. Rev. D* **54**, 6620–6650 (1996). doi: 10.1103/PhysRevD.54.6620.

[50] K. Abe *et al.*, Precision determination of the neutron spin structure function g_1^n, *Phys. Rev. Lett.* **79**, 26–30 (1997). doi: 10.1103/PhysRevLett.79.26.

[51] K. Abe *et al.*, Measurements of the proton and deuteron spin structure functions g_1 and g_2, *Phys. Rev. D* **58**, 112003, (1998). doi: 10.1103/PhysRevD.58.112003.

[52] P. Anthony *et al.*, Measurement of the deuteron spin structure function $g_1^d(x)$ for $1(\mathrm{GeV}/c)^2 < Q^2 < 40(\mathrm{GeV}/c)^2$, *Phys. Lett. B* **463**, 339–345 (1999). doi: 10.1016/S0370-2693(99)00940-5.

[53] P. Anthony *et al.*, Measurements of the Q^2 dependence of the proton and neutron spin structure functions g_1^p and g_1^n, *Phys. Lett. B* **493**, 19–28 (2000). doi: 10.1016/S0370-2693(00)01014-5.

[54] A. Airapetian *et al.*, Precise determination of the spin structure function g_1 of the proton, deuteron and neutron, *Phys. Rev. D* **75**, 012007 (2007). doi: 10.1103/PhysRevD.75.012007.

[55] X. Zheng *et al.*, Precision measurement of the neutron spin asymmetry A_1^N and spin flavor decomposition in the valence quark region, *Phys. Rev. Lett.* **92**, 012004 (2004). doi: 10.1103/PhysRevLett.92.012004.

[56] K. Dharmawardane *et al.*, Measurement of the x-and Q^2-dependence of the asymmetry A_1 on the nucleon, *Phys. Lett. B* **641**, 11–17 (2006). doi: 10.1016/j. physletb.2006. 08.011.

[57] B. Adeva *et al.*, Polarization of valence and nonstrange sea quarks in the nucleon from semiinclusive spin asymmetries, *Phys. Lett. B* **369**, 93–100 (1996). doi: 10.1016/0370-2693(95)01584-1.

[58] M. Alekseev *et al.*, Quark helicity distributions from longitudinal spin asymmetries in muon–proton and muon–deuteron scattering, *Phys. Lett. B* **693**, 227–235 (2010). doi: 10.1016/j.physletb.2010.08.034.

[59] D. de Florian *et al.*, Extraction of Spin-Dependent Parton Densities and Their Uncertainties, *Phys. Rev. D* **80**, 034030 (2009). doi: 10.1103/PhysRevD.80.034030.

[60] E. Leader, A. V. Sidorov, and D. B. Stamenov, Determination of Polarized PDFs from a QCD Analysis of Inclusive and Semi-inclusive Deep Inelastic Scattering Data, *Phys. Rev. D* **82**, 114018 (2010). doi: 10.1103/PhysRevD.82.114018.

[61] G. Altarelli and G. G. Ross, The Anomalous Gluon Contribution to Polarized Lepto-production, *Phys. Lett. B* **212**, 391 (1988). doi: 10.1016/0370-2693(88)91335-4.

[62] A. Efremov and O. Teryaev, Spin Structure of the Nucleon and Triangle Anomaly, *Nucl. Phys.* (1988).

[63] E. Ageev *et al.*, Gluon polarization in the nucleon from quasi-real photoproduction of high-p_T hadron pairs, *Phys. Lett. B* **633**, 25–32 (2006). doi: 10.1016/j.physletb.2005.11.049.

[64] C. Adolph *et al.*, Leading and Next-to-Leading Order Gluon Polarization in the Nucleon and Longitudinal Double Spin Asymmetries from Open Charm Muoproduction, *Phys. Rev. D* **87** (5), 052018, (2013). doi: 10.1103/PhysRevD.87.052018.

[65] C. Adolph *et al.*, Leading order determination of the gluon polarisation from DIS events with high-p_T hadron pairs, *Phys. Lett. B* **718**, 922–930 (2013). doi: 10.1016/j.physletb.2012.11.056.

[66] D. de Florian *et al.*, Evidence for polarization of gluons in the proton, *Phys. Rev. Lett.* **113**, 012001 (2014). doi: 10.1103/PhysRevLett.113.012001.

[67] C. Adolph *et al.* Collins and Sivers asymmetries in muon production of pions and kaons off transversely polarised proton, hep-ex/1408.4405 (2014).

[68] C. Adolph *et al.*, Experimental investigation of transverse spin asymmetries in muon-p SIDIS processes: Sivers asymmetries, *Phys. Lett. B* **717**, 383–389 (2012). doi: 10.1016/j.physletb.2012.09.056.

[69] C. Adolph *et al.*, Experimental investigation of transverse spin asymmetries in muon-p SIDIS processes: Collins asymmetries, *Phys. Lett. B* **717**, 376–382 (2012). doi: 10.1016/j.physletb.2012.09.055.

[70] C. Adolph *et al.*, A high-statistics measurement of transverse spin effects in dihadron production from muon-proton semi-inclusive deep inelastic scattering, *Phys. Lett. B* **736**, 124–131 (2014). doi: 10.1016/j.physletb.2014.06.080.

[71] M. Anselmino *et al.*, Simultaneous extraction of transversity and Collins functions from new SIDIS and e^+e^--data, *Phys. Rev. D* **87**, 094019 (2013). doi: 10.1103/PhysRevD.87.094019.

[72] X.-D. Ji, Gauge-Invariant Decomposition of Nucleon Spin, *Phys. Rev. Lett.* **78**, 610–613 (1997). doi: 10.1103/PhysRevLett.78.610.

第13篇　揭示强子中的部分子：从 ISR 到 SPS 对撞机

Pierre Darriulat[1] Luigi Di Lella[2]

1 VATLY, INST, 179 Hoang Quoc Viêt, Cau Giay, Ha Noi, Viêt Nam
2 Università di Pisa, Physics Department, Largo Bruno Pontecorvo 3, 56127 Pisa, Italy

pierre.darriulat@gmail.com

谢一冈　译
中国科学院高能物理研究所

我们对强子结构的了解是从 20 世纪 70 年代到 80 年代初由几个粗糙概念到精细理论的发展过程，就是用量子色动力学描述由基本粒子 (夸克和胶子) 组成的强子。电子与中微子对核子的深度非弹性散射和电子–正电子对撞在这一发展过程中起着主要作用。较少被人所知的是关于强子对撞在揭示部分子结构、部分子间相互作用动力学的研究，以及一个直接研究胶子相互作用方面的专门实验室。本文回忆 CERN 的交叉储存环 (ISR) 的决定性贡献，并在其后介绍质子–反质子 SPS 对撞机对本章的物理方面的贡献。

13.1 引　　言

在 20 世纪 60 年代 ISR 诞生的时候，强子可能是一种组合粒子的概念还远远没有被接受。暑期学校的报告更多地重视那些自力更生的概念 [1]，比如像刚出世的夸克模型 [2]。我们还记得当 ISR 第一次对撞前夕，C. N. Yang 在一次报告 [3] 中介绍了有限碎裂的概念，从这个概念我们虔诚地听到了希望，即它能够给我们在高能领域进行的重要的开拓中所期待的一些概念。尽管 Gell-Mann 的八重法是很成功的，但是他的夸克模型面临两种非常强烈的和相对立的争论：在寻找多夸克的实验中企图找到分数电荷的迹象都是失败的，另外则是夸克模型同费米–狄拉克统计是不相容的。确实，那时我们并不知道颜色，也不知道强力随着距离变短而减小的特性。在那个 10 年的最后，SLAC 带来了曙光，那就是电子的深度非弹性散射和紧接着的 SPEAR 的革命性的收获。

假若强子是组合成的, 那么就有可能根据其组分—即所谓的部分子—的相互作用和重组, 来理解强子的碰撞, 尤其是令其中一个部分子喷射出来, 正如核物理中的 (p, 2p),(p, pn) 等反应那样。这种过程确实是可能的, 但是为达到此目的却花费了 10 年。强子与核是完全不同的, 后者在本文中会有经典地描述。而强子则不然, 这里有两个原因: 其一是强子的质量比部分子大很多, 使得相关过程的物理图像是完全相对论性的; 另一个是当随着距离增加, 强力增加, 不再可能发射出孤立的部分子, 即把它从母体强子拉开时, 它们之间的力场有如此大的值以至于夸克–反夸克对以介子形式伴随着发射的部分子一同产生。为了鉴别这种作为母体部分子的附属物的强子集合, 唯一的可能就是这些强子飞出时形成彼此足够靠近的所谓喷注。另外要说明的是: 这个母体部分子是在碰撞中所产生的其他强子的主体之一。以下所介绍的是我们在 CERN 从 ISR 上到质子–反质子 SPS 对撞机上于 20 世纪 70 到 80 年代期间如何取得这一成就的 [4,5]。

13.2　作为胶子对撞机的 ISR

13.2.1　引言

大概恰好在 ISR 运行的 20 世纪 70 年代, 我们对粒子物理的理解也正处于大飞跃的年代。诚然, 初步地说, 这二者之间有着因果关系。但是, 我们之间工作的很多人清晰地回忆道: 我们不仅不是在那些前进过程中的旁观者, 而且已经是—接受这些进步的—谦虚的表演者。ISR 的成就对于我们来说似乎是非同一般的, 甚至是难以忘怀的, 因为在这时期它总是对粒子物理的进步有所贡献。我们试图在与本文有关命题的议论中将尽可能地以中庸的和非根本性的方式呈现出来。因为 ISR 在弱作用成就方面并没有重要的贡献, 因此我们呈现的视野限制在大横动量过程方面, 或等价于短程质子结构探针方面, 当然也并不仅限于这方面。

每一个人对于过去都有自己的看法, 而历史则是一个仅仅能够将全部观点集合起来成为一个尽可能连贯的故事。当 70 年代在物理学中的新发现和新概念以快速的步伐前进时, 情况特别地真的是这样的。我们每个成员还记得一个报告, 一次喝咖啡时的讨论, 读一篇特殊的论文, 或者关于这类其他的事件, 这些都会在他自己对这些新概念的理解中当作里程碑。读一读 Steve Weisberg [6], David Gross [7], Gerard 'tHooft [8], Jerry Friedman [9] 是如何回忆那个时期在这方面的叙述是特别有指导意义的。不同的人之间的见解存在差异, 同样也发生在不同的科学群体之间。特别是在 70 年代, 在 e^+e^-、中微子、固定靶、ISR 这些群体之间对当时取得的进步的认知也是完全不同的。这样就有必要简短地回顾这个时期的主要事件。

13.2.2　主要的里程碑

　　1965 年 12 月，Vicky Weisskopf 作为 CERN 的总所长，在他参加的最后一次理事会全会上批准了建造 ISR，当时并没有与这台机器相关的特定物理课题，它的确只是为了开拓新的较高的质心能量的对撞的 "尚未认识的土地"(拉丁语，译者注)(根据我们的了解，自从那以后，所有的新建议的和已经批准的机器都是期待回答在人们的心中已经相应地有了特定的物理问题)。强相互作用被设想为一个谜。现在已经知道与 u、d 和 s 夸克相联系的味道对称的 SU(3) 八重态在当时并不被认为是在强相互作用中的动力学中具有重要的结论性意义。尽管进行了强有力地寻找也没有发现自由夸克，另外，诸如自旋–宇称为 $3/2^+$ 的 Δ^{++} 这样的一些态不可能由 3 个具有相同自旋为 $1/2$ 的 u 夸克组成而不违反费米统计，这样的解释是行不通的。

　　与此相反的线索于 1968~1969 年出自 SLAC [9] 的电子–质子深度非弹性散射的重要的连续性的发现。两英里长的直线加速器已经开始事先运行，并且用大型谱仪的实验方案也运行了几年。从实验一开始，实验物理学家和理论物理学家就密切接触，互相提供新数据和新概念，这开始于 Bjorken [10] 的标度概念和 Feynman 的部分子概念 [11]，这两方面都支持质子由点状结构的成分组成。然而，一直要等到 1972 年夸克模型变得强壮起来；以后，标度概念建立起来；根据小的 R 值测定 (横向的与纵向的虚光子吸收截面之比) 取消了被争论的众所周知的矢量优势模型；用于比较质子和中子结构函数的氘核数据的收集；一系列的求和规则被检验；仅一部分质子的纵动量被夸克所携带的事实被证实；由 Gargamelle 研究组提供的第一个中微子深度非弹性散射数据变得可用 [12]。(Gargamelle 是法国童话中的一个精灵的母亲，是 CERN 一个大气泡室的名字，译者注)。1972 年年底 Gross，Wilczek 与 Politzer [13] 确信渐近自由的概念以及红外禁闭的推论可以解释自由夸克不可能被观测到的现象。1973 年底，与非阿贝尔规范理论的联系以及包括费米统计疑难的 "胶子图像的颜色八重态的利用" 已经被 Fritzsch、Gell-Mann 和 Leutwyler 所解决 [14]。1974 年 QCD 诞生并作为强相互作用的理论已被全社会所接受，并又用了 3~4 年的时间达到成熟。

　　1972 年中期，斯坦福的电子–正电子对撞机 SPEAR 投入运行。于 1974 年 11 月，作为物理社会的一场革命，即 ψ 在 SLAC 和 J 粒子在布鲁克海文实验室同时被发现。这就立刻开辟了产生纯夸克–反夸克末态的能力以便测量颜色的个数。然而，在这个可用的能区内发生了许多新情况 (裸粲夸克道的开放，密集的粲素谱、τ 轻子产生)，这就要求用一些时间来判定它们的效应和理解所发生的情况。在那个十年的末期，对中微子相互作用和电子–正电子湮灭中的标度破坏问题已经进行了

研究 (在 SPEAR 运行两年后，在汉堡的 DORIS 开始运行)。QCD 已经达到成熟阶段。另外，还有尚未回答的疑难问题，如 CP 破坏相角的缺失和无能力处理在大距离下的理论，这些至今还伴随着我们。

13.2.3　关于 ISR

以上叙述了 20 世纪 70 年代粒子物理的进步，按照标准的民间说法在那时并没有谈及 ISR。至于是否知道在 ISR 上获得了什么结果，并且这些结果对 QCD 的发展是否有冲击作用，David Gross 是这样回答的 [15]：“每个人都知道在大横动量下被观察到的强子物理的定量现象是同简单的散射概念和部分子概念完全一致的 …… 检验不像深度非弹性散射那样清晰，其分析是十分复杂的，而深度非弹性散射在微扰 QCD 初期确实是非常清晰的 …… 部分子概念完全无法检验 QCD，而它只能检验类点成分而不是动力学。” 他的回答很好表达了 ISR 所经历的道路，与此同时 Feynman 也曾开玩笑地将其描述为：一个对撞机正在射击瑞士手表。可是，某些理论物理家紧紧跟上了 ISR 所得到的结果；有趣的是，Bjorken 是其中一位，Feynman 则是另外一位。

David Gross 现在已经能够返回来向我们解答问题了：“ISR 群体，你们如何知道 SLAC 的实验进展和其中理论的新概念呢？” 回想起来，回答这个问题的第一个人是 Maurice Jacob。Sam Berman 在 SLAC 访问中，他为一次讨论会写了一篇关于类点成分和大横动量产生问题的原创性论文 [16]。回到 CERN 后，他在 ISR 的实验物理学家和理论物理学家之间组织了一系列积极的讨论，这些讨论被证明成功地在我们的群体中渗透了深度非弹性散射和以后的电子-正电子湮灭的研究进展。在那时，我们的群体相对于 ISR 这个 “大教室” 来说还太少，Maurice 以他的非凡的才能使我们接触到了理论研究方面的概念。我们至今都能回忆起，这些讨论会作为最有益的经验使我们群体内相互联系并团结一致起来。正是由于这个原因，谈谈 ISR 的共同文化是有意义的。特别是在 1972 年，我们已经理解了部分子的基本概念和大横动量产生的因子化的三个阶段 (图 1)：在每一个强子中，分出一个部分子，在双碰撞中使它们发生相互作用并促使终态部分子碎裂成强子。有几篇文章 [11,16-21] 支持这一图像，我们大多数人都读过这些文章并且它们也是我们的基本参考文献。但是在早期，在消化这些新概念方面，我们至少比 SLAC 落后 6 个月，我们大多数人在消化微妙的非阿贝尔规范场方面更是落后。我们只是通过理论方面的朋友听到这一理论的。

表 1 给出了包括夸克和胶子的图像，简单地一瞥就可以看出 ISR 最基本的地位：胶子贡献了领头阶。在电子-质子湮灭中和深度非弹性散射中，胶子只贡献次领头阶，并以夸克相互作用路线 (以下简称夸克线，译者注) 导致辐射出胶子轫致辐射的辐射修正形式出现，但这并不意味着胶子贡献不重要：由此导致的标度破坏

曾经是我们对 QCD 理解的强有力工具。但是在 ISR 胶子不仅贡献了领头阶,而且确实主导了当时的场面:那就是对于 ISR 有特别意义的低 x 领域,包括涉及了大部分的既有高 p_T 的胶子–胶子,又有夸克–胶子的碰撞。胶子相互作用是 ISR 的优势领域,并且胶子是需要理解消化的理论的最后部分。当人们考虑 ISR 特别研究了作为 QCD 特殊表示的非阿贝尔规范理论的 3 个和 4 个胶子顶点领域时,似乎很难证明 ISR 在这方面未起到主要作用。

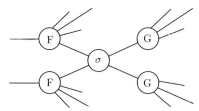

图 1 高 p_T 强子相互作用的部分子图像,每个入射强子的一个部分子 (结构函数 F) 经过双碰撞 (σ) 和射出部分子碎片成为强子 (碎裂函数 G)

表 1 包括夸克和胶子的(领头阶)过程。符号 $><$ 和 $][$ 表示 t 道和 s 道各自的交换。最后一列为结构函数 (F) 和碎裂函数 (G),耦合常数 α_n 表示 $\alpha/(\sin\theta_W\cos\theta_W)^2$,$\alpha_{ch}$ 表示 $\alpha/\sin\theta_W^2$,其中 θ 为 Weinberg 角,初态中包括胶子的过程被隐蔽

	电子–正电子湮灭		
1		$e^+e^- > \gamma < q\bar{q}$	$\alpha^2 G^2$
	电子深度非弹性散射		
2		$eq]\gamma[eq$	$\alpha^2 FG$
	中微子深度非弹性散射		
3	中性流	$\nu q]Z[\nu q$	$a_n^2 FG$
4	电荷流	$\nu q]W[lq$	$a_{ch}^2 FG$
	质子碰撞 (ISR)		
5	Drell-Yan 机制	$q\bar{q} > \gamma < l^+l^-$	$\alpha^2 F^2$
6	直接光子	$q\bar{q}]q[\gamma g$	$aa_s F^2 G$
7		$qg]q[\gamma q$	
8	大横动量	$qq]g[qq$	$a_s^2 F^2 G^2$
9		$qq]q[gg$	
10		$q\bar{q} > g < gg$	
11		$q\bar{q} > g < q\bar{q}$	
12		$qg]q[qg$	
13		$qg]g[qg$	
14		$qg > q < qg$	
15		$gg > g < q\bar{q}$	
16		$gg > g < gg$	
17		$gg]q[qq$	
18		$gg]g[gg$	
19		$gg >< gg$	

13.2.4　大横动量: 单举产生的数据

1972~1973 年期间, ISR 组 [22-24] 宣称发现了没有预料到的大量的大横动量 π 粒子产额 (图 2), 其量级 (传统地称为原初的) 从观察到的低 p_T 一直外插到高于低的 p_T 值, 并有 ~$\exp(-6p_T)$ 关系。"未曾期望的" 只是轻描淡写的说法, 其实那时全部 ISR 的实验计划已经设想所有强子都是向前产生的, 它们最好地表现在具有用于 ISR 上探测的多目的分裂场磁铁探测器中。没有一个实验具有好的性能和大立体角, 第一个发现使 ISR 开辟了大横动量产生的研究并提供了一种短距离下的强子结构的新的研究探针。这正是它的好的方面, 但是它也有坏的方面: 那就是曾希望用于寻找新粒子的目的, 但对其本底估计得不足, 以致很难寻找到新粒子。

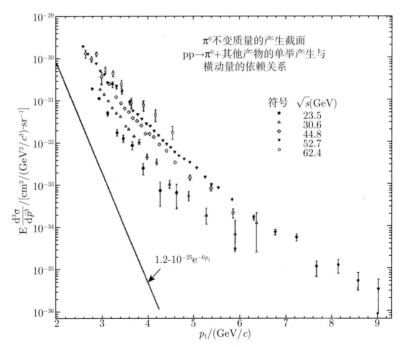

图 2　早期在高 p_T 下的 π^0 单举产生截面 [24], 给出了高 p_T 下的大量 π^0 产生的证据, 高能区的数据是按指数形式由低能外插到高能区得到的

Bjorken 标度被用于支持部分子图像, 但是 p_T 的指数定律的指数上标比用点状粒子所对应的大两倍, 即为 8 而非 4。恰巧, π^0 的单举不变截面具有指数形式, 为 $p_T^{-n} \exp(-kx_T)$。其中 $x_T = 2p_T/\sqrt{s}$, $n = 8.24 \pm 0.05$ 和 $k = 26.1 \pm 0.5$。这个结果的影响很大, 以至于引入了所谓的成分交变模型 [25]。其概念是在作为质子成分的夸克中还包含附加的介子在其中: 深度非弹性散射由于形状因子效应对这些介子是看不见的, 但是强子相互作用能够使夸克重新组合, 例如 $\pi^+ + d \rightarrow \pi^0 + u$。其

截面形式当 x_T 为大值时, 预计为 $p_T^{-2(n-2)}(1-x_T)^{2m-1}$, 其中数字 n 为参与硬散射的 "主动夸克线" 的数目, m 为在强子夸克间转移时消耗动量的 "被动" 夸克线的数目。这个正确地预言了在 ISR 上测得的幂级为 8 的模型, 已经获得了许多成功, 但是还不足以能够同早期正在发展起来的 QCD 模型相竞争。

这个例子表示在图 3 中, 给出了重要的夸克–胶子、胶子–胶子的贡献的证据[26]。在那时候, 带电 π 粒子、K 介子、质子和反质子以及 η 介子已经在 ISR 和费米实验室研究, 在那里 π 束流也已经被使用, 并提供了有利于 QCD 的决定性的证据。但是后来了解 p_T 指数定律当 π_T 为高值时才是被接受的, 事实上也就是这一关系可以延伸到大的对撞质心系能量。成分交变模型的成功降级为对领头阶微扰机制的 "高阶畸变修正"。在 1973~1978 年, 单强子高 p_T 单举产生对 QCD 作为强相互作用理论的建立是有特殊贡献的, 而另外的领域—深度非弹性散射和电子–正电子湮灭—不可能做此贡献: 包括对胶子的领头阶的微扰展开的短距离碰撞。在 CERNISR 和在费米实验室利用不同束流和靶的实验在这一领域所收集的数据—在大质心能量方面—起到了互相补充的作用。因为这些结果肯定了 QCD 的正确性。但是因为在物理的其他领域这个期间出现了很多重要结果, 人们有些忽视或者忘记这些重要贡献的趋势。

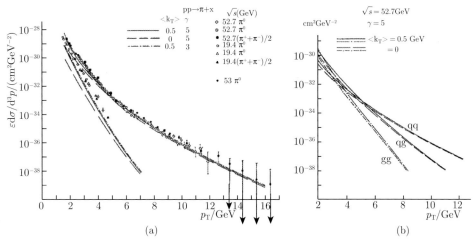

图 3　一个典型的 QCD 拟合[26] 对 π 单举数据的拟合 (a), 以及夸克–夸克、夸克–胶子、胶子–胶子的相对贡献 (b)

13.2.5　事例结构和喷注

早期的有利于部分子图像的证据鼓励人们研究事例的总体结构, 特别是以强子喷注作为研究目的实验, 在强子喷注中, 设想部分子的硬散射发生碎裂。不幸的是，当时 ISR 没有一个探测器能够满足这一任务。到 1975 年 3 月，能够精确地为此目的适用的一个大型磁探测器建议已经被提交到 ISR 委员会，但是在当年 10 月被否决了。这个建议反复地进行了各种修改，可喜的是有一个组得到了 ISR 群体的支持，其中一个组被指定对此建议，即 "ISR 上的新型磁体装置" 进行评估。当时 Nino Zichichi 担任 ISR 委员会的主席。这件事被研究董事会整整拖后了两个星期。此后，一些 ISR 实验就这样一步一步地将它们的设备升级，等到 1982 年才能看见在 I8 站的轴向场谱仪和在 I1 站的超导螺线管谱仪，并且这些探测器都安装有大覆盖角的量能器。当 1984 年 ISR 关闭时一套非常丰富的包括双喷注事例的重要结果已经被这两个组获取 [27]。由图 4 可见，这些喷注事例在图中都占据可观的范围，并具有超过 35GeV[28] 的横向能量。可是 CERN 的质子-反质子对撞机已经在 1982 [29] 年发表了第一个喷注事例，这样就把目光从 ISR 吸引过来了。

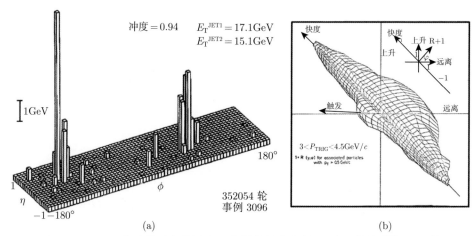

图 4　(a) AFS 实验结果立体图表示大横能量为主的双-喷注结构 [28]；(b) 单粒子触发条件下的纵的相空间密度 (相对于最小偏置事例)(参看文本) 产生的证据，相当于 90° 处的单粒子触发

　　毫无疑问地，缺少好的仪器对于 ISR 对硬碰撞物理的贡献来说是一种欠缺。假如 CERN 管理层能够给予更多支持，则 ISR 就有机会提前两年得到相关收获。现在回想起来，已经很难评估当时如果在 ISR 上批准一项大型设备会受到多么大的负面压力。这是因为那时 LEP 和质子-反质子对撞机已经在 CERN 的计划中，而该设备已经具备了夸克喷注和胶子喷注相关研究的最佳条件；相比之下，ISR 就被边缘化了。更有一层原因就是，ISR 的束流几何有 15° 的交叉角，这就需要有较大的真空腔室，这就使 4π 型探测器的设计变得很困难。从 40 年后的今天看来，我们的灰心是完全可以理解的，并且相较于过去，CERN 管理层的决定现在看来更为合理。

在 1973~1978 年, 一系列 ISR 的实验已经完成了事例结构和末态中的硬喷注证据方面的研究, 并在 1976 年更为清楚并进一步加强 [30]。图 4 右侧给出有硬散射碰撞所产生的带电粒子纵向相空间密度。它是英国–法国合作组在分裂磁体谱仪中用带电粒子在 90° 触发和动量分析方法对相伴随的带电粒子进行分析所得到的数据平均值。粒子密度用最小偏置条件下 (即最低的触发条件, 译者注) 的碰撞进行归一化。由此可以看到一些特征, 即在可观察到的大的快度下衍射被压低, 一种 "同侧喷注" 沿着触发方向, 而 "远侧喷注" 沿着同触发轴向相反的方向射出并覆盖很宽的快速范围。在硬强子碰撞研究中有一种固有的困难, 即出现所谓 "下属事例"。这种事例既与电子–正电子湮灭不同, 即包含有并不参加硬碰撞旁观者的部分子所产生的碎裂体全部为硬部分子, 同时在较小程度上, 也与深度非弹性散射不同, 深度非弹性散射的大部分信息是由结构函数所携带的。它包含 0.5~1GeV 的横动量阈值, 在此阈值以下一个粒子不可能确切地被鉴别为一个硬部分子散射的碎裂体, 在 ISR 能区受到了严重的限制。

第二个困难是在 ISR 运行的第一个十年期间, 缺少能够覆盖较大范围的量能器致使触发系统是所谓 "低偏置" 的 (即最低条件下触发, 译者注)。因为硬部分子散射截面远比碎裂过程更为严重地依赖于横动量 p_T, 这样这个大 p_T 粒子就非常有可能是相当软的喷注的碎裂物。这个 "同侧" 喷注碎裂的畸变就产生了它与 "远侧" 喷注的非对称性质, 因此难以比较它们之间的性质。根据这一点, 一个理想的实验就应该利用能够覆盖较大范围的量能器部件进行全部可能的横动量触发。许多 "同侧" 关联的研究都已经在 ISR 的实验进行了, 并很早就确立了它们并非由共振产生, 而是产生于围绕在喷注轴旁的具有有限横动量性质的喷注碎裂体。

与轴向角相反方向的触发的粒子超出的证据很早就获得了, 并且已经被认识到它们是由各个不同事例的不同快度区产生的同向喷注所引起的。这样, "远侧" 喷注的多重数可以被测量到, 并且可以同深度非弹性散射和电子–正电子湮灭中的夸克喷注进行比较 (图 5(a))。在 ISR 中胶子喷注是主导的, 人们期望能够看到 ISR 中胶子喷注和夸克喷注的重要的不同点, 但是在 ISR 中毕竟可以取得到的粒子 p_T 过小, 以至于不可能揭示这些区别 (图 5(b))。

在电子–正电子湮灭中第一次观察到夸克喷注是在 1975 年的 SPEAR 实验中 [31], 第一次观察到胶子喷注是在 1979~1980 年的 PETRA 实验中 [32]。前者的夸克喷注能量是 4GeV, PETRA 胶子喷注能量是 6GeV。ISR 中大多数是胶子喷注, 至少是 10GeV。e^+e^- 湮灭的数据主要是用事例形状表示的, 即球度、扁度、冲度、多力度等。毫无疑问, 虽然那时还没有任何预先的理论被认可, 但可以说 ISR 喷注的证据比 1975 年 SPEAR 的夸克喷注和 1979~1980 年 PETRA 的胶子喷注都是更加有说服力的; 同公众对 SPEAR 和 PETRA 的结果的热情相比较, 研究大横动量产生的 ISR 物理学家面对公众对他们的数据缺乏相应的认同, 无疑感到有些灰心。在固定靶实验群体方面的情况更加糟糕，因为相对于质心系能量来说，它们的有效能量太低以至于不可能揭示出喷注。

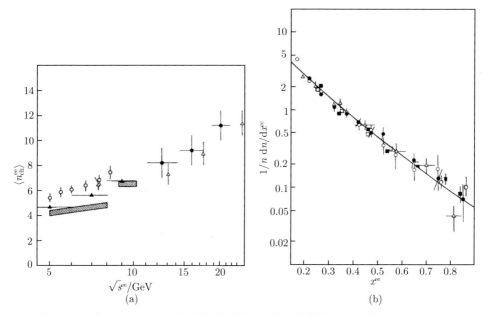

图 5　(a) 与 e^+e^- 湮灭相当的能量下的强子喷注的带电粒子平均多重数，测量出自 SPEAR 与 DORIS(斜划线矩形区)，PETRA(空心三角)，中微子深度非弹(实心)，ISR 高横动量的强子相互作用 (空心圆)；(b) 在不同过程中测量到的喷注结构函数 (三角为中微子深度非弹，圆为 ISR 高 p_T 强子相互作用，实线为与 e^+e^- 湮灭相互作用)

同公众对 SPEAR 与 PETRA 的数据接受度相比，ISR 数据的接受度不足有部分主观原因，即 ISR 的数据的复杂性，而且其意义 "不甚清晰"。同时也必须承认，存在着客观原因。其一是 SPEAR 和 PETRA 的探测器更适合于这方面的研究；其二是 SPEAR 的漂亮结果强有力地支持夸克喷注假说：喷注轴的轴向角分布显示了已知的束流方向有极化特点，同时它的极角分布服从由自旋为 1/2 的部分子所预期的 $1+\cos^2\theta$ 分布。到 20 世纪 80 年代中期，PETRA 上的 4 个探测器都给出了包括令人信服的并可以同 QCD 预期相比的胶子喷注的轫致辐射。在 ISR 方面，无疑处于成败关头的物理过程的复杂性远比电子–正电子湮灭更大，因此同其他加速器获得的结果相比，ISR 难以单独设计出对 QCD 起着决定意义的测试。但是仍需再次强调，ISR 的结果正是探索了其他加速器不可能得到的基本过程，并且其在内在的 QCD 图像方面很好地同电子–正电子湮灭与深度非弹性散射的结果相符合。ISR 对 QCD 的建立有其独立性的和本质性的贡献，这一点是很明确的。

13.2.6 直接光子

除强子喷注以外,其他产生机制也揭示了碰撞质子的部分子结构,诸如轻子产生、重味粒子 [33]、直接光子等。后者很快被承认是最简单的过程,即它同 QCD 预期的比较可能是有指导作用的。它可以以这种方式进行,即在夸克-反夸克对的初始态中直接辐射出来光子,在终态中辐射一个胶子,或者在夸克和胶子的类康普顿相互作用中产生一个光子。在这两种情况中,光子是单独发出的,并不伴随大横动量粒子,而且与强子喷注处于平衡状态。在 ISR 中康普顿图像占主导地位,即直接光子产生应该提供胶子结构函数的信息、测量 α_s,利用 e^+e^- 湮灭数据得出的夸克碎裂参数。在那个十年的前五年中,最前沿的实验测量已经得到区别于本底的信号,它们主要是由 π^0 和 η 衰变发出的光子,并且这两个光子中的一个沿着它们自己的动量发射。在那个十年的最后时期,更清晰的信号已经观察到 [34,35],接着,同固定靶实验一道获得了一系列实验数据,它们对于 QCD 来说都是非常成功的实验室。再有,强相互作用利用在固定靶机器上和 ISR 上的实验都有能力研究胶子碰撞,并在 QCD 微扰领域的强相互作用的研究方面,也都做出了实质性的贡献 [36]。

13.2.7 ISR 的遗产

我们希望这个 ISR 的简要总结对 20 世纪 70 年代发展起来的新物理,特别是对 QCD 作为强相互作用的理论有所的贡献。这样使读者相信这些贡献比检验质子内部仅仅是类点成分的概念要多 [37]。ISR 的贡献同固定靶机器上的硬强子相互作用一道,都利用了其独有长处在强相互作用的领头阶 QCD 理论中胶子部分的研究领域起到了最大作用。ISR 的优势是具有高的质心系能量,而固定靶机器具有多方面优势:不同机器有各自的优点并且是彼此互补的。很多因素导致了 ISR 的结果不太被认可:多年来也没有出现适用于硬过程研究的探测器,在这十年中虽然弱作用部分有着同强相互作用一样的革命性发展,但 ISR 未参与其中。最可能的原因是硬强子碰撞意味着有复杂的过程,这对于那些没有在这方面细致地研究过的人来说,这种过程似乎 "太脏了"。

我们作为曾在 ISR 上工作的人,往往不太重视这种相对认可的缺乏,因为对于我们而言,它的主要遗产是告诫我们如何利用随即问世的质子-反质子对撞机。它使我们看到新物理,以及用于研究新物理的最有利的方法。它在质子-反质子对撞机实验观念有着影响深远的作用,ISR 和质子-反质子对撞机都是世界上最早建造的强子对撞机,它们指导一代物理学家学习如何设计在强子对撞机上的实验。我们尝试在 CERN 的 ISR 与费米实验室的质子-反质子对撞机之间建立起一种父子两代的关系,后者的成功同前代的成就是不可分开的。

13.3　在 SPS 对撞机上的喷注

13.3.1　引言

在 SPS 对撞机上, 于 1981 年 7 月开始其第一次对撞[38]。这要归功于 Carlo Rubbia 和他的团队, 这个团队聚集了许多有能力的优秀人才, 特别是在随机冷却方面做出决定性贡献的 Simon Van der Meer。这个努力的动力是第一次在 nano-barn 量级的质子–反质子对撞的质心系能量为 540GeV 的对撞截面条件下可以产生和探测到中间玻色子。为此, UA1 设计并建造一台通用型 4π(即立体角全覆盖型, 译者注) 探测器。它包括安装在磁场内一个中心径迹室, 并被量能器所包围 (图 6(a), 图 7(a))。虽然中心径迹室的性能已经处于当时的最新工艺水平, 但总体设计依然受到磁场和颇为粗糙的量能器的限制。第二个探测器 UA2 是很廉价的, 它被构想为可以同 UA1 竞争, 并与 UA1 互补, 即仅仅在一部分玻色子物理的领域进行研究 (图 6(c) 和图 7(b))。也就是对它的研究对象要求得非常普遍。例如, 它的突出研究对象是电子和喷注。它在不提供磁场情况下放弃探测 μ 子。和 UA1 的另一个区别是它有一个被量能器包围的较小的中心径迹室, 也能完成令人满意的任

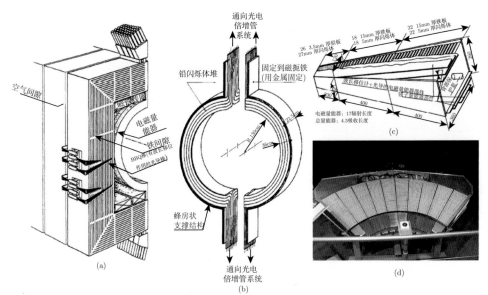

图 6　(a) UA1 强子量能器的示意图, 显示出两个磁轭铁的半模块, 模块安装成多层铁–闪烁体夹层结构; (b) UA1 电磁量能器的示意图, 显示出一对多层铅–闪烁体夹层, 称为 "冈都拉"("gondolas", 威尼斯弓形船, 译者注), 其内围绕径迹室; (c) UA2 的 240 个投影型单元中心量能器; (d) UA2 的中心量能器在安装期间的一个轴向分块 (橘黄色条)

务。这在设计中完全利用了从 ISR 学来的经验，而且有比 UA1 更好的能量分辨率和角分辨率。

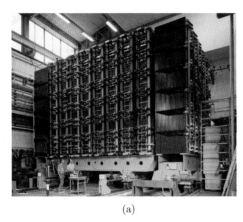

(a)   (b)

图 7   UA1(a) 和 UA2(b) 探测器的总体照片

13.3.2   喷注产生的证据

在强子碰撞中不用触发偏置 (指实验用宽松的低阈条件，译者注) 得到喷注产生的清晰证据的第一个实验是被 UA2 完成的 [29]。在第一轮对撞机实验中，那时轴向覆盖区域还不能完全—有 60° 的边缘区是丢失的—探测到大横动量喷注对，这一对喷注出现在平均横动量仅略高于 0.4GeV/c 的粒子群的下方事例的上面 [39,40]。这个结果标志因固定靶实验而对 ISR 所宣称的强子喷注产生证据有所怀疑的看法 [41,42] 的终结。在 UA2 观察到喷注产生证据后不久，接着 UA1[43] 经过一段时间的犹豫之后，在 1982 年 2 月《今日物理》(*Physics Today*) 刊出了 UA1 的第一个初步报告 [44]，这样陈述："······ 反常高的总横能量普遍出现，这些粒子按全部轴向 (指按轴向角 ϕ 分布，译者注) 非常均匀地射出。清晰的部分子模型的喷注在强子–强子散射中的要比在电子–正电子湮灭中的更令人难以捉摸"。UA2 探测器包括覆盖极角 θ 为 $40° < \theta < 140°$，UA2 包括一台全覆盖轴向的全吸收型量能器。这个量能器分为 240 个独立单元 (cluster)[45]，每个单元覆盖区间为 $\Delta\theta \times \Delta\varphi = 10° \times 15°$。对于每一个事例，可以测量总横能量为 $\sum E_T$，定义为 $\sum E_T = \sum_i E_i \sin\theta_i$，$E_i$ 为第 i 个单元内沉积的能量，θ_i 是第 i 个单元中心的极角，求和要对全部单元。从观察到的 $\sum E_T$ 分布 [46](图 8) 可以看出，当 $\sum E_T$ 大于 60GeV 后，分布明显地离开指数衰减形式。

为了研究在事例中的能量分布图样，要求各个能量单元全部联合在一起选用相同的能量下限，即至少为 0.4GeV。在每一个事例中，这些单元要按照从大到小

的顺序依次排列 $(E_T^1 > E_T^2 > E_T^3 > \cdots)$。图 9(a) 给出这些分数 h_i 的平均值与 $\sum E_T$ 的函数关系,其中 $h_1 = E_T^1 / \sum E_T$ 和 $h_2 = (E_T^1 + E_T^2)/ \sum E_T$。它们的特性揭示出以下结果: 当 $\sum E_T$ 足够大时,有两个单元有几乎相同的横能量 (一个事例中仅由两个单元组成,且有相等的横能量时,其 h 值分别为 $h_1 = 0.5$, $h_2 = 1$)。

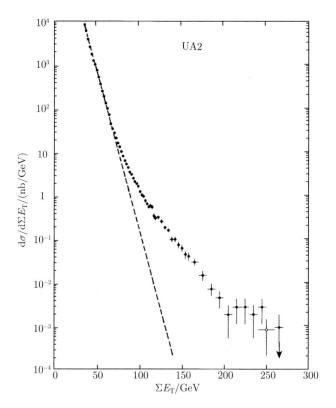

图 8　UA2 中心量能器观测到的总横能量 $\sum E_T$ 分布

　　那些 $\sum E_T > 60\mathrm{GeV}$,且 E_T^1, $E_T^2 > 20\mathrm{GeV}$ 的两个最大单元间分离开的轴向角为 $\Delta\varphi_{12}$,如图 9(b) 所示。可以看到一个明显的峰位于 $\Delta\varphi_{12} = 180°$,这表明这两个单元相对于束流轴是共面的。

　　在有些事例中,双单元的这种结构也有意外情况发生,那就是戏剧性地观察到的 $\sum E_T$ 横能量分布超出量能器单元的最大值,图 10(左) 给出了四个典型事例,其 $\sum E_T > 100\mathrm{GeV}$。这些横能量集中地出现在两个 (或很少情况三个) 很小的角度范围内。这些能量单元相当于射出方向集中的多粒子系统 (即喷注),如图 10(右) 所示,图中展示出在这些事例中重建的带电粒子的径迹 (在 UA2 探测器的中心区没有磁场,因此所有的径迹都是直线)。

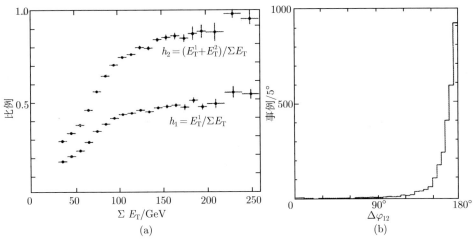

图 9 (a) 包含在两个 UA2 最大的量能器单元中的总横能量 $\sum E_T$ 的分数 $h_1(h_2)$ 的平均值与 $\sum E$ 的函数关系；(b) 两个最大的量能器单元 ($\sum E_T > 60\text{GeV}$ 和 $E_T^1, E_T^2 > 20\text{GeV}$) 的轴向分离角度

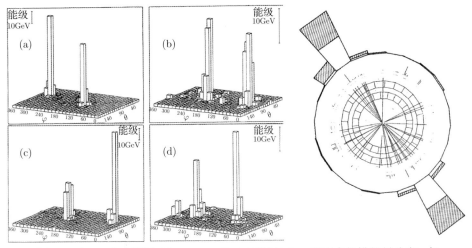

图 10 左：4 个典型的 $\sum E_T > 100\text{GeV}$ 事例在 $\theta\text{-}\varphi$ 平面中的横能量分布，每个横轴单元间隔 (bin) 为 UA2 中心量能器的胞体 (即单元)；右：UA2 中垂直于束流的典型的双喷注的投影。左图中，每个柱体高度表示横能量，开口的与阴影的柱体分别表示电磁和强子量能器的横能量

13.3.3 理论解释

强子碰撞中的喷注产生可以在部分子模型的框架内进行解释，即入射强子成分之间的硬散射。因为质子和反质子都是由夸克、反夸克、胶子所组成，有几个次

级过程贡献了喷注产生。每个次级过程贡献的散射截面都计算到强耦合常数 α_s 的第一级, 计

$$\frac{\mathrm{d}\sigma}{\mathrm{d}\cos\theta^*} = \frac{\pi\alpha_s^2}{2\hat{s}}|M|^2 \tag{1}$$

其中, θ^* 是散射角, $\hat{s}$ 是两个部分子在质心系中总能量的平方, M 是函数的矩阵元。对于 $|M|^2$, 明确表达式已经计算出来 [47]。其中的次级过程中包含有初态胶子, 如 gg 和 qg 散射, 只要当胶子密度在入射质子中同夸克 (或反夸克) 的密度可以相比较, 初态胶子就是主导的了。

以喷注 p_T 与发射角 θ 为变量的喷注单举产生截面可以计算到强耦合常数 α_s 的领头阶, 并对卷积积分求和 [48]:

$$\frac{\mathrm{d}^2\sigma}{\mathrm{d}p_T\mathrm{d}(\cos\theta)} = \frac{2\pi p_T}{\sin^2\theta} \sum_{A,B} \int \mathrm{d}x_1\mathrm{d}x_2 F_A(x_1)F_B(x_2)$$
$$\times \delta\left(p_T - \frac{\sqrt{\hat{s}}}{2}\sin\theta^*\right)\alpha_s^2 \sum_f \frac{|M(AB \to f)|^2}{\hat{s}} \tag{2}$$

其中, F_A 和 F_B 为描写入射强子中部分子 A 和 B 的结构函数, Q^2 是次级过程中的转移四动量的平方, 求和即扩展至全部初态部分子 A 和 B 以及全部末态 f。结构函数是依赖于 Q^2 的函数: 按照 QCD 演化所预期的, 它们从深度非弹性散射实验测量得出 ($Q^2 \leqslant 20\mathrm{GeV}^2$), 并外推到所感兴趣的能量 Q^2 范围 (直到质子-反质子对撞能量 $10^4\mathrm{GeV}^2$)[49]。

在质子-反质子对撞能量下, 喷注在 $30\mathrm{GeV}/c$ 和 90° 附近产生, 该喷注是以相对小的 $x(x < 0.1)$ 从部分子硬散射中产生的。在这个区域, 胶子喷注是主导的, 其原因有二: 一是核子中的许多胶子的 x 一般都很小, 二是包括初态胶子的次级过程有大的截面。同 e^+e^- 相反, 夸克喷注产生主导了强子末态。

许多不确定性会影响到理论预期和实验数据间的一致性检验。最明显的就是: 方程 (2) 预期了高 p_T 无质量部分子的产出值, 其中用实验测量到的强子喷注的不变质量为几个 GeV。部分子的 p_T 与从各个量能器单元测量的 E_T 之间的关系经常是借用令人鼓舞的 QCD 模拟所确定的, 这里出射的部分子转化为喷注是按照特殊的强子化模型, 而且已经考虑到了探测器对强子的响应。一个在理论预期中的重要的不确定性是从结构函数的外推引起的, 特别是那些描述胶子的函数。最后, 除了统计误差, 数据还受到许多系统效应的影响, 诸如量能器的能量标度 $F_A F_B$ 和接收度。这些影响使得喷注的产额总体不确定性为 ±50%。全部综合到一起后, 对理论预期和实验结果进行比较, 二者可能仅相差不超过一个因子 2 的精度。

图 11(a) 给出 θ 为 90° 的喷注单举产生截面, 分别在强子-强子对撞机第一轮实验中被 UA1 [43] 和 UA2 [46] 测到, 图中的一个带状范围为 QCD 理论预

期 [48,50]，带宽表示其理论预期的不确定性。理论和实验数据是惊人地一致的，特别是理论曲线不是由数据拟合出来的，而是在实验数据给出之前就绘制出的。

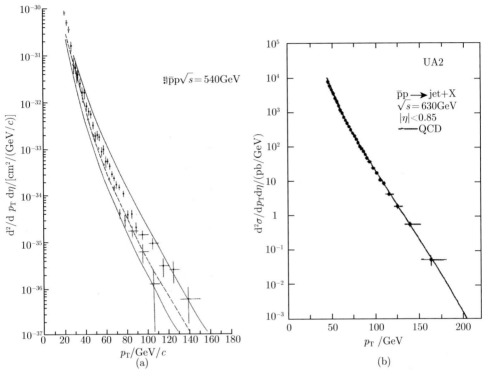

图 11 (a) 早期对撞机测量到的在 $\theta = 90°$ 附近的单举喷注产生截面与喷注 p_T 的函数关系，图中实圆孔为 UA2 [46] 事例，空圆孔和方块为 UA1 [43] 事例，长划线为理论预期 [48]，两条实线间带区为 QCD 预期 [50]；(b) UA2 于 1988~1989 年测量的 [51] 中心区 $|\eta| < 0.85$ 的单举喷注产生截面，其中 $\eta = -\ln \tan \theta/2$，曲线为 QCD 理论预期 [52]

紧接着经过对撞机亮度的改进和理论的进步以后所得到的新结果由图 11(b) 给出，即 UA2 于 1988~1989 年 [23] 期间测得的中心区的喷注单举产生截面与基于更为精确的结构函数的 QCD 预期值相比较的结果 [24]。

13.3.4 部分子–部分子散射的角分布

在双喷注事例中的喷注角分布研究提供了测量部分子–部分子散射的角分布的方法，由此可以考虑为在 QCD 中的类似于卢瑟福的实验。我们可以写作

$$\frac{\mathrm{d}^3\sigma}{\mathrm{d}x_1\mathrm{d}x_2\mathrm{d}\cos\theta^*} = \sum_{A,B} \frac{F_A(x_1)}{x_1} \frac{F_B(x_2)}{x_2} \sum_{C,D} \frac{\mathrm{d}\sigma(AB \to CD)}{\mathrm{d}(\cos\theta^*)} \tag{3}$$

其中, $F_A(x_1)$ $[F_B(x_2)]$ 是描述入射强子中的部分子 A[B] 密度的结构函数, 并且公式中求和扩展到全部次级过程 AB → CD。又有, 假设双喷注系统的总横动量等于 0, 或同单个喷注的横量比起来非常小, 这样就可以同时确定入射部分子各自携带的横动量分数 x_1, x_2 和它们的散射角 θ^*。

从方程 (3) 没有希望能够看出到底包含有多少项, 然而在质子-反质子碰撞中, 主导的次级过程是 gg→gg, qg → qg(或 $\bar{q}$g→$\bar{q}$g) 以及 q$\bar{q}$→q$\bar{q}$。它们都相同地与 $\cos\theta^*$ 有很好的近似依赖关系。据此, 方程 (3) 就可以因子化为以下方程

$$\frac{\mathrm{d}^3\sigma}{\mathrm{d}x_1 \mathrm{d}x_2 \mathrm{d}\cos\theta^*} = \left[\frac{1}{x_1}\sum_A F_A(x_1)\right]\left[\frac{1}{x_2}\sum_A F_B(x_2)\right]\frac{\mathrm{d}\sigma}{\mathrm{d}(\cos\theta^*)} \tag{4}$$

若 $\mathrm{d}\sigma/\mathrm{d}(\cos\theta^*)$ 作为胶子-胶子弹性散射微分截面, 则在 QCD 领头阶即有以下形式

$$\frac{\mathrm{d}\sigma}{\mathrm{d}(\cos\theta^*)} = \frac{9\pi\alpha_s^2}{16x_1 x_2 s}\frac{(3+\cos^2\theta^*)^3}{(1-\cos^2\theta^*)^2} \tag{5}$$

其中, s 为质子-反质子碰撞质心系能量的平方, 由此可写作

$$\sum_A F_A(x) = g(x) + \frac{4}{9}[q(x) + \bar{q}(x)] \tag{6}$$

其中, $g(x)$, $q(x)$, 和 $\bar{q}(x)$ 分别为胶子、夸克和反夸克的结构函数。方程 (6) 中的 4/9 表示 QCD 中夸克-胶子和胶子-胶子的相对耦合强度。

在方程 (5) 中的 $\mathrm{d}\sigma/\mathrm{d}(\cos\theta^*)$ 包含有单一的 $\theta^* = 0$ 时的大家熟悉的卢瑟福散射形式, 即 $\sin^{-4}(\theta^*/2)$, 这是规范矢量玻色子交换的典型结果。在 gg→gg, qg → qg(或 $\bar{q}$g→$\bar{q}$g) 中, 该形式是由 3- 胶子矢量引起的。这一形式 q$\bar{q}$→q$\bar{q}$ 也出现在次级过程中, 但是在这种情况中, 同 QED 的 e^+e^- 散射一样, 该形式也体现在阿贝尔理论框架内。

图 12(左) 给出由 UA1 得到的 $p_T>20\mathrm{GeV}/c$ 的 $\cos\theta^*$ 分布 [53]。实验数据和理论曲线对于三类主导的次级过程都采用 $\cos\theta^* = 0$ 时归一化为 1。图 12(右) 给出由 UA2 得到的结果 [54], 其中用无近似考虑的 QCD 预期的结果与 $\cos\theta^*$ 的分布进行了比较 (UA2 的数据仅仅用了 $\cos\theta^* < 0.6$ 范围以内的数据, 这是因为 UA2 的量能器所覆盖的极角范围是有限的)。UA1 和 UA2 的数据都符合 QCD 期望, 并且这些数据都清晰地给出按卢瑟福散射向前方向增加的独特性。图 12 也给出按标量胶子所期望的理论结果, 表明该结果与实验数据严重偏离。

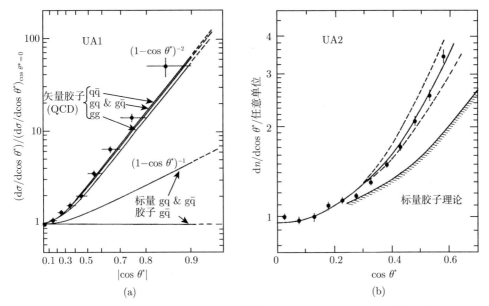

图 12 (a) UA1 测量的硬部分子散射[53] 的分布，用 $\cos\theta^* = 0$ 时为 1 归一化；(b) UA2 测量的硬部分子散射[54] 的 $\cos\theta^*$ 分布。两条长划线间带区为全部 QCD 次级过程，实线为用数据归一化的 QCD 预期

13.3.5 质子结构函数的确定

有效结构函数 $F(x)$ 也能够从双喷注事例分析引出。图 13 是由 UA1[35] 和

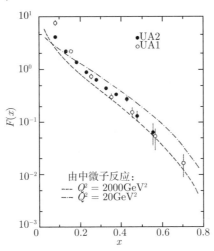

图 13 由双喷注事例测量到的有效结构函数[53,54]，长划线为中微子深度非弹性散射实验的结果[55]

UA2 [54] 确定的 $F(x)$。除去统计误差之外, 系统不确定性经过全部归一化后大约为 50%, 这反映了与不包含高阶项相联系的理论的不确定性。图 13 中的曲线表示由中微子–反中微子深度非弹性散射 [35] 函数所期望的关系式 $g(x)+(4/9)[q(x)+\bar{q}(x)]$。对撞机的结果与有大的 Q^2 值所期望的特性 (典型的对撞机实验的 $Q^2 \approx 2000\text{GeV}^2$) 是一致的。这些结果直接表示在质子内小 x 值条件下有非常大的胶子密度。

13.3.6　直接光子产生

高 p_T 条件下的直接光子产生期望是从以下的次级效应产生: 如 $qg \to q\gamma$, $\bar{q}g \to \bar{q}\gamma$ 或 $q\bar{q} \to g\gamma$。这种次级效应第一次在 ISR 中观察到, 其能量为超过 10GeV。其截面期待与 α_s 和 α 的乘积成正比, 因此比在 p_T 值相同的情况下的喷注产生截面小 2~3 个数量级。

这个过程很大程度上有利于光子 p_T 不受碎裂效应的影响, 由此导致实验的不确定性明显地小于由喷注截面测量所得到的。然而, 高 p_T 喷注产生过程会出现大量的本底来源, 即强子喷注常常包含一个或多个 π^0(或 η 介子), 它们衰变为极不对称的光子对或量能器分辨不出来的很窄的光子对。这种本底有很大的产生截面, 比直接光子的信号多很多。但是因为这些信号是孤立的电磁单元, 而强子喷注伴随着喷注碎裂, 因此一种 "隔离需求" 效果就能够非常有效地减少信号样本的本底。从高 p_T 条件下的孤立 π^0(或 η 介子) 的这些残余污染被 UA2 测量到, 并且基于统计考虑, 借助在量能器的前端面处安置一块 1.5 辐射长度的铅片转换体就可以将这类污染光子部分去除掉了。

图 14 给出了 UA2 测量到的直接光子产生 [56], 图中显示, 测量数据与用次领头阶 QCD 计算出的结果符合得很好 [57]。

质子–反质子对撞机曾是一种相比于很多其他机制来说能够直接产生光子或由喷注产生更多光子的强有力的实验室。这些已经进入精密研究 QCD 和对 QCD 有决定意义的检验阶段, 如弱玻色子产生和重味物理, 这些已经超出本文范围。

13.3.7　双喷注系统的总横动量

假若两个部分子在进行硬散射时没有初始横动量 p_T, 则末态双喷注的总横动量 p_T 就等于 0, 事实并非如此, 这并不是不会发生, 因为入射的部分子都带有小 "初始" 横动量, 因此入射和出射的部分子都还能辐射胶子。

从实验方面看, p_T 是两个大的且方向大致相反的二维矢量 p_{T1} 和 p_{T2} 的相加量。因此它们很灵敏地受到测量仪器影响, 如量能器的能量分辨率以及由探测器内的边缘效应引起的喷注不完整性。这些效应可能使污染减小的仅仅是以下情况才可考虑: p_T 的分量 p_η 平行于由 p_{T1} 和 p_{T2} 定义的夹角所相应的 "平分线" 位置。

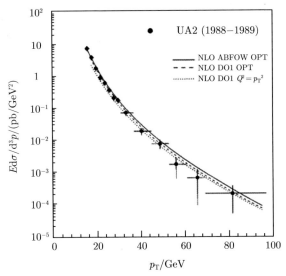

图 14 直接光子产生的不变微分截面 [56], 曲线表示不同结构函数组相应的 QCD 预期

图 15 表示的是由 UA2 测得的 p_η 的分布 [54]。从曲线可以看到, 结果与 QCD 预期非常一致 [58]。在 QCD 中, 由过程 g→gg 产生的胶子辐射是由 3-胶子顶点引起而出现的, 这种胶子由 g 所产生, 它比由 q→qg 产生的胶子多, 二者比率为 9/4。这一预期是基于假设胶子辐射同夸克辐射是相同的, 但这是和图 15 的数据不相符合的。因为在这台对撞机开辟的 p_T 范围内, 胶子喷注占主导地位, 这样我们就能够考虑要得到数据与理论良好的一致性, 只有高 p_T 的喷注产生才能作为支持 QCD 描述喷注产生的进一步的证据。

13.3.8 多喷注末态

三喷注末态是在 e^+e^- 湮灭中第一次观察到的 [59]。它们是按照出射的夸克或反夸克的胶子辐射效应解释的。这种效应也预期在强子碰撞中出现, 然而, 胶子不仅能够被出射的高部分子 p_T 辐射出来, 而且也可以被入射的部分子作为部分子散射顶点辐射出来。

在树状层次的 QCD 矩阵元中, 相当于 2~3 个部分子散射过程已经被几位作者计算 [60]。作为无质量的部分子, 在一定的末态质心系能量 $\hat{s}$ 下的事例结构特别地由四个变量所确定, 其中两个变量用于已确定的能量是如何在 3-末态部分子之间分配的; 另外两个变量用以拟合 3-喷注系统相对于对撞的束流轴的方位 (我们不考虑全都按轴向角的分布, 因为入射的束流是非极化的 (极化仅仅与轴向分布有关, 译者注))。最常用的变量是 z_1、z_2、z_3(出射部分子有以下的标度关系 $z_1+z_2+z_3 = 2$,

并有大小顺序 $z_1 > z_2 > z_3$); θ_1 为部分子 1 与束流轴方向的夹角; ψ 为包含部分子 2 与 3 的平面与包含部分子 1 与束流轴的平面之间的夹角。

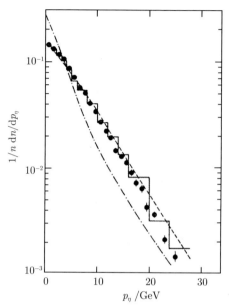

图 15　UA2 测量的双喷注的总横动量分量 p_η 的分布 [54]。长划线表示相应的 QCD 预期 [58], 点划线表示将胶子辐射考虑成与夸克有同样的 QCD 预期, 曲折线是计入探测器效应后的标准 QCD 预期

UA2 的 3-喷注事例分析采用了 $x_{ik} = (m_{ik})^2 / \hat{s}$, 其中 m_{ik} 是 3-喷注中任两个的不变质量。3 个变量 x_{ik} 与 z_i 有下列关系: $x_{12} = 1 - z_3$, $x_{13} = 1 - z_2$ 和 $x_{23} = 1 - z_1$。它们满足以下限制关系: $x_{12} + x_{13} + x_{23} = 1$。图 16(a) 右为 UA2 测量的 3-喷注在 x_{12}-x_{23} 平面内的散点图 [61]。小 x_{23} 的情况不存在事例是因为全部 3-喷注事例的 p_T 的值要求超过 $10\text{GeV}/c$。事例密度随着 x_{23} 减小而增加, 这反映了末态胶子与辐射的部分子之间有小角度夹角时有更容易辐射的趋势。散点图在 x_{12} 和 x_{23} 轴上的投影在图中 (分别为图上左和图上右下, 译者注) 也表示出来。数据与领头阶 QCD 预期在可接受的条件下是一致的。

由 UA1 测量的 3-喷注角分布 ($\cos\theta_1$ 与 ψ 关系) 由图 16(b) 表示 [62]。由 $\cos\theta_1$ 的分布可见前后向有明显的峰, 这和观察到的双喷注事例情况相似。从 $|\psi|$ 的分布中可见喷注 2 和喷注 3 都靠近由喷注 1 与束流轴的平面 (即 $|\psi| \approx 30°$ 或 $150°$) 决定的平面。这样的事例组态在 $|\psi| \approx 90°$ 的情况下更容易出现。这表明初态胶子辐射趋于与入射部分子夹角小的方向产生。散点图在 $\cos\theta_1$ 与 $|\psi|$ 两个坐标轴上的投影在图中也表示出来, 图中也给出了忽略标度破坏效应的领头阶 QCD 的计算结

果。数据与 QCD 预期有相当好的一致性。这已经表明 [63] 在理论计算中引入标度破坏效应后在与实验的一致性方面更有所改进。

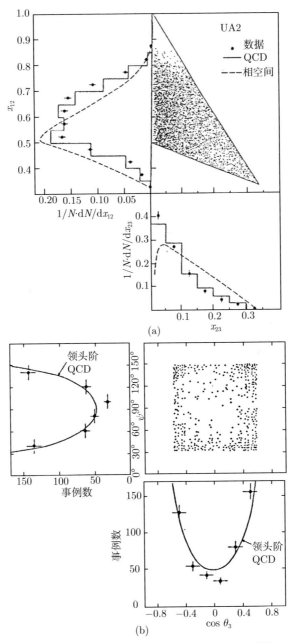

图 16 (a) UA2 测量的 3-喷注在 x_{12}-x_{23} 平面内的散点图 [61]; (b) UA1 测量的 3-喷注角分布 [62]

13.4　总　　结

　　CERN 对撞机的第一期结果之一是观察到清晰而无可争议的喷注。这一结果已经等待良久，并且已经对粒子物理领域有很重要的冲击。它是多年来从 ISR 遍及到其他地方都进行过的实验成果而取得成功的顶点，喷注观测的成功涉及困难和难以捉摸的课题。它当然地排在对撞机的最重要的发现成果之列，这是因为它不仅证实了部分子存在于质子内这一物理事实，提供了迄今最重要的引人注目的证据，而且因为它打开了定量研究与喷注相关现象的大门，最早开始于 CERN，随后是在费米实验室以及在当前的 LHC 上。所有这些研究已经广泛地肯定了这些现象可以用微扰 QCD 描述对部分子–部分子散射进行解释。

参 考 文 献

[1] G. F. Chew, *High Energy Physics*, Les Houches (Gordon & Breach, 1965), p. 187.

[2] R. H. Dalitz, *High Energy Physics*, Les Houches (Gordon & Breach, 1965), p. 251.

[3] J. Benecke, T. T. Chou, C. N. Yang and E. Yen, *Phys. Rev.* **188**, 2159 (1969).

[4] P. Darriulat, *Pontif. Acad. Sci. Scr. Varia* **119**, 109–119 (2011); CERN-2012-004, pp. 63 (2012), arXiv:1206.4131 [physics.acc-ph].

[5] L. Di Lella, *Phys. Rep.* **403–404**, 147–164 (2004).

[6] S. Weinberg, Electroweak Reminiscences, in *History of Original Ideas and Basic Discoveries in Particle Physics*, eds. H. B. Newman and T. Ypsilantis, NATO ASI series, B352 (Plenum Press, 1994) p. 27; The Making of the Standard Model, in *Prestigious Discoveries at CERN*, eds. R. Cashmore, L. Maiani and J.-P. Revol (Springer, 2003), p. 9.

[7] D. J. Gross, Asymptotic freedom, Confinement and QCD, in *History of Original Ideas and Basic Discoveries in Particle Physics*, eds. H. B. Newman and T. Ypsilantis, NATO ASI series, B352 (Plenum Press, 1994), p. 75.

[8] G. 't Hooft, Gauge Theory and Renormalization, in *History of Original Ideas and Basic Discoveries in Particle Physics*, eds. H. B. Newman and T. Ypsilantis, NATO ASI series, B352 (Plenum Press, 1994), p. 37; The Creation of Quantum Chromodynamics, in *The Creation of Quantum Chromodynamics and the Effective Energy*, World Scientific Series in XXth century Physics, Volume 25, ed. L. N. Lipatov (World Scientific, 2001).

[9] J. I. Friedman, Deep Inelastic Scattering Evidence for the Reality of Quarks, in *History of Original Ideas and Basic Discoveries in Particle Physics*, eds. H. B. Newman and T. Ypsilantis, NATO ASI series, B352 (Plenum Pres, 1994), p. 725.

[10] J. D. Bjorken, private communication to the MIT-SLAC group, 1968, and *Phys. Rev.* **179**, 1547 (1969).

[11] R. P. Feynman, *Phys. Rev. Lett.* **23**, 1415 (1969); in *Proceedings of the IIIrd International Conference on High Energy Collisions* (Gordon and Breach, New York, 1969).

[12] D. H. Perkins, in *Proceedings of the XVIth International Conference on High Energy Physics, Chicago and NAL*, Vol. 4 (1972), p. 189.

[13] D. J. Gross and F. Wilczek, *Phys. Rev. Lett.* **30**, 1343 (1973); *Phys. Rev. D* **8**, 3633 (1973) and *Phys. Rev. D* **9**, 980 (1974).

[14] H. Fritzsch, Murray Gell-Mann and H. Leutwyler, *Phys. Lett.* **47B**, 368 (1973).

[15] See: *History of Original Ideas and Basic Discoveries in Particle Physics*, eds. H. B. Newman and T. Ypsilantis, NATO ASI series B352 (Plenum Press, 1994), p. 140.

[16] S. M. Berman and M. Jacob, *Phys. Rev. Lett.* **25**, 1683 (1970).

[17] J. D. Bjorken and E. A. Paschos, *Phys. Rev.* **185**, 1975 (1968).

[18] S. D. Drell, D. J. Levy and T. M. Yan, *Phys. Rev.* **187**, 2159 (1969).

[19] S. M. Berman, J. D. Bjorken and J. Kogut, *Phys. Rev. D* **4**, 3388 (1971).

[20] J. Kuti and V. F. Weisskopf, *Phys. Rev. D* **4**, 3418 (1971).

[21] S. D. Drell and T. M. Yan, *Phys. Rev. Lett.* **25**, 316 (1970).

[22] B. Alper *et al.*, *Phys. Lett. B* **44**, 521 (1973).

[23] M. Banner *et al.*, *Phys. Lett. B* **44**, 537 (1973).

[24] F. W. Büsser *et al.*, *Phys. Lett. B* **46**, 471 (1973), and *Proc. 16th Int. Conf. on High Energy Phys.* (Chicago and NAL, 1972).

[25] For a review, see D. Sivers, R. Blankenbecler and S. J. Brodsky, *Phys. Rep. C* **23**, 1 (1976).

[26] A. P. Contogouris, R. Gaskell and S. Papadopoulos, *Phys. Rev. D* **17**, 2314 (1978).

[27] T. Akesson *et al.*, *Phys. Lett. B* **118**, 185 (1982) and 193; *Phys. Lett. B* **123**, 133 (1983); *Phys. Lett. B* **128**, 354 (1983); *Z. Phys. C* **25**, 13 (1984); *Z. Phys. C* **30**, 27 (1986); *Z. Phys. C* **32**, 317 (1986); *Z. Phys. C* **34**, 163 (1987).
A. L. S. Angelis *et al.*, *Phys. Lett. B* **126**, 132 (1983); *Nucl. Phys. B* **244**, 1 (1984); *Nucl. Phys. B* **303**, 569 (1988).

[28] C. W. Fabjan and N. McCubbin, *Physics athe CERN Intersecting Storage Rings (ISR) 1978–1983, Phys. Rep.* 403–404 165–75 (2004).

[29] M. Banner *et al.*, *Phys. Lett. B* **118**, 203 (1982); J.-P. Repellin for the UA2 collaboration, *J. Phys. Colloques* **43**, C3–571, 578 (1982).

[30] P. Darriulat, in *Proc. XVIIIth Int. Conf. on High Energy Phys.*, Tbilisi, USSR, 1976, ed. N. N. Bogolioubov *et al.*, JINR Dubna, 1977; *Large Transverse Momentum Hadronic Processes, Ann. Rev. Nucl. Part. Sci.* **30** 159 (1980).

[31] G. Hanson *et al.*, *Phys. Rev. Lett.* **35**, 1609 (1975).

[32] J. G. Branson, Gluon Jets, in *History of Original Ideas and Basic Discoveries in Particle Physics*, eds. H. B. Newman and T. Ypsilantis, NATO ASI series, B352 (Plenum Press, 1994), p. 101.

[33] D. Drijard *et al.*, *Phys. Lett. B* **81**, 250 (1979); *Phsy. Lett. B* **85**, 452 (1979).

[34] M. Diakonou *ct al.*, *Phys. Lett. B* **87**, 292 (1979).

[35] A. L. S. Angelis *et al.*, *Phys. Lett. B* **94**, 106 (1980).

[36] T. Ferbel and W. M. Molzon, *Rev. Mod. Phys.* **56**, 181 (1984); L. F. Owens, *Rev. Mod. Phys.* **59**, 485 (1987); P. Aurenche *et al.*, *Nucl. Phys. B* **297**, 661 (1988) and *Eur. Phys. C* **9**, 107 (1999).

[37] General reviews can be found in: G. M. Giacomelli and M. Jacob, Physics at the CERN-ISR, *Phys. Rep.* **55**, 1 (1979). L. van Hove and M. Jacob, Highlights of 25 Years of Physics at CERN, *Phys. Rep.* **62** (1980). Maurice Jacob, in *A Review of Accelerator and Particle Physics at the CERN Intersecting Storage Rings*, CERN 64–13 21–81 (1984).

[38] C. Rubbia, *Phys. Rep.* **239**, 241 (1994).

[39] G. Arnison *et al.*, *Phys. Lett. B* **118**, 167 (1982).

[40] M. Banner *et al.*, *Phys. Lett. B* **122**, 322 (1983).

[41] C. DeMarzo *et al.*, *Nucl. Phys. B* **211**, 375 (1983).

[42] B. Brown *et al.*, *Phys. Rev. Lett.* **49**, 7117 (1982).

[43] G. Arnison *et al.*, *Phys. Lett. B* **123**, 115 (1983); *Phys. Lett. B* **132**, 214 (1983).

[44] B. M. Schwarzchild, CERN SPS now running as 540-GeV $\bar{p}p$ collider, *Physics Today* **35** (2), 17 (1982).

[45] A. Beer *et al.*, *Nucl. Instrum. Methods A* **224**, 360 (1984).

[46] P. Bagnaia *et al.*, *Z. Phys. C* **20**, 117 (1983); *Phys. Lett. B* **138**, 430 (1984).

[47] B. L. Combridge, J. Kripfganz and J. Ranft, *Phys. Lett. B* **70**, 234 (1977).

[48] R. Horgan and M. Jacob, *Nucl. Phys. B* **179**, 441 (1981).

[49] J. F. Owens *et al.*, *Phys. Rev. D* **17**, 3003 (1979); R. Baier *et al.*, *Z. Phys. C* **2**, 265 (1983); F. E. Paige and S. D. Protopopescu, in *Proc. 1982 DPF Summer Study on Elem. Part. Phys. and Future Facilities, Snowmass, Colorado*, eds. R. Donaldson, R. Gustafson and F. Paige (AIP, 1982), p. 471.

[50] N. G. Antoniou *et al.*, *Phys. Lett. B* **128**, 257 (1983); Z. Kunszt and E. Pietarinen, *Phys. Lett. B* **132**, 453 (1983); B. Humpert, *Z. Phys. C* **27**, 257 (1985).

[51] J. Alitti *et al.*, *Phys. Lett. B* **257**, 232 (1991).

[52] E. Eichten *et al.*, *Rev. Mod. Phys.* **56**, 579 (1984); *Rev. Mod. Phys.* **58**, 1065(E) (1986).

[53] G. Arnison *et al.*, *Phys. Lett. B* **136**, 294 (1984).

[54] P. Bagnaia *et al.*, *Phys. Lett. B* **144**, 283 (1984).

[55] H. Abramowicz *et al.*, *Z. Phys. C* **12**, 289 (1982); *Z. Phys. C* **13**, 199 (1982); *Z. Phys. C* **17**, 283 (1983); F. Bergsma *et al.*, *Phys. Lett. B* **123**, 269 (1983).

[56] J. Alitti *et al.*, *Phys. Lett. B* **263**, 544 (1991).

[57] P. Aurenche *et al.*, *Phys. Lett. B* **140**, 87 (1984); *Nucl. Phys. B* **297**, 661 (1988).

[58] M. Greco, *Z. Phys. C* **26**, 567 (1985).

[59] For a review see P. Söding and G. Wolf, *Ann. Rev. Nucl. Part. Sci.* **31**, 231 (1981).

[60] Z. Kunszt, *Nucl. Phys. B* **164**, 45 (1980); T. Gottschalk and D. Sivers, *Phys. Rev. D* **21**, 102 (1980).

[61] A. Appel *et al.*, *Z. Phys. C* **30**, 341 (1986).

[62] G. Arnison *et al.*, *Phys. Lett. B* **158**, 494 (1985).

[63] E. J. Buckley, Ph. D. Thesis, *Rutherford Appleton Laboratory Thesis* 029 (1986) (un-published).

第14篇 反质子反氢原子的性质和奇特原子研究

Michael Doser

CERN, EP-1211 Geneva, Switzerland

michael.doser@cern.ch

何景棠 译
中国科学院高能物理研究所

奇特原子、反质子和反氢原子的研究提供了许多窗口来了解基本的对称性、粒子和核的相互作用以及核物理和原子物理。这个领域是与 CERN 最早的加速器同时开始的，几十年来，随着 CERN 基本设施的进步和改善，这个领域的研究一直在进步。

14.1 引 言

从 CERN 的早期开始，反质子和奇特原子即构成 CERN 实验计划的核心部分。与粒子物理一起，奇特原子的研究在多个方面，包括在探测粒子的性质 (粒子质量的确定)，研究在相对大 (几个费米) 的距离时的强相互作用 (如 π 和反质子原子)，在研究核物理 (通过测量由不同原子核组成的 π 或 K 原子，测量其原子跃迁)，核半径 (通过 μ 原子) 或者检验基本对称性方面 (测量在反质子氦元素中的反质子的质量、电荷和磁矩) 都起着重要作用。

同时，反质子最初被作为用来研究介子态的工作平台，直至 20 世纪七八十年代发展出积累和储存技术，从那以后，无论是作为在捕集器中的单个粒子，或者是作为组成纯粹反物质的原子，反质子的研究都达到非常高的精度。还有，其他类似的目标：通过反氢原子的精密谱或者精确比较反质子和质子之间的质量、电荷和磁矩寻找 CPT 对称性破坏，以及通过测量 (中性) 反氢原子的引力相互作用来检验弱等价性原理。这些奇特系统的研究并非与 CERN 的历史完全同步。CERN 在几十年中，加速器变得越来越大，能够产生足够长寿命的粒子 (μ, π, K 和反质子)，它们形成奇特原子的能量是中等的；CERN 于 1959 年建成不久，1960 年就产生了反质子的质子同步加速器 PS[1](图 1)。直至今天，它仍然继续提供反质子，成为反质子实验或者反氢原子实验的核心部分，而 μ 子和 π 介子原子现在已在 CERN 之外的高流强 (但是低能量) 的加速器上研究。不管怎样，在 CERN 发展出的技术，在研究奇特原子和反质子中起着决定性作用。特别是发明了随机冷却，质子同步加速器 PS[1] 建造了专门用于储存和冷却的加速器设施、反质子储存环 (AA) 和反质子收集器 (AC) 之后，依赖于反质子的实验才变得可能。在 CERN 于 20 世纪 80 年代发展的反质子捕集器技术，用于从 1982 年到 1996 年在 CERN 的 (低能反质子储存环)LEAR 的实验上；而从 2000 年开始，AC 转变成独特的反质子减速器 (AD) 设施，它容纳了世界范围要求捕集反质子的所有现存的实验。

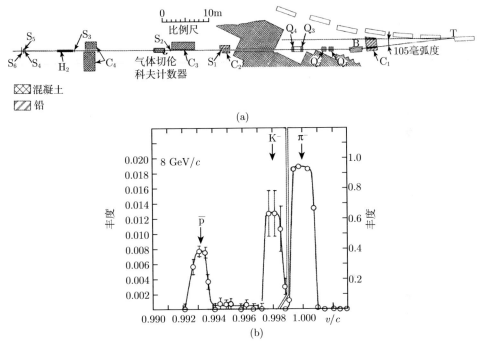

图 1　(a) 1960 年在 CERN 的第一个反质子束线，线的右边是质子同步加速器 PS[1]；(b) 束流线的粒子束的组成 [1]

14.2　π，μ，K 和其他奇特原子

　　具有足够长寿命 (相对于有关的俘获和合成粒子衰变到深束缚态的原子过程而言) 的带负电荷的粒子提供了一个研究原子的物理过程的窗口 (里德伯态，级联簇射，结合能，寿命)，对核物理过程也同样重要：强相互作用效应影响的深束缚态的能级和寿命，转而提供一个机会研究大距离的核力 ("核的平流层")，以及同位素有关的核变形。俘获和随后衰变过程的时间尺度约为 ps 到 ns[2,3]，π，μ，K 和反质子，同时对于较短寿命的重子，例如 Σ^-，甚至 Ξ^- 和 Ω^-，都能够形成相对长寿命的奇特原子 (虽然到今天，仍未看到有 Ξ^- 和 Ω^- 奇特原子的形成)。

1961 年，在 CERN 的 SC 开始了这样的测量，观察 μ 原子的 2p–1s 跃迁 [4]，以及随后观察 π 原子的类似跃迁 [5]。

20 世纪 60 年代后期，有了强大的 K⁻ 束流，超核的计数器实验成为可能。焦点主要集中在超核的连续态，在 CERN 的 PS 有若干实验也开始研究 K 原子 [6]，研究 K⁻p 原子 1s 能级移动的宽度。1970 年以后 [7]，还导致首先观察到以及后来研究的 Σ⁻ 奇特原子。在这一年，由同一研究组 [8] 探测到及随后研究了反质子原子的 X 跃迁。

虽然在早期已经对奇特原子进行了观察，但随着同时期固体探测器的发展 —— 使用高分辨率的 γ 射线探测器 —— 精确谱线测量成为可能。用它能够精确地确定能量 (能量微小的漂移)，自然线的宽度，以及大范围跃迁的强度和可能的核。

14.2.1　原子物理

通过它们的不寻常的组成和形成的过程、在退激发中包含的物理，以及基态能级非常小的半径 (这样更强地接近核)，奇特原子对于原子物理是很理想的检验平台，而这在通常的原子中是非常难探测到的。

把复杂的高激发的奇特原子放在一边，它的重的带负电的重粒子壳的半径是大于最低的电子的玻尔半径的，激发的原子可以看成类氢。束缚态能量的本征值是：

$$E(n,l) = \frac{m_x}{m_e} E_0(n,l) \tag{1}$$

此处，m_x 是奇特原子与带负电粒子的约化质量，m_e 是电子质量，E_0 是普通原子的能级。结果玻尔半径与核半径相当，甚至小于核半径 (由于即使是最轻的负粒子 μ 子，与电子的质量比依然是 200)。对一个核电荷为 Z 的包含有质量为 m_x 的带负电粒子的奇特原子，精细结构的劈裂，由下式给出：

$$\Delta E = (\mu_D + 2\mu_a)\frac{(Z\alpha)^4}{2n^3}\frac{m_x c^2}{l(l+1)} \tag{2}$$

此处，μ_D 是狄拉克矩，μ_a 是反常磁矩 [9]。跃迁能 (正比于带负电粒子的质量) 以及精细结构的劈裂 (正比于它的磁矩) 的测量，提供了检验带负电粒子的方法。这根据带负电粒子是自旋 1/2 的粒子 (μ^-, $\bar{p}$, Σ^-) 或者是介子 (π^-, K^-)，需要做出不同的修正。带负电的强子，对于在核中强子相互作用粒子分布是灵敏的；而轻子则对 (有关的) 电荷在核中的分布灵敏，只要它们的玻尔半径足够小，小到接近核的表面，并与其相互作用。

14.2.1.1　形成过程

由 Fermi 和 Teller[10] 首先描述随后由 Ponomarev[11] 细致分析的奇特原子的形成机制，是由一系列步骤组成的：带负电的介子或重子，从相对论速度减慢到原子电子速度的量级，此时，带负电的粒子被俘获到高的激发态 (里德伯态)，主量子数依赖于粒子的质量及放射一个电子。俘获的截面与粒子和原子电子波函数的叠加有关 [11]，结果，重粒子最初将填充到接近于 (所发射) 电子半径的原子态。观察到亚稳态的反质子原子可以探测这样的过程：在 LEAR 上的 PS205(请看 14.4.1 节) 能够俘获反质子到大的 n 和大的 l 的中性反质子氦的亚稳态。这些初态的主量子数 n_0 的期望值将是

$$n_0 \sim (m_x/m_e)^{1/2} \sim 40 \tag{3}$$

这里 m_x 是带负电粒子与奇特原子的约化质量，m_e 是电子的质量。第一次观察到的反质子氦 [12] 的激光感生跃迁，对应的跃迁是 $(n,l) \approx (39,35) \to (38,34)$，与高 n 态的预期填充相符。

14.2.1.2 退激发过程

形成的奇特原子有几条退激发路径：辐射跃迁，俄歇效应，通过与原子的碰撞产生的斯塔克跃迁 $(n,l) \to (n,l-1)$。这些退激发的详细情形依赖于许多参数 (靶密度，带负电粒子的类型等)，末态对这些参数的依赖非常敏感 (例如，K 原子，请看参考文献 [13])，在 CERN 有若干实验测量 $K^{-[14]}$，$\Sigma^{-[15]}$ 和反质子 [16,17] 原子级联的时间，同时，寻找 π，K，Σ^- 和反质子原子的 X 射线跃迁到较低的 s 态和 p 态，证实了级联计算的细节，特别是对于斯塔克跃迁的重要性。它显著地缩短级联的时间，以及在级联过程中对高 n 和低 l 态的填充。结果就是在泡室实验中观察到：反质子的湮灭几乎广泛地在 s 波出现，这蕴涵在这些湮灭中产生的末态分布中。

14.2.2 粒子的参数

在奇特原子中，带负电粒子的质量、电荷和磁矩决定了跃迁能；与基于运动学 $(\pi \to \mu\nu$，$K^- \to \pi^+\pi^-\pi^-)$ 的测量比较，谱线的测量能够达到高精度 (尽管定标问题非常重要)。

第一个 π 介子质量的精确测量是 1967 年在伯克利 (Berkeley) 利用晶体谱仪 [18]，通过钙和钛奇特原子的 4f-3d X 射线测量完成的。同样的技术也用于 K 原子 (通过氯的 4f-3d 的 X 射线)，提供了负 K 质量 [19] 的第一个谱仪测定。随后，1975 年，在布鲁克海文 (Brookhaven) 的 AGS 上通过奇特原子确定了 $K^{-[20]}$，$\bar{p}^{[9]}$，$\Sigma^{-[21]}$ 的质量和磁矩。然而，探测技术的改良 (更高效的锗 (锂)(Ge(Li)) 探测器)，介子原子能级计算修正的准确性和可靠性的提升 (容许选择灵敏度小的跃迁)，以及更好的定标线使得 1971 年由 Backenstoss 等 [22] 在 CERN 的 SC 上对 π 介子质量进行了更精确的测量。他们还第一次提供了 ν_μ 的质量小于 1MeV 的上限值。由同一研究组在 CERN 的 PS 上，立刻开始通过金和钡的 K 原子的 X 射线，进行了 K^- 质

量的四重改进测量 [23]。

在 14.4.1 节和 14.4.2 节，我们将专门详谈在反质子氦中 (比在测量级联发射 X 射线的能量提供高得多的精度) 反质子的质量、电荷和磁矩的测量。

14.2.3　强相互作用

在奇特原子中，依赖于带负电粒子的类型，强相互作用的效果可以影响最低的束缚态，相对于纯 QED 的参考值，该作用使能级漂移，改变态的寿命和跃迁几率 (因此，也就是跃迁的强度)。若干种探测还同时对在核的表面出现的扩散的中子晕比较灵敏。

由于强相互作用将引起这些态能级的漂移和展宽，因此通过探测深度束缚态的 π 和 K 原子，可以加深对 K$^-$N 和 π$^-$N 的相互作用的了解，从而能够更细致地理解强相互作用。在 CERN 的 SC 进行的铍，硼 10，碳，氮，氧 16，氧 18，氟和钠 [5] 的 π 原子的 2p-1s 跃迁第一次足够灵敏地探测到 1s 能级的漂移和展宽，确认了同位旋依赖的出现 (图 2)。

同一研究组还第一次测量了由于 K$^-$ 核的强相互作用 [6, 27] 引起的 K 介子自然线宽度和能量漂移的 X 射线跃迁，这有助于排除若干解释 K 吸收到核物质中增加的机制，其中包括需要 K 核光学势吸引的实部 (而不是 K-N 散射所建议的排斥的实部)，或者在核子上面外延的中子晕。随后，一系列的研究阐明了下列各点：核共振态的存在 (在同位旋 $I = 0$ 道，Λ(1405)s 态共振态) 强烈地影响幅度；与 K-n 相互作用比较，K-p 阈下相互作用为主。

最近 (20 世纪 90 年代后期)，在 CERN 探测 QCD 的实验在非常低的能量下研究了完全奇特类氢原子，其中参与的粒子是 π 或 K。在 PS 的 DIRAC 实验第一次聚焦于观察这样的原子 (通过电磁相互作用产生，在 24GeV 的 p-N 相互作用中运动学确定产生相反电荷的 π 介子)。然后，确定 π$^+$π$^-$ 原子的寿命，这个寿命对应的测量值是 [29]：$\tau_{2\pi} = (3.15^{+0.20}_{-0.19}\,(\text{统计})\,^{+0.20}_{-0.18}\,(\text{系统}))\text{fs}$，它对于手征微扰理论 (ChPT) 非常灵敏。类似的 πK 原子探测更一般的 3-味 SU(3) 低能强相互作用的结构。这在 ππ 原子中是不可能的。第一次观察到这些原子 [30]，只可以设下这些原子的寿命为 0.8fs(90% 的可信度) 的下限，但 ChPT 的预言值是 (3.7±0.4)fs[31]。

14.2.4　核物理

通过在 μ 原子中精确测量能量，或较低程度上，测量 X 射线的强度，可以测量核的形状和电荷分布。在 1961 年开始的一系列测量 [4]，Backenstoss 和他的合作者，利用提供强且纯的 μ 束的 SC 的 μ 道，进行了核的系统研究。核的电荷分布可以通过 μ 的 X 射线跃迁和电子散射实验很好地测量。μ 原子的最低能级，对电荷分布有最高的灵敏度，灵敏度随着 Z 的增加而增加。经常利用 2p-1s 跃迁作

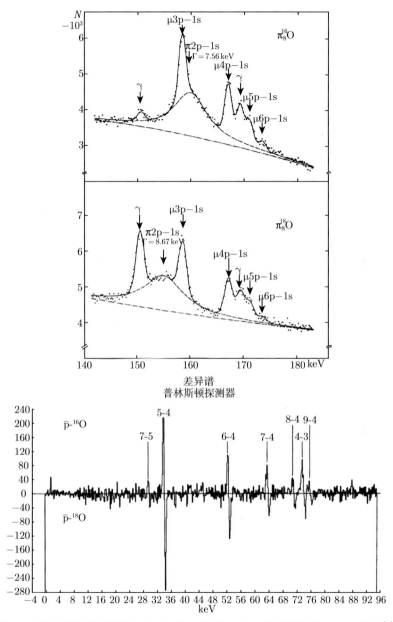

图 2 奇特核的同位素漂移。上部，^{16}O 和 ^{18}O 的 π 奇特原子的 2p-1s 跃迁 [5]，可以看到很宽的 π 原子的 2p-1s 跃迁，以及 μ 原子的跃迁本底 (数据于 1967 年发表)；下部，反质子氧原子：$\bar{p}$-^{16}O 和 $\bar{p}$-^{18}O 谱线的差别 [26](数据于 1978 年发表)

为工作平台，来确定能量的漂移和跃迁的强度。这个研究组推断出核电荷分布的参数。例如, 从氯到铅 [32,33] 的球形分布。当然, 这个方法也可以应用到变形的核, 如 Sm, Eu, Tb, Ho, Ta, W, Os, Ir, Th, ^{233}U, ^{235}U, ^{239}Pu[34]。还有, 通过这些跃迁可以探测 $(Z < 17)$ 轻核。然而, 当时由于分辨率不够, 只能从较高的跃迁, 也就是 3d-2p, 推导出电荷分布这一参数 (也就是 r.m.s 半径)。由于这些参数可以从跃迁的 X 射线能来决定, 几乎与电荷分布的类型无关, 这些模型经常用作电荷分布尺寸的参考。对于较轻的核 $(Z < 8)$, 探测核的 r.m.s 半径的精度被电子散射实验超过。

探测核边缘的另一种方法依靠反质子原子。在重核中, 中子密度的分布可以通过反质子 X 射线级联跃迁的关联测量来取样, 即同一个核在暴露于反质子俘获和湮灭 (即随后质量少一个单位) 后, 由放射化学来确定。对质子和中子密度的分布通过二参数费米分布来描述, 该分布决定了对质子和中子半密度半径和扩散参数。在一系列的测量中, 在 CERN 的 LEAR 上的 PS209 实验, 利用两种技术研究了从 ^{40}Ca 到 ^{238}U 的 34 种不同的核。假如质子的分布受限于电子散射的值, 或者 μ 原子 X 射线的测量, 那么, 中子密度分布可以与质子比较的半密度半径被最好地重现, 但在富中子的核中, 扩散则很大 [36]。

尽管 CERN 对奇特原子最近的研究主要集中于反质子原子, 但随着实验精度的改进, 在 μ 子奇特原子的研究方面继续发挥了重要的作用, 并且研究领域已扩大到其他方面, 它们的灵敏度几乎已经超出标准模型的物理 [37]。其中的一个领域是 μ 氢原子。通过测量 μ 氢原子 [38,39] 的兰姆漂移所获得的质子半径与在 PSI 的 CREMA 实验由电子散射和原子氢及氘的谱线测量获得的比较有 7σ 的矛盾。除去实验误差, 只能够归结为深度的修正 (QED, 轻子普适性, 里德伯常数的改变)[37], 这是目前研究奇特原子的典型课题。

14.3　反质子原子和质子偶素

最简单的反质子原子是质子偶素, 它是反质子与质子的束缚态。这些原子中, 反质子在氢气中 (通过电离损失) 慢化而形成。当反质子几乎停止时, 它代替了氢原子中的电子。它的轨道半径约为 5.3×10^{-9} cm。质子偶素的形成具有大的角动量 l 和主量子数 n, 约为 $(m_p/2m_e)^{1/2}(\sim 30)$。此处, m_p 和 m_e 分别为质子和电子质量 [40]。退激发时, (n, l) 量子数重组: 对于在液氢中形成的质子偶素, Desai[40] 表明, 质子–反质子系统的湮灭, 将主要发生在零角动量的态 (虽然, 可能有高的主量子数)。这些预言依赖于斯塔克混合, 同时有很强的密度依赖; 在低密度的氢中, 质子偶素的形成和级联跃迁 (当然要求低动量的反质子) 预期有助于 p 态 (或较高的动量) 湮灭。

当然, 较重核的反质子原子也是可能的。下面将讨论反质子氦的特殊情况, 测

量亚稳态之间的跃迁可以精确地确定反质子的质量、电荷和磁矩。然而，一般而言，反质子原子是短寿命的，是测量强相互作用效应的理想探头。在 CERN 反质子的原子物理起始于 1970 年 [8]，首先观察到反质子原子，提供了反质子质量的第一个谱线测量。图 3 表示，在 Tl 靶中，停止 $14×10^6$ 个反质子所探测到的 X 射线谱。把测量到和计算的跃迁值比较，该实验作者以 68% 的置信度上限给出质子和反质子的质量差为 $(|m_{\mathrm{p}} - m_{\bar{\mathrm{p}}}| < 0.5\mathrm{MeV})$，相对精度是 $5×10^{-4}$。但对质子和反质子的磁矩相等性只是一致性检查，此时，由于 (有限的) 测量精度，妨碍得出任何定量的结论。在随后的 P，Cl，K，Sn，I，Pr 和 W 的反质子 X 射线实验，同一研究组 [41] 研究了较深束缚态的强相互作用效应，此外，决定了某些跃迁。同时，在硫靶通过线宽度和能量漂移，观察到强相互作用效应 (在 π 奇特原子时)。这些 X 射线的研究，像 π 原子那样同样容许探测同位素效应，当时用反质子 (仍然在 PS 上)，见图 2，$\bar{\mathrm{p}}\text{-}^{16}\mathrm{O}/^{18}\mathrm{O}$ 通过反质子原子首先测量到的同位素效应，对 $\bar{\mathrm{p}}\text{-n}$ 相互作用提供了重要的新知识，容许分开 $\bar{\mathrm{p}}\text{-n}$ 和 $\bar{\mathrm{p}}\text{-p}$ 散射长度，虽然要做关于中子在核的尾部分布的假设。

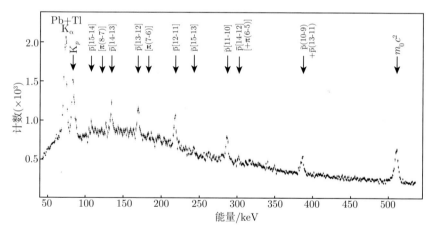

图 3　由一个 $10\mathrm{cm}^3$ 的锗 (锂)Ge(Li) 探测器第一次探测到的 $14×10^6$ 个反质子停止在 Tl 靶上，观察到 $\bar{\mathrm{p}}\text{-}^{81}\mathrm{Tl}$ 的反质子原子的 X 射线谱 [8]

随后，花了若干年时间，做了反质子原子跃迁的更精确的测量 ($\bar{\mathrm{p}}\mathrm{Pb}$ 和 $\bar{\mathrm{p}}\mathrm{U}$)，结果反质子参数的测量值得到改善：1972 年的反常磁矩 [79]，随后于 1975 年再次改善 [9]，与在 CERN 第一次反质子质量谱线测量值相比有了 10 倍的提高。在 Brookhaven[25] 用精细结构劈裂做了进一步测量，对反质子质量的知识有了进一步的了解 ($m_{\bar{\mathrm{p}}}$ =938.229±0.049MeV，见表 1)，但仍然受理论不确定性的限制，更重要的是受探测器分辨率的限制。

表 1　反质子质量和磁矩的测量值

量	年份	值	相对精度	方法	参考文献
$\|m_p - m_{\bar{p}}\|$	1970	<0.5MeV	5×10^{-4}	$\bar{p}$-Tl	[8]
$\|m_p - m_{\bar{p}}\|$	1977	<0.05MeV	5×10^{-5}	$\bar{p}$-Zr 和 $\bar{p}$-Y	[25]
$m_{\bar{p}}/m_p$	1990	0.999999977(42)	4×10^{-8}	捕获 $\bar{p}$	[74]
$m_{\bar{p}}/m_p$	1995	0.9999999995(11)	1×10^{-9}	捕获 $\bar{p}$	[66]
$(q/m)_{\bar{p}}/(q/m)_p$	1999	$-0.99999999991(9)$	5×10^{-11}	捕获 $\bar{p}$	[63]
$(\mu_p - \|\mu_{\bar{p}}\|)/\mu_p$	1972	(-0.04 ± 0.1)	3×10^{-2}	$\bar{p}$-Pb	[79]
$(\mu_p - \|\mu_{\bar{p}}\|)/\mu_p$	2009	$(2.4 \pm 2.9 \times 10^{-3})$	10^{-3}	$\bar{p}$-He	[70]
$\mu_{\bar{p}}/\mu_p$	2013	$-1.000000(5)$	5×10^{-6}	捕获 $\bar{p}$	[78]

在 PS[44] 上对反质子氦的早期测量的灵敏度不足以探测到少份额的在 1991 年[43]发现的长寿命 ($\sim$ μs) 的亚稳态。这些态为 PS205(在 LEAR 上直到 1996 年[45]) 以及 (在 AD 上的)ASACUSA 实验以高精度的激光谱仪研究反质子原子能级开辟了道路。这些方法比使用分辨率有限的 X 射线探测器更加先进，因此增进了对反质子的质量、电荷 (4.1 节) 和磁矩 (4.2 节) 的认识，比退激级联方法提供的测量改善了若干数量级。

14.3.1　质子偶素

通过常用的能级展宽和漂移的研究，这种最简单的反质子原子提供了一种对 $\bar{p}$-p 相互作用特别纯粹的测量。因此，它为通过探测对应的 X 射线跃迁，标记初态 $\bar{p}$-p 的湮灭提供了非常有吸引力的可能性。了解初态量子数对 20 世纪 80 年代在 CERN 的介子谱仪有重要的影响，可以对达立兹图拟合起到贡献的波作出限制，而这是在 LEAR[46] 中许多实验的主要工作。转而使得更好地鉴定在 $\bar{p}$-p 湮灭中产生的短寿命共振态的量子数成为可能。仅在 1978 年，才第一次观察到在 PS 的低动量反质子束流上所产生的反质子氢 (巴尔末系) 的 X 射线 [47]。1980 年开始 (第 4 节)，随后的质子偶素的许多实验大大地得益于 CERN 专用的反质子计划，特别是得益于由 LEAR 设备提供的没有本底的低能反质子束流。

利用不同的技术 (不同灵敏度，不同分辨率) 对低阶的质子束缚态跃迁的一系列谱线进行测量，由 LEAR 的第一代和第二代实验完成。PS171(ASTERIX 合作组) 鉴定了莱曼-α 线 [48]，测量 $\bar{p}$-p 原子基态 [49] 的强相互作用漂移和展宽，利用漂移室作为 X 射线探测器 [16]，在气态的氢中获得级联跃迁的时间。由 PS201(Obelix 合作组) 将测量外延至大范围的 H_2 密度 [17]。PS174 专用实验利用 Si(Li) 探测器 [50]，提高了分辨率，随后的实验利用更高的分辨率的谱仪，(PS175 利用回旋加速器捕集器，在非常低的气压下形成质子偶素 [51]，而 PS207 利用 CCD 耦合到晶体谱仪 [52]) 更有几个数量级的改善。自旋三重态和自旋单态强相互作用漂移和展宽的结果有助于解决 N̄N 的势模型以及对氢和其他同位素用 QED 计算中暴露出的问题 (现已解决)。

14.4 反 质 子

在能量达到产生反质子的要求时，CERN 就差不多立即开始了反质子实验。从此以后，没有间断过，建造了许多新的实验设施，开辟了新的实验领域。CERN 在 1959 年完成的第一个能够产生反质子的设备是质子同步加速器 (PS)。此后不久，第一次产生了反质子。利用新的反质子–质子湮灭实验来研究质子的类时结构 [53]，或者，与大型泡室的发展一起，在 CERN[54] 和 Brookhaven 的 AGS[55]，(从 1965 年) 很快就开始了截面和介子谱的测量。然而，反质子和奇特原子的精确实验，只有在获得纯的反质子束的情况下 (这需要有产生、储存和引出它的新的特定设施) 才有可能进行。

通过随机冷却的发明 (1965 年由 S. Van der Meer 建议，于 1972 年发表)[56]，这才变得可能。1978 年，原始冷却实验 (ICE) 的成功试验 [57]，表明可增加束流密度，同时，引出的束流的寿命从数小时延长到 (没有冷却到在残余气体产生反库仑散射) 几天，这些实验还能够大幅改善对 CPT 对称性的检验：质子和反质子寿命的相等性。在这些实验之前，反质子寿命的下限是 120μs(由泡室径迹推导而得)。在 CIE 的上游，插入一个简单的反质子产生靶，在 CIE 中，冷却和储存大量的反质子，反质子的寿命的下限提高了 9 个数量级 [58]。

这些根本性的进步，使 CERN 形成了如下的反质子复杂综合体系 (图 4 和图 5)：反质子产生靶，反质子积聚器 (AA)，反质子收集器 (AC) 和低能反质子环 (LEAR)。依赖于质子同步加速器产生 26GeV/c 的质子，这些设备被提议建造并迅速实施 (1980 年建造 AA，1982 年 LEAR 开始运行，而 AC 则在 1987 年后建成)。

随着由 Gabrielse 等 [60] 发明的反质子捕集器和电子冷却技术的发展，CERN 的专用反质子实验设施 LEAR 最终可以利用捕集和冷却的反质子进行精确实验。从 1986 年到 1996 年首先在 LEAR 研究反氢原子。从 2000 年开始，在独特的反质子减速器 (AD)(从 AC 改建来的) 上，聚集了现存的所有要求捕集反质子的实验。反质子在铁的捕集器内约束的时间约为若干秒 (或者若干天)，这使得在确定反质子质量、电荷和磁矩方面得到很大的改进 (虽然直到 2012 年，才在反质子氢的跃迁中达到更高的精度)。因此，反氢原子的形成和捕集，反氢原子精度谱线的测量，或者，准备精确测量质子偶素无碰撞展宽能级的实验也被提上日程，着手准备，并在 2014 年，已经部分地实现。

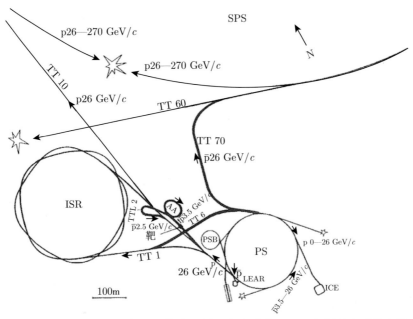

图 4　1981 年 CERN 加速器的布局图，也表明在 1981 年仍然在建造中的 LEAR[58]；2000 年以后，AA 变成反质子减速器，而现在在 CERN 的这些房子中，均安排了依赖于低能反质子的世界级实验

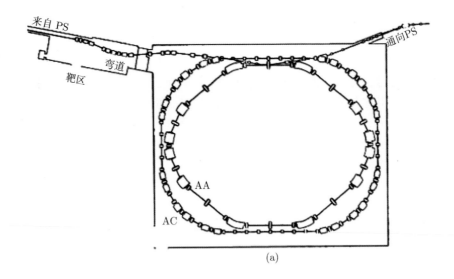

(a)

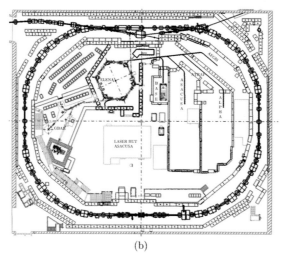

(b)

图 5　(a) 在 1986~1987 年，围绕 AA 已经建成 AC，纳入注入束线为减弱电子和 π⁻ 束流的 dog-leg 正到达大厅 [61]；(b) AD 实验区的平面图 (这是 2014 年底的情况)，并表明有超低能反质子环 (ELENA)

14.4.1　电荷和质量：TRAP，ATRAP 和 ASACUSA 三个实验

通过反质子和质子的电荷和质量的比较测量可以直接检验 CPT 不变性。而奇特反质子原子可以达到相对精度 10^{-5}，进一步改进则受制于测量和计算跃迁能量的精度。用图 6 所示的反质子慢化、捕集、冷却和积累技术，现在，由 PS196 合作组建立 [60,64]，Gabrielse 研究组迅速地用同时捕集 100 个反质子进行了反质子 q/m 比的第一次测量 [74]。在这个实验中，他们测量反质子在彭宁阱的回旋频率。在这样的捕集器中，反质子被约束。这个方法相对于以前束缚奇特反质子原子 [25,65] 的最好值精度提高了 1000 倍。随后，他们进一步改良了他们的灵敏度。第一次在把精度外延至 90ppt 之前，利用单个捕集到的反质子达到 1ppb[66] 的精度 (表 1)。以前测量的主要系统误差在 LEAR 的复合系统的最后的测量中得到处理：用 H⁻ 离子代替了质子，在同一捕集器内同时约束反质子和 H⁻(图 6)。这避免了非再生的电捕集器的电位，它导致反质子和质子所经受的磁场的差别可达到 1ppb。由于 p̄ 和 H⁻ 可以互换和探测，磁漂移对测量的影响远小于早期的测量。

同时，PS205 实验聚焦于反质子氦 (pHe⁺) 跃迁的精确测量，得益于同时代的发现 [43]：可以形成亚稳态 ($\tau \sim 3 \sim 4\mu s$)，这打开了在这些亚稳态与不稳定态之间产生 (通过激光脉冲) 跃迁的窗口，不稳定态迅速衰变，产生清楚的湮灭信号。由 PS205[67] 发展的技术是基于注入大量的反质子到气态的氦中，而短寿命的态会在几个毫微秒内湮灭，长寿命的亚稳态可能是大量的，可以通过延迟的激光脉冲探测到，假如激光脉冲对应它的跃迁能，从大量的亚稳态变成短寿命态，将导致湮灭率

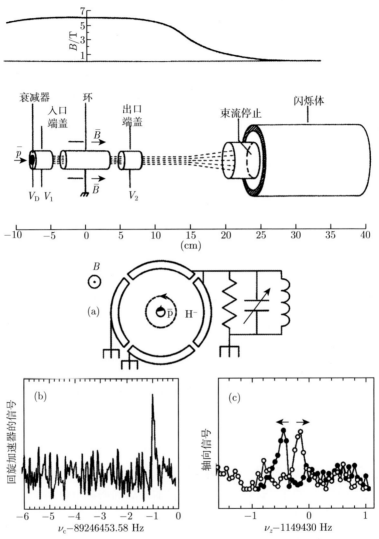

图 6   上：$\bar{p}$ 捕集器的电极和闪烁体的概图，箭头指示均匀磁场方向，沿着中央
轴线的磁场强度图示于最上面，重要的磁场线是用虚线表示 [60]；下：(a) 中央
捕集器的电极，从 B 的方向看，LCR 探测线路用来观察信号；(b) 自由回旋运
动感应信号，横跨一个类似的线路感应一个驱动轴向信号；(c) 驱动频率为每 4s
向上或向下变动，此信号被探测器的时间常数延迟，这样，ν_z（需要达到 $\pm 0.7\mathrm{Hz}$
以便达到 600ppb，以便确定回旋频率 ν_c 达到 90ppt）在两峰之间 [63]

迅速增加 (图 7)。直接测量发射的 X 射线的重要进步是: 现在的精度主要由外加的模拟激光系统所限。通过这种设备和技术的一系列改善 (频率的梳理,多普勒自由的跃迁,低密度靶),PS205 实验 (随后的 AD-3/ASACUSA 实验) 对跃迁的测量有几个数量级的提高,现在达到 ppb 的精度。同时也对 pHe 系统的关键理论进行了研究 [68, 69]。

反质子原子系统同时还能够精确比较粒子和它的反粒子的电荷: 依赖于观察不同的量 (例如,奇特原子的里德伯常数,捕集负粒子的回旋频率),容许对电荷和质量进行参数化。质子和反质子质量和电荷的等同性测试已达到 10ppm 的精度 [24],这是结合了测量反质子原子的跃迁和质子 (反质子) 捕集器的回旋频率 [74] 的结果,它仅受限于奇特原子跃迁达到的精度。

通过对 H_2^+ 和 HD^+ 及反质子氦 [71, 72] 的理论跃迁频率 ($O(\alpha^7)$) 的最新计算 (达到 0.1ppb 的精度),误差又一次上升,进一步精细的测量计划由 ATRAP 和 ASACUSA 合作组进行,它使我们对 $m_{\bar{p}}$ 和 $q_{\bar{p}}$ 的了解提高了一个量级 (或者更多)。

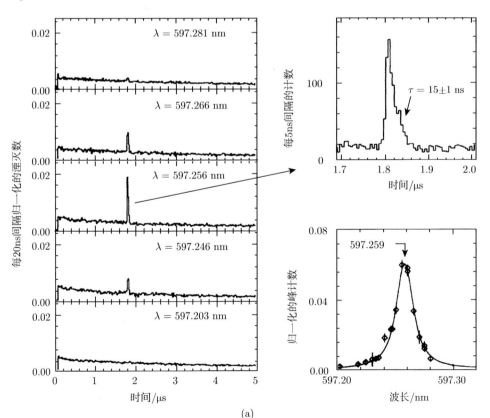

(a)

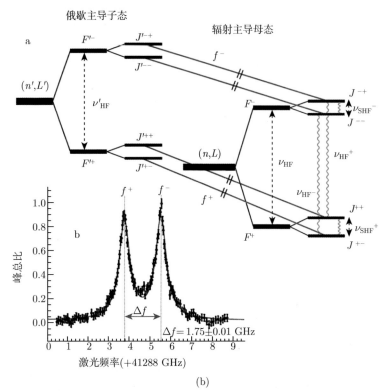

(b)

图 7 　(a) 观察到用 597.2nm 左右的不同的真空波长的激光照射的反质子延迟湮灭时间谱, 已归一化到总的延迟组件 [12]。尖峰突起是由于延迟共振跃迁的强迫湮灭, 这在 1.8ps 可以看到。上右: 放大的共振突起时间轮廓图, 可以观察到时间常数 (15 ± 1)ns 的阻尼形状。中右: 与共振区的真空波长对应的归一化的峰的计数, 图中展示中心波长是 (597.259 ± 0.002)nm, 且 FWHM 为 0.018nm。(b) a. $\bar{p}He^+$ 的 $(n,l) \to (n-1, l+1)$ 的电偶极跃迁能级劈裂的图示 [70], 激光跃迁 f^+ 和 f^- 从母态到子态用直线表示, 母态的四极矩之间的微波跃迁用波纹线表示, 对这些实验 $(n, L) = (37, 35)$ 和 $(n', L') = (38, 34)$; b. 展示两个尖峰的激光共振形状和 HF 激光劈裂 $\Delta f = f^- - f^+$, 虽然, 有四个超高频 (SHF) 激光跃迁, 但在这个实验中, 只能分辨高频 (HF) 的跃迁 (请看 14.4.2 节)

14.4.2　磁矩: ATRAP 和 ASACUSA 实验

第一次观察到反质子氦的 (超精细) 能级劈裂 (由反质子轨道角动量耦合到其余电子的自旋) 是 1997 年由 PS205 报告的 [73]。这种劈裂为 10~15GHz 的数量级。反质子自旋与电子自旋之间的相互作用产生进一步超级超精细劈裂, 是更小的劈裂, 约为 150~300MHz[75]。为了看到反质子自旋引起的这种劈裂, 要求更复杂的微波共振实验。第一个通过激光–微波–激光共振方法探测超精细劈裂是在 2002[76] 年报告的，而只有在 2009 年 [70] 跃迁的分辨率才足以在 10^{-3} 的水平提取出反质子的磁矩，并以同样的精密度建立与质子磁矩的等同性。

进一步的改进，容许探测到反质子 $^3He^{+}$ [77] 核-自旋产生的劈裂，但可以达到的精度，不能与最近在阱中反质子磁矩测量相竞争。单个被捕集的反质子自旋反转的第一次测量是由 ATARP 合作组 [78] 完成的，他们在一个特殊准备的彭宁阱中，把精确调节的磁瓶梯度加到阱的轴向 B 场上。最终得到的轴向频率漂移的高分辨测量 (由回旋，磁子和自旋矩相互作用) 使 ATRAP 合作组把比较质子和反质子磁矩的灵敏度从之前最好的奇特原子的测量值 4.4ppm(表 1) 又提高了三个数量级。

14.5　反　氢　原　子

在捕集器中形成反氢原子的建议已在 1986[60] 年提出。几个混合反质子 ($\bar{p}$) 和正电子 (e^+) 或正电子偶素 (Ps) 的产生过程是可能的：

$$\bar{p} + e^+ + e^+ \rightarrow \bar{H} + e^+ \tag{4}$$

$$\bar{p} + Ps \rightarrow \bar{H} + e^- \tag{5}$$

$$\bar{p} + e^+ \rightarrow \bar{H} + \gamma \tag{6}$$

不幸的是，这些过程要求有高的正电子密度 (如三体形成)，产生正电子偶素并向被捕集的反质子传输，否则就会得到非常低的截面 (如辐射形成)。在 1994 年，基于在 1989 年由 Surko[80] 合作组发展的放射性同位素衰变积累正电子技术，已经进步到足以达到要求的正电子数目，以便在彭宁阱中常规性地产生反氢原子。PS202 实验成员 [81] 建议了另一条途径，就是在飞行中产生反氢原子。它利用储存在 LEAR 环中的反质子与由 Xe 原子组成的喷射气靶相互作用，反氢原子产生的过程是

$$\bar{p}Z \rightarrow \bar{p}\gamma\gamma Z \rightarrow \bar{p}e^+e^-Z \rightarrow \bar{H}e^-Z \tag{7}$$

这里所需要的正电子是要求通过反质子在带有 Z 电荷的核库仑场中形成的光子之间的类空相互作用形成的。这个 PS210 实验是在 1995 年进行了 15h 完成的。用积分亮度 $\mathcal{L} = 5 \times 10^{33} cm^2$ 的反质子数 (基于反质子数和气体靶的厚度) 总共探测到 11 个反氢原子候选事例 [82](估计本底事例为 2)。虽然反质子束的高动量 (1.94GeV/c) 表示形成的反氢原子不能被研究，但证实了实验原理的可行性，大大地支持了以后的改进，把 AC 变成成熟的反质子减速器设施，在该设施中反氢原子在彭宁阱中产生，捕获到产生的反氢原子，而这些反氢原子可以试作谱线测量。

14.5.1　低能的反氢原子:ATHENA，ATRAP 实验

几个在新的反质子设施进行实验的建议提出后，在 1999 年计划的反质子减速器很快就决定建造。在新的反质子设施上建议进行若干实验，它们之中的两个实

验 (P302 ATHENA 和 P306 ATRAP) 专门聚焦于冷的反氢原子的产生和研究, 于 1997 年获批准并被命名为 AD1 和 AD2。

ATHENA 和 ATRAP 两者基于类似的实验技术设计: 一个多阱彭宁阱, 它同时保存反质子和正电子, 以可控的方式把它们引导至相互作用。在两个实验中, 产生的反氢原子 — 中性的 — 将离开形成区域。在 ATHENA 实验的探测是通过构成反质子湮灭顶点的重建, (通过两层双面的硅微条探测器探测 π 湮灭的轨迹) 和正电子湮灭中产生的两个 511keV 的光子 (从顶点) 的张角完成的: π 的张角过度是反氢原子湮灭的信号。在 ATRAP 实验中, H̄ 的探测是由产生的原子的场电离, 随后探测产生捕集到的反质子实现的。这些图像符合方程 (4) 的三体产生过程 (预计占主导地位), 该过程产生反氢的高激发态。

ATHENA[83] 第一个观察到反氢原子通过反质子和正电子混合产生。几周之后, 由 ATRAP[84] 证实了这个过程 (图 8)。然而, 第二篇文章更进了一步, 首次给出了关于该产生过程的说明, 由于反氢原子的场–电离不容许探测到深度束缚的反氢原子, 因此它是通过图 6 的竞争的辐射产生过程而产生的。

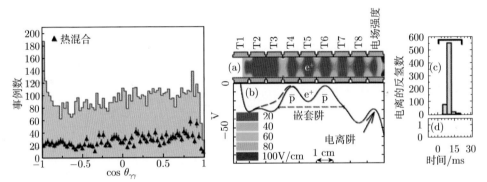

图 8   左: ATHENA 实验, 由反质子湮灭的顶点所确定的 e^+e^- 湮灭探测到的两个光子的角分布; 峰出现在 $\cos\theta = -1$ 处, 但是, 也有对应于反氢原子湮灭的大面积分布; "热混合" 的数据对应于冷反质子与用 RF 加热的正电子混合的数据, 此处, 没有反氢原子的产生 [83]。右: ATRAP 实验嵌套阱的彭宁阱的电极, 上面代表电场的强度, 带状的 H̄ 原子被压制; (b) 在 H̄ 形成发生期间冷却反质子的正电子轴的电位 (实线), 虚线是把 p̄ 发射到阱内的修正; (c) 在 20ms 的时间窗口由电离阱释放的从 H̄ 电离的反质子; (d) 当在嵌套阱的彭宁阱内没有 e^+ 时, 就没有 p̄ 的计数 [84]

填充的反氢原子态分布的进一步信息可以通过改变电离场的场强 [85], 由同一场电离的探测图立刻获得, 证实了由在嵌套阱中的反质子和正电子的混合而形成的反氢原子主要在里德伯态中产生。随后等离子体物理过程的分析和里德伯反氢原子与致密的正电子等离子体相互作用的模拟, 证实和细化了这些图像 [86]。

随着捕集到反氢原子, 形成后的下一个目标是测量产生原子的速度分布。不幸的是, 在 ATHENA 和 ATRAP 实验中形成的反氢原子的能量是如此之高, 以至于无法捕集到。采用双重场电离电极, 同时, 在第一个双重电极上加上临时的调制, 速度依赖的跃迁几率可以强加于反氢原子的连续流上。ATRAP 实验 [87] 的对应测量证实了上述的问题。由于形成率是由反质子和正电子在嵌套彭宁阱内以相对速度决定的, 即使非常高能的反质子也有一些与冷的正电子的速度可比较的 (由于轻, 仍然很快), 随后产生 (相对地) 高动能的反氢原子。尽管反氢原子在低温环境下形成, ATHENA 还是通过测量反氢原子湮灭顶点的轴分布确认了高温反氢原子的产生 [88]。

嵌套阱技术产生反氢原子的一个替代方案是正如方程 (5) 所展示的电荷交换反应, 并且这个方案可能产生大量的冷原子, 这要求反质子非常冷, 该反应的截面用 Ps 的量子数 n_{Ps}^4 度量。由于产生和激发正电子偶素, 可能产生大量的里德伯反氢原子, 还可获得控制里德伯态的好处。反质子和 Ps 态的巨大的质量差使得形成的反氢原子的动能又以反质子的动能为主。ATRAP 实验在 2004 年所采用的方案 [89], 由图 9 说明。

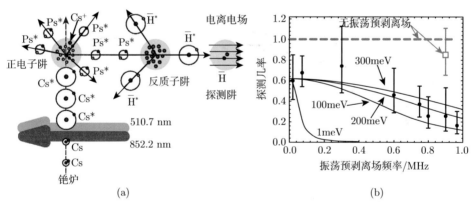

(a)　　　　　　　　　　　　　　　　　(b)

图 9　(a) 激光控制的 $\overline{H}$ 产生图, 气体喷射的 Cs 原子通过两个激光脉冲被激发到里德伯态 (红外: 852.2nm, $6S_{1/2} \to 6P_{3/2}$; 绿光: 510.7nm, $6P_{3/2} \to 37D$); 这些里德伯态的 Cs 原子与捕集器内的冷正电子进行电荷交换反应形成正电子偶素 (也是里德伯态); 这些中性正电子偶素扩散, 假如它们碰到捕集器附近的反质子, 它们将进行第二次电荷交换反应, 形成里德伯反氢原子 [89]。(b) 通过预先场电离振荡高频势, 只有高速的 $\overline{H}$ 被辐射了, 300meV 对应于 ≈1000K

14.5.2　捕集器 ALPHA, ATRAP

反氢原子的精确实验很大程度上得益于捕集它们: 假如它们在嵌套式的电位势阱产生 (混合反质子和正电子所要求的), 它们在碰到形成势阱的电位的电极和湮灭之前, 只能活几个微秒。它们不可能慢化而随机形成冷能量的反氢原子。相反,捕集反氢原子依靠在一个 (中性原子) 捕集器内形成，能量低于捕集器的电位。一种磁性的极小的捕集器，它依赖于反氢原子对由横向的多极矩 (四极矩，八极矩) 和两个轴向的类线圈形成的小的磁偶极矩的磁场的耦合。在基态，反氢原子的磁矩是最小的 (里德伯态具有非常大的偶极矩)，但这些态需要被捕集到，捕集这些态的深度是 $0.76KT^{-1}$。现代工艺达到捕集的深度约为 1T，相应的 0.76K 对应于反氢原子的动能为 65µeV。

最近的发展是在有挑战性的磁场环境中，形成反氢原子。只在 2008 年，第一次在四极 [90] 或八极磁捕集器中形成了反氢原子。因此，为了捕集即使一部分形成的原子，反氢原子也需要在尽可能低的温度下形成。在 2010 年，ALPHA 合作组报告了第一次捕集了超冷反氢原子 [91]，它捕集到只是在捕集器内产生非常小份额的反氢原子 (图 10(a)~(c))。在第二篇文章中 [92]，他们进一步展示了捕集到的原子衰变到基态。在 2012 年 ATRAP 合作组 [93] 也获得了可比较的结果，尽管捕集器的释放时间常数更长 (图 10(d))。

14.5.3　谱线 ALPHA

反质子实验最终的目标是精细测量谱线。为此，两个跃迁具有吸引力：在基态 (1s) 和第一激发态 (2s) 之间的跃迁。这只能通过双光子跃迁来实现。这在氢原子中 [94] 已经以 10^{14} 的精度测量过了；在反氢原子的基态中的超精细跃迁 (HFS)—在氢原子中以 10^{-12} 的相对的精度测量过 — 在反氢原子中，能够以 10^{-7} 的相对精度进行测量或者可通过基于 ASACUSA 合作组建议的微波腔的方法进行测量的精度会更好。

目前，已经进行了反氢原子的单个谱的测量。ALPHA 合作组首先聚焦于 (HFS) 微波跃迁 [95]。虽然，捕集到的反氢原子的能级是劈裂的，依赖于原子在磁场势阱的位置，势阱 1T 的最小值保证没有超精细劈裂发生，低于 1T 值就不一样了。通过把捕集到的反氢原子暴露于宽波段的微波辐射 (15MHz 最小值附近)，ALPHA 合作组可以促使捕集到的原子自旋翻转，由于它们现在处于一个非捕集的环境，可以通过湮灭来探测。图 11 展示了塞曼的劈裂、自旋翻转跃迁线的形状和微波扫描的窗口 (两个可能的跃迁) 在每隔 15s 对每个窗口扫描探测到的反氢原子数率。

14.5.4　引力：AEgIS，GBAR 实验

CERN 反氢原子的最后一个实验旨在检验另一个基本对称性：弱等效原理。然而，以测量物质反物质的地球引力场行为为目标的实验以前已经仔细研究过，引力相互作用非常之弱，而不可能充分屏蔽带电粒子残余的电磁相互作用又阻碍了对引力场的认知。若干实验组曾经建议用中性的反氢原子作为引力探针。第一个这样的实验 (最近正在建造中) 是 AEgIS/AD-6 实验 [96]。它的目的是产生一个调制的

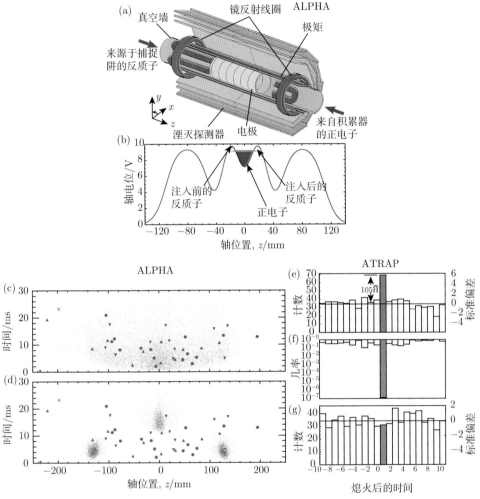

图 10 ALPHA 和 ATRAP 捕集到的反氢原子。(a) ALPHA 设备的反氢原子的合成区和捕集区。(b) 用来混合反质子和正电子的嵌套式电位阱；下部左：在打开 ALPHA 的磁捕集器的期间，三种 (红，绿，蓝) 不同实验条件 (为了区别来源于捕集的反质子的反氢原子) 获得的湮灭的 $t - z$ 分布。(c) 彩色点是数据，灰色的点是反氢原子的模拟。同样的数据展示于 (d)，此时与预期可能被捕集的反质子的分布 (薄的带颜色的点) 替代了反氢原子的比较，带颜色的点，同样是数据和模拟。下图右：在 ATRAP 实验中，在捕集释放 $t = 0$ 以后，探测到反氢原子的湮灭。实线的计数为 35，对应于平均宇宙线计数。(e) 探测到的湮灭率作为时间的函数。(f) 宇宙线产生的观察到的计数的几率。(g) 对照样品表明，在捕集器熄火期间没有信号[93]

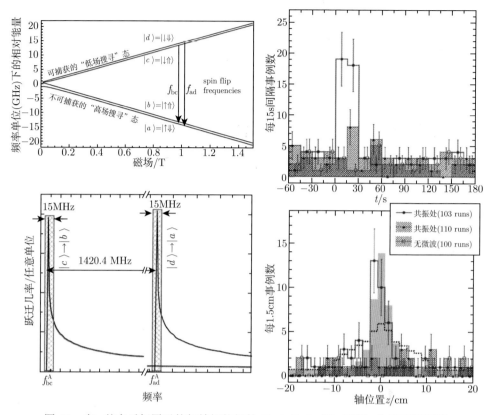

图 11　左：基态反氢原子的超精细能级的 Breit-Rabi 图；下部，自旋翻转跃迁谱线的形状和对 $|c\rangle \rightarrow |b\rangle$ 和 $|d\rangle \rightarrow |a\rangle$ 跃迁微波扫描窗口。右：在加微波前，期间和加微波之后探测到的反氢原子湮灭的数目 (上部)，以及对于 $0<t<30s$ 在 ALPHA 实验 [95] 探测到的湮灭的轴向位置 (下部)

聚焦脉冲反氢原子水平束流。它的抛物线能够通过高分辨的湮灭探测器来测量。(硅和照相乳胶的混合探测器) 采用双周期梯度 (经典的莫尔偏转仪)[97] 来产生一个传输原子分布的空间调制。由于周期模式的垂直漂移，依赖于一组单能原子下降的时间，每个原子的速度由同时形成所有原子来确定 (通过由激光激发的正电子和超冷反质子的电荷交换)，并在测量垂直位置的同时，测量原子到达的时间 (在湮灭探测器中)。

　　由 GBAR 合作组建议采用 [98] 的第二个方法是：使一个低能反质子束流与一个高密度的电子偶素云相互作用，双电荷交换过程 (5.1 节描述的) 首先形成反氢原子基态，随后，是 $\bar{H}^+$ 离子束缚态，一个稳定的且带正电荷的反氢原子离子形成了。捕集以及使这个正电荷的反离子与其他激光冷媒 (例如，Cs^+) 相互作用，在用激光冷却 Be^+ 到 μK 最后步骤之前，容许预先冷却，最后，$\bar{H}^+$ 被激光电离；利用中性的 H̄ 从捕集器到探测器之间的自由落体时间来测量它的引力行为。

最后，捕集到的反氢原子可以被释放，并且假如它足够冷，可以研究它随后的自由落体行为。然而，ALPHA 实验最初的尝试并没有获得足够高的 [99] 灵敏度—— 几百个 mK，捕集到的原子的温度 (中性的，非冷却的) 还是太高 —— 在即将由激光冷却反氢原子成功之日，这个方法很可能具有竞争力。

参 考 文 献

[1] G. von Dardel *et al.*, *Phys. Rev. Lett.* **5**, 333 (1960).

[2] A. Wightman, *Phys. Rev.* **77**, 521 (1950).

[3] M. Leon and H. Bethe, *Phys. Rev.* **127**, 636 (1962).

[4] P. Brix *et al.*, *Phys. Lett.* **1**, 56 (1962).

[5] G. Backenstoss *et al.*, *Phys. Lett. B* **25**, 365 (1967).

[6] G. Backenstoss *et al.*, *Phys. Lett. B* **32**, 399 (1970).

[7] G. Backenstoss *et al.*, *Phys. Lett. B* **33**, 230 (1970).

[8] A. Bamberger *et al.*, *Phys. Lett. B* **33**, 233 (1970).

[9] E. Hu *et al.*, *Nucl. Phys. A* **254**, 403 (1975).

[10] E. Fermi and E. Teller, *Phys. Rev.* **72**, 399 (1947).

[11] L. I. Ponomarev, *Ann. Rev. Nucl. Sci.* **23**, 395 (1975).

[12] N. Morita *et al.*, *Phys. Rev. Lett.* **72**, 1180 (1994).

[13] T. B. Day, G. A. Snow and J. Sucher, *Phys. Rev. Lett.* **3**, 61 (1959).

[14] R. Knop *et al.*, *Phys. Rev. Lett.* **14**, 767 (1965).

[15] R. A. Burnstein *et al.*, *Phys. Rev. Lett.* **15**, 639 (1965).

[16] G. Reifenröther *et al.*, *Phys. Lett. B* **214**, 325 (1988).

[17] A. Bianconi *et al.*, *Phys. Lett. B* **487**, 224 (2000).

[18] R. Schafer, *Phys. Rev.* **163**, 1451 (1967).

[19] R. Kunselman, *Phys. Lett. B* **34**, 485 (1971).

[20] S. C. Cheng *et al.*, *Nucl. Phys. A* **254**, 381 (1975).

[21] G. Dugan *et al.*, *Nucl. Phys. A* **254**, 396 (1975).

[22] G. Backenstoss *et al.*, *Phys. Lett. B* **36**, 403 (1971).

[23] G. Backenstoss *et al.*, *Phys. Lett. B* **43**, 431 (1973).

[24] R. Hughes and B. Deutsch, *Phys. Rev. Lett.* **69**, 578 (1992).

[25] P. Robertson *et al.*, *Phys. Rev. C* **16**, 1945 (1977).

[26] H. Poth *et al.*, *Nucl. Phys. A* **294**, 435 (1978).

[27] G. Backenstoss *et al.*, *Phys. Lett. B* **38**, 181 (1972).

[28] W. Weise and L. Tauscher, *Phys. Lett. B* **64**, 424 (1976).

[29] B. Adeva *et al.*, *Phys. Lett. B* **704**, 24 (2011).

[30] B. Adeva *et al.*, *Phys. Lett. B* **674**, 11 (2009).

[31]　J. Schweizer, *Phys. Lett. B* **587**, 33 (2004).

[32]　H. Acker *et al.*, *Nucl. Phys.* **87**, 1 (1966).

[33]　G. Backenstoss *et al.*, *Nucl. Phys.* **62**, 449 (1965).

[34]　S. A. De Wit *et al.*, *Nucl. Phys.* **87**, 657 (1967).

[35]　G. Backenstoss *et al.*, *Phys. Lett. B* **25**, 547 (1967).

[36]　A. Trzcinska *et al.*, *Phys. Rev. Lett.* **87**, 082501 (2001).

[37]　R. Pohl *et al.*, *Annu. Rev. Nucl. Part. Sci.* **63**, 175204 (2013).

[38]　R. Pohl *et al.* (CREMA Collaboration), *Nature* **466**, 213 (2010).

[39]　A. Antognini *et al.* (CREMA Collaboration), *Science* **339**, 417 (2013).

[40]　B. Desai, *Phys. Rev.* **119**, 1385 (1960).

[41]　G. Backenstoss *et al.*, *Phys. Lett. B* **41**, 552 (1972).

[42]　J. Fox *et al.*, *Phys. Rev. Lett.* **29**, 193 (1972).

[43]　M. Iwasaki *et al.*, *Phys. Rev. Lett.* **67**, 1246 (1991).

[44]　H. Poth *et al.*, *Phys. Lett. B* **76**, 523 (1978).

[45]　F. Hartmann, *Hyperfine Int.* **119**, 175 (1999).

[46]　H. Koch, Hadron physics with antiprotons, in *Proc. of the Int. School of Physics "Enrico Fermi"*, Course CLVIII, eds. T. Bressani, A. Filippi and U. Wiedner (IOS Press, 2005), p. 305 ff., DOI: 10.3254/1-58603-526-6-305.

[47]　E. G. Auld *et al.*, *Phys. Lett. B* **77**, 454 (1978).

[48]　S. Ahmad *et al.*, *Phys. Lett. B* **157**, 333 (1985).

[49]　M. Ziegler *et al.*, *Phys. Lett. B* **206**, 151 (1988).

[50]　T. P. Gorringe *et al.*, *Phys. Lett. B* **162**, 71 (1985).

[51]　M. Augsburger *et al.*, *Nucl. Phys. A* **658**, 149 (1999).

[52]　D. Gotta *et al.*, *Nucl. Phys. A* **660**, 283 (1999).

[53]　M. Conversi *et al.*, *Phys. Lett.* **5**, 195 (1963).

[54]　U. Amaldi *et al.*, *Nuovo Cimento*, **34**, 825 (1964).

[55]　N. Barash *et al.*, *Phys. Rev.* **139**, B1659 (1965).

[56]　S. van der Meer, CERN Int. Report ISR- PO/72-31 (1972).

[57]　G. Carron *et al.*, *Phys. Lett. B* **77**, 353 (1978).

[58]　S. Gilardoni and D. Manglunki (eds.) *Fifty Years of the CERN Proton Synchroton*, Volume II, CERN-2013-005 (CERN, Geneva, 2013).

[59]　K. Killian, U. Gastaldi and D. Möhl, CERN/PS/DL 77-19.

[60]　G. Gabrielse *et al.*, *Phys. Rev. Lett.* **57**, 2504 (1986).

[61]　CERN report CERN/PS/86-30.

[62]　V. Chohan (ed.), CERN report CERN-2014-002.

[63]　G. Gabrielse *et al.*, *Phys. Rev. Lett.* **82**, 3198 (1999).

[64]　G. Gabrielse *et al.*, *Phys. Rev. Lett.* **63**, 1360 (1989).

[65]　B. Roberts, *Phys. Rev. D* **17**, 358 (1978).

[66] G. Gabrielse *et al.*, *Phys. Rev. Lett.* **74**, 3544 (1995).

[67] H. Torii *et al.*, *Nucl. Inst. Meth. A* **396**, 257 (1997).

[68] V. I. Korobov, *Phys. Rev. A* **54**, 1749 (1996).

[69] V. I. Korobov *et al.*, *Hyperfine Int.* **194**, 15 (2009).

[70] T. Pask *et al.* (ASACUSA Collaboration), *Phys. Lett. B* **678**, 55 (2009).

[71] V. I. Korobov *et al.*, *Phys. Rev. Lett.* **112**, 103003 (2014).

[72] V. I. Korobov *et al.*, *Phys. Rev. A* **89**, 032511 (2014).

[73] E. Widmann *et al.*, *Phys. Lett. B* **404**, 15 (1997).

[74] G. Gabrielse *et al.*, *Phys. Rev. Lett.* **65**, 1317 (1990).

[75] D. Bakalov and V. I. Korobov, *Phys. Rev. A* **57**, 1662 (1998).

[76] E. Widmann *et al.*, *Phys. Rev. Lett.* **89**, 243402 (2002).

[77] S. Friedreich *et al.* (ASACUSA Collaboration), *J. Phys. B* **46**, 125003 (2013).

[78] G. Gabrielse *et al.*, *Phys. Rev. Lett.* **110**, 130801 (2013).

[79] J. D. Fox *et al.*, *Phys. Rev. Lett.* **29**, 193 (1972).

[80] C. Surko *et al.*, *Phys. Rev. Lett.* **62**, 901 (1989).

[81] G. Baur *et al.*, ERN/SPSLC 94-29, P283 (1994).

[82] G. Baur *et al.*, *Phys. Lett. B* **368**, 251 (1996).

[83] M. Amoretti *et al.* (ATHENA Collaboration), *Nature* **419**, 456-459 (2002).

[84] G. Gabrielse *et al.*, *Phys. Rev. Lett.* **89**, 213401 (2002).

[85] G. Gabrielse *et al.*, *Phys. Rev. Lett.* **89**, 233401 (2002).

[86] S. Jonsell *et al.*, *J. Phys. B: At. Mol. Opt. Phys.* **42**, 215002 (2009).

[87] G. Gabrielse *et al.*, *Phys. Rev. Lett.* **93**, 073401 (2004).

[88] N. Madsen *et al.* (ATHENA Collaboration), *Phys. Rev. Lett.* **94**, 033403 (2005).

[89] C. H. Storry *et al.* (ATRAP Collaboration), *Phys. Rev. Lett.* **93**, 263401 (2004).

[90] G. Gabrielse *et al.* (ATRAP Collaboration), *Phys. Rev. Lett.* **100**, 113001 (2008).

[91] G. B. Andresen *et al.* (ALPHA Collaboration), *Nature* **468**, 673676 (2010).

[92] G. B. Andresen *et al.* (ALPHA Collaboration), *Nature Physics*, **7**, 558 (2011).

[93] G. Gabrielse *et al.*, *Phys. Rev. Lett.* **108**, 113002 (2012).

[94] M. Niering *et al.*, *Phys. Rev. Lett.* **84**, 54965499 (2000).

[95] C. Amole *et al.*, *Nature* **483**, 439 (2012), doi:10.1038/nature10942.

[96] CERN-SPSC-2007-017, http://cds.cern.ch/record/1037532/files/spsc-2007-017.pdf.

[97] S. Aghion *et al.*, *Nature Commun.* **5**, 4538 (2014), doi: 10.1038/ncomms5538.

[98] CERN-SPSC-2011-029, http://cds.cern.ch/record/1386684/files/SPSC-P-342.pdf.

[99] The ALPHA Collaboration and A. E. Charman *Nature Commun.* **4**, 1785 (2013), doi: 10.1038/ncomms2787.

第15篇 μ子反常磁矩和相对论检验

Francis J. M. Farley*

Energy and Climate Change Division, Engineering and the Environment,
Southampton University, Highfield, Southampton, SO17 1BJ, England, UK
f.farley@soton.ac.uk

董海荣 译
中国科学院高能物理研究所

本文首先简要介绍了 μ子的反常磁矩 $a = (g-2)/2$，随后详细地探讨了 CERN 对该物理量的一些先驱性测量，包括 CERN 的回旋加速器实验，第一代 μ子储存环，"奇迹能量"的发明，第二代 μ子储存环以及狭义相对论的严格检验等。

15.1 引 言

富于创造力的想象，是科学的主旨。科学工作绝不是像哲学家常说的那样，仅仅是对数据的漫长收集再加以总结的过程。科学研究需要与艺术和文学创作同等的想象力。不同之处在于，科学要更加的脚踏实地，在过去的几个世纪中，人们将那些已被证实的理论作为基石，一砖一瓦地搭建起整座历经考验的科学大厦。这样一个不断努力的过程在对 μ子反常磁矩的理论研究及其在 CERN 的实验测量中体现得淋漓尽致。

与此同时，这一过程也展现了理论和实验之间相互激发、彼此促进的发展历程。理论家首先做出预测，例如，光应该被引力弯曲，那么该如何测量这种现象？实验家 Eddington 针对这个问题提出了一个方法。反过来，实验显示电子的旋磁比不精确等于 2，而是要稍大一些，这次该理论家出面解答了，他们提出用量子电动力学和弥散在电子周围的虚光子云来解释这个现象。那么实验上又该如何检验这些理论呢？如此往复，理论和实验之间一轮轮的较量推动着科学一步步向前发展。当然，其中那些被证实是错误的观点也随之悄然而逝了。

多年来，μ子的反常磁矩作为一个标志、一座灯塔、一个理论家必须考虑的固定参照，指引着科学工作的进行；同时许多荒诞的推测在面对这一理论基石时都不

攻自破。

在这篇文章里，我将不再重复已发表文章和综述中提到的细节 [1,2]。相反，我会尝试详细介绍一些重要的富有创造性的方法步骤，以及它们是如何实现的，同时也给出众多的确保实验运行所采取的方案措施，最后给出正确的结果。

CERN 对 μ 子 $(g-2)$ 的测量创造了一个独一无二的纪录，即早期公布的实验数值一直被证实是正确的，后期的实验不断验证了它的正确性，新的测量值都落在了最初测量值一个 σ 误差范围之内。Brookhaven 随后进行的测量也确认了 CERN 的最终结果。在某一时期，我们测量得到的数值与理论不符，尽管如此，我们还是公布了测量结果。随后理论家修改了他们的计算，最终得到了与我们一致的结果。

旋磁比 g 被定义为系统磁矩与角动量乘 $(e/2mc)$(Larmor 比) 的比值。对轨道电子来说它的旋磁比 $g=1$。Goudschmit 和 Uhlenbeck[3] 试图用角动量为 $(h/4\pi)$ 的自旋电子解释反常塞曼效应，这时出现了一个让人意想不到的情况，他们发现电子的磁矩，即一个玻尔磁子，是预期的两倍：电子的旋磁比显然为 2。不久以后，Dirac[4] 发现利用相对论公式计算电子磁矩就会自然地得到这样一个值。

另一个问题随之而来，实验上 [5] 测得的电子磁矩实际上要比 2 大一点，因此，我们可以通过等式 $g=2(1+a)$ 定义一个 "反常磁矩" a。这种反常可以理解为是由粒子周围电磁场的量子涨落引起的 [6]。对这一物理量的计算 [7] 伴随着日益提高的测量精度，成为了推动量子电动力学不断发展的主要动力。对于电子来说，尽管我们对精细结构常数 α 的了解有限，但是对 a 这样一个纯量子效应的理论预测和实验测量还是达到了 0.02ppm(百万分之一) 如此惊人的一致。

μ 子的 $(g-2)$ 值研究也具有重要意义，尤其在解释它的类重电子行为以及遵守量子电动力学 (QED) 规律时起到了至关重要的作用。实验上 μ 子 $(g-2)$ 值已经由 CERN 三个精度逐渐提高的测量以及 Brookhaven[8] 的最新实验确定下来，目前对 μ 子反常磁矩 $a=(g-2)/2$ 的测量已经达到 0.7ppm(百万分之一) 的精度。与此同时，$(g-2)$ 的理论预测值也随着高阶 QED 修正的计算以及虚强子对 $(g-2)$ 贡献的改进而逐步提高。

在 CERN 合作组中，理论学家和实验学家的工作紧密结合又相互促进。CERN 的理论家对 $(g-2)$ 值的计算做出了重要的贡献，首先 Peterman[9] 修正了 $(\alpha/\pi)^2$ 项中的一个错误，随后 Kinoshita, Lautrup 和 de Rafael[10] 也进行了相应的计算。1962 年，Kinoshita[7] 在参加一次由 John Bell 组织的实验观摩时，意识到了这个问题的重要性，因此在随后的科学生涯中，他便致力于计算电子和 μ 子的更高阶修正。

1956 年，Crane[11] 等已经精确测量了电子的反常磁矩 $a \equiv (g-2)/2$。这时 Berestetskii[12] 等提出，如果在四维转移动量 $q^2 = \Lambda^2$ 处做 QED 费曼截断，则质量为 m 的粒子的反常磁矩将会减小：

$$\delta a/a = (2m^2/3\Lambda^2) \tag{1}$$

因此, 对于质量是电子 206 倍的 μ 子的测量将是对短距 (大动量转移) 理论的一个更好的检验。(就目前来说, 与理论相比, 电子的测量精度比 μ 子高 35 倍, 但是要达到与利用 μ 子计算相同的精度, 它的测量精度必须高于 μ 子 40000 倍。因此, μ 子是迄今为止探索新物理更好的探针。)

1956 年, 宇称还被认为是守恒的, μ 子还未极化, 因此 Berestetskii 等提出的实验也不可能实现。但是到了 1957 年, 随着在弱相互作用中发现宇称守恒破坏, 人们也很快认识到 π 衰变过程中的 μ 子可以纵向极化。Garwin, Lederman 和 Weinrich[13] 等在他们最经典的第一篇文章的注脚中证实了这种预测, 他们利用 $(g-2)$ 进动原理 (参见下文) 推断出, 磁旋比 g 在 10% 的精度上一定等于 2。这是在 57 年前对 μ 子 $(g-2)$ 的首次观测。

1958 年, Rochester 会议在 CERN 召开, 会上 Panofsky[14] 评价了电磁效应相关的工作, 提到了三个独立的实验室 (美国两个, 俄国一个) 正计划对 μ 子 $(g-2)$ 值进行测量。在接下来的讨论中, 权威的理论家认为最终的测量结果将会与 QED 预测值有一个较大的偏离, 这种偏离或者是由自然截断 (用于避开理论中众所周知的发散) 引起的, 或者是由用于解释 μ 子质量的新相互作用引起的。Feynman 曾在 1959 年跟我提到, 他预测 QED 在转移能量大约 1GeV 处失效。在当时, 重整化仅仅被认为是用于修补发散积分的工具, 而不是一个真正的理论。

15.2　基 本 原 理

在磁场 B 中旋转的粒子的轨道频率 ω_c 如下:

$$\omega_c = (e/mc)B/\gamma \tag{2}$$

而对于静止的或者缓慢移动的粒子来说, 它们的自旋频率如下:

$$\omega_s = g(e/2mc)B \tag{3}$$

在低能情况下 (即 $\gamma \sim 1$ 时), 如果 $g=2$, 则以上两个频率相等, 因此入射到磁场中的极化粒子将保持极化状态不变。但是如果 $g=2(1+a)$, 那么自旋要比动量转动得更快, 它们之间的夹角以频率 ω_a 变化, ω_a 可以表示为如下形式:

$$\omega_a = \omega_s - \omega_c = a(e/mc)B \tag{4}$$

这就是由 Tolhoeck 和 DeGroot[15] 发现的 $(g-2)$ 进动原理, Grane 将此原理应用于电子并取得了巨大成功。

$(g-2)$ 进动原理 (式 (4)) 在相对论速度下同样成立 [15,16]。重要的是由于 γ 因子对该等式没有影响，因此在高能情况下，μ 子的寿命增加而进动不会变慢。利用相对论性 μ 子进行实验则可以记录多个 $(g-2)$ 循环从而使测量更加准确。

磁场是通过质子 NMR 频率 ω_{p} 测量的，比值 $R = \omega_{\mathrm{a}}/\omega_{\mathrm{p}}$ 可以由实验得到。相同的场的 $\lambda = \omega_{\mathrm{s}}/\omega_{\mathrm{p}}$ 可以通过其他实验测得：例如，通过对静止 μ 子进动和 μ 子偶素的超精细劈裂研究获得 [17]。结合式 (3) 和式 (4) 可以得到

$$a = \frac{\omega_{\mathrm{a}}}{\omega_{\mathrm{s}} - \omega_{\mathrm{a}}} = \frac{R}{\lambda - R} \tag{5}$$

$(g-2)$ 实验是测量频率比 $R = \omega_{\mathrm{a}}/\omega_{\mathrm{p}}$ 的重要工具。如果 λ 的值变化则 a 也应该相应地重新计算。

15.3　1958 年~1962 年 CERN 回旋加速器和 6m 磁铁

1957 年，随着宇称破坏被发现，人们很快认识到 μ 子束流可以被高度极化，而且衰变电子的角分布可以给出 μ 子自旋方向随时间变化的函数。下一步人们开始构想 μ 子 $(g-2)$ 实验的可能，Berkeley、Chicago、Columbia 以及 Dubna 的研究组甚至已经开始着手解决即将遇到的问题 [14]。相比于电子实验，μ 子 $(g-2)$ 实验要困难得多，主要是因为 μ 子束流具有低密度、弥漫性和可用 μ 子源的高动量等特征。因为 (e/mc) 值的降低，进动频率缩小了 200 倍，同时，μ 子 2.2μs 的衰变寿命又限制了可利用的实验时间。因此，为了达到理想的进动循环次数必须使用大体积的高强度磁场。

现在主要的问题是如何将 μ 子入射到磁场中使它们达到更多循环。在电子实验中，Grane 使用了本身已经在螺线管场内部的热电子源并利用同样在场内部的箔片测量了散射电子的自旋。CERN 实验中 μ 子在回旋加速器中产生 (问题在于 μ 子此时已经处于强磁场中)，粒子向外出射而我们需要将它们重新聚回。为了将粒子注入静态场需要一个扰动，通常我们采用脉冲磁铁给粒子一个新方向 (正如大多数加速器那样)；否则粒子将在不到一个循环之内就逃出磁场。

还有另一个方法就是采用降能器，利用降能器可以使粒子降低能量从而在磁场中更陡峭地旋转。在均匀场中，粒子将在一次循环之后回到降能器。那么为了确保入射成功，则需要一个水平梯度场，它可以使粒子在一边旋转得比另一边更陡峭。这样粒子就可以沿正确的角度 "走进" 梯度场并在一次循环之后避开降能器。实验还采用了一个 10cm 厚的铍块来降低多重散射并且将边缘弯曲以适应希望得到的轨道。

1958 年，CERN 拥有了自己的第一台数字计算机，Ferranti Mercury，它的编程语言与 Fortran 非常相似，称之为 Mercury Autocode。这台机器很快被用来跟踪从

CERN 螺旋加速器出来的 π 子和 μ 子，以便安装穿过屏蔽区的优化束流管 [18]。相关程序除了用于在水平面上逐步跟踪粒子轨迹，还包含了场梯度导致的垂直聚焦效应的计算。这项技术被用于跟踪一个长的具有专门设计的横向梯度的弯曲磁铁水平面上的 μ 子循环轨迹，利用降能器可以很容易地将 μ 子入射到场内，那么又如何让它们从场中出射呢？这个亟待解决的关键问题，最终由计算机来给出解答。

为了测量 μ 子自旋方向，必须在某些位置将 μ 子暂停，记录它们衰变后出射电子的分布。但是如果是在磁铁内部暂停 μ 子，静止的 μ 子将继续旋转，原有自旋方向将被打乱产生新的自旋方向。因此人们要做的就是确保 μ 子能够进入场内，并且在其中达到尽可能多的循环，最后还要在它们停止在无场区域之前确保出射。

从粒子在磁场中旋转的基本理论可以得知这个问题非常复杂。在缓慢变化的磁场中，通过轨道的粒子通量是一个运动学不变量。由此专家认为一旦 μ 子在场内被捕获则不可能出射，实验也将因此失败。

考虑到磁铁末端的场强减弱，因此这个区域必然会存在一个纵向的梯度。当粒子到达该处感应到纵向的梯度场时开始侧向移动，当靠近磁铁的一侧时，粒子或者打在上面或者沿着边缘场返回到起点。无论哪种情况，粒子都不会出射。

那么使用大型横向梯度场能否解决这个问题呢？如果采用大步长的梯度场，则粒子会迅速到达磁铁末端并毫不偏移地出射 …… 正如它在普通的束流线中一样。专家们认为这个方案很好，但是事情并不是这么简单，大梯度场会形成一个很强的交流梯度聚焦效应，造成的束流垂直爆发将最终导致粒子丢失。

计算机解决了这个问题。它记录了 μ 子从中等梯度场入射，逐渐过渡到一个弱梯度场，在其中循环多次，然后缓慢进入一个大步长的强梯度场，一路到达磁铁末端的过程，事实证明在这种条件下，粒子将成功出射而不会发生任何额外的垂直聚焦。

要想成功地储存粒子需要垂直聚焦，否则粒子将螺旋向上或向下进入极点。在线性梯度场里，μ 子在轨道的一端被聚集而在另一端被散焦。由此可以得到一个净聚焦效应，但是大小还远远不够。因此需要加入一个抛物线项使轨道两边的场向外减弱。图 2 演示了在图 1(图片来源于利物浦大学) 所示的小型磁铁中 μ 子最高可达 18 次循环。这些实验结果和对出射粒子的计算更加坚定了实验室订购一个可以储存更多循环次数 μ 子的 6m 特殊磁铁的信心。

磁铁总长 6m，含 5cm 厚的可以展开并垫起的移动杆。按照实验和误差要求，由铝皮固定的几百层薄铁被打造成特殊的形状能够提供所需的场形，这项艰巨的任务是由 Zichichi 和 Nicolai 共同完成的。入射端的步长设定为 1.2cm，从而可以与降能器保持足够的间隙。沿磁铁向前，梯度逐渐降低，因此 μ 子在该场中每次循环只前进 4mm，而且可以在其中停留更长的时间。在磁铁末端，大梯度使步长增加到 11cm 每次循环。

图 1 CERN 第一代实验磁铁，其储存 μ 子可达 30 次循环。从左到右依次是 Georges Charpak，Francis Farley，Bruno Nicolai，Hans Sens，Antonino Zichichi，Carl York，Richard Garwin

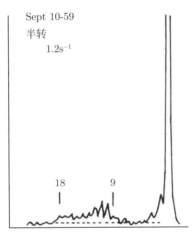

图 2 μ 子在图 1 所示的磁铁中可经历多次循环的首个证明。横轴代表粒子到达固定在磁铁内部闪烁体计数器的时间 (从右到左时间增加)，第一个峰 (右边) 代表入射，后面几个等距峰对应于连续的循环。考虑到轨道直径增加和入射角度，一些 μ 子在经过 9 次循环后打在计数器上，其他的粒子则在 18 次循环后到达同样位置 (Charpak et al.，未发表)

　　在上述提到的理论中，粒子通过轨道时的通量保持不变这一点非常重要。如果平均场沿着磁铁变化，粒子将沿梯度场侧向移动，为了保持通量不变，粒子可能丢失。这一过程由一个直径 40cm(轨道尺寸) 可沿磁铁移动的磁线圈监测。线圈被连接到磁通计上，任何微小的偏离都会被一组特殊的 "纵向" 薄垫片校正。在梯度变化的过渡区域这点尤其重要。把磁线圈移动到一侧则可以测量边缘梯度。该理论还指出我们可以利用磁铁中心的 NMR 对磁场进行校准且结果在各处都有效。

图 3 是储存系统的总示意图 [19]。图中所示磁铁长 6m，宽 52cm，其间有一道宽 14cm 的缝隙。首先 μ 子从左侧穿过磁屏蔽的铁通道进入场内，然后打在入射区的铍降能器上，此时的步长 s 为 1.2cm。接下来进入通向长储存区的过渡区，这里的步长 $s=0.4$cm。平滑过渡后 μ 子到达出射梯度场，该梯度场的步长是每一次循环 $s=11$cm。最后出射 μ 子落到图 4 所示的偏振仪上并衰变为正电子。

μ 子在磁铁中被捕获的时间为 $2\sim 8\mu$s，具体时间取决于轨道中心在抛物线梯度场的位置。每秒大约一个 μ 子打在偏振仪上，衰变电子计数率为每秒 0.25。

要利用式 (4) 计算反常磁矩 a，就必须测量 μ 子在磁场中停留的时间以及进出储存器的自旋方向。停留时间是通过 10MHz 的时钟测量的，μ 子从磁铁中出射时开始计时，在入口处触发延迟信号时停止。精细的分辨系统排除了任何一端两个彼此过于接近的信号事例，因此不存在由混淆而导致的错误计时的情况。

图 4 所示的偏振仪用于测量自旋方向。同样的计数器用于标记打在中央吸收器 E 上的 μ 子和记录向前和向后出射的衰变电子。前向计数 (B) 与后向计数 (F) 之比可以用来测量不对称性，但是这个比值对横向角度不敏感。每次 μ 子打在吸收器，都会激发一个垂直场短脉冲，使自旋方向翻转正负 90°。比值

$$A=\frac{F_+-F_-}{F_++F_-} \tag{6}$$

对前向计数翻转正、负 90° 时就得到横向自旋分量。在后向测量中也可以得到类似的结果，需要注意的是，翻转角度应该保持一致，但是具体取值并不重要。

为了确保以上过程顺利进行，μ 子吸收器必须是非导体 (非金属) 且非去极化的，这就排除了大部分塑料材质。幸运的是，液态二碘甲烷正好具备所需的各种性质。同时在吸收器外部利用双层铁屏蔽结合内部合金屏蔽降低了吸收器内部磁场。

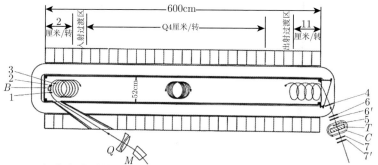

图 3　6m 长的弯曲磁铁用于储存高达 2000 转的 μ 子。横向场梯度使粒子从左向右运动。末端一个大的梯度使 μ 子出射并最终落在偏振仪上。123 事件和 466′57 事件同时发生，分别代表入射粒子信号和出射粒子信号。文中用到的坐标依次是 x 轴 (磁铁长轴)，y 轴 (纸平面的横切轴) 和 z 轴 (垂直于纸平面的轴)

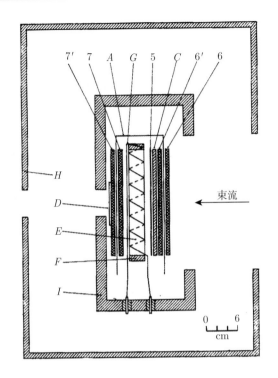

图 4　偏振测试仪。当 μ 子打在液态二碘甲烷 E 上时，线圈 G 中发出脉冲电流
使粒子自旋翻转正负 90°，计数镜 66′ 和 77′ 用于探测前向和后向的衰变电子。
在双层铁屏蔽 H, I 与合金屏蔽 A 的联合作用下，静磁场很弱，μ 子将穿过薄
闪烁体计数器 5，其后是树脂玻璃 C, D 是用于校准的镜子

　　μ 子的方向是由一组按百叶窗排列的用于分辨事例的闪烁体平行板条进行探
测的。只有那些穿过板条间隙而没有被碰到的粒子才能够被记录下来。

　　利用偏振分析仪研究从回旋加速器出射的 μ 子时，人们发现横向角会随着 μ
子动量 (范围) 的变化而迅速变化。因为储存磁铁选择的动量区间差别巨大，由此
会产生一个误差。这个误差可以通过让 μ 子束流穿过一个场方向与束流方向平行
的长螺线管进行消除。经过这个过程所有横向自旋分量旋转 90°，即水平变为垂直，
反之亦然。由于在回旋加速器内部存在垂直对称性，因此最终的结果在水平面方向
没有自旋动量相关。

　　对于那些已经穿过磁铁的 μ 子，偏振分析仪记录了不对称性 A 随粒子在场中
停留时间 t 变化的函数。根据磁铁中的 $(g-2)$ 进动，该不对称性呈现正弦变化的
形式：

$$A = A_0 \sin \theta_s = A_0 \sin\{a(e/mc)Bt + \phi\} \tag{7}$$

其中，ϕ 代表初始相位，由初始极化方向和偏振仪相对 μ 子束流的夹角决定。

图 5 给出了测量的实验结果, 以及通过变动式 (7) 中的 A_0 和 a 得到的拟合曲线。为了确定 μ 子所在的平均场 B 和消除初始相位 ϕ 的系统误差需要采取一些措施, 这些措施具体的讨论见参考文献 [19]。最初实验测量 a 的精度为 $\pm 2\%$, 这一精度随后被提高到 $\pm 0.4\%$。图 5 中所示图形在实验误差范围内与理论相符。光子传播子截断 (式 (1)) 在 95% 置信限下为 $\Lambda > 1.0 \mathrm{GeV}$。

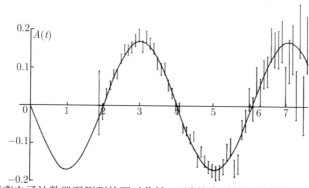

图 5　衰变电子计数器观测到的不对称性 A 随储存时间 t 的变化。粒子在磁铁内停留的时间 t 依赖于轨道的横向位置在抛物线磁场中的位置。μ 子在磁场中经历 1600 次循环后停留 7.5μs 随后在末端自发出射。$(g-2)$ 进动的结果呈现正弦曲线变化的形式; 测量频率精度 $\pm 0.4\%$

这是证明 μ 子类重电子行为的第一个有力证据。对很多人来说这个结果非常意外, 因为人们曾经坚信 g 值的扰动来自于一个用于解释 μ 子大质量来源的额外的相互作用。当人们在 0.4% 精度下没有观测到任何其他相互作用时, 只能接受 μ 子是一个无结构的点样 QED 粒子的事实了, 而这也使得揭开 μ–e 质量差来源的希望更加渺茫了。

回顾过去, 这是一个非常成功的实验。将 μ 子在磁铁的一端注入, 粒子在磁铁内部经历 2000 次循环 (2.5km), 然后从另一端出射, 整个过程全都是自动的: 没有脉冲场, 没有喷射器。这样的实验无论在过去还是将来都是无可比拟的。

15.4　第一代 μ 子储存环 (1962~1968)

15.4.1　概述

μ 子 $(g-2)$ 实验是目前为止对短距 QED 最好的检验。为了更加深入细致地研究以及探索新的相互作用, 人们期待将实验提高到一个新的水平。为此可以采用 CERN 的 PS 中产生的具有延长寿命的相对论粒子, 因为式 (4) 中不存在 γ 因子, 所以原则上高能 μ 子可以有更多的进动循环次数和更高的精度。但是在磁场中储存 GeV 能量的 μ 子并且测量它们的极化需要全新的技术。为了解决这个问题 Farley[20] 提出用 μ 子储存环测量 μ 子反常磁矩。Simon van der Meer 则设计了实验所需的磁铁并参与了整个过程。

沿直线运动的时间膨胀已经被明确证实，但是到目前为止还没有人证明这一现象在往返或圆周这样的二路旅程中是否同样成立。双生子佯谬 (时钟佯谬) 仍然是个谜题，还有些人并不相信它的存在。这些人中最著名的是 Herbert Dingle[21]，他曾写过一篇关于相对论的短小但精辟的教科书，但后来他对相对论失去了信心并组织了一场反相对论的运动。狭义相对论的预言非常明确：双生子中，经历过加速过程的那个在旅程结束时会更年轻一些。但是事实并不是如此简单，加速过程可以等效为引力作用，而引力红移又可以改变时间。因此，在圆周轨道中可能并不存在时间膨胀，而实验也将失败。这样看来，这个实验无疑是一个冒险之举。庆幸的是像 Dingle 这样的人并不在实验委员会名单中。

这个实验之所以可行，要仰仗于大自然的四个神奇之处 (首先要发现神奇之处，然后利用它得到你想得到的)。第一个神奇之处就是 μ 子可以很容易地被注入储存环中，只需要简单地将 π 介子注入并循环几次，它们将在飞行过程中衰变，衰变得到的一些 μ 子会永久地落入储存轨道。这里注入 π 介子的简单方法就是将加速器的初级靶放在储存磁铁内部，并用高能质子轰击初级靶，这样就可以在储存环内产生 π 介子。第二个神奇之处是储存 μ 子来自于前向衰变，因此它们是高度极化的。第三个神奇之处在于当 μ 子衰变时，电子的能量降低，轨道被磁场弯曲然后从储存环内部出射并最终打在探测器上。更高能量的电子必然来自于前向衰变：因此随着自旋转动，电子计数率被调制为 $(g-2)$ 进动频率 ($\sim270\text{kHz}$)。这样就可以很容易地读出它。

这种方法的一个好处是：它对于 μ+ 和 μ− 同样有效。大多数的 μ 子进动实验只能对 μ+ 进行测量，因为静止的 μ− 会被核子捕获且大部分会退极化。利用这种方法就可以像测量 μ+ 一样测量 μ− 的 $(g-2)$。

随后人们意识到，入射 μ 子还可以被限定在轴向 (入射时间 10ns，转动时间 52ns)，这样计数就能够调制到更快的转动频率 (20MHz)，从而可以对储存 μ 子的平均半径进行计算，并最终得到相应磁场的准确信息。

位于储存环内部的加速器初级靶会在计数器上产生大量本底。这是否会使观测陷入困境？PS 隧道内的检测显示辐射将持续多个毫秒并大致按 $1/t$ 衰变。这种情况只能是由中子在建筑物内部到处撞击造成的。通过中子减速理论 [22] 可以得到很好的拟合。按照该理论，一段时间 t 后，典型的中子速度可以由空间宽度除以 t 得到。这篇文章被广泛应用于短寿命放射性同位素的研究中，例如，ISOLDE。

随后我们发现，计数器中主要本底是由主光管中捕获的中子经过一个 (n, γ) 过程后发出的 Cherenkov 光造成的。采用充气白壁光管可以降低这种本底。

第一代 μ 子储存环 [23] 是一个弱聚焦环 (图 6)，其中 $n = 0.13$，轨道直径为 5m，有效孔径为 4cm×8cm(高 × 宽)；μ 子动量为 1.28GeV/c，相应的 $\gamma =12$，延长寿命为 27μs。中心轨道的平均场 B =1.711T。入射的极化 μ 子是由 PS 产生的能量 10.5GeV 质子轰击磁铁内部靶产生的 π 介子前向衰变得到的。入射的质子束流是由一到三个射频束团 (快速出射) 组成，每个大约 10ns 宽，间隔 105ns。由于环内的转动时间设定为 52.5ns，这些射频束团在环内将完全重叠。大约 70% 的质子发生反应，产生包括其他物质在内的能量为 1.3GeV/c 的 π 介子，其随后开始绕环旋转。π 介子大约循环四次以后再次打到靶上，在每次循环过程中有大约 20% 发生衰变。

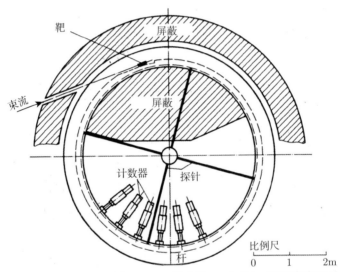

图 6   第一代 μ 子储存环: 直径 5m, μ 子动量 1.3GeV/c, 时间膨胀因子 12。能量为 10.5GeV 的入射质子脉冲轰击在靶上产生 π 介子, π 介子在飞行过程中衰变产生 μ 子

通常来说, π 介子环绕磁铁转动的动量要比名义上的中心动量高 1%～2%。虽然那些能量最高的 μ 子与 π 介子具有相同的轨迹将最终打在某处丢失，但是那些能量低 1%～3% 的 μ 子则会落入到永久储存轨道。因为它们几乎全部来自于前向衰变，极化率可高达 97%。

尽管理论如此, 但是实际上, μ 子的极化率要低得多, 大概只有 30%。这是因为虽然高能 π 介子在储存环内部只有一小段轨迹，但是它可以在大角度衰变并产生一个低极化的储存 μ 子。这个过程并不常见，但是考虑到高能 π 介子如此之多，并且大部分的储存 μ 子都是由此产生 …… 那么得到这样低的平均极化率也就不足为奇了。

15.4.2 飞行中的 μ 子衰变

研究 μ 子的自旋不需要在场外进行,只须观测它们在飞行过程中的衰变即可。实验中那些高能电子与 μ 子的动量相同,也能在场中被捕获。但是能量稍低一些的电子就会被大幅偏转并从环内出射。出射的电子打到铅闪烁体探测器上并产生一个簇射,出射光正比于电子能量。通过调整探测器中的脉冲高度,可以选择衰变电子的能量带。通过记录高能粒子,可以选择前向衰变:由于自旋转动,该数值被调制为与 $(g-2)$ 进动频率相同。

当 μ 子发生衰变时,在洛伦兹变换下电子能量增高。如图 7 所示衰变电子的宽静止系谱变为下降三角形,即大部分事例处于低能区,而在末端 (储存 μ 子动量处) 下降为零。为了在实验室中得到这个最大动量,电子必须要准确地向前出射并且具有 μ 子系的最高能量;因此这些粒子在实验室系中的不对称性 $A = 1$。这些粒子携带了 μ 子自旋的最大信息,但是这样的粒子并不存在。在低能情况下,静止系电子能量和衰变角混合导致了图 7 所示的事例数上升和不对称性下降。总之,为了在实验室中获得更高能量,电子必须在 μ 子系中向前出射。

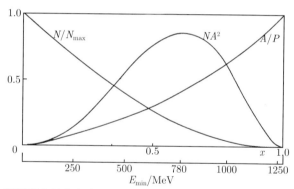

图 7 打在探测器上的衰变电子积分能量谱 N:不对称性系数 A 和 NA^2 随电子能量阈值 E_{min} 变化的关系图。NA^2 的最大值出现在 E_{min} 取 0.65 倍储存 μ 子能量处

15.4.3 实验细节和结果

延长的 μ 子寿命可达 27μs,因此可以如图 8 所示,在 $t = 130$μs 的储存时间内对 μ 子进动过程进行研究。考虑到中子和质子打在环内靶时产生的其他效应造成的本底,t 小于 20μs 时的数据是无效的。测量过程中不需要知道 μ 子的入射极化角,只需要对已知的振荡进行拟合。利用 30 个 $(g-2)$ 循环进行拟合 ω_a 的精度已经非常理想。利用指数衰减振荡拟合频率 ω,得到的误差为

$$\delta\omega/\omega = \frac{\sqrt{2}}{\omega\tau A\sqrt{N}} \tag{8}$$

其中，N 是总事例数，τ 是延长寿命，A 是振荡振幅 (不对称性)。为了提高精度，可以使用更强的磁场、更高的能量以及最大化 NA^2，使一个寿命周期内的循环次数增加。NA^2 的最佳值是通过接收 780MeV 以上的衰变电子得到的。

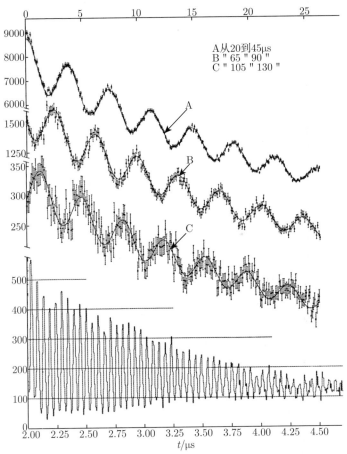

图 8　第一代 μ 子储存环。图中所示为衰变电子事例数随入射时间的变化，下方的曲线 1.5~4.5μs(下方时间标度) 显示了 19MHz 的 μ 子束团绕环转动调制。随着轨道不断扩大，调制消失。该曲线可用于确定 μ 子轨道的径向分布。图标定义的曲线 A，B 和 C(上方时间标度) 显示了 $(g-2)$ 进动调制衰变过程 (寿命 27μs) 的不同阶段。测定的频率精度是 215ppm，$\bar{B}$ 的精度是 160ppm，相应的 a 的精度是 270ppm

组间磁场的测量是由按轴向和 10 个半径分立排布的 288 个真空室完成的。在运行过程中，磁场由四个突出的 NMR 探头进行监测，这些探头可以移动到环的中心位置。要实现垂直聚焦需要一个径向磁场梯度，这意味着储存环水平孔径 (8m) 上的场存在 ±0.2% 的浮动，因此，关键问题就是要知道产生事例的全部 μ 子的平均半径。

μ 子在入射时被聚成一束, 从而计数频率强调制为转动频率, 参见图 8 中下方的曲线。考虑到粒子不同的半径和转动周期, 可以预见它们将逐渐扩散到环的四周, 最终调制消失。调制的包络是频谱的傅里叶变换, 即径向分布。通过逆变换可以得到 μ 子平衡轨道的径向分布。利用这个结果结合磁场分布, μ 子平均场就很容易计算了。保守估计, 3mm 的半径误差对应着 160ppm 的场误差。

这种测量 μ 子半径的方法有个极大的好处: 它重复利用了用于拟合 $(g-2)$ 频率的电子数据。处于大半径的 μ 子比环内的 μ 子更少有机会发出电子到计数器, 因此可能存在一个偏差。本测量过程中, 所有的测量采用了相同的探测器, 因此不存在偏差。更详细的说明, 以及测量 $(g-2)$ 进动时, 为确保早期测量代表晚期 μ 子数所做的检验, 请参考文献 [23] 和文献 [2] 的综述文章。

根据式 (5) 利用 ω_a 计算 a 时, 还要用到 λ 值。当时最好结果是由 Hutchinson 在水中对 μ^+ 进动实验测量得到的。结果如下:

$$a = (116616 \pm 31) \times 10^{-8}(270\text{ppm}) \tag{9}$$

起初, 这个结果比理论值高了 1.7 个均方差, 这意味着在实验方面对 μ 子的研究还有待发掘。但随后人们发现, 这一差异实际上是由理论上的缺陷导致的。理论家本能地推测, 来自光子 光子散射 QED 展开的六个 $(\alpha/\pi)^3$ 阶费曼图对 a 的贡献很小, 而且有可能相互抵消; 但是他们从未真正计算过。实验结果促使 Aldins, Kinoshita, Brodsky 和 Dufner[24] 等对此真正进行计算, 并得到了出人意料的 18.4 这样大的系数。于是, 理论与实验相符, 这也让实验家们备感欣慰。

$$(a_{\text{exp}} - a_{\text{th}}) = 240 \pm 270\text{ppm} \tag{10}$$

费曼截断 (1) 的下限确定为 $\Lambda > 5\text{GeV}$。

上述实验确凿地证实了圆周运动中的时间膨胀。自此以后再没有人真正地质疑过双生子佯谬 (时钟佯谬): 这件事多少让人感觉有些不适。测量到的延长寿命只比预期值 26.69μs 短了 12%±0.2%, 可能是和磁场的一些缺陷及 μ 子的缓慢丢失有关。更精确的关于爱因斯坦时间膨胀的证明是由第二代 μ 子储存环完成的。

15.5 第二代 μ 子储存环 (1969~1976)

第一代 μ 子储存环的成功以及理论与实验的差异使得建设一个更大的更高精度的储存环变得势在必行。这个项目是由 Emilio Picasso 主持, John Bailey 辅助完成的。更高的能量可以延长 μ 子的寿命, 更大的孔径可以提高统计误差。但是还有一个重要的限制: 垂直聚焦所需要的磁场梯度为 50ppm/mm, 这样要想更加精确地定位 μ 子就不可能了。

15.5.1   电聚焦

Bailey，Farley 和 Picasso[25] 等经过深入讨论，决定在第二代 μ 子储存环中采用没有梯度的匀强磁场，并利用分布在环内的电四极场使粒子垂直聚焦。垂直场聚焦粒子，同时水平场散焦粒子，从而抵消了一部分磁铁的半周聚焦效应。总之，这种设计与磁梯度场具有同样的效果，所需电压为 10~20kV。

水平电场可以偏转轨道，但是在 μ 子静止系，它将变换为垂直磁场并使自旋翻转。这将对 $(g-2)$ 进动实验产生怎样的影响呢？杂散电场曾经是 $(g-2)$ 进动实验的一个主要顾虑。电场 E 中电子 $(g-2)$ 频率变化为 [16]

$$\Delta f/f = (\beta - 1/\alpha\beta\gamma^2)(E/B) \tag{11}$$

式中可以看到在 $\beta^2\gamma^2 = 1/a$ 时的特定能量值处，即 $\gamma = \sqrt{1 + 1/a}$，电场对 $(g-2)$ 频率没有影响。这就是所谓的 "奇迹" 能量 [25]，μ 子的奇迹能量为 3.1GeV。这里电四极矩并没有改变自旋运动，因此可以毫无顾虑地使用。

在前面提到过的大自然的第四个神奇之处，就是利用 CERN 的 PS 和前一个储存环的大幅加速可以很方便地得到具有奇迹能量的粒子。μ 子的寿命提高到 64μs。

动量扩展意味着什么？在孔径中心，μ 子将刚好具有奇迹能量，但是在任何情况下那里的电场都是零。在小一些的半径内，场的方向向内且能量低于奇迹能量，$(g-2)$ 频率降低。在大一些的半径内，所有的效应都是相反的，负负得正，所以频率还是会降低。频率的改变呈抛物线状，最高点出现在孔径的中心位置：平均修正只有 1.7ppm。μ 子垂直振荡的俯仰修正由 Farly，Field 和 Fiorentini[26] 等重新计算并将其拓展到了由电场聚焦的情况。

15.5.2   电四极子和擦除

事实表明在强磁场中操作电四极子并非易事。它的构造类似于测量微小压力的彭宁冷阴极电离真空计。电子被捕获后上下振荡，从而使残留气体逐步电离。以上的过程都发生在储存环内部，并导致了火花、闪光和电击穿效应的出现。在 μ⁻ 过程中这些效应更加明显。但是 Frank Krienen 发现电离现象需要耗时几个毫秒，因此我们只需要使 μ 子储存时的电压少于 1ms，就可以避免电离的发生。通过关闭填充物之间的电四极子以上问题就可以得到解决。

如果丢失的粒子与剩余的粒子具有不同的初始自旋方向，则在储存时间内 μ 子的丢失可以改变平均自旋方向。这对 $(g-2)$ 测量不是什么大问题，但是在测量寿命时，将后期 μ 子丢失降到最低则是非常必要的。通过在早期水平和垂直地调整 μ 子轨道，可以将那些经过孔径边缘的最易丢失的 μ 子 "擦除"，从而将丢失率降低。

入射时, 加在相反的四极板上的不对称电压使轨道偏转再逐渐恢复正常。表现出来的结果就是擦除时水平和垂直方向的环孔径都相应减小, 并在大约 60 次循环的固定时间内逐渐恢复正常, 这个过程非常缓慢不会激发额外的振荡。最终的结果就是在储存 μ 子周围留下几毫米的空隙。同时任何振荡振幅的缓慢增长都不会导致 μ 子丢失。

丢失 μ 子打在某处, 失去能量并最终射到环内。μ 子观测镜对丢失的 μ 子进行取样。当丢失的粒子多到可以改变粒子寿命时, 可以进行无擦除刻度, 然后在丢失很少的情况下再用于测量。

15.5.3　环形磁铁

新实验项目的主要组成部分是一个直径 14m 的环形磁铁。μ 子轨道所在的场需要精确到几个 ppm, 但是当 μ 子在场内时无法使用 NMR 对其测量。需要停止运行, 关闭磁铁, 抽出真空室, 然后再把磁铁重新打开观测磁场。这个过程要重复很多次。鉴于此, Guido Petrucci 很巧妙地设计了一个可以开关的环形磁铁, 且其产生的场总可以保持一致 [27]。要实现这样的效果必须采用一些特殊的方案, 包括:

- 温度控制室;
- 内部装有水管的独立温控混凝土基底;
- 与铁隔离的线圈, 由地板独立支撑, 能够弹性弯曲以容纳热膨胀;
- 40 个相互靠近但并未相连的分立铁轭, 支撑类连续杆;
- 40 个独立的 NMR 探测器, 其上带有 40 个补偿线圈的反馈回路。

通常来说, 大型磁铁的线圈一般都是绑附在铁上。一旦磁铁打开, 强大的磁力和热膨胀效应就会使线圈移位、滑动和松弛。磁铁会发出吱嘎的噪声。移动会引起变化, 磁场不可能再完全回到原来状态。Petrucci 的设计避免了这些缺陷。他设计的环没有噪声。经过两天的预热阶段 (期间磁场变化大约只有 5ppm) 之后, μ 子轨道磁场平均值便达到一个稳定值, 上下浮动 1ppm。

40 根杆互相邻接, 但是因为铁轭之间的缝隙, 连接处的场比非连接处小400ppm。这并没有对 μ 子轨道或是其所在平均场的测量造成明显干扰。磁场在40 个点保持稳定, 因此没有轴向谐波产生。总之, 这个磁铁比后来利用超导线圈建立的 BNL 环在物理上要稳定得多。

15.5.4　π 粒子注入

实验中并非是将产生高本底的质子直接注入, 而是要将特定能量的 π 粒子带到恰好处于 μ 子储存区外部的环中。这就需要一个脉冲偏转器将粒子推到相切的轨道上。因为偏转器是一个闭合的同心线, 因此只有很小一部分脉冲场会泄漏到 μ 子储存区, 可以用拾波线圈进行测量并计算小修正。

　　π 粒子具有稍高一些的动量并且在旋转半圈之后穿过孔径中心。此处发生的 π－μ 衰变发射出储存 μ 子。它们来自于前向衰变，因此具有很高的极化率。π 粒子与储存环接受度相匹配，产生更多的 μ 粒子，并且计数器中的本底大大降低。用于探测衰变电子的探测器可以安置在环的各处。

　　磁场梯度为零时，磁场的平均值不依赖于假定的 μ 子径向分布。甚至理想状态下，平均磁场只在上下 2ppm 范围内浮动，相比于早先实验中 160ppm 的不确定度以及 7ppm 的最新统计精度来说是个非常大的提升。尽管 (g－2) 频率基本上与储存环内的 μ 子分布无关了，但是，在检验爱因斯坦时间膨胀时，还是要用到平均半径 (动量) 的准确值 (见后)。

15.5.5　径向分布

　　和以前一样，μ 子的径向分布可以通过分析早期 (即数据由转动束团调制的时期) 的计数模式得到。图 9 中可以同时看到转动信号和 (g－2) 调制。

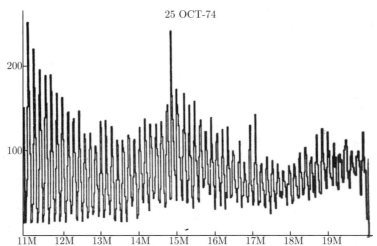

图 9　计数率随时间的变化 (11~20μs)，同时显示转动频率和 (g－2) 调制 (每一轮都采用在线计算机输出)。随着束流扩散到环内四周，转动信号消失。由转动数据的傅里叶变换可以得到 μ 子的径向分布

　　图 10 是计算得到的径向分布。未擦除数据与预期完全相符，由擦除造成的分布变窄也清晰可见。由平均旋转频率 ω_{rot} 可以得到相对论因子 γ

$$\gamma = 2\lambda\omega_{\mathrm{rot}}/g\omega_{\mathrm{p}} \tag{12}$$

其中，ω_{p} 是质子在相应磁场中的频率，$\lambda = \omega_{\mathrm{s}}/\omega_{\mathrm{p}}$ 可以由静止的 μ 子进动过程以及 μ 子偶素得到 [17]，g 可以从本实验得到，精度达到 10^{-8}，式 (12) 被用于检验时间膨胀。

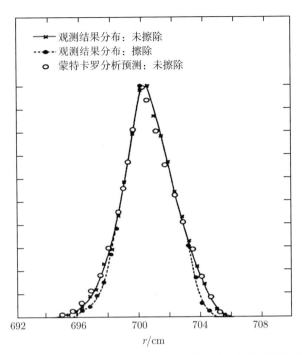

图 10 擦除 (黑点) 和未擦除 (×) 的转动数据傅里叶变换与预期相比较 (圆圈)

径向分布被用于计算电场修正 (1.7ppm) 和俯仰修正。当 $n = 0.135$，$v = 4\text{cm}$，$r = 700\text{cm}$ 时，俯仰修正为 0.5ppm。平均半径的统计误差一般为 0.1~0.2mm。

15.5.6 结果

图 11 是全部实验的衰变电子计数随储存时间变化的关系图，图中按照严格的指数衰减，显示了 534μs 的 $(g-2)$ 进动。μ 子的静止寿命是 2.2μs，这是非常可观的。对实验数据做最大似然拟合可以得到 $(g-2)$ 频率 ω_a。

在两年的时间内该实验独立运行了 9 次并各自拟合。考虑到场是由质子共振频率 ω_p 决定的，那么 $(g-2)$ 进动频率 ω_a 就可以通过比值 $R = \omega_s/\omega_p$ 得到。测量的 9 个 R 值 (6 个 μ^+ 的值和 3 个 μ^- 的值) 是一致的 (8 个自由度的 $\chi^2 = 7.3$)。主要结果就是得到如下的总平均值：

$$R = \omega_s/\omega_p = 3.707213(27) \times 10^{-3}(7\text{ppm}) \tag{13}$$

来自 ω_a 的统计误差为 7.0ppm，来自 ω_p 的统计误差为 1.5ppm。

利用式 (5) 结合当前的 λ 值就可以得到相应的反常磁矩。这个结果与参考文献 [28] 中发表的结果略有差异，因为使用了不同的 λ 值。结合 μ^+ 和 μ^- 数据，可以得到

$$a = 1165923(8.5) \times 10^{-9}(7\text{ppm}) \tag{14}$$

这个结果与理论相符。费曼截断 (1) 在 95% 置信限下提高到 $\Lambda = 23\text{GeV}$。

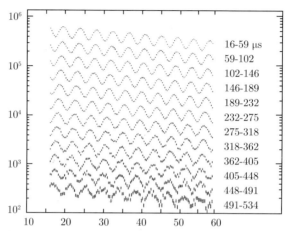

图 11　第二代 μ 子储存环, 图中显示了衰变电子计数随入射后时间的变化, 每条线对应的时间范围在右侧标出 (单位: ms)

15.6　总　　结

总的来说, 回旋加速器测量验证了 QED 基本理论并证实了 μ 子的类重电子行为。第一代储存环发现了 QED 展开中的 $(\alpha/\pi)^3$ 项 (光子–光子散射) 贡献很大。第二代储存环证实了 μ 子周围虚粒子云中的强子圈, 它大约贡献了 50ppm 的反常磁矩。

在研究 $(g-2)$ 的过程中, 理论和实验两个世界发生了碰撞。理论家们被各种玄妙的想法、波函数、振幅、几页纸的复杂公式等所包围。他们在计算了无尽的积分和经历了艰苦的演绎后提出了一个数值。实验家们则要应对纳秒量级、巨型磁铁、电子支架、复杂电缆, 以及脉冲光源等一系列问题。经过几年的努力, 他们也给出了一个数值。这两个世界完全不同。然而他们却给出了相同的答案, 并且精确到百万分之一, 这怎么可能呢? 但是这就是 $(g-2)$ 研究经久不衰的神秘之处。

15.7　相对论检验

15.7.1　爱因斯坦第二假设

CERN 关于狭义相对论第二假设 (即光速与光源的运动无关) 的直接检验并不广为人知 [29]。从 PS 靶出来的 γ 射线被证实是来自于飞行中的 π^0 衰变。一个铅玻璃制成的 Cherenkov 计数器能够筛选出能量为 6GeV 的 γ 射线。这些射线必然来自能量大于 6GeV 的 π^0 前向衰变，因此光源的速度大于 $0.99975c$。这些 γ 射线的速度会比正常的大吗？

计算 γ 射线的飞行时间，通常来说是不可能的，因为它们只发生一次相互作用。但是 PS 束流可以适时地被 RF 驱动器聚束，因此 π^0 和 γ 射线也都相应地被聚束。γ 射线束团经过实验室时可以按照 RF 的相位进行定时。当移动探测器时，相对相位发生改变。如果每次移位对应于一段 RF 时间周期，那么相对相位能够再次变得相同。这是一个灵敏的检验，即 γ 射线速度与光速相同，并且与定时电路的刻度无关。

图 12 给出了相关的实验数据。B 处的探测器比 A 处的探测器远离加速器一个 RF 波长，而且时间曲线看起来相同。图中所示从移动源发出的 γ 射线速度与标准光速一致，精确到 10^{-4}。这就在极高的速度下精确验证了第二假设。同时，它也是对任意 γ 射线速度最好的测量方法。

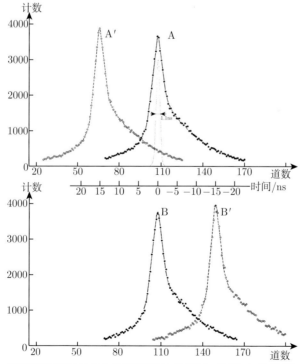

图 12 γ 射线到达时间与 PS 放射频率的关系图。位置 A 和位置 B 相隔一个 RF 波长。A′ 和 B′ 错开 4.5m，峰值也相应错开 15ns。比较 A 和 B 可以得到从运动 π^0 发出的 γ 射线的速度

15.7.2　飞行 μ 子寿命

测量圆周轨道中的 μ 子寿命是对相对论的一个严格检验。同时，也可以测量在静止时无法测量的 μ^- 寿命，从而对弱相互作用下的 CPT 守恒进行检验。

Einstein 的第一篇论文中讨论了双生子佯谬 [30]。它之所以被称为佯谬是因为，如果只强调相对运动，那么人们就会疑惑双生子中哪一个是移动的，而哪一个是静止的。区别在于回到同一个点时，双生子其中的一个必然经历过一段加速过程而另一个 (老一点的) 则没有经历这个过程。根据相对论，看起来是经历了加速过程的双生子要比原地不动的兄弟更年轻一些；这是一个很难用人类思维理解的结论，尽管那些开着高速跑车的人看起来确实比普通人要年轻一点。

第一代 μ 子储存环证实了时间膨胀的存在，第二代储存环则使测量更加精确了一步。

前面提到的擦除系统使丢失率降到最低。通过校准丢失探测器，可以对剩余丢失率 (约 0.1% 每个寿命周期) 测量做一个修正。如图 10 所示，由转动频率可以得到径向分布并且式 (12) 给出了平均值 $\gamma = 29.327(4)$。用静止寿命 [31] 2.19711μs 乘以相对论因子 γ 就得到了预期寿命 64.435μs，这个值与实验值 64.378μs 非常接近。因此，Einstein 的时间膨胀理论在千分之 0.9 ± 0.4 的精度上得以确认。进一步的讨论可以参见 Bailey 等的文章 [32]。

这是已报道的在圆周轨道内对时间膨胀的最好测量。μ^- 的寿命与 μ^+ 的相同。

致谢

仅以此文章表达我对尊敬的同事 Emilio Picasso，Simon van der Meer 和 Frank Krienen 的诚挚谢意。

参 考 文 献

[1]　F. J. M. Farley Y. K. Semertzidis, *Prog. Part. Nucl. Phys.* **52**, 1 (2004).

　　　F. J. M. Farley and E. Picasso, *Annu. Rev. Nucl. Part. Sci.* **29**, 243 (1979).

　　　F. Combley, F. J. M. Farley and E. Picasso, *Phys. Rep.* **68**, 2 (1981).

　　　F. J. M. Farley, *Cargese Lectures in Physics* Vol 2, ed. M. Levy (1968), pp. 55-117.

[2]　F. J. M. Farley and E. Picasso, "The muon (g-2) experiments" in *Quantum Electrodynamics*, ed. T. Kinoshita (World Scientific, 1990), pp. 479-559.

[3]　S. Goudsmit and G. Uhlenbeck, *Zeit. Phys.* **35**, 618 (1926).

[4]　P. A. M. Dirac, *Proc. Roy. Soc.* **117**, 610 (1928); *ibid.* **118**, 351 (1928).

[5]　P. Kush and H. M. Foley, *Phys. Rev.* **72**, 1256 (1947); *ibid* **74**, 250 (1948).

[6]　J. S. Schwinger, *Phys. Rev.* **73**, 416 (1948); **76**, 790 (1949).

[7] T. Kinoshita, "Theory of the Anomalous Magnetic Moment of the Electron" in *Quantum Electrodynamics*, ed. T. Kinoshita (World Scientific, 1990), pp. 218-321.

[8] G. W. Bennett *et.al.*, *Phys. Rev.* D **73**, 072003 (2006).

[9] A. Petermann, *Helv. Phys. Acta* **30** 407 (1957); *Phys. Rev.* **105**, 1931 (1957).

[10] B. E. Lautrup, A. Petermann and E. de Rafael, *Phys. Rep.* **3C**, N4 (1972).

[11] W. H. Louisell, R. W. Pidd and H. R. Crane, *Phys. Rev.* **91**, 475 (1953).
A. A. Schupp, R. W. Pidd and H. R. Crane, *Phys. Rev.* **121**, 1 (1961).

[12] V. B. Berestetskii, O. N. Krokhin and A. X. Klebnikov, *Zh. Eksp. Teor. Fiz.* **30**, 788 (1956), Transl. *JETP* **3**, 761 (1956).
W. S. Cowland, *Nucl. Phys* **8**, 397 (1958).

[13] R. L. Garwin, L. Lederman and M. Weinrich, *Phys. Rev.* **105**, 1415 (1957).
J. I. Friedman and V. L. Telegdi, *Phys. Rev.* **105**, 1681 (1957).

[14] W. K. H. Panofsky, in *Proc. 8th Int. Conf. on High Energy Physics*, CERN, Geneva ed. B. Ferretti (1958), p. 3.

[15] H. A. Tolhoek and S. R. DeGroot, *Physica* **17**, 17 (1951); H. Mendlowitz and K. M. Case, *Phys. Rev.* **97**, 33 (1955).
M. Carrassi, *Nuovo Cimento* **7**, 524 (1958).

[16] V. Bargmann, L. Michel and V. L. Telegdi, *Phys. Rev. Lett.* **2**, 435 (1959).

[17] W. Liu *et al.*, *Phys. Rev. Lett.* **82**, 711 (1999).
D. E. Groom *et al.*, *Eur. Phys. J. C* **15**, 1 (2000).

[18] F. J. M. Farley, *Computation of particle trajectories in the CERN cyclotron*, CERN yellow report 59-12 (1959).

[19] G. Charpak, F. J. M. Farley, R. L. Garwin, T. Muller, J. C. Sens, V. L. Telegdi and A. Zichichi, *Phys. Rev. Lett.* **6**, 128 (1961).
G. Charpak, F. J. M. Fariey, R. L. Garwin, T. Muller, J. C. Sens and A. Zichichi, *Phys. Lett.* **1**, 16 (1962).
G. Charpak, F. J. M. Farley, R. L. Garwin, T. Muller, J. C. Sens and A. Zichichi, *Nuovo Cimento* **37**, 1241 (1965).

[20] F. J. M. Farley, *Proposed high precision (g − 2) experiment*, CERN Intern. Rep. NP 4733 (1962).

[21] H. Dingle, *Special theory of relativity*, Methuen (1940); *Science at the Crossroads* (Martin Brian & O' Keeffe, London, 1972).

[22] F. J. M. Farley, *Nucl. Inst. Methods* **28**, 279 (1964).

[23] F. J. M. Farley, J. Bailey, R. C. A. Brown, M. Giesch, H. Jöstlein, S. van der Meer, E. Picasso and M. Tannenbaum, *Nuovo Cimento* **45**, 281 (1966).
J. Bailey, G. von Bochmann, R. C. A. Brown, F. J. M. Farley, H. Jöstlein, E. Picasso and R. W. Williams, *Phys. Lett. B* **28**, 287 (1968).
J. Bailey, W. Bartl, G. von Bochmann, R. C. A. Brown, F. J. M. Farley, M. Giesch,

H. Jöstlein, S. van der Meer, E. Picasso and R. W. Williams, *Nuovo Cimento A* **9**, 369 (1972).

[24] J. Aldins, T. Kinoshita, S. J. Brodsky and A. J. Dufner, *Phys. Rev. Lett.* **23**, 441 (1969).

J. Aldins, S. J. Brodsky, A. J. Dufner and T. Kinoshita, *Phys. Rev. D* **1**, 2378 (1970).

[25] See F. J. M. Farley, *G minus TWO plus Emilio*, Colloquium in honour of Emilio Picasso (1992), CERN-OPEN-2002-006.

[26] F. J. M. Farley, *Phys. Lett.*, **42B**, 66 (1972).

J. H. Field and G. Fiorentini, *Nuovo Cimento A* **21**, 297 (1974).

[27] H. Drumm, C. Eck, G. Petrucci and O. Rúnolfsson, *Nucl, Inst. Methods* **158**, 347 (1979).

[28] J. Bailey, K. Borer, F. Combley, H. Drumm, C. Eck, F. J. M. Farley, J. H. Field, W. Flegel, P.M. Hattersley, F. Krienen, F. Lange, G. Lebee, E. McMillan, G. Petrucci, E. Picasso, O. Rúnolfsson, W. von Rüden, R. W. Williams and S. Wojcicki, *Nucl. Phys. B* **150**, 1 (1979).

[29] T. Alväger, J. M. Bailey, F. J. M. Farley, J. Kjellman and I. Wallin, *Phys. Lett.* **12**, 260 (1964); *Arkiv för Fysik* **31**, 145 (1966).

[30] A. Einstein, *Ann. der Phys.* **17**, 891 (1905).

[31] M. P. Balandin, V. M. Grebenyuk, V. G. Zinov, A. D. Konin and A. N. Ponomarev, *J. Exp. Theor. Phys.* **40**, 811 (1974).

[32] J. Bailey, K. Borer, F. Combley, H. Drumm, F. J. M. Farley, J. H. Field, W. Flegel, P. M. Hattersley, F. Krienen, F. Lange, E. Picasso and W. von Rüden, *Nature* **268**, 301 (1977); see also F. Combley, F. J. M. Farley, J. H. Field, and E. Picasso, *Phys. Rev. Lett.* **42**, 1383 (1979).

第16篇　CERN 同步回旋加速器 π 稀有衰变的发现

Giuseppe Fidecaro

CERN, CH-1211 Geneva 23, Switzerland

giuseppe.fidecaro@cern.ch

刘瑞荣　译

中国科学院高能物理研究所

1957 年 CERN 600MeV 同步回旋加速器开始运行, 先后在 1958 年和 1962 年探测到带电 π 的两种缺失的 β 衰变, 为普适 V-A 耦合提供了至关重要的验证。

16.1　引　言

1955 年 10 月, 已诞生一年的 CERN 仍处于建设状态, 它的两个加速器, 即 25GeV 质子同步加速器 (PS) 和 600MeV 同步回旋加速器 (SC) 才刚奠基, 首批建筑物仍在建设中。1956 年中, 同步回旋加速器的建造进入尾声, 实验物理学家开始陆续在 SC 分部聚集。1957 年, 当 CERN 同步回旋加速器开始加速质子时, 第一批建筑物完工, 为当时生活在日内瓦机场木质营房的物理学家提供了办公场所。于是充满活力的 SC 分部吸引了大批来自欧洲和美国的物理学家, 以及来自其他国家的访问学者。

得益于其他实验室的经验, SC 的物理学家和工程师开始发展和构建实验装置的核心单元, 如闪烁计数器、各种电子学电路板, 以及模拟 SC 环境以检验电子学电路板 [1] 的 "同步回旋加速器模拟装置"。其中一个非常有效的电子装置是基于水银开关继电器并由 50Hz 交流电网驱动的脉冲产生器。一位来自布鲁克海文的访问教授于 1957 年在 CERN 构建了这种在美国已被广泛使用, 但在欧洲却无人知晓的脉冲产生器, 并在纳秒级别的工作中发挥了极其宝贵的作用。

1957 年, 工程师们做好了加速粒子的准备。7 月 16 日, 在获得 SC 工程师的同意后, 我与 Tito Fazzini 在同步回旋加速器大厅安装了用以检测背景辐射的闪烁计数器, 同时在附近的实验厅安装了一部带着笔式记录装置的计数器。1957 年 8

月 1 日，一个稳定的计数率被获取，这一天即被定为 CERN SC 首次运行的官方日期。这个具有意义的时间被记录在一张纸上，分部主管 Wolfgang Gentner，以及 Tito Fazzini、Alec Merrison 和我等所有在场人员都在其上郑重签名。我们是第一批在 CERN 看到粒子被加速的物理学家。在之后的几年里，SC 获得了大量非常有趣的实验结果，本文将介绍其中最重要的两项。

16.2　普适费米相互作用和 π 衰变：两个并行的故事

16.2.1　π 介子发现之前的弱相互作用

1934 年 Fermi 提出 β 衰变理论 [2]，指出 β 衰变直接放出电子和中微子这一对轻粒子。之后，Yukawa 于 1935 年提出核力的介子理论 [3]，指出核力交换是由带电或中性中间粒子的发射和吸收所导致，该中间粒子被汤川命名为介子。费米理论和汤川理论存在分歧：汤川理论认为电子和中微子对来源于中间介子的衰变，而费米理论则是基于电子和中微子对的直接发射，并没有中间粒子。

1936 年，汤川预言的质量介于电子和质子之间的带电粒子在宇宙线中被发现，由此汤川理论获得全面支持。这个称为介子的新的宇宙线粒子，被确定为汤川理论中的介子，介子之间的相互作用亦被称为汤川相互作用。介子被认为是强相互作用的载体。

众所周知，1940 年 Møller、Rosenfeld 和 Rozenthal[4] 提出宇宙线介子分为两种类型，一种平均寿命为 10^{-8} s 量级，另一种平均寿命为 10^{-6} s 量级。同年，Sakata[5] 为理解这些介子的平均寿命，将汤川相互作用 $N \leftrightarrow P + \Pi^-$ 与费米 β 衰变相互作用 $N \leftrightarrow P + e^- + \bar{\nu}$ 结合起来描述介子，即 $\Pi^- \to \bar{P} + N \to e^- + \bar{\nu}$，以及电荷共轭 Π^+ 衰变。这里用费米符号 Π 标志汤川介子 [6]（当时 π 介子尚未被发现）。

在对费米理论和汤川理论讨论的同时，原子核 β 衰变和宇宙线的实验工作也收获了大量信息。1947 年，Conversi、Pancini 和 Piccioni[7] 在罗马发现，宇宙线辐射中带负电的介子在碳元素中停滞，未被原子核捕获，而是衰变到一个电子和一个中性粒子 (中微子或 γ 射线)，与带正电的介子行为一致。

同年，Pontecorvo[8] 首先注意到在补偿了裂变能的差异和 K 壳及介子轨道体积的差异后，带负电束缚介子的俘获率 (约 10^6s^{-1}) 与普通 K 俘获过程的俘获率为同一量级。由此，Pontecorvo 呼吁大家关注电子和介子 (或 mesotrons) 与原子核的耦合常数可能相等，并基本上确定了 J. Tiomno 发明的表示普适弱相互作用的普比三角形 [9] 的两边。

之后的几年里，Pontecorvo 的观点由其他作者 (Clementel-Puppi、O. Klein、Lee-Rosenbluth-Yang、Leite Lopes、Marty-Prentki、Puppi、Tiomno-Wheeler) 发展成更

一般的普适费米相互作用，即各种弱过程都是单一基本相互作用 (Sakurai，1964) 的不同表现形式，这就是"普适"的含义。"普适费米相互作用"一词由 Yang 和 Tiomno[10] 于 1950 年提出。

16.2.2 π 介子发现之后的弱相互作用

1947 年，在布里斯托尔的核乳胶宇宙射线 [11] 中，发现了真正的 π 介子，并于第二年被 Gardner 和 Lattes[12] 在伯克利同步回旋加速器中探测到。布里斯托尔组发表了 π 介子 β 衰变的两个例子，但令人不解的是，衰变产物不是电子，而是叫做 μ 子的新介子。电子既没被 Bishop、Burfening、Gardner 和 Lattes[13] 在伯克利同步回旋加速器中发现，也没被 Lattes[14] 在核乳胶实验中发现。

由于狄拉克粒子之间的费米耦合常数可能是相等的观念正在发展，因而电子衰变的缺失成了一个谜。例如，1950 年 Fermi 在耶鲁的报告中讨论了以下三个相互作用 [6]：

$$N \to P + e + \overline{\nu} \quad (\beta衰变) \tag{1}$$

$$\mu \to e + \nu + \overline{\nu} \quad (\mu衰变) \tag{2}$$

$$P + \mu^- \to N + \nu \quad (\mu^- 俘获) \tag{3}$$

Tiomno 和 Wheeler[15]，Lee、Rosenbluth 和 Yang[16] 以及其他研究者发现，这些耦合常数近似相等，即使误差不可被忽略。

然而，由于 π − eν 衰变从未被观测到，上述三个相互作用 (1)、(2) 和 (3) 的耦合常数的相等性还不足以证明普适费米相互作用成立。

1949 年，Ruderman 和 Finkelstein[17] 在对不同类型的介子计算了 π − eν 相对于 π − μν 的比率及费米耦合常数后指出，虽然无法得到绝对的比率值，但该比率独立于发散积分，仅是 π、电子、μ 质量的函数：

$$R = \frac{\Gamma(\pi \to e\nu)}{\Gamma(\pi \to \mu\nu)} = \left(\frac{M_\pi^2 - M_e^2}{M_\pi^2 - M_\mu^2}\right)^2 \times \frac{M_e^2}{M_\mu^2} = 1.28 \times 10^{-4} \quad (\text{赝矢量耦合})$$

$$R = \frac{\Gamma(\pi \to e\nu)}{\Gamma(\pi \to \mu\nu)} = \left(\frac{M_\pi^2 - M_e^2}{M_\pi^2 - M_\mu^2}\right)^2 = 5.49 \quad (\text{赝标量耦合})$$

对矢量、标量和张量相互作用的情形，π − μν 和 π − eν 衰变都是禁戒的。

1949 年，基于 Pauli 和 Villars 处理发散的减除方法，Steinberger[18] 尝试计算了各种类型介子的衰变率和耦合常数。如果用衰变率结果来计算 R，可以得到与 Ruderman 和 Finkelstein 相同的结果。

　　总之，存在对 R 值的明确预测，根据 Ruderman 和 Finkelstein 的观点，任何关于 π 介子耦合到核子的理论也预言了 $\pi - e\nu$ 衰变。然而这个衰变还未被观察到。与 $\pi - \mu\nu$ 衰变相比，可以将 $\pi - e\nu$ 衰变简单地认为是稀有事例吗？

　　一方面，开展 $\pi - e\nu$ 衰变的系统寻找非常重要，另一方面，在 20 世纪 40 年代末至 50 年代初，用标量 (S) 和张量 (T) 耦合来解释原子核 β 衰变的弱相互作用很受青睐。从 Wu 和 Muszowski[19] 文中看出，$\pi - e\nu$ 衰变的缺失并没有引起物理学家过多关注，因为 5 个可能的耦合中只有 A 和 P 能够构成赝标量 π 介子的场及 1 个四矢量，代表了中间态的非局域性质。因此，A 和 P 耦合可用来归纳赝标量介子的衰变，而其他 3 个 (S, V, T) 是禁戒的。如果 A 和 P 都在 π 介子衰变中缺失，则 $\pi - e\nu$ 衰变是自然禁戒的。

　　首次使用放置于伯克利的乳胶来寻找 $\pi - \mu\nu$ 衰变的是 Frota-Pessôa 和 Margem[20]。他们发现了 200 个 $\pi - \mu\nu$ 衰变，但没发现 $\pi - e\nu$ 信号 ($R < 0.5 \times 10^{-2}$)。接着，1951 年 Smith[21] 研究了同样放置于伯克利的乳胶，发现 $R = (-0.3 \pm 0.4) \times 10^{-2}$ ("· · · 小于 1% 且可能为 0· · ·")。

　　最敏感的乳胶实验由 Friedman 和 Rainwater[22] 完成，实验结果发表于 1951 年。在放置于尼维斯同步回旋加速器的核乳胶中，他们发现 "· · · 1 或者 0 个 $\pi - e$ 事例相较于 1419 个 $\pi - \mu$ 事例 · · · ($R \leqslant 7 \times 10^{-4}$)"。

　　Friedman 和 Rainwater 的实验明确了仅可通过计数实验来降低对 R 限制的结论。Lokanathan 和 Steinberger[23] 于 1954 年用图 1 的装置开展了首个该类型实验，来自尼维斯同步回旋加速器的 π^+ 束流停止于细薄的 CH_2 靶，具有不同厚度 CH_2 吸收体的闪烁计数测迹仪探测到其衰变出的正电子。大部分数据被厚度为 23cm 的吸收体获取，约有 55MeV 来自电离的能量损失，该吸收体也是 $\mu^+ \to e^+ \nu \bar{\nu}$ 衰变的终点。然而，一些正电子仍可通过轫致辐射到达望远镜。因此，尽管存在一个 23cm 厚的吸收体，望远镜仍可看到从 $\pi - e\nu$ 衰变出的约 70MeV 的正电子，及更多的来自 $\mu^+ \to e^+ \nu \bar{\nu}$ 衰变的正电子的尾巴。他们测出 $R = (-0.3 \pm 0.9) \times 10^{-4}$，并得出结论："π 对称地耦合到 μ 似乎不太可能"。

　　1954 年夏天，听了 Steinberger 在意大利科莫湖瓦伦纳物理学校的关于首批实验结果的报告后，我开始对 $\pi - e\nu$ 衰变产生兴趣。三年后的 1957 年 6 月 12 日，Herbert Anderson 在 CERN 做的有关他和 Lattes 对 $\pi - e\nu$ 衰变研究的报告使我的兴趣变得愈加强烈。这个发表于 π 介子被发现 10 年后的 1957 年 12 月 1 日的实验[24]，产生了非常显著的负向影响。他们用磁谱仪测量了被停止的 π^+ 介子衰变出来的电子的动量分布 (见图 2)，预期该方法可更高地排除 μ^+ 衰变的电子，因此对 $\pi^+ \to e^+ \nu$ 衰变很敏感，使得 R 值达到远低于 10^{-4} 的水平。该谱仪应用与 98MeV 正电子具有相同曲率的 5.15MeV 的 α 粒子来刻度。再一次地，测出 $R = (-4.0 \pm 9.0) \times 10^{-6}$，没发现 $\pi^+ \to e^+ \nu$。作者总结如下："这显然在统计上非常显著, 因而 R 大于 2.1×10^{-5} 的可能性仅为 1%".

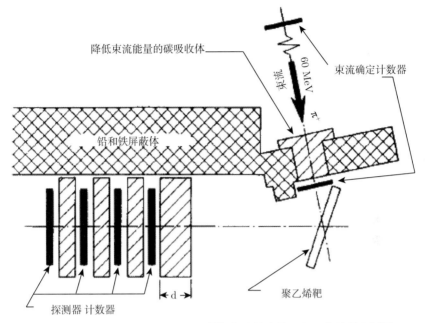

降低束流能量的碳吸收体

束流确定计数器

铅和铁屏蔽体

60 MeV

束流

π^+

探测器 计数器

d

聚乙烯靶

图 1 Lokanathan 和 Steinberger[23] 实验的计数器和吸收体的布置图

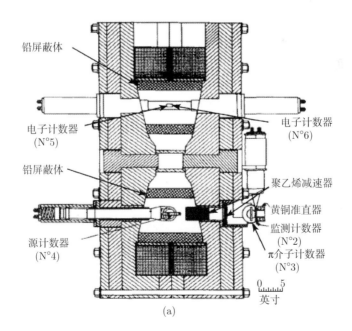

铅屏蔽体

电子计数器
(N°5)

电子计数器
(N°6)

铅屏蔽体

聚乙烯减速器

黄铜准直器

监测计数器
(N°2)

源计数器
(N°4)

π介子计数器
(N°3)

0 5
英寸

(a)

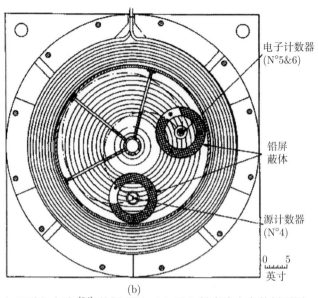

(b)

图 2　芝加哥谱仪实验 [24] 的剖面图。(a) 沿入射束流方向的剖面图，π 从右边平行于磁场方向入射，穿过准直管后停止于计数器 4；(b) 垂直于磁场方向穿过正中面的剖面图

了解芝加哥的结果后，我与 Fazzini 及 Merrison 进行了多次讨论。他们对这个课题也很感兴趣，但当时我们觉得开展实验的可能性还相当遥不可及。

1957 年下半年，三个非常令人欣慰的关于普适费米相互作用的方案被先后提出：

● 7 月 16 日，Feynman 和 Gell-Mann 提交了著名文章 "费米相互作用理论"，提出普适 V-A 形式 [25]。文章中写到："实验中没发现 π − eν 衰变，表明比率 (到 π − eν) 小于 10^{-5}。这是一个非常严重的偏差，作者没有任何解决这个问题的方法。" 接着，在文章的结尾总结到："对作者来说，这些理论观点与 ^{6}He 反冲实验及一些其他精度较低的实验的不一致性，足以表明这些实验都是错的。π − eν 问题需要一个更巧妙的解决方案"。

● 9 月 22 日至 28 日，在帕多瓦和威尼斯召开 "介子和最新发现粒子" 国际会议，Sudarshan 和 Marshak 提交了文章 [26] "四费米子相互作用本质"，对一些实验结果的可靠性提出质疑，尤其是 π − eν 衰变寻找的质疑。

● 10 月 31 日，Sakurai 提交文章 [27] "质量反转和弱相互作用"，提出了相同的质疑。

Sudarshan 和 Marshak 强调，尽管矢量和轴矢量的混合是唯一的普适四费米子相互作用，同时也可能拥有许多优美的性质，但显然一些已发表的和未发表的实验结果与理论假设不一致。他们列出四个需要重做的实验，只要其中任何一个实验被证实，将可能有必要抛弃普适 V-A 四费米子相互作用的假设，或者至少得抛弃两分量中微子理论和轻子守恒假设中的一个。

可能是由于技术原因，帕多瓦–威尼斯会议的会议文集直到 1958 年中才得以发布，因而重做实验的建议未能得到广泛传播。尽管 Fazzini、Merrison 和我都对 π 实验感兴趣，但我们错过了 Sudarshan 在 Heisenberg 主持的关于奇异粒子会场的报告，这使得我们在几年后才得知这个重做试验的建议。

然而，以上文章引发的关注也使大家意识到实验的困难。^{6}He 反冲实验，也就是在测量 ^{6}He→^{6}Li+e$^-$ + $\bar{\nu}$[28] 衰变中电子–中微子角相关性中，需要张量 (T) 的耦合，这显然是非常困难的，尤其在缺失的 $π - e\nu$ 衰变中更为严重。但也有一些令人鼓舞的迹象，因为在 1958 年 1 月美国物理学会 (APS) 的纽约会议上，一篇在截稿日后才被接收的文章指出 ^{6}He 反冲实验须得重做，不过该文章没提到缺失的 $π - e\nu$ 衰变。

这些问题在 1958 年 CERN 加速器的首个粒子实验中得以解决。寻找 $π^+ \to e^+\nu$ 衰变的实验 [29]，是 "将 CERN 置于高能物理研究版图"[30] 的重要实验，开启了历时悠久的 CERN 参与弱相互作用物理领域实验研究的传统。这被认为是欧洲人的成功，也是 CERN 600MeV SC—— 一台在 26GeV 质子同步加速器开始运行之前就尽可能早的在欧洲开展研究、具有正确的构思的机器的成功。

16.3 π 介子衰变到电子和中微子：CERN 的发现

Feynman 和 Gell-Mann[25] 于 1958 年 1 月发表了以普适 V–A 形式描述弱相互作用的文章。虽然没注意到这篇文章，但我在纽约的 APS 会议上听了 Feynman 关于 V–A 理论的大会邀请报告。报告的第一部分精辟描述了 V–A 理论及其成就，第二部分介绍了对于 $π \to \mu\nu$ 衰变，如何强烈压制 $π \to e\nu$ 衰变的一些观点。这可能是他同年夏天在 CERN 举行的欧洲国际高能物理会议邀请报告 "$π - β$ 衰变的禁戒性" 的预演 [31]。Feynman 认为 $π \to e\nu$ 衰变被强烈压制的原因是弱衰变振幅的领头阶被大的辐射修正所抵消。

Feynman 的主张并不令人信服，因为辐射修正被认为在其他过程中仅带来百分之几量级的影响。我决定无论正确与否，在不考虑谱仪磁场的情况下，使用 CERN SC 用尽量简单的探测器去寻找 $π^+ \to e^+\nu$ 衰变，将 $π^+$ 介子终止于闪烁计数器，并用示波器屏幕显示来自计数器的信号。该电子学系统可应用于计数器和吸收体的排列，类似 Lokanathan 和 Steinberger[23] 用过的装置。两个实验的关键差别是他们使用惰性 CH_2 靶来终止 $π^+$ 介子。

这个实验易于筹备且能快速获得结果，但可能会因为 $π \to e\nu$ 衰变根本不存在或没有磁谱仪而不被批准。认为 $π \to e\nu$ 衰变根本不存在或衰变率远小于理论预期的观点是非常强烈的, 这可能导致极少数的负责人同意批准实验 (迄今为止, 至少在文献中, 没有任何一个委员会批准一个比之前未获结果的实验敏感度还低的实验寻找)。

以前的实验是通过完全吸收计数器或磁场的偏转来测量衰变电子的能量, 以分离 $\pi^+ \to e^+\nu$ 衰变的电子和 $\pi^+ \to \mu^+ \to e^+$ 衰变链的电子。来自 $\pi^+ \to \mu^+ \to e^+$ 衰变链的电子主要本底静止时的最大能量约为 53MeV, 而来自 $\pi^+ \to e^+\nu$ 衰变的电子约有 70MeV 的能量。在 Lokanathan 和 Steinberger[25] 的实验中, 能量的测量由不同厚度的计数器望远镜实现。

1958 年, Fazzini、Fidecaro、Merrison、Paul 和 Tollestrup 开展了 SC 实验 [29]。2 月建造探测器, 5 月建设完工, 6 月 23 日首次带束流运行。

探测器的布局如图 3 所示。尽管计数器和吸收体的装置与 Lokanathan 和 Steinberger[23] (见图 1) 的实验类似, 但在 SC 实验中从 $\pi^+ \to \mu^+ \to e^+$ 衰变分辨出

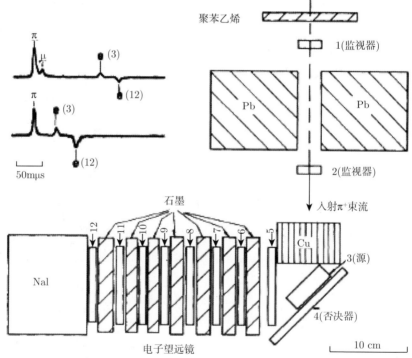

图 3　SC 实验 [29] 的布局图, 左上的两个示波器迹线图分别是快速示波器记录下的典型 $\pi^+ \to \mu^+ \to e^+$ 和 $\pi^+ \to e^+\nu$ 信号 (时间刻度单位为 "毫微秒"(mµs), 现在称为 "纳秒"(ns))。计数器 3 是一个使入射 π^+ 停止的活性靶, NaI 计数器在最后的分析中没有使用

$\pi^+ \to e^+\nu$ 衰变的方法却完全不同。正如前面所述,在 SC 实验中,π^+ 介子是被活性靶停止,也就是在塑料闪烁体内以光学的方式耦合到光电倍增管。

π^+ 停止后的衰变电子,无论来自 π^+ 还是 μ^+ 衰变,开启了时间窗口与示波器迹线长度相等的门控信号。该门控信号打开 π^+ 停止信号 (适当延迟) 的门,接着启动示波器的迹线。迹线总是在 π^+ 停止信号对应的时刻开始,通过将停止信号的时刻往前移动适当延迟后,可查看原始 π^+ 信号到达之前的迹线。图 3 显示了两种典型的示波器迹线。位于上方的迹线相应于一个 $\pi^+ \to \mu^+ \to e^+$ 衰变的事例,在 π^+ 停止后的第二个信号与 $\pi^+ \to \mu^+$ 衰变出来的 μ^+ 关联,标记为 $e(3)$ 的第三个信号与 $\mu^+ \to e^+$ 衰变的正电子关联。位于下方的迹线中有两个来计数器 3 的信号,这两个信号之间没有中间 μ^+ 信号,符合 $\pi^+ \to e^+$ 衰变事例的行为预期。这两种迹线中,标记为 $e(12)$ 的信号由计数器 12 得到,经过适当延迟后,当电子穿过所有石墨吸收体到达计数器 12 后,在迹线中与信号 $e(3)$ 一起出现。

π^+ 停止信号后示波器迹线的长度是 π^+ 寿命的数倍,但仅为 μ^+ 寿命的一小部分 (π^+ 的寿命约为 26ns,而 μ^+ 的寿命为其 80 倍以上)。在正常运行条件下,每小时仅能记录到少量的示波器迹线。

在 Lokanathan 和 Steinberger 的实验 [23] 中,仍可使用入射 π^+ 信号,但由于惰性 CH_2 靶中看不到 μ^+,因而在 $\pi^+ \to \mu^+ \to e^+$ 衰变链中无法探测到中间 μ^+ ($\pi^+ \to \mu^+$ 衰变中的 μ^+ 静止在 CH_2 中的射程小于 1mm)。

图 4 是 SC 实验的靶区域照片,而图 5 是用来记录入射 π^+ 介子被停止于闪烁体后所产生信号的快速示波器和相关照相机。图 6 则是 SC 实验的计数房间内的电子学机架。

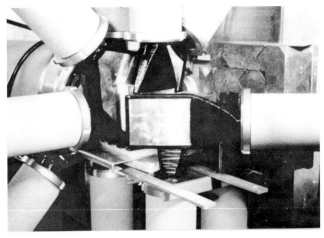

图 4　SC 实验的靶区域的计数器安装图 [29]

图 5　SC 实验中装配照相机的用于记录信号的行波快速示波器 [29]。黑板上可见首个结果的讨论记录手迹, 其中包括 R 的初步下限, 表明照片摄于 1958 年 8 月底

图 6　SC 实验的计数房间内的主要电子学机架 [29]

　　我在选择从 $\pi^+ \to \mu^+ \to e^+$ 衰变链中分辨 $\pi^+ \to e^+\nu$ 衰变的 SC 实验方法 [29] 时, 受到 Janes 和 Kraushaar[32] 于 1953 年在 M.I.T 的 300MeV 电子同步回旋加速器中单光电倍增管实验 [32] 的影响。他们在 90° 方向测量了 π^+ 介子在氢和碳中的光致产生截面, 探测到的能量低至 10MeV。为了从稳定粒子本底中鉴别出 π^+ 介子, 他们通过测量 $\pi^+ \to \mu^+$ 在快速示波器迹线中的两个连续信号, 研究了 π^+ 被停止于闪烁体后的 π^+ 衰变的独特性质。

实验结果

　　图 7 是实验的第一个结果, 对于 $\pi^+ \to \mu^+ \to e^+$ 事例和 $\pi^+ \to e^+$ 候选者, 电

子数率均用吸收体厚度的函数来表示。假的 $\pi^+ \to e^+\nu$ 衰变的干扰, 比如由于靶中的 μ^+ 信号在时间上太接近 π^+ 信号而无法从 π^+ 中分辨出来的 $\pi^+ \to \mu^+ \to e^+$ 事例, 被较小厚度的吸收体直接测量, 其电子数率主要来自 $\pi^+ \to \mu^+ \to e^+$ 衰变的贡献。共有 40 个 $\pi^+ \to e^+\nu$ 衰变的候选者被厚度为 $30 \sim 34 g/cm^2$ 的吸收体观察到, 预估假的 $\pi^+ \to e^+\nu$ 衰变事例数为 4 个。40 个候选事例的正电子时间分布具有衰变常数 $\tau = 22 \pm 4$ ns 的指数分布, 符合已知 π^+ 的寿命。

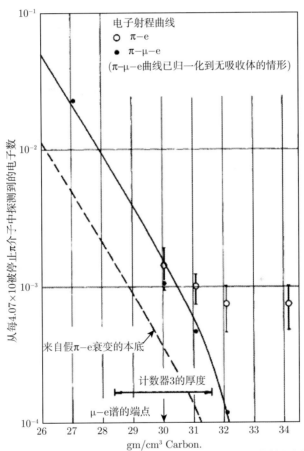

图 7　SC 实验测出的 $\pi - \mu - e$(实心圆) 和 $\pi - e$(空心圆) 的射程图 [29]。实心曲线为穿过 $\pi - \mu - e$ 点的光滑线, 虚线为未识别的 $\pi - \mu - e$ 事例的射程线, 在无吸收体的实验中用电子望远镜得到。未识别的 $\pi - \mu - e$ 事例占总事例的 0.23

　　需要强调的是, 与 Lokanathan 和 Steinberger[23] 的实验不同, $\pi^+ \to e^+\nu$ 衰变的选择依赖于示波器波形中仅有的两个信号的出现, 而不是正电子穿越的吸收体厚度。事后表明, 这个实验应该用一个简单的内含两个计数器且在其中放置一个可变厚度吸收体的电子望远镜来实现。

　　这些实验结果在 1958 年 CERN 举行的国际高能物理会议得以公布。1958 年
9 月 1~13 日举行的第二届联合国和平利用原子能国际会议中的基础和高能物理非
正式分会上，我于 9 月 4 日星期四首次报告了这些结果。分会场由 Weisskopf 主持，
科学秘书是 I. Ulehla 和 A. Salam。与其他分会场众多的听众相比，这个会场只有
3 个报告人，听众仅有 30 人左右。Feynman 听了我的报告且非常感兴趣。CERN
的实验结果被几个受邀报告人和会议的总结报告 [33] 引用。

　　图 7 中的结果为 $\pi^+ \to e^+\nu$ 衰变的首个实验证据。为得到 R 值，必须估计正
电子的探测效率 (这在当时不是很重要，因为电子计算机仍处于初期阶段)。在缺乏
精确了解探测效率的情况下，该观测给出 R 的下限为 $R > 4 \times 10^{-4}$[29]，符合 V−A
理论的预期。

　　1958 年底，来自卡耐基梅隆大学的 Julius Ashkim 加入工作组，开发出蒙特卡
罗程序，为正电子探测效率的计算做出了重要贡献。这些计算首先在罗马利用国家
研究委员会 (C.N.R) 的计算机，之后在 CERN 的第一台电子计算机 (英国制造的
Ferranti Mercury 计算机) 完成。文章发表于 1959 年，包括探测效率的计算结果，
给出 R 值为 $(1.22 \pm 0.30) \times 10^{-4}$[34]。该结果符合 A 耦合的电子-μ 子普适性，但与
芝加哥实验 [24] 的结果不一致。

　　这个实验结果很快被哥伦比亚组 [35] 证实。他们通过重新分析处于 0.88T 磁
场的停止在液氢气泡室的 65000 个 π^+ 粒子，发现了 $\pi^+ \to e^+\nu$ 事例的证据。

　　将 1958 年同步回旋加速器测出的 R 值与目前 R 的世界平均值 [36] $R = (1.230 \pm
0.004) \times 10^{-4}$ 进行比较，结果很有意思。

16.4　首次观测到 $\pi^+ \to \pi^0 e^+ \nu$ 衰变

　　1962 年 SC 开展了更为重要的实验，实现了对 π 的 β 衰变模式 $\pi^+ \to \pi^0 e^+ \nu$
的首次测量。这为理论提供了极好证明，衰变率能被理论可靠地预言。该衰变是一
个同位旋三重态中两个级别之间的 $0^- - 0^-$ 的跃迁，因此是一个 "特别允许" 的纯
费米跃迁。这种跃迁的强度可从原子核 β 衰变中得到，考虑不同的相空间修正后，
衰变率可以预期为 $\Gamma(\pi^+ \to \pi^0 e^+ \nu) = (0.393 \pm 0.002)s^{-1}$，对应一个非常小的分支
比: $B(\pi^0 e^+ \nu) = 1.02 \times 10^{-8}$。

　　Depommier、Heintze、Mukhin、Rubbia、Sörgel 和 Winter(Mukhin 是来自苏联
社布纳联合核子研究所 (JINR) 的访问学者) 用图 8 所示的装置在 SC 首次观测
到这个稀有的衰变模式 [37]。π^+ 束流被静止于闪烁计数器中以探测衰变产物 e^+，
用脉冲高度测量它的能量 ($\pi^+ \to \pi^0 e^+ \nu$ 在计数器中衰变出来的 e^+ 最大能量为
4.5MeV)。π^0 衰变出的两个光子发射出来的张角大于 176°，被 NaI 晶体和铅玻璃
切仑科夫计数器同时探测到。图 9 照片显示该装置正在安装。

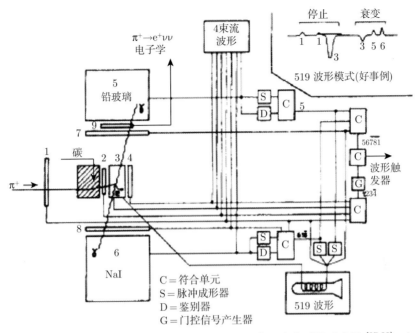

图 8 SC 实验中测量 $\pi^+ \to \pi^0 e^+ \nu$ 衰变率的计数器和电子学示意图[37,38]，右上角为快速示波器记录的信号模式

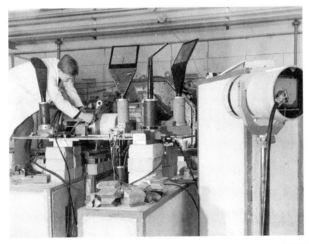

图 9 安装中的测量 $\pi^+ \to \pi^0 e^+ \nu$ 衰变率的 SC 实验[37,38]

在首次运行中，观测到 16 个 $\pi^+ \to \pi^0 e^+ \nu$ 衰变的候选事例，本底估计为 2.0 ± 1.3 个事例[37]，得到相应的分支比为 $B(\pi^0 e^+ \nu) = (1.7 \pm 0.5) \times 10^{-8}$。额外的数据获取使得事例样本增加到 44 个候选者，本底估计为 6 ± 2 个事例[38]，得到相应分支比为 $B(\pi^0 e^+ \nu) = (1.15 \pm 0.22) \times 10^{-8}$，这个结果很好地符合了理论预期。

数年后开展了第二个实验[39]，用一个具有更大角度覆盖的铅玻璃光子谱仪获得了 411 个候选者 (图 10)，本底估计为 79±10 个事例。给出的分支比为 $B(\pi^0 e^+\nu) = (1.00^{+0.08}_{-0.10}) \times 10^{-8}$，在 10% 的量级证实了理论预期。

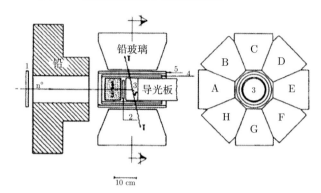

图 10　SC 的第二个对 $\pi^+ \to \pi^0 e^+\nu$ 衰变率测量实验[39] 的计数器布置图

目前该分支比的世界平均值[36] 是 $B(\pi^0 e^+\nu) = (1.036 \pm 0.006) \times 10^{-8}$。

16.5　总　　结

SC 是 CERN 建造的第一台加速器，主要目的是让欧洲物理学家学习如何研究高能物理，在其他具有类似能量和强度的机器，如伯克利、杜布纳、芝加哥、利物浦或尼维斯的同步回旋加速器建成的数年之后才开始运行。然而，它为粒子物理研究做出了很多卓著贡献，本文讲述了其中具有重要历史意义的 $\pi^+ \to e^+\nu$ 和 $\pi^+ \to \pi^0 e^+\nu$ 衰变的实验结果。

SC 的其他重要粒子物理实验还包括[40]：

• 寻找 $\mu \to e\gamma$ 和无 μ 子中微子的 μ^- 俘获，这些负向的结果指出存在第二种中微子。

• 测量 μ^+ 衰变中正电子的螺旋性。

• 在液体和气体状态下测量氢中 μ^- 的俘获率。

• 首次测量了 μ 反常磁矩，见本书中 Farley 的文章[41]。

从引人注目的启动到 1990 年停止运行，SC 为 CERN 的科学声望作出了相当大的贡献。

参 考 文 献

[1]　T. Fazzini, G. Fidecaro and H. Paul, *Nucl. Instr.* **3**, 156 (1959).

[2]　E. Fermi, *Z. Phys.* **88**, 161 (1934) (in German); Nuovo Cim. **11**, 1 (1934) (in Italian).

[3]　H. Yukawa, *Proc. Math. Soc. Japan* **17**, 48 (1935).

[4]　C. Møller, L. Rosenfeld and S. Rozenthal, *Nature* **144**, 629 (1939).

[5]　S. Sakata, *Phys. Rev.* **58**, 576 (1940).

[6]　E. Fermi, *Elementary Particles*, p. 110, Yale University Press, New Haven (1951).

[7]　M. Conversi, E. Pancini and O. Piccioni, *Phys. Rev.* **71**, 209 (1947).

[8]　B. Pontecorvo, *Phys. Rev.* **72**, 246 (1947).

[9]　G. Puppi, *Nuovo Cim.* **5**, 587 (1948).

[10]　C. N. Yang and J. Tiomno, *Phys. Rev.* **79**, 495 (1950).

[11]　C. M. G. Lattes, G. P. S. Occhialini and C. F. Powell, *Nature* **160**, 453 (1947).

[12]　E. Gardner and C. M. G. Lattes, *Science* **107**, 270 (1948).

[13]　A. S. Bishop, J. Burfening, E. Gardner and C. M. G. Lattes, *Phys. Rev.* **74**, 1558 (1948).

[14]　C. M. G. Lattes, *Phys. Rev.* **75**, 1468 (1949).

[15]　J. Tiomno and J. A. Wheeler, *Rev. Mod. Phys.* **21**, 153 (1949).

[16]　T. D. Lee, M. Rosenbluth and C. N. Yang, *Phys. Rev.* **75**, 905 (1949).

[17]　M. Ruderman and R. Finkelstein, *Phys. Rev.* **76**, 1458 (1949).

[18]　J. Steinberger, *Phys. Rev.* **76**, 1180 (1949).

[19]　C. S. Wu and S. A. Moszkowski, *Beta Decay*, Interscience, New York, (1966), p. 239.

[20]　E. F. Pessôa and N. Margem, *An. Acad. Brasil. Ciênc.* **22**, 371 (1950) (in Portuguese).

[21]　F. M. Smith, *Phys. Rev.* **81**, 897 (1951).

[22]　H. L. Friedman and J. Rainwater, *Phys. Rev.* **81**, 644 (1951); *Phys. Rev.* **84**, 684 (1951).

[23]　S. Lokanathan and J. Steinberger, *Suppl. Nuovo Cim.* **2**, 151 (1955).

[24]　H. L. Anderson and C. M. G. Lattes, *Nuovo Cim.* **6**, 1356 (1957).

[25]　R. P. Feynman and M. Gell-Mann, *Phys. Rev.* **109**, 193 (1958).

[26]　E. C. G. Sudarshan and R. E. Marshak, The nature of the four-fermion interaction, in *Proc. Int. Conf. on Mesons and Recently Discovered Particles*, Padova-Venezia (Italy), Sept. 22-28, 1957 (Borghero, Padova, 1958), p. V-14.

[27]　J. J. Sakurai, *Nuovo Cim.* **7**, 649 (1958).

[28]　B. M. Rustad and S. L. Ruby, *Phys. Rev.* **97**, 991 (1955).

[29]　T. Fazzini, G. Fidecaro, A. W. Merrison, H. Paul and A. V. Tollestrup, *Phys. Rev. Lett.* **1**, 247 (1958).

[30]　J. J. Sakurai, The structure of charged currents, in *Proc. Int. Conf. on Neutrino Physics and Astrophysics*, Dept. of Physics and Astronomy, Honolulu (1981), Vol. 2, p. 457.

[31]　R. P. Feynman, Forbidding of π-β decay, in *Proc. Int. Conf. on High Energy Physics*, CERN, Geneva, ed. B. Ferretti (1958) p. 216.

[32]　G. S. Janes and W. L. Kraushaar, *Phys. Rev.* **93**, 900 (1954).

[33]　*Proceedings of the 2nd United Nations Int. Conf. on the Peaceful Uses of Atomic Energy* (United Nations, Geneva, 1958), Vol. 1, p. 389; Vol. 30, pp. 42, 57, 136, 327-328.

[34]　J. Ashkin, T. Fazzini, G. Fidecaro, A. W. Merrison, H. Paul and A. V. Tollestrup, *Nuovo Cim.* **13**, 1240 (1959).

[35]　G. Impeduglia, R. Plano, A. Prodell, N. Samios, M. Schwartz and J. Steinberger, *Phys. Rev. Lett.* **1**, 249 (1958).

[36]　K. A. Olive *et al.* (Particle Data Group), *Chinese Physics C* **38**, 090001 (2014), see page 34.

[37]　P. Depommier, J. Heintze, A. Mukhin, C. Rubbia, V. Sörgel and K. Winter, *Phys. Lett.* **2**, 23 (1962).

[38]　P. Depommier, J. Heintze, C. Rubbia and V. Sörgel, *Phys. Lett.* **5**, 61 (1963).

[39]　P. Depommier, J. Duclos, J. Heintze, K. Kleinknecht, H. Rieseberg and V. Sörgel, *Nucl. Phys.* **B4**, 189 (1968); *Nucl. Phys.* **B4**, 432 (1968).

[40]　L. Di Lella, Elementary particle physics at the SC, *Phys. Repo.* **225**, 45 (1993).

[41]　F. J. M. Farley, *Muon g−2 and Tests of Relativity*, in this book, pp. 371-396.

第17篇　ISOLDE 上的重要成果

K. Blaum[1]　M. J. G. Borge[2,3]　B. Jonson[4]　P. Van Duppen[5]

1 Max-Planck-Institut für Kernphysik, D-69117 Heidelberg, Germany

2 ISOLDE-PH, CERN, CH-1211 Geneva-23, Switzerland

3 Instituto de Estructura de la Materia, CSIC, Serrano 113 bis,

E-28006 Madrid, Spain

4 Fundamental Physics, Chalmers University of Technology,

SE-41296 Göteborg, Sweden

5 KU Leuven, Instituut voor Kern- en Stralingsfysica,

B-3001 Leuven, Belgium

[2]mgb@cern.ch

赵洪明　译

中国科学院高能物理研究所

CERN 的在线同位素分离器 (ISOLDE) 于 50 年前开始运行，一直致力于为实验研究提供种类更加丰富的核素。在过去的半个世纪里，我们见证了该项目的持续发展和改进。从初期研制到建成现行设备的过程中，科研人员取得了多项科学突破。我们将在文中列举一些。

17.1　引　言

在线同位素分离器 (ISOLDE) 是 CERN 生产和加速放射性核的专用设备。各种元素的同位素在直接与同位素分离器的离子源相连的靶上产生，这样一来极大地缩短了从核产生至其到达实验设备的延迟时间。因此，使得对具有极端中子质子比和极短半衰期的同位素研究成为可能。ISOLDE 上产生的放射性同位素被广泛应用在核、原子、凝聚态和生物物理实验及其相关应用中，特别是医学领域。对整个核素版图上核的性质进行研究，不仅能为深入理解核结构给出线索，而且也有助于理解宇宙中的反应，构成我们周围大自然的化学元素正是从宇宙中产生的 (图 1)。

同位素分离器与加速器直接相连的开创性实验早在 1951 年就已在哥本哈根开展 [1]。受到该成果的鼓舞，欧洲核物理学家提议在 CERN 建造一台实验设备与

CERN 的同步回旋加速器 (SC) 相连，来为通用实验生产短寿命的同位素。该项目于 1964 年 12 月 17 日被时任 CERN 所长的 Victor Weisskopf 批准。他们建造了一个地下实验室，SC 加速器上的质子通过隧道引过来，打在同位素生成靶上。该在线同位素分离器的第一个实验，被称为 ISOLDE，于 1967 年 9 月 17 日运行 (图 2)。从此，ISOL(Isotope Separator On Line 的首字母缩写) 成为该类放射性同位素产生方式 ——ISOL 技术的标准名称。

图 1　原子核被排列成正方形的网格，每个格子代表一定数量的质子 (垂直方向) 和中子 (水平方向)，共同构成了如图所示的核素表。这些黑色正方形代表稳定核，形成了稳定线。这一图表，或称核素版图，是 ISOLDE 的工作范围，ISOLDE 的重点研究对象是大多数的奇特核。ISOLDE 上关于核的研究加深了对复杂的核多体系统的理解。这些研究结果为理解复杂现象背后的简单原理提供了线索，这些结果让我们进一步了解了组成我们周围自然界的元素，了解它们是如何从宇宙中产生的，这在理解化学元素形成中也起到了非常重要的作用

就在新的地下实验大厅里第一个实验成功运行的时候，CERN 决定对 SC 进行一项重要的升级。SC 改造项目 (SCIP) 的目标是将内部束流强度从 1μA 增加到 10μA，并且对于确定的质子束流强度在 ISOLDE 靶处的引出效率提高 100 倍。此次升级最主要的项目就是改造 SC 的频率系统，将原有的基于音叉式 (调频器) 的系统变为旋转电容式 (调频器) 系统。为了能够提供给 ISOLDE 高强质子流，科研人员启动了一个高级技术开发计划，设计出了一种靶离子源的新系统，正如后来所证实的，其制造了更多的不同化学元素的同位素。SCIP 改造项目于 1972 年至 1974 年实施，人们将新的分离器布局和靶离子源系统称为 ISOLDE2。同位素和大量各种不同元素能够以很高密度产生出来，使得 ISOLDE 成为国际上开展放射性同位素实验的一个主要设备。

图 2　1967 年的 ISOLDE 实验大厅。请注意当时 ISOLDE 组属于 CERN 核
化学组的一部分，所以工作人员穿着白色实验服

　　SC 加速器于 1957 年开始运行，于 20 世纪 80 年代中期已经明确该加速器将被
关闭。为了在最后几年将 SC 最大限度地利用起来，ISOLDE 合作组提议建造第二
台同位素分离器。新的分离器被称为 ISOLDE3，由两级分离器构成 (前面一级 90°
磁铁，后面一级 60° 磁铁)，以达到一个非常高的质量分辨率。一个新的靶被安置
在 SC 大厅，产生的放射性同位素被引到质子厅。新分离器的质量分辨率 $M/\Delta M$
达到 7000，是当前 PS 增强器上的高分辨率分离器 (HRS) 设计的预研制。

　　科学家经过讨论一致认为，在 SC 关闭之后，对于 ISOLDE 项目的未来发展，
最好的选择就是将 ISOLDE 移近 PS 建筑群，从 PS 增强器引出 1GeV 质子束流
打靶。ISOLDE 合作组成立了一个技术委员会，帮助 CERN 寻找新设备的最佳设
计。1990 年 5 月 4 日，CERN 主任批准了委员会提出的将 ISOLDE 移至 PS 增强
器的方案。新的 ISOLDE 大楼的土建于 10 月份开工。1990 年 12 月 19 日中午，从
SC 注入的最后一班质子束到达 ISOLDE，四分之一个世纪开创性的实验工作作为
未来 ISOL 设备的基准，为世界留下了宝贵的遗产。ISOLDE-PS 增强器设备依照
CERN 一贯精神来建造，新设备已于 1992 年 5 月落成。第一个实验，两质子晕核
^{17}Ne 的 β 衰变研究于 6 月 26 日成功实现 [2]。

　　ISOLDE 项目传统上主要致力于研究核基态性质以及放射性核衰变中的核激
发态。因为能够产生大量不同种类的同位素，而且其中一些生成的密度很高，所
以建造一台后加速器的设备是非常有吸引力的提议。1994 年，由 ISOLDE 委员会

建造一台适当的加速器来获得能量范围在 2~3MeV/u 的奇特核束的提案提交给了 CERN。该项目获得批准,REX-ISOLDE 加速器在实验大厅里扩建 (见图 3,更多细节见下节)。2001 年 10 月 31 日,装置第一次出束,事实证明,ISOLDE 此附加项目既是成功的,也是高产的。

图 3　2007 年的 ISOLDE 实验大厅

17.2　放射性核束的生产、操控和加速

ISOLDE 装置的成功基于放射性核束 (RIB) 和物理实验设备的协同发展。两方面的交叉孕育使之产生放射性同位素束流的质谱很宽:从 ^{6}He 到 ^{232}Ra,半衰期低至 ms 量级 (例如 ^{14}Be 的半衰期 $T_{1/2}$=4.45ms),密度高达 nA 量级 (例如 ^{213}Fr 的粒子数密度为 $\sim 8 \times 10^9$ 个粒子/秒),能量从静止到几个 MeV/u[3,4]。新技术被不断引入到这一持续开发的项目中,例如,纳米结构靶材料的使用、激光共振电离、离子冷却以及电荷增值,使得该装置自建成以来一直处于 RIB 科学的前沿。RIB 的生产和操控过程可调整束流性质以适应不同的实验设备。因为实验涉及的主要是有用的短寿命放射性同位素,它们是协同大量不需要种类的同位素一起产生的 (没用的同位素和有用的同位素的比例通常高达 $10^{12}/1$),所以 RIB 的生产过程必须是高效、快速和具有选择性的。

17.2.1　靶离子源系统 —— 装置的核心

ISOLDE 上的放射性同位素是高能质子轰击不同的靶材料诱导产生的。CERN-PS 增强器上发出的初始质子束流,打在适当选取的靶材料上,诱发散裂、碎裂、裂变等反应,可以产生核素表中铀 ($Z = 92$) 以下的同位素中的 80%。因为反应机制几乎是不可以选择的,所以靶离子源系统在开始的低能离子束中就结合质量分析磁铁以及其他离子操纵设备用来消除不需要的污染物并且/或者鉴别感兴趣的同位素。将靶和离子源系统一体化为一个紧凑系统的开拓性工作是必要的，以便利用高温使放射性原子从靶容器上加速扩散或溢出 [3]。这引发了一个直到今天依然具有竞争力的成功的设计，该设计允许使用不同的原子的和化学的过程来纯化束流。一个简单且有效的方法是冷却靶和离子源之间的输运线，仅允许气体元素 (惰性气体) 或极易挥发的分子到达离子源。另一种方法是在靶和离子源之间，安装一条石英线，通过石英表面的化学键来压低元素。最近，新发展的技术包括尝试使用纳米结构靶材料以降低时间延迟并获得更稳固的系统。

ISOLDE 上激光光谱项目的成功和高强度的脉冲激光的使用，实现了在 20 世纪 80 年代中期能够生产出 RIB 的激光共振电离设备 [5]。这一元素的选择性和高效电离过程，基于使用不同激光束来激发多步原子激发态成为连续谱，最后形成纯净束流。在成功在线产生出第一束光生离子放射性镱 (Yb) 束流后不久，很快大范围的其他放射性同位素也开始在线生产了 [6,7]。现在超过 50% 的 ISOLDE 束流时间由激光离子源来提供。最近对激光电离选择性的一个改进是激光离子源阱 (LIST)[8] 方法，它整合了标准靶离子源系统、激光电离以及离子操纵。它依赖于从高温 ISOLDE 靶离子源系统中逃逸的羽状原子光-电离，离子被射频势阱俘获，然后将之运送到引出区域。虽然总效率会有损失，但是 LIST 使选择性提高了 4 个量级 [9]。

17.2.2　冷却的束流、同核异能束流和源内激光谱

ISOLDE 的高精度质谱设备 ISOLTRAP 上率先实现了调整纵向的和横向的 RIB 发射或束流脉冲特性以满足实验需求。可以证实在射频阱或彭宁阱中缓冲气体冷却可以产生冷却、束缚的放射性核束的效率很高。后来建造了更大规模的射频四极离子阱和彭宁阱用于传输冷却束缚的束流给其他 ISOLDE 用户，如共线激光光谱设备 (见 17.5 节)，它使信噪比提高了 4 个数量级，也可以提供给后加速器设备 REX-ISOLDE(见 17.2.3 节)。

在激光第一次电离 RIB 不久，长寿命态束流，称为同核异能态束流，被产生和分离，其原理是根据有赖于同核异能态核性质的原子跃迁的超精细分裂 [11]。通过改变第一阶原子跃迁的激光频率，可以探测到不同核态特殊的超精细结构。该种同核异能态的选择，再加上 β 衰变和质谱研究，促使了 ^{70}Cu 的 3β 衰变态的发现：基态和两个同核异能态 (见图 4)。它们的存在可以用一个质子和一个中子耦合到 ^{68}Ni 核来解释 [12]。利用 ISOLDE 的后加速器 (见 17.2.3 节)，对同核异能束流进行后加速，然后用于探测 $Z = 28$ 壳层和 $N = 40$ 亚壳层的库仑激发态闭合强度[13]。同核异能态衰变成激发态，激发态又最终衰变成基态，如上开创性的实验进一步说明，库仑激发态可以减少该类衰变，这表明需要对奇-奇核的其他自旋多重态进行详细研究。

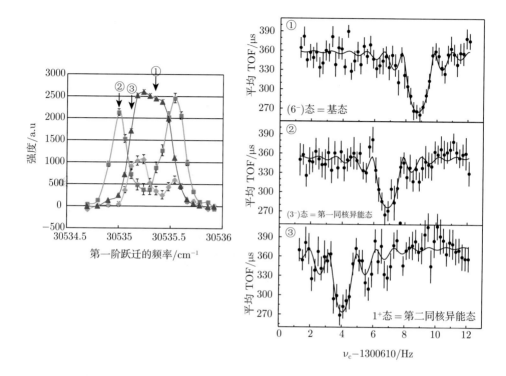

图 4　ISOLDE 激光离子源上采用共振激光电离过程来探测原子尺度上的超精细分裂，来实现同核异能态的选取。左图所示为 ^{70}Cu 的不同同核异能态的 β 衰变产额作为第一阶原子跃迁激光频率的函数：基态 (6^-)(三角形)，(3^-)(正方形)，(1^+)(圆形)；对于三个不同的激光频率从 ISOLTRAP 上获得改造的回旋加速器的频率共振谱 (1,2 和 3)；实线是拟合数据得到的，表明共振频率与核态的质量成反比。ISOLTRAP 测量说明 ^{70}Cu 出现 3 个不同长寿命的态，且得到的 3 个态的质量完全符合 β 谱研究的结果 (右图)，实线是拟合数据得到的，右下图 ③ 的谱是经过了在彭宁阱中的一个额外纯化的步骤得到的

　　因为激光离子源具有高灵敏度，使得利用很弱的束流 (密度低至小于 1 个原子/秒) 进行激光电离谱测量成为可能。然而，由于受到光谱分辨率的限制，这种被称为源内激光谱的方法仅限于重核。测量了一定数量的在铅同位素 ($Z = 82$) 附近的贫中子核的电荷半径和电磁矩，该工作延伸了在 ISOLDE[14] 上获得的汞同位素样品光谱的开创性工作 (见 17.4 节)。这一技术可以确定未知的砹 (At) 的电离势，这是唯一的一个位于门捷列夫元素周期表中铀以内，实验上对其基本原子性质还不清楚的元素 [15]。该结果成为量子化学计算的基准，而且对医学上放射性同位素生产领域的革新有重大影响。例如，同位素 ^{211}At，如果其化学性质已经了解得很清楚了，其衰变性质很适合成为靶向 α 治疗癌症的一种药用放射性同位素。

具有不同衰变性质且来自各种元素的大量 RIB, 适用于凝聚态和生物物理研究。放射性原子的作用如探针一般, 通过向外辐射能够提供它们的格点位置以及周围原子的电磁信息。因为高的放射性探测效率, 仅在材料、表面和界面等领域的浓度极低的放射性杂质原子才有必要提供唯一的纳米尺度的信息 (见图 5)。

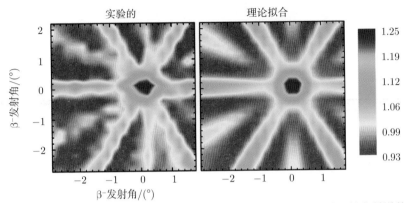

图 5 位置灵敏硅探测器记录的 ^{56}Mn 核植入 GaAs(半导体) 样品的发射道数据 [10]。探测器是从植入的位置观察 GaAs 样品的, 颜色标度 (任意单位) 对应于植于 GaAs 群的放射性 ^{56}Mn 核的 β 粒子辐射道对角度的依赖比率。Mn 在 GaAs 中位置的实验数据图 (左图) 和模拟图 (右图) 的比较, 模拟图加强了对半导体中掺杂物质后其电、光、磁性质影响的理解

17.2.3 REX ISOLDE —— 放射性核束后加速的新概念

为了拓宽物理范围, 并且受到 Louvain-le-Neuve (比利时) 项目 [16] 中轻 RIB 后加速成功的启示, ISOLDE 合作组探索了一个加速单个带电 RIB 既通用快速又高效经济的新方法。这种方法是一个基于在彭宁阱的缓冲气体上离子束冷却、聚束, 在电子束离子源 (EBIS) 上带电态增值, 以及室温直线加速器上的后加速的全新概念。其中离子束冷却和聚束将 RIB 从 ISOLDE 调整到适合注入 EBIS 的束流, 是基于 ISOLTRAP 实验。单个带电离子的有效注入和从 EBIS 引出带电量高的离子则是基于 Manne Siegbahn 实验室 (瑞典斯德哥尔摩) 的概念。最后, 室温加速器腔是基于普朗克核物理研究所 (德国海德堡)、GSI 的 HLI-IH 结构 (德国达姆施塔特) 和 CERN 的加速铅离子的直线加速器 (LINAC) 的设计。

ISOLDE 的放射性束流实验 ——REX-ISOLDE 项目 [17](图 6) 的最初目标设定在能量上限在 2MeV/u 和质量在 $A = 50$ 以下, 事实证明这一概念非常成功, 束流 $A/Q < 4.5$, 当质量数高达 220 时, 能量被加速到 3MeV/u, 效率达到 10%。大多数束流被用作库仑激发态测量或少核转移反应, 后者使用用于探测低密度低多重性的 RIB 实验专用的粒子和 γ 射线探测器阵列来探测 (见图 7)。

图 6　REX-ISOLDE 后加速器输运从 ^{6}He 到 ^{224}Ra 的放射性离子束, 能量上限为 3 MeV/u

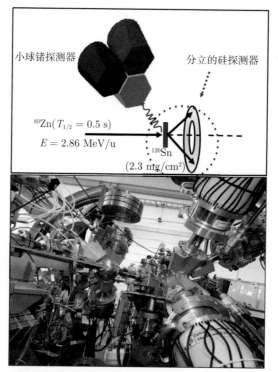

图 7　上: 库仑激发态实验装置示意图。加速后的 ^{80}Zn 束流撞击在薄的 ^{120}Sn 靶时发生非弹性碰撞。碰撞后, 散射的束流和靶粒子被分立的硅探测器探测, 而退激的 γ 射线则被小球状的锗阵列记录。束流诊断 (没有在该图上显示)、靶和硅探测器阵列被安装在球形反应腔表面。下图: 给出的是为低密度 RIB 实验开发的小球锗阵列。8 条束线, 包括安装在球形反应腔周围的 3 个六角形锗晶体

17.3 壳结构: 幻数的减小

原子核是典型的同时兼具少体和多体特征的量子系统。它的微观和介观表现取决于极度复杂的有效两体和三体相互作用,该相互作用不仅依赖于核子间的距离,而且和原子核的自旋和动量有关。

原子核的宏观行为看起来等价于液滴,如能量表面形变、振动、转动及形状。与形状相关的实验成果将在 17.4 节讨论。在原子核的组成成分 —— 质子和中子的量子力学框架内如何理解原子核的半经典行为表现,是原子核理论面临的主要挑战之一。

针对稳定和近稳定核素的实验研究表明,当原子核的 N 或 Z 等于所谓的幻数 8,20,28,50,82 时,比起临近的原子核更难于激发。该结果支持了早在 1949 年分别由 Maria Goeppert Mayer 和 J. Hans Jensen 独立提出的已经建立得很完善的原子核壳层模型的使用,他们于 1963 年获得了诺贝尔奖。该模型,基于核子间的相互作用以及它们轨道的重新排布,在理解稳定和近稳定原子核性质方面取得了成功。具有幻数的核表现出了很高的球对称性,成为核素版图的里程碑。尽管该模型是从纯唯象学方法得出的,现代核理论也可以从低能 QCD 的核子–核子力演绎出幻数。

能够产生放射性核的实验设备的出现使得人们能够接触到完全不同质子和中子数平衡的核,也就是不同的同位旋。这证明了在核表的一些区域传统的壳层结构改变了,尤其在中子结合能极限附近 —— 中子滴线的富中子一侧,幻数特征表现出不同的 N 或 Z 值。当代的许多关于奇特放射性核的核结构研究的焦点在于是坚持幻数还是在远离 "稳定线" 区域用其他的来取代。这些研究对核理论的预言能力提出了挑战,并将最终导致对核结构的一个统一描述。

在本节中我们将讲述 CERN 对发现经典幻数减小所做的贡献。这一发现改变了人们对原子核系统的看法,并且质疑了已有知识体系。尽管 ^{11}Be 在预期的量级上的轨道反常在 1960 年就第一次被观察到了 [18],但是在 CERN PS 上对奇特的钠同位素 ^{31,32}Na 的质量测量揭示了它们的核比预期的束缚得更紧 [19]。该结合能的超出与形变有关,解释为是由中子在经过 $N = 20$ 的能隙时受到激发引起的。这很快被其他基态性质 — 自旋、磁矩、平均电荷半径 — 的进一步测量所支持 [20];而且,钠的 β 衰变研究允许确定镁同量异位素的第一激发态 [21],而高灵敏度的共线激光技术使得描绘富中子镁的同位素基态性质成为可能 [22]。数据表明 $N = 20$ 的同位素经历了一个突然发生的形变,因此预期的幻数消失。这些富中子同位素的壳间能隙没有大到足以避免被激发到更高的壳层。这导致了有利于形变的四极关联。轨道反转效应的示意图见图 8。很多研究已经致力于绘制和定义所谓 "反转岛", ^{32}Mg 位于其中心。^{30}Mg($N = 18$) 同位素在 1788.2keV 处有一个球对称的 0^+ 基态和一个 0^+ 激发态。基于对单极强度的测量，可以显示在一个二级模型方法里 0_2^+ 态被强烈变形 [23]。更多的理论预言它的波函数里包括一个强的入侵组态，也就是形状共存 (见下节)。^{32}Mg 基态，为 $N = 20$ 准幻数核，正如大的 B(E2; $0_{gs}^+ \rightarrow 2_1^+$) 值显示的那样其具有很大的形变。因此这表明 ^{32}Mg 发生了一个反转：基态发生了形变包括了一个入侵组态，而目前尚未被证实的 0^+ 态是球形的。最好的证据将是证实该近球形的激发态 0^+，类似于 ^{30}Mg 的 0^+ 基态，并且能描绘其基态和 0^+ 激发态的基本的中子粒子–空穴结构。尽管之前有很多尝试，但是这个态一直不能被证实，直到有了 ISOLDE 的工作。

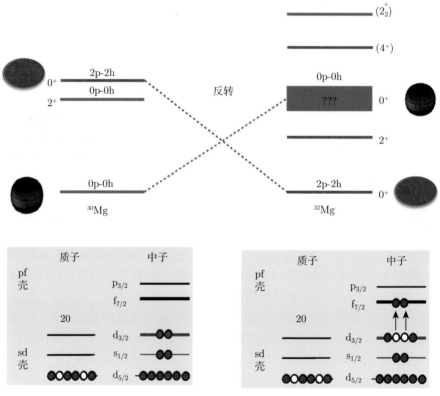

图 8　能量相近 (差别小于总束缚能的 1%) 不同核形状共存的迷人现象。$N = 20$ 壳层间隙的减小使得中子对激发穿过 $N = 20$ 壳层间隙，导致四极关联，导致最低的态变形为两粒子两空穴 2p-2h 态。被称为入侵者的态在 pf 壳具有两个中子 (右图：^{32}Mg 基态) 在低激发能与具有正常的球形零粒子零空穴 (0p-0h) 在 sd 壳的中子态 (左图：^{30}Mg 基态) 共存

一个关键的思想是去研究 ^{30}Mg 球对称基态之外的两个中子，他们填充 ^{32}Mg 变形的基态或假定的 ^{32}Mg 的球对称的 0^+ 激发态。该假设在 ISOLDE 上获得了

证实，当一束能量为 1.8MeV/u 的 ^{30}Mg($T_{1/2}$ =335 ms) 通过两中子 (t,p) 在反转动力学中的转移反应被填充 ^{32}Mg 的基态或激发态，之所以称为反转动力学是因为重的粒子作为炮弹。质子和 γ 射线的探测是利用 T-REX 阵列和小球锗探测阵列，见图 7。T-REX 阵列是个 4π 阵列，包括一个桶状的硅条探测器和一个环状双面 CD 形状的硅条探测器。同时也会测量发射的质子、氚核和氦核的能量和方向。通过研究发射出的质子的角分布，我们可以得到角动量转移，并由此得到填充态的自旋和宇称。在该实验中，在 1058 keV 处的 0^+ 激发态被证实是球对称态的完美候选者，与发生强烈形变的 0^+ 基态共存 [24]。从 (t,p) 截面，可推断出中子占据穿越 ^{32}Mg 态 $N = 20$ 壳层的能隙，证实了反转和形状共存的发生。

远离稳定线的幻数消失伴随着新的幻数的出现。恰当的预测与我们对作用于质子和中子间的强力不同成分的理解密切相关。不久前，对 $N = 32$ 这一远离稳定线的幻数预测，在研究钙 $(Z = 20)$ 的同位素时基本被验证了。$^{51-52}$Ca 的质量由17.6 节介绍的 ISOLTRAP 上的彭宁阱质谱仪来确定，且对于非常稀有产生和短寿命的 $^{53-54}$Ca 则利用的是多次反射飞行时间谱仪。后者设计用于同量异位素的分离，第一次被用来确定质量。质量的测量证实了在 $N = 32$ 附近永久壳层的存在，为核理论提供了一个强大的基准 [25]。

17.4 核形状 —— 形状共存和四极形变

原子核同时显示出了单粒子自由度和集体自由度。理解两个极端是如何达到微妙平衡以支撑起原子核结构是对理论的一个挑战。通常，在闭合的质子或中子壳上或附近，单粒子效应主导核结构，而形变被发现位于核表的双闭合壳层核之间的核。在 ISOLDE 上已经使用激光光谱和库仑激发测量研究了形状。前一个方法得到了基态和长寿命的同核异能态的电荷半径、磁偶极矩和电四极矩，后者允许确定激发态的四极矩和四级或更高级的跃迁强度。贯穿于整个核表的实验证据累计显示存在一个称为形状共存的现象，在那儿不同形变但具有相似的束缚能的量子态出现在核的低能端。通过光谱测量偶然在 ISOLDE 的轻汞同位素中发现了重核的形状共存 [14]。最轻的 Hg 同位素的电荷半径显示出大的锯齿形状 (见图 9)，被解释为是由于奇质量数汞同位素强形变的基态与一个更接近球形的同核异能态共存的结果。在铅和钋同位素附近获得的源内激光谱数据 [26,28]，以及使用后加速 REX 束在这一区域的库仑激发态测量，允许产生扁圆形状的基态形变并且支持已提出的解释：形状共存是由粒子-空穴激发穿越闭合质子壳产生的。

核的普遍形状一般是四极形变，反射对称，但在一些重的不稳定核环境下，八极形变的迹象也被报道过。这一反射不对称或梨形形变不仅对检验核模型来说重要，而且同位素展示出这种类型的形变是寻找超出标准模型物理的理想探针。因为在奇质量数同位素寻找一个原子的电偶极矩，原子核静电八极形变会把灵敏度放大几个量级。在最近的库仑激发态实验，使用高能量 ^{224}Ra 束流，通过测量八级跃迁强度证实提高了八极形变 (见图 10)[27]。这给出了研究原子电偶极矩合适的同位素范围。

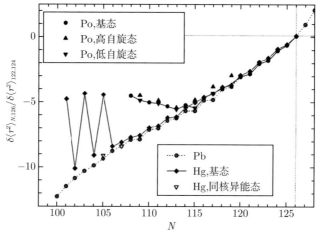

图 9　偶数-Z 的 $_{80}$Hg(蓝色)、$_{82}$Pb(红色)、$_{84}$Po(黑色) 同位素的均方核荷电半径 $\delta\langle r^2 \rangle$ 的相对改变。对于这三种元素来说一种同位素与它邻近的最重同位素的荷电半径相对改变很相似，但在远离 $N = 126$ 中子壳闭合的位置被观察到更大的差异。Hg 数据被观测到的大的锯齿形状被解释为是由球形单粒子态的形状共存引起的。观测到的 Po 同位素偏离与一种在线集体行为有关，可能是同一机制引起的，取自参考文献 [26]

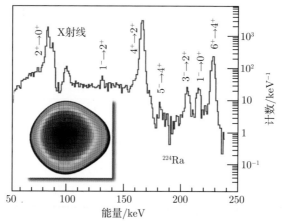

图 10　^{224}Ra 库仑激发获得的部分 γ 射线能谱。从 γ 射线的密度 (由初末态的自旋和宇称给出)，尤其是双激发负宇称态，得到的八极跃迁强度信息证明提高了八极形变 [27]，插图表示的是 ^{224}Ra 在实验上得到的本征系的静态八极形变

17.5 核   晕

ISOLDE 设备上相当一部分比例的实验项目是研究 β 衰变, 这已被证实可以用来很好地探测核结构及研究弱相互作用 (见 17.6 节)。近稳核与滴线区域核的 β 衰变有一个重要区别。在近稳区, 跃迁发生在分立的束缚态之间, 而滴线附近的衰变也包括连续态。在滴线区域的附近, 也会发生 β 延发粒子发射过程, 也就是说, 因为在 β 衰变过程中, 退激发态被缓慢填充, 所以靠强力传递的粒子发射被延迟了。在近滴线核这一衰变模式主导了到束缚态的衰变 [29]。一个非常明显的 β 延发粒子发射核的例子由锂同位素的最后一个束缚粒子, ^{11}Li 提供。这个核有个 β 衰变 Q 值, 也就是说母核与子核的质量差为 20.623MeV, 而子核 ^{11}Be 的中子分离能低至 504keV。这一能量的不平衡打开了几个可能的 β 延发粒子发射道, 正如图 11 所描述的一样。在 20 世纪 70 年代末和 80 年代初 ISOLDE 上若干实验第一次观察到了 β 延发辐射两个中子、三个中子和氚核的衰变模式。

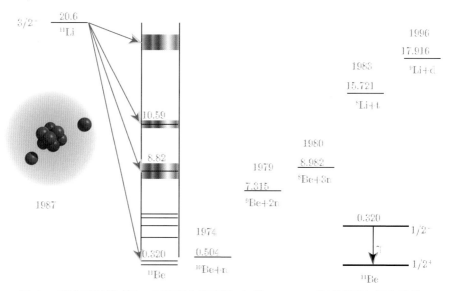

图 11   两中子晕核 ^{11}Li。β 衰变非常高的 Q 值 20.6MeV(红色箭头) 混合子核 ^{11}Be 的各种子粒子相对低的分离能导致在该核里众多的不同 β 延发粒子发射衰变模式。^{11}Be 的 MeV 量级的激发能和不同衰变模式的域能与 ^{11}Be 基态对比 (黑色) 给出, 年代 (蓝色) 表示的是这些衰变模式第一次被观察到以及 ^{11}Li 的晕结构被提出的时间

正当 ISOLDE 集中主要精力研究 ^{11}Li 的时候, 伯克利大学由 I. Tanihata[30] 领导的小组研究了 Li 的同位素的反应截面。该实验不同寻常的结果是 ^{11}Li 的物质

半径有非常大的、陡峭的增加。ISOLDE 上作 ^{11}Li 研究的科学家将 ^{11}Li 半径增加解释为基于低的两中子分离能 [31]。^{11}Li 具有晕的新结构模型被提出来，其基本思想是 ^{11}Li 核是由 ^{9}Li 核作为核心及两个松散束缚的中子环绕形成核周围纱一样的中子物质。

　　意识到在滴线区域附近存在晕结构激发了密集的实验活动，如今我们已经知道很多核具有质子或中子晕 [32]。早期理解晕结构的重要贡献来自 ISOLDE，在那里一系列的 Li 同位素束缚态的自旋、磁矩和电四极矩都通过光学和 β 衰变联合测量得到 [33,34]，这些结果后来均被证实和改进 [35]。结果显示 ^{9}Li 和 ^{11}Li 两个同位素的磁偶极矩和电四极矩都非常接近。此证明了中子尾引起半径增加，而带电的核心几乎不受影响。

　　两中子晕结构的另一个结果是出现 β 延发氘核辐射。这一过程的 Q 值为 $Q(\beta^- \mathrm{d})=(3.007-S_{2n})$ MeV[36]，其中 S_{2n} 是最后的两个中子的分离能。这一衰变模式首次在 ISOLDE 上被发现，先是两中子晕核 ^{6}He[37]，随后是 ^{11}Li[38]。

　　^{11}Li β 衰变的子核是 ^{11}Be，它是一个单中子晕核的例子。^{11}Be 的磁矩测量是 ISOLDE 上做得非常漂亮的一个实验 [39]。Be 同位素是由 PS 增强器上 1GeV 质子激发 UC_2 靶阵列产生的 (见 17.2.1 节)。产生的 Be 蒸发进入钨空腔，在那儿两束激光把原子从 $2s^2\ ^1S_0$ 原子基态通过 $2s2p\ ^1P_1$ 态激发到自电离态。于是 ^{11}Be$^+$ 核束在通过线性双频 CW 染色激光束时光极化。极化的离子被注入放置在 NMR 磁场中心的 Be 晶体。极化核到 ^{11}Be 的第一禁戒 β 衰变模式由两个晶体闪烁体探测到，同时测量了 β 衰变的不对称性。磁矩根据观察到的拉莫尔频率被确定为 $\mu(^{11}\mathrm{Be})= -1.6816(8)\mu_N$。这一值证实了在 ^{11}Be 的基态波函数中有 16%的核心极化混合 [40]。

　　实验上取得的重要成果是采用了共线激光技术来确定 Be 同位素核的带电半径。在共线激光谱中激光束被叠加了一束快速 (典型的为 30~60keV) 离子或原子，并且共振荧光由垂直于飞行方向的光电倍增器探测。由于原子传播的方向与激光束平行或反平行，原子的共振频率在实验室系由于相对论多普勒效应发生位移 [42]。共线激光谱具有的优势是离子加速与静态电势共同压缩径向速度分布。由此，多普勒宽度在很大程度上被压缩。利用一束 Be$^+$ 离子，一个频率梳，测量离子和激光束的平行和反平行跃迁频率绝对值，见图 12，得到了迄今为止最精确的结果。该技术的亮点是静止系的频率 ν_0，是独立于加速电压获得的，通过组合测量的激光束平行和反平行的跃迁频率 ν_p 和 ν_a 绝对值，得到 $\nu_p\nu_a = \nu_0^2\gamma^2\left(1+\beta\right)\left(1-\beta\right)=\nu_0^2$，达到了同位素相移测量精度 1MHz 的要求。从同位素 ^{7}Be 到 ^{10}Be 观察到的电荷半径减小了，而到 ^{11}Be 增加了，见图 12[43]。这一增加是在预料之中的，因为如 ^{11}Be 一样的单中子晕核的质心和电荷中心是不一致的。

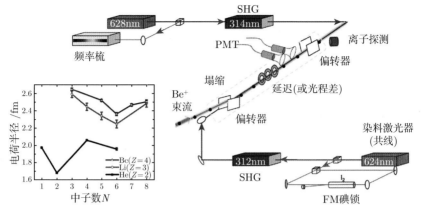

图 12 具有平行和反平行激发和安装了为确定 Be 同位素电荷半径作参考的频率梳的共线激光光谱学设备。显示的是实验设备的关键部分 (SHG: 第二谐振发生器; PMT: 光电倍增管), 插图表示的是最高水平的对轻滴线核电荷半径的测量 [41]

17.6 基本相互作用研究

总的来讲, 放射性束流是研究弱相互作用和标准模型 (SM) 的理想探针。其中, 精细测量质量、半衰期和超允许 β 跃迁分支比, 再结合核理论可以精确确定卡比博–小林–益川 (CKM) 夸克混合矩阵的第一项 (V_{ud}), 该项与假定存在三代夸克时从夸克弱相互作用本征态转换到夸克质量本征态相关。从粒子数据组 (PDG) 取 V_{us} 和 V_{ub} 的值, 对 CKM 矩阵第一排的严格幺正性检验体现为 [44]:

$$\sum_j |V_{uj}|^2 = |V_{ud}|^2 + |V_{us}|^2 + |V_{ub}|^2 = 1 \tag{1}$$

任何与 1 的偏离都与超出标准模型的概念相关, 如存在额外的 Z 玻色子或弱相互作用中存在右手流。V_{ud} 可以从基本矢量耦合常数 G_V 和非常著名的纯轻子 μ 衰变弱相互作用常数 G_F 确定: $V_{ud} = G_V/G_F$, 其中 G_V 反过来可以从超允许 β 跃迁的修正强度 (Ft 值) 得到, 它是实验参数的一个函数: β 衰变 Q 值, 半衰期 $T_{1/2}$ 和分支比 b, 以及不同的修正项包括同位旋对称破缺和辐射修正。未修正的 ft 值可以完全从核物理实验得到, 也就是说从质量、半衰期和超允许 β 跃迁分支比测量得到。ISOLDE 的许多实验, 尤其是用彭宁阱质量谱仪 ISOLTRAP 进行的高精度质量测量 (见图 13), 是于 1986 年第一个安装在放射性核束上的该类型的设备, 贡献于该类研究, 提供了最精确的 V_{ud} 值为 $|V_{ud}| = 0.97417(21)$[44]。从 PDG 取 V_{us} 和 V_{ub} 的值, 我们可以得到如下结果:

$$|V_{ud}|^2 + |V_{us}|^2 + |V_{ub}|^2 = 0.99978(55) \tag{2}$$

也就是说，幺正性在 0.06% 的精度内完全符合。

标准模型的另一个基石是矢量流守恒 (CVC) 假设，是说弱相互作用的矢量部分不受强相互作用的影响 [44]。因此，对于所有的超允许跃迁 Ft 应当是一个常数。计入当前所有可获得的数据，结果表明一致性达到 0.03% 这样一个惊人的精度水平 [44]。

放射性核也给被认为是在纯 A-V 型相互作用的弱相互作用中的标量流加限制的理想系统。ISOLDE 上一个非常著名的例子是对 ^{32}Ar($T_{1/2}$ =98 ms) 同位素的测量，它是同位旋 $T_z = -2$ 的核，是 1977 年在 ISOLDE 上被发现的 [45]。著名的正电子中微子角关联因子 a 就是由 Adelberger 等于 1999 年在 ^{32}Ar 的 $0^+ \rightarrow 0^+$ β 衰变实验确定的 [46]。他们分析了轻子反冲效应对粒子谱上超允许衰变之后窄质子峰形状的影响。因为当时人们所知道的 ^{32}Ar 的质量不确定度为 50keV，a 的精度被限制在 6%。因此，同量异位素多重态质量方程 (IMME) 预言的质量被代替来用，导致 β-中微子关联因子对消失的 Fierz 干涉 a =0.9989±0.0052(stat)±0.0039(syst)，置信度为 68%，因此和标准模型预言完全一致。而且，那时规范耦合强度对标量粒子质量能够得到的新限制是 $M_S \geqslant 4.1 M_W$。几年后，^{32}Ar 的质量第一次通过彭宁阱质量谱在 ISOLTRAP 上直接测量 [47]（见图 13 插图），其质量不确定度只有 δm =1.8keV/c^2，因此支持一个改进的正电子–中微子角关联因子 a，不再依赖于 IMME 预言。

17.7　ISOLDE 在通往下半个世纪的大门前

在写作这篇对里程碑性的实验活动做出历史回顾的文章期间，我们见证了一个为未来建设新项目的激情时代：

新的后加速器设备 *HIE-ISOLDE*。HIE-ISOLDE(高密度、高能量) 项目将在能量范围、束流强度和束流质量方面做出重大改进。该项目重要的一项是在整个元素周期表的范围内将后加速束流的末态能量提高到 10MeV/u。第一阶段将把当前的 REX-LINAC 能量提高到 5.5MeV/u，那里多步库仑激发截面相比以前的 3MeV/u 将会有很大的增强，许多转移反应道将被打开 [48]。当前正在进行直线加速器的建设，包括后加速束流到达 5.5MeV/u 在内的整个物理项目将于 2016 年开始。

TSR 储存环。最近，有人建议在 HIE-ISOLDE 上安装现运行于海德堡马克斯·普朗克核物理研究所的低能储存环 TSR[49]。在 ISOL 上增建储存环，在核物理、核天体物理和原子物理领域开启了非常丰富的科学项目。反应和衰变研究可以从储存在环中具有低本底条件的稀有奇特核 "循环" 中获益。原子结构演化研究可以扩展到稳定线之外的同位素。除了可以利用束流在环内再循环来实验，冷却束流可以被外部谱仪引出和利用，用于高精度的测量。

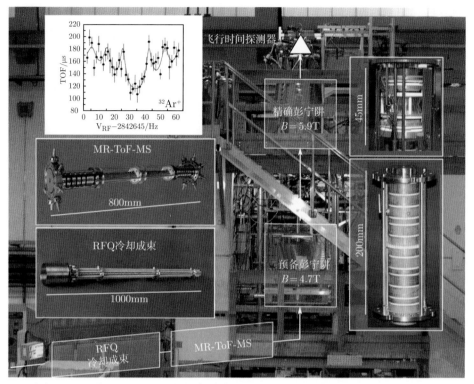

图 13 目前 ISOLDE 上的高精度测量短寿命核质量的彭宁阱质量谱仪 ISOLTRAP。左上插图显示的是回旋加速器上 ^{32}Ar 共振态的实验数据,曲线是理论期待值的拟合;其他插图给出的是 ISOLTRAP 上的不同俘获装置;2001 年测量 Ar 的时候,多重反射飞行时间谱仪 (MR-ToF-MS) 还没有安装在 ISOLTRAP 上

CERN-MEDICIS 项目。在 ISOLDE 关于 RIB 产生的实践经验和 CERN 的质子束流容量基础上进一步开展研究,CERN-MEDICIS(ISOLDE 上的医疗同位素收集) 项目启动了。MEDICIS 将研发安装在 ISOLDE 的束流收集器位置的靶,并产生长寿命的放射性同位素,用于癌症的基础研究、新的成像和治疗方案,以及临床前实验。

这些项目将为放射性束流研究提供新的机遇,并将 ISOLDE 带到了下半个世纪的大门前。

致谢

在书中写作本章来庆祝 CERN 60 年是我们的殊荣。ISOLDE 在 CERN 已约有 50 年了,我们想代表所有曾在 ISOLDE 上工作过的理论方面和实验方面的同事,利用此机会来感谢 CERN 的慷慨支持,尤其是 ISOLDE 技术团队给予用户的一贯支持，才使得这一切成为可能。我们也向政府的科研基金组织表达我们衷心的感谢，是你们的持续支持才成就了这 50 年的历程。

参 考 文 献

[1] O. Kofoed-Hansen and K. O. Nielsen, *Phys. Rev.* **82**, 96 (1951); *Kgl. Dan. Vidensk. Selsk. Mat. Fys. Medd.* **26**, No. 7 (1951).

[2] M. J. G. Borge *et al.*, *Phys. Lett. B* **317**, 25 (1993).

[3] H. L. Ravn and B. W. Allardyce, On-line Mass separators, in *Treatise on Heavy Ion Science*, Vol. 8 (Springer, 1989), pp. 363-439.

[4] P. Van Duppen and K. Riisager, *J. Phys. G* **38**, 1 (2011).

[5] H.-J. Kluge *et al.*, Laser Ion Sources, in *Proc. Accelerated Radioactive Beams Workshop*, Parksville, Canada (1985).

[6] F. Scheerer *et al.*, *Rev. Sci. Instr* **63**, 2831 (1992).

[7] V. Mishin *et al.*, *NIM B* **73**, 550 (1993).

[8] K. Blaum *et al.*, *NIM B* **204**, 331 (2003).

[9] D. Fink *et al.*, *NIM B* **344**, 83 (2015); *NIM B* **317**, 661 (2013).

[10] L. M. C. Pereira *et al.*, *Appl. Phys. Lett.* **98**, 201905 (2011).

[11] U. Köster *et al.*, *NIM B* **160**, 528 (2000).

[12] J. Van Roosbroeck *et al.*, *Phys. Rev. Lett.* **92**, 112501 (2004).

[13] I. Stefanescu *et al.*, *Phys. Rev. Lett.* **98**, 122701 (2007).

[14] J. Bonn *et al.*, *Phys. Lett. B* **38**, 308 (1972).

[15] S. Rothe *et al.*, *Nature Comm.* **4**, 1835 (2013).

[16] P. Delrock *et al.*, *Phys. Rev.* **67**, 808 (1991).

[17] O. Kester *et al.*, *NIM B* **204**, 20 (2003).

[18] I. Talmi and I. Unna, *Phys. Rev. Lett.* **4**, 469 (2006).

[19] C. Thibault *et al.*, *Phys. Rev. C* **12**, 644 (1975).

[20] G. Huber *et al.*, *Phys. Rev. C* **18**, 2342 (1978).

[21] D. Guillemaud-Mueller *et al.*, *Nucl. Phys. A* **426**, 37 (1984).

[22] G. Neyens *et al.*, *Phys. Rev. Lett.* **94**, 022501 (2005).

[23] W. Schwerdtfeger *et al.*, *Phys. Rev. Lett.* **103**, 012501 (2009).

[24] K. Wimmer *et al.*, *Phys. Rev. Lett.* **105**, 252501 (2010).

[25] F. Wienholtz *et al.*, *Nature* **498**, 346 (2013).

[26] M. D. Seliverstov *et al.*, *Phys. Lett. B* **719**, 362 (2013).

[27] L. Gaffney *et al.*, *Nature* **497**, 199 (2013).

[28] H. De Witte *et al.*, *Phys. Rev. Lett.* **98**, 112502 (2007).

[29] M. J. G. *Borge*, *Phys. Scr. T* **152**, 014013 (2013).

[30] I. Tanihata *et al.*, *Phys. Rev. Lett.* **55**, 2676 (1985).

[31] P. G. Hansen and B. Jonson, *Europhys. Lett.* **4**, 409 (1987).

[32] K. Riisager, *Phys. Scr. T* **152**, 014001 (2013).

[33] E. Arnold *et al.*, *Phys. Lett. B* **197**, 311 (1987).

[34] E. Arnold *et al.*, *Phys. Lett. B* **281**, 16 (1992).

[35] R. Neugart *et al.*, *Phys. Rev. Lett.* **101**, 132502 (2008).

[36] B. Jonson and K. Riisager, *Nucl. Phys. A* **693**, 77 (2001).

[37] K. Riisager *et al.*, *Phys. Lett. B* **235**, 30 (1990).

[38] I. Mukha *et al.*, *Phys. Lett. B* **367**, 65 (1996).

[39] W. Geitner *et al.*, *Phys. Rev. Lett.* **83**, 3792 (1999).

[40] T. Suzuki, T. Otsuka and A. Muta, *Phys. Lett. B* **364**, 69 (1995).

[41] K. Blaum, J. Dilling and W. Nörtershäuser, *Phys. Scr. T* **152**, 014017 (2013).

[42] S. L. Kaufman, *Opt. Commun.* **17**, 309 (1976).

[43] W. Nörtershäuser *et al.*, *Phys. Rev. Lett.* **102**, 062503 (2009).

[44] J. C. Hardy and I. S. Towner, *Phys. Rev. C* **91**, 025501 (2015).

[45] E. Hagberg *et al.*, *Phys. Rev. Lett.* **39**, 792 (1977).

[46] E. G. Adelberger *et al.*, *Phys. Rev. Lett.* **83**, 1299 (1999) and E. G. Adelberger *et al.*, *Phys. Rev. Lett.* **83**, 3101 (1999).

[47] K. Blaum *et al.*, *Phys. Rev. Lett.* **91**, 260801 (2003).

[48] K. Riisager *et al.* (eds.), *HIE-ISOLDE: The scientific opportunities.* CERN Report, CERN-006-013.

[49] M. Grieser *et al.*, *Eur. Phys. J. Special Topics* **207**, 1 (2012).

索　引